游戏动漫开发系列

# 角色动画制作(上)

谌宝业 苏治峰 谭鹏 编著



清華大學出版社
北京

# 内容简介

本书书全面讲述了Q版角色动画的相关制作方法和制作技巧，全面掌握角色动画的制作流程及各种技巧的应用，结合当前市场比例认可的Q版游戏项目产品，逐步深入动画环节制作开发及应用。着重分析了游戏角色动作设计理念，运动规律及各个不同职业的特殊技能动作的制作技巧，特别是对目前比较主流的Q版3D动作类游戏的制作技术，均作了比较详细的讲解。本书通过列举实例，引导读者加强对Q版角色动作经典案例的设计和制作的理解。学习完本书的内容，读者将了解和掌握大量游戏动漫制作的理论及实践能力，能够胜任游戏公司或影视公司动画师制作等相关岗位。

本书可作为大中专院校艺术类专业和相关专业培训班学员的教材，也可作为游戏美术工作者的资料参考书。

特别说明：本书中使用的图片素材仅供教学之用。



**图书在版编目(CIP)数据**

角色动画制作（上）/ 谌宝业，苏治峰，谭鹏编著. — 北京 ：清华大学出版社，2017(2025.2重
（游戏动漫开发系列）

ISBN 978-7-302-45509-7

Ⅰ. ①角… Ⅱ. ①谌… ②苏… ③谭… Ⅲ. ①三维动画软件 Ⅳ. ①TP391.414

中国版本图书馆CIP数据核字(2016)第277982号

**责任编辑**：张彦青
**封面设计**：谌建业
**责任校对**：张彦彬
**责任印制**：沈　露
**出版发行**：清华大学出版社

**网　　址**：https://www.tup.com.cn，https://www.wqxuetang.com
**地　　址**：北京清华大学学研大厦A座　　**邮　　编**：100084
**社 总 机**：010-83470000　　**邮　　购**：010-62786544
**投稿与读者服务**：010-62776969，c-service@tup.tsinghua.edu.cn
**质量反馈**：010-62772015，zhiliang@tup.tsinghua.edu.cn
**课件下载**：https://www.tup.com.cn，010-62791865

**印 装 者**：涿州汇美亿浓印刷有限公司
**经　　销**：全国新华书店
**开　　本**：190mm×260mm　　**印　　张**：18　　**字　　数**：288千字
**版　　次**：2017年1月第1版　　**印　　次**：2025年2月第6次印刷
**定　　价**：78.00元

---

**产品编号**：071260-01

# 游戏动漫开发系列
# 编委会

# 丛书序 PREFACE

动漫游戏产业作为文化艺术及娱乐产业的重要组成部分，具有广泛的影响力和潜在的发展力。

动漫游戏行业是非常具有潜力的朝阳产业，科技含量比较高，同时也是现今精神文明建设中一项重要的内容，在国内外都受到很高的重视。

进入21世纪，我国政府开始大力扶持动漫和游戏行业的发展，“动漫”这一含糊的俗称也成了流行术语。从2004年起至今，国家广电总局批准的国家级动画产业基地、教学基地、数字娱乐产业园已达30个；国内有近500所高等院校新开设了数字媒体、数字艺术设计、平面设计、工程环艺设计、影视动画、游戏程序开发、游戏美术设计、交互多媒体、新媒体艺术与设计、信息艺术设计等专业；2015年，国家新闻出版广电总局批准了北京、成都、广州、上海、长沙等16个“国家级游戏动漫产业发展基地”。

根据《国家动漫游戏产业振兴计划》草案，今后我国还要建设一批国家级动漫游戏产业振兴基地和产业园区，孵化一批国际一流的民族。动漫游戏企业；支持建设若干教育培训基地，培养、选拔和表彰民族动漫游戏产业紧缺人才；完善文化经济政策，引导激励优秀动漫和电子游戏产品的创作；建设若干国家数字艺术开放实验室，支持动漫游戏产业核心技术和通用技术的开发；支持发展外向型动漫游戏产业，争取在国际动漫游戏市场占有一席之地。

从深层次来讲，包括动漫游戏在内的数字娱乐产业的发展是一个文化继承和不断创新的过程。中华民族深厚的文化底蕴不但为中国发展数字娱乐及创意产业奠定了坚实的基础，而且提供了广泛、丰富的题材。尽管如此，从整体看，中国动漫游戏及创意产业仍面临着诸如专业人才短缺、融资渠道狭窄、缺乏原创开发能力等一系列问题。长期以来，美国、日本、韩国等国家的动漫游戏产品占据着我国原创市场。一个意味深长的现象是，美国、日本和韩国的一部分动漫及游戏作品取材于中国文化，加工于中国内地。

针对这种情况，目前各大院校相继开设或即将开设动漫和游戏的相关专业，而真正与这些专业相配套的教材却很少。北京动漫游戏行业协会应各大院校的要求，在科学的市场调查的基础上，根据动漫和游戏企业的用人需求，针对高校的教育模式以及学生的学习特点，推出了这套动漫游戏系列教材。本丛书凝聚了国内外诸多知名动漫游戏人士的智慧。

**整套教材的特点如下。**

1. 本套教材邀请国内多所知名学校的骨干教师组成编审委员会，搜集整理全国近百家院校的课程设置，从中挑选动、漫、游范围内公共课和骨干课程作为参照。

2. 教材中实际制作的部分选用了行业中比较成功的实例，由学校教师和业内高手共同完成，以提高学生在实际工作中的能力。

3. 为授课教师设计并开发了内容丰富的教学配套资源，包括配套教材、视频课件、电子教案、考试题库，以及相关素材资料。

本系列教材案例编写人员都是来自各个知名游戏、影视企业的技术精英骨干，拥有大量的项目实际研发成果，对一些深层的技术难点有着比较精辟的分析和技术解析。

# 前　言

# FOREWORD

当前，中国正成为全球数字娱乐及创意产业发展速度最快的地区，得到党和政府的高度重视，丰富的市场资源使得中国成为国外数字娱乐产业巨头竞相争夺的新市场。但从整体看，中国动漫游戏产业仍然面临着诸如专业人才严重短缺、融资渠道狭窄、原创开发能力薄弱等一系列问题。包括动漫游戏在内的数字娱乐产业的发展是一个文化继承和不断创新的过程，中华民族深厚的文化底蕴为中国发展数字娱乐产业奠定了坚实的基础，并提供了扎实而丰富的题材。

然而与动漫游戏产业发达的欧美、日韩等国家和地区相比，我国的动漫游戏产业仍处于一个文化继承和不断尝试的阶段。游戏动画作为动漫游戏产品的重要组成部分，其原创力是一切产品开发的基础。与传统动画相比，游戏动画更加依赖于计算机软硬件技术的制作手段，它用计算机算法来实现物体的运动。游戏动画大多以简单的动作（攻击、走、跑、跳、死亡、被攻击等）为主，让玩家在游戏中操作自己扮演的角色做出各种动作。因此，游戏动画除了带给人们传统动画的视觉感受外，还增加了游戏代入感，让玩家置身于游戏之中，带给玩家身临其境的奇妙体验，这是其他动漫形式难以具备的特点。

游戏新文化的产生，源自于新兴数字媒体的迅猛发展。这些新兴媒体的出现，为新兴流行艺术提供了新的工具和手段、材料和载体、形式和内容，带来了新的观念和思维。

进入21世纪，在不断创造经济增长点和广泛社会效益的同时，动漫游戏已经成为一种新的理念，包含了新的美学价值、新的生活观念，表现人们的思维方式，它的核心价值是给人们带来欢乐和放松，它的无穷魅力在于天马行空的想象力。动漫精神、动漫游戏产业、动漫游戏教育构成了富有中国特色的动漫创意文化。

针对动漫游戏产业人才需求和全国相关院校动漫游戏教学的课程教材基本要求，由清华大学出版社携手长沙浩捷网络科技有限公司共同开发了本系列动漫游戏技能教育的标准教材。

本书由谌宝业、苏治峰、谭鹏编著。参与本书编写的还有陈涛、冯鉴、谷炽辉、雷雨、李银兴、刘若海、尹志强、史春霞、涂杰、王智勇、伍建平、张敬、朱毅等。在编写过程中，我们尽可能地将最好的讲解呈现给读者，若有疏漏之处，敬请不吝指正。

# 目　录
# CONTENTS

# 第1章 角色动画制作——游戏动画概述

**角色动画制作描述:**

本章主要从概念上介绍动画设计的理念，了解动画设计的运用规律及动画制作原理，简要介绍动画的创作原理在游戏产品中的应用，加深理解动画的制作构成元素——物体运动原理、物体运动规律、动画创作思路、动画的时间掌握等广义动画的概念。在动作设计过程中，需要设计者用心观察，揣摩生活素材，大胆取舍，才能将生活中常态动作提炼出来，并创造出既能准确达意，又令人耳目一新的动作符号。

**●实践目标**

- 认识什么是动画
- 掌握物体的运动原理
- 掌握物体的运动规律
- 掌握动画的创作思路
- 理解动画的时间节奏

**●实践重点**

- 掌握动画设计中的物体运动原理
- 掌握动画设计中的物体运动规律在产品开发中的运用

**●实践难点**

- 理解游戏动画的设计理念及物体运动规律

# 1.1 动画概述

21世纪，随着人类社会进入信息时代和互联网高速发展的时代，各种软硬件技术及艺术表现形式在不断更新及发展，本节从动画发展的历史角度，介绍动画的概念、方式以及在游戏中的应用。

## 1.1.1 动画的概念

动画是一门多元发展及应用的艺术形式，是集技术、艺术及哲学等众多领域于一体的综合性艺术表现形式。动画意味着给作品注入生命,而生命也总是意味着变化。人与人之间的交流,可以通过语言和动作两种途径。语言是一种声音符号，而动作是一种表意符号，并能超越语言功能、跨越国家与民族的界限进行交流。动画艺术主要是以动作来传情达意的。动作设计首要目的是使大多数观者能够心领神会，使其具有普遍意义的共同特征，同时还必须从中寻找个性化的特殊动作符号。这种在共性中突出个性的动作设计是动作语言符号化表现的难点，也是关键点。

动画艺术是集结在影视、动漫、游戏、广告等多种产品艺术中的最具特色的一门艺术。它可以使图画、雕塑、木刻、线条、立体、剪影及环境特效等以动态形式展现出来。随着动画艺术形式的发展，由此延伸出来的动画艺术产品也得到了市场的广泛应用，并与其他艺术形式实现更为完美的结合。

随着动画艺术产品在市场的不断发展，动画的含义也在不断地衍变，动画产品及表现种类也越来越多。如今的动画是指将一系列按照运动规律制作出来的画面，以一定的速率连续播放从而产生的一种动态视觉技术。动画信息存储在胶片、磁带、硬盘、光盘等记录媒介上，再通过投影仪、电视屏幕、显示器等放映工具进行放映。

## 1.1.2 动画的方式

动画是一门独立又综合的学科，它是艺术与科学的高度结合，覆盖范围十分广泛，既包括影视、漫画、动画、游戏的制作领域，又包括当今高新科技、数字技术等多方面的运用。从发展表现形式上，也分解出两个大的领域：二维动画及三维（3D）动画艺术。

传统动画是由美术动画电影传统的制作方法移植而来的。它利用了电影原理，即人眼的视觉暂留现象，将一张张逐渐变化并能清楚地反映一个连续动态过程的静止画面，经过摄像机逐张逐帧地拍摄编辑，再通过电视的播放系统，使之在屏幕上活动起来。所以传统动画的制作需要画师在纸张上画好画面后，再通过电影胶片展现在银幕上，从而形成纸质动画，如图1-1所示。

图1-1 手绘动画的制作

随着电子工业的发展，计算机在动画中的运用彻底改变了动画的命运，传统的纸上作业成为历史。使用计算机全程制作的二维动画作品，其绘画方式与传统的纸上绘画十分相似，因此能够让纸质动画比较容易地过渡到无纸动画的创作领域。无纸动画采用数位板（压感笔）＋电脑＋绘图软件的全电脑制作流程，省去了传统动画中扫描、逐格拍摄等步骤，而且简化了中期制作的工序，画面易于修改，上色方便，大大提高了动画制作的效率，如图1-2所示。

图1-2 二维动画的制作

近年来随着计算机软硬件技术的发展，产生了一项新兴技术——三维动画。与二维动画的制作工艺和流程相比，三维动画更加依赖于计算机软硬件技术的制作手段，同时也具有更为复杂的制作工艺和流程。影视作品当中那些无比真实、令人震撼的动画特效，纷纷得益于三维动画制作水平的快速发展。而所谓三维动画，是指在计算机模拟的三维空间内制作三维模型，指定好它们的动作（模型的大小、位置、角度、材质、灯光环境的变化），最后生成动态的视觉效果。在计算机软件构筑的虚拟三维世界里，设计者可以塑造出任何需要的场景。近年来，随着计算机图形学技术、三维几何造型技术，以及真实感图形生成技术的发展，动画控制技术也得到飞速的发展。很多影视剧作运用了大量的三维动画技术，如图1-3所示。

图1-3　三维动画的制作

## 1.1.3 动画在游戏中的应用

动画，其本质是将制作好的影片通过某种终端设备来进行传输的视觉技术，也就是现在大家比较熟悉的动漫动画。好的动画，可以和观众之间产生强烈的互动和联系，让人津津乐道和难以忘怀，进而受到教育和启迪。从这点来说，无论传统动画，还是计算机动画，包括游戏动画，都具备上述特点。

游戏动画属于计算机动画，但它与其他动画形式的不同之处在于，前者的制作原理是实时动画，是用计算机算法来实现物体的运动。而后者运用原理为逐帧动画技术，即通过关键帧显示动画的图像序列而实现运动的效果。

我们知道，游戏动画主要是战斗场景的动画，受到游戏引擎的限制，每个角色的动作时间不可能太长。而且帧速率（FPS）也能产生较大的影响。对于一般电脑游戏来说，每秒40~60帧是比较理想的境界，手机游戏则在20帧左右。如果FPS太低，游戏中的动画就容易产生跳跃或停顿的现象。因此在制作游戏动画时，不能像其他动画形式那样充满丰富的想

象力，而是要严格按照程序设定的要求，在条件允许的范围内进行制作。游戏动画大多以简单的动作（攻击、走、跑、跳、死亡、被攻击等）为主，不过借助软件技术，游戏动画中的特效和环境氛围弥补了动作的单调，在整体观赏性上仍然比较出色，如图1-4所示。

图1-4 《龙之谷》游戏动画截图

同时，由于玩家常常在游戏中控制自己扮演的角色，因此能增加游戏代入感，让玩家置身游戏之中，带给玩家身临其境的奇妙体验，这是其他动漫形式难以具备的优势，如图1-5所示。

图1-5 玩家扮演的角色

# 1.2 物体运动原理

物体由静止到运动，或者由一种运动转化为另一种运动时，都会因力的不同而产生独特的运动规律。模拟不同力下的运动，使动画产生真实感，是动画师做动作的基本要求之一。

### 1. 作用力和反作用力

从原理上来说，物体之所以运动是由于有力的作用，这个力的作用分为作用力和反作用力。一般来说作用力越大，反作用力也就越大，在体育运动中有很好的体现，如举重、撑竿跳高等运动，如图1-6所示。但还需要具体问题具体分析，如作用于同一球的力不变，反作用力却有所不同；在沙滩上给球再大的力也很难得到地板上拍球的效果，沙滩和地板的材质不同，所以力的影响各有不同。

图1-6 作用力和反作用力

### 2. 物体受力的表现

物体在受到力的作用时，其形状和轮廓也会有所改变，主要表现为挤压和拉伸。一般来说，物体变形程度与作用于物体的力及物体的组成材质有直接关系；力越大，变形越大。材质抵抗外力的能力强则不易变形，如石材、钢铁等；材质抵抗外力的能力弱则容易变形，如泥土、海绵等。作用于物体的力可以是一个也可以是多个，多个力作用于物体时，变形较为复杂。在动画制作中，可以通过挤压和拉伸变形来完成很多夸张的动画效果，

这些夸张的效果能更好地将物体的运动本质传达给观众。物体在受力的作用时，自身的方向和角度也会发生改变，这种运动以曲线为主。曲线运动使动作更加真实与自然，非曲线运动往往会呈现机械的效果，如图1-7所示。

图1-7　物体受力而产生运动

3.物体运动的预备动作

物体运动和静止时都要保持重心与平衡，重心与平衡是维持运动与静止的关键。在动画制作时，角色的重心要维持平衡，角色静止时变换重心不显生硬。

角色运动时都会有一个向反方向运动的预备动作，这个动作与其运动方向正好相反，动作幅度有大有小，有的会很明显地表现出来，有的不易察觉。但在动画的绘制过程中，应该将其表现出来，以增加物体运动的视觉效果，如图1-8所示。在角色实施主要动作时，还会有一些小动作作为补充，这些动作可以称为第二动作。第二动作是为了使角色更加丰满和鲜活，它主要是一些小动作，如生气时握紧拳头，伤心时耷拉着耳朵等。

图1-8　角色运动的预备动作

# 1.3 物体的运动规律

在动画的运动规律中，不管是有生命的物体还是无生命的物体，都有其特定的运动规律。动画的运动规律不是去夸张物体的质量，而是从物体的运动中发现、理解和总结出来的，动画规律的本质就是夸张自然界中任何物体在力的作用下所呈现的特征。动画规律主要有弹性、惯性、曲线三大运动规律。

1. 弹性运动

物体在受到力的作用时，它的形态或体积会发生变化。在物体发生变形时，会产生弹力；当形变消失时，弹力也会随之消失，我们把这种因物体受外力而产生的变形运动称为弹性运动。

**概念：**物体在受到力的作用时，它的形态和体积会发生改变。这种改变，在物理学中称之为形变。物体形变产生时，会产生弹力；形变消失，弹力也会随之消失。如当小球掉落到地面上时，由于自身的重量和地面的反作用力，会使小球发生形变，从而产生弹力，因此小球会从地面上弹起来；小球弹到一定的高度，受地心的引力下落，小球掉落地面，再次发生形变，又弹了起来。就像小球受力后会发生形变、产生弹力一样，自然界的任何物体在受到任意小的力后，都会发生形变，不发生形变的物体是不存在的，只不过形变有大小之分而已，如图1-9所示。

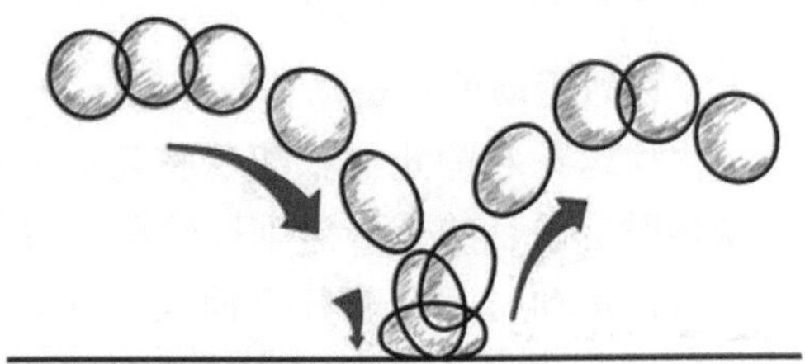

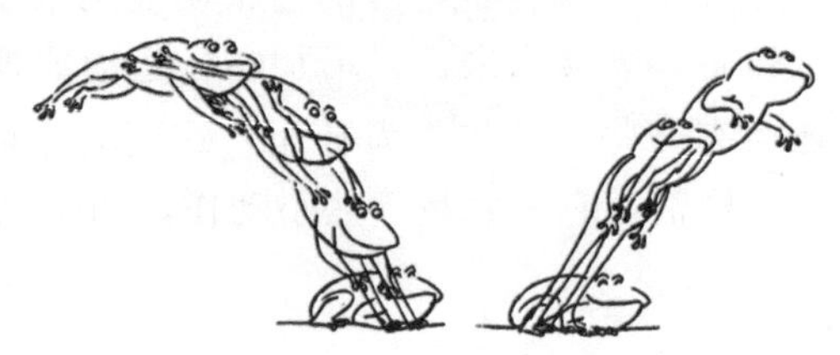

图1-9　物体的形变运动

**弹性变形：**小球受到地面的作用力弹起，在弹起的过程中发生的变形（压扁、拉长），叫作弹性变形。和小球的弹性变形一样，自然界中的物体受力后也会产生变形运动。根据物体的材质不同，变形的大小、幅度也会有所区别，如图1-10所示。

图1-10　弹性变形运动

**弹性变形中的细节调整**：当小球下落再次弹起后落地时，落地的动作就不能像第一次落地变形那么夸张，需对小球的形变进行细节调整，使整体运动更加富有活力和变化。将这些完善后的细节变化运动运用于实际角色运动中，能使动画更为生动和灵活，如图1-11所示。

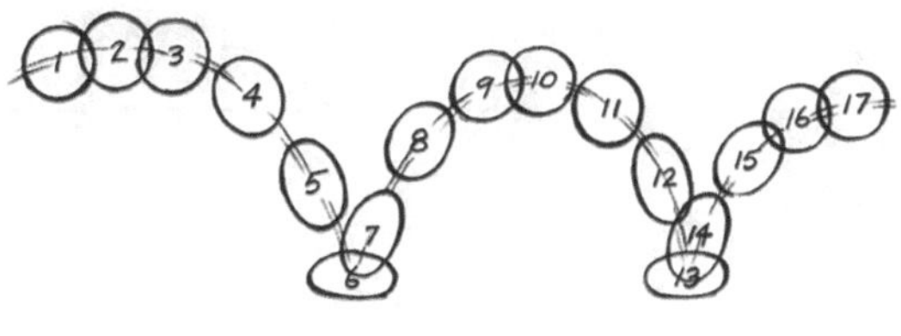


图1-11　弹性变形的细节调整

**弹性变形状态**：变形是根据力学原理进行的一种艺术夸张手段。在动画中，对于形变不明显的物体，我们也可以根据动画的需要，运用夸张变形的手法，针对所有可变形部位进行形态的挤压、缩放、位移等变化。变形动画运用在很多设计领域中，表情动画的制作原理就是运用夸张变形手法，如图1-12所示。

图1-12　角色的弹性夸张变形

### 2. 惯性运动

一个物体不受到任何力的作用，它将保持静止状态或匀速直线运动状态，直到有外力改变这种状态，这就是我们通常所说的惯性定律。所以一个物体由静止状态开始运动，或者运动突然中止，就会产生惯性。

**概念**：一切物体都有惯性，在日常生活中，表现物体惯性的现象是经常可以遇到的。例如，站在汽车里的乘客，当汽车突然向前开动时，身体会向后倾倒，这是因为汽车已经开始前进，而乘客由于惯性还要保持静止状态的原因；当行驶中的汽车突然停止时，乘客的身体又会向前倾倒，这是由于汽车已经停止前进，而乘客由于惯性还要保持原来速度前进的原因。人们在生产和生活中，经常利用物体的惯性。例如，榔头松了，把榔头柄的末端在固定而坚硬的物体上撞击几下，榔头柄因撞击而突然停止，榔头由于惯性仍要继续运动，结果就紧紧地套在柄上了。将木块放在小车上，拉动小车时，木块由于惯性会向后倒，如图1-13所示。

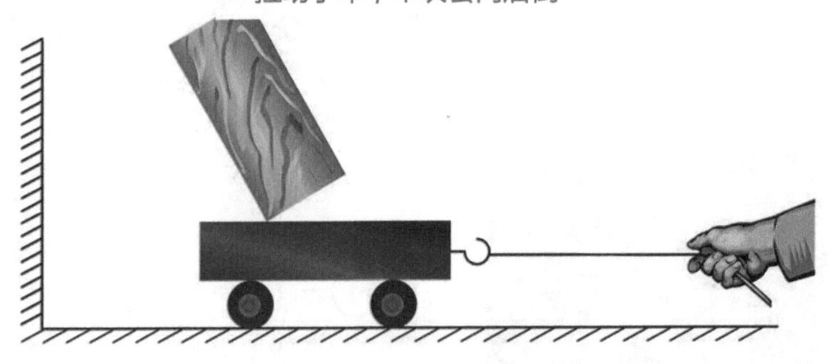


图1-13　惯性运动

**惯性变形**：根据力学惯性的原理，夸张形象动态的某些部分叫作惯性变形。如疾驰的汽车突然刹车，由于惯性的原理，车头会停止运动，车尾会继续向前，这就是惯性变形。惯性的夸张变形可以使动作更有强调性，使运动表现更为灵活生动，体现了动画最根本的特性，如图1-14所示。

图1-14　惯性变形运动

### 3. 曲线运动

曲线运动是相对于直线运动而言的一种运动形式，它是曲线形的、柔和的、圆滑的、优美和谐的运动，在表现人物、动物、飘带、气体和液体的圆滑优美的动作，以及细长、轻盈、柔软的质感时，都采用曲线运动的技法。

**弧形曲线运动**：凡物体的运动呈弧线的，称为弧形曲线运动。表现弧形运动的方法要注意两点：一是抛物线的前后大小会有变化，二是要掌握好运动过程的加减速度。如钟摆晃动的弧线，在两边的最高点速度最慢，如图1-15所示。

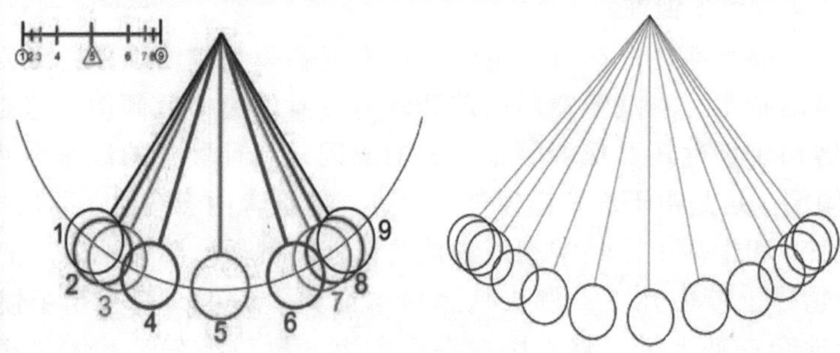


图1-15　钟摆的弧度曲线运动

**波形曲线运动**：在物理学中，把振动的传播过程叫作波。质地柔软的物体受力的作用时，受力点从一端向另一端推移，其运动的路线呈波形，就产生波形曲线运动。在体育中舞蹈飘带的运动就是最好的应用，在动画中的柔体及各种飘带的应用也非常广泛。如飘带的波形运动上下两边一浪接一浪，由一端向另一端曲线运动，如图1-16所示。

图1-16　飘带的波形运动

**S形曲线运动**：S形的曲线运动常用来表现柔软而坚韧的物体，主动力在一个点上，依靠自身或外部主动力运动，使力量由一端过渡到另一端。它所产生的运动线和运动形态就呈S形曲线。如松鼠的尾巴动作特征就是用球形和圆弧的形状构成的动作，在跳跃、奔跑中，尾巴会随之进行相应的曲线运动，如图1-17所示。

图1-17　松鼠尾巴的曲线运动

**曲线运动的综合运动**：在实际工作中，常常会遇到一些物体运动，既有波形曲线，又有S形或螺旋形等多种曲线运动类型。如手抓住飘带的一端来回用力甩动，飘带的一端所受的力推向另一端时，尾巴的运动往往是S形曲线，而不是波形。因此，在我们理解物体运动规律后，还必须掌握运动的主动力和被动力、运动的方向、朝前推进顺序等，如图1-18所示。

图1-18 甩动飘带的曲线运动

## 1.4 动画的创作思路

动画创作有其基本的运动规律和要求，工作中按一般运作流程实施制作会使整体创作运转顺利、配合协调。

### 1. 动画创作要符合剧情

动画创作必须符合剧情，这一点是毋庸置疑的。再好的动画不符合剧情，质量也是不合格的，所以一定要认真分析剧情。若是由一个团队来制作动画，团员之间一定要有深入的沟通，并要有负责人掌控团队创作。

### 2. 角色创作要体现原创者的意图

深入分析角色的动作和个性，再将思想、情感和动作联系起来创作角色的动态表演。通过分析得到角色的自身外在和内在的信息后，我们要能够把这些信息融入角色创作中去。要从角色出发，将自身融入角色、融入故事中去创作。

### 3. 运用物体的运动规律

在运用物体的运动规律时，我们应该将它们作为一个整体进行适当运用，而不是单单运用哪一个原理。对于一个动作，应该研究要应用哪些原理。我们应该熟悉一些基本动作，如人走、跑、跳的运动规律，四足动物的运动规律，鱼类的运动规律，鸟类的运动规律，自然形态的运动规律等，如图1-19所示。

图1-19 四足动物及骑马动态图

## 1.5 动画的时间掌握

动画有广泛的用途，从娱乐到广告，从工业到教育，从短片到艺术长篇。对不同类型的动画，在时间的掌握上要有不同的安排。同时注意，不同的观众有不同的反应，如以儿童为对象的教育片和以成人为对象的娱乐片在时间掌握上就不能一样，后者需要更快的节奏。动画的时间掌握不可能有通用的公式。在一种情况下起作用，不一定在另一种情况下也起作用。所以动画时间的唯一准则是：如果它在银幕上达到了预期效果，那就是好的，如果效果不佳，那就是不好的。所以最好的方法就是去实践它，如图1-20所示。

图1-20 小松鼠关键帧动画

## 1.6 本章小结

本章我们重点讲解动画构成的基础概念定义及动画运动的原理，熟练掌握运动中作用力与反作用力在动画制作中的应用。了解二维动画及三维动画的制作流程及输出规范，明确动画创作设计思路。主要掌握以下几个要领：

（1）掌握动画设计的概念及创作设计的理念。

（2）掌握动画制作中物体运动的原理及力的运动表现。

（3）掌握动画二维动画及三维动画的基本运动规律。

## 1.7 本章练习

**填空题**

简述二维动画与三维动画运动规律及运动原理。

**操作题**

利用本章讲解的动画运动的基本规律，制作一个飘带动画或物体落地的动画。

# Q版角色动画制作——花妖

**花妖描述:**

妖灵族女神——花妖属于妖灵族比较有代表性的角色之一，也是比较有灵气且比较聪慧的妖，有强盛的生命力及延展性。花妖属于众多种族分类中比较特殊的种族——妖灵族，在古丛林中有很高的声望及久远的族史。花妖属木阴，吸收千年的日月精华后而成精，娇小的身躯和敏捷的速度可以让她们同时攻击多个目标，并在敌人实施打击报复前撤离。她们与森林关系密切，可以召唤自然的力量在战斗中释放魔法。

本章通过对游戏中花妖的动画设计及制作流程，重点讲解花妖动画的创作技巧及动作设计思路。

**●实践目标**

- 掌握花妖模型的骨骼创建方法
- 掌握花妖模型的蒙皮设定
- 了解花妖的基本运动规律
- 掌握花妖的动画设计技巧

**●实践重点**

- 掌握花妖模型的骨骼创建方法
- 掌握花妖模型的蒙皮设定
- 掌握花妖的动画设计技巧

本章主要结合花妖形体结构的理解及分析，抓住花妖个性特点，通过行走、攻击两种类型动画制作规范及制作流程的精讲，给花妖赋予生命的活力，展现花妖的妖媚并略带Q萌的结构造型及优美的动作节奏。花妖动态画面截图效果如图2-1所示。

(a)花妖的行走动画　　(b)花妖的攻击动画

图2-1　效果图

# 2.1 花妖的骨骼创建

在创建花妖骨骼时，将传统的CS骨骼、Bone骨骼相结合。花妖身体骨骼创建分为花妖创建前的准备、创建Character Studio骨骼、匹配骨骼到模型三部分内容。

## 2.1.1 创建前的准备

（1）激活要制作动画的角色模型，重置模型所有定点信息，使模型的旋转/缩放数值归位到初始状态，同时检测模型的法线并进行统一，确认模型X/Y/Z轴的位移信息归零。方法：选中花妖模型，右击工具栏上的Select and Move（选择并移动）按钮，在弹出的Move Transform Type-In（移动变化输入）界面中，将Absolute: World（绝对:世界）的坐标值设置为（X:0，Y:0，Z:0），如图2-2中A所示。此时可以看到场景中的花妖位于坐标原点，如图2-2中B所示。

图2-2 模型归零

（2）过滤模型。方法：打开Selection Filter（选择过滤器）卷展栏，并选择Bone（骨骼）模式，如图2-3所示。这样在选择骨骼时，只能选中骨骼，而不会发生误选的情况，也便于在后期与模型对位的时候更精准。

图2-3 过滤花妖的模型

提示：在匹配花妖的骨骼之前，一定要在骨骼模式下操作，以便在创建骨骼的过程中，花妖的模型不会因为被误选而出现移动、变形等问题。

## 2.1.2 创建Character Studio骨骼

（1）创建Biped骨骼。方法：按F4键，进入线框显示模式。单击 Create（创建）面板下 Systems（系统）中的Biped按钮，在前视图中拖出一个人类角色骨骼（Biped），拖出的Biped身体部分尽量与花妖的身体高度保持一致，如图2-4所示。

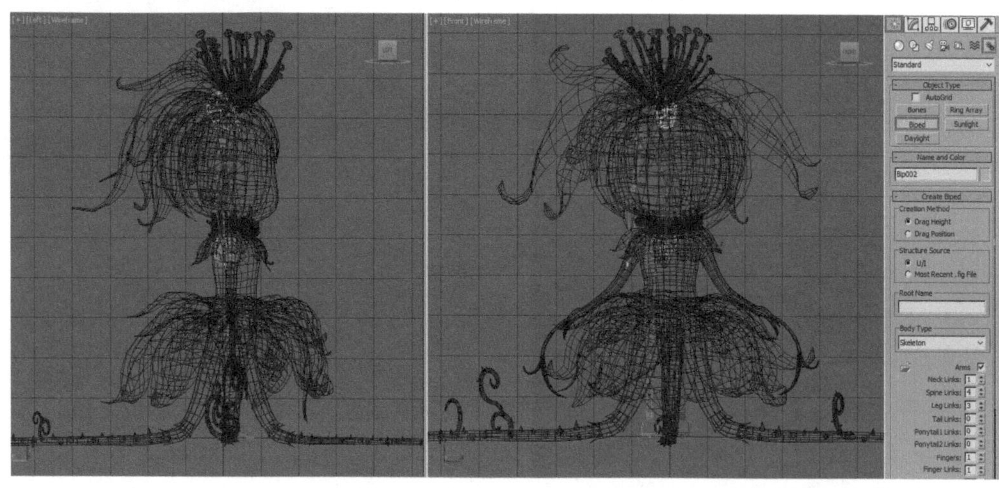

图2-4 创建Biped（骨骼）

（2）调整质心到模型中心。方法：选择人物角色骨骼Biped的任何一个部分，进入 Motion（运动）面板。打开Biped卷展栏，单击 Figure Mode（体形模式）按钮，激活并锁定控制器，如图2-5中A所示，这样即选择了Biped骨骼的质心。使用 Select and Move（选择并移动）工具调整质心匹配到模型，如图2-5中B所示。接着设置质心的X、Y轴坐标为0，如图2-5中C所示。将质心的位置调整到模型中心。

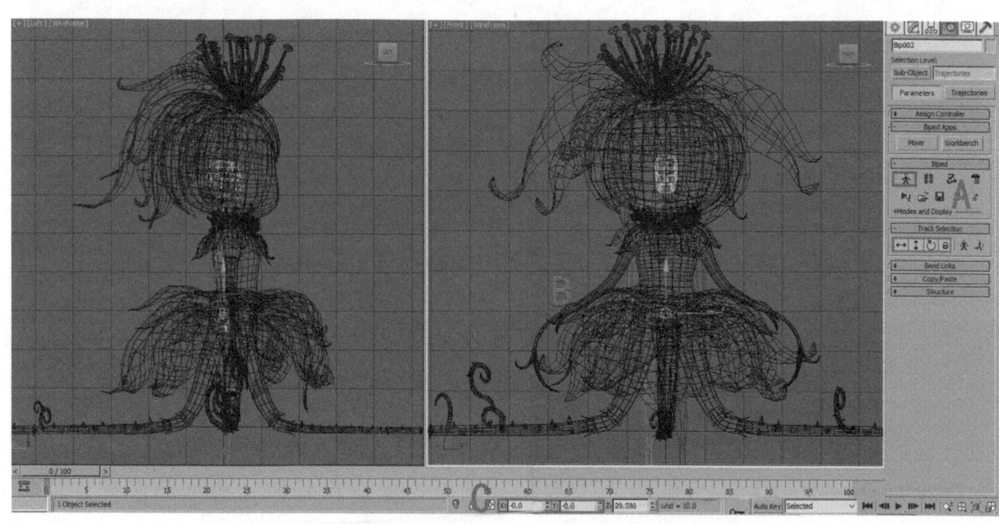


图2-5 匹配质心到模型中心

（3）修改Biped结构参数。方法：选中刚刚创建的Biped骨骼的任何一个部分，再打开 Motion（运动）面板下的Structure（结构）卷展栏，根据骨骼设置需求修改Spine Links（脊椎链接）的结构参数为2，其他部分按照面板默认参数进行设置，如图2-6所示。

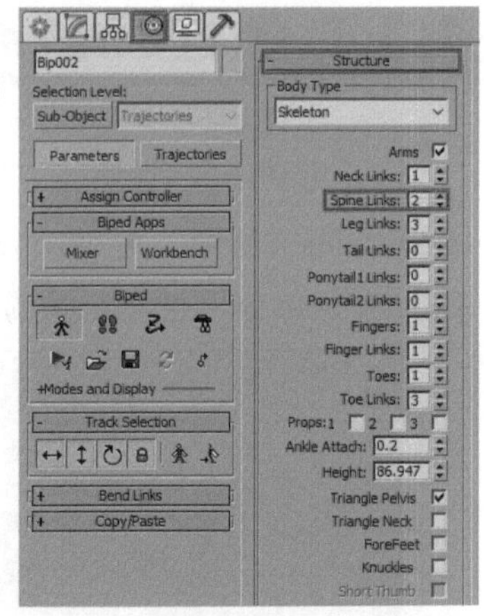

图2-6 修改Biped结构参数

## 2.1.3 匹配骨骼到模型

（1）匹配盆骨骨骼到模型。方法：选中盆骨骨骼，单击工具栏上 Select and Uniform Scale（选择并均匀缩放）按钮，并更改坐标系为Local（局部）。然后使用 Select and Rotate（选择并旋转）和 Select and Uniform Scale（选择并均匀缩放）工具在视图中调整臀部骨骼的位置和大小，与花妖臀部中心位置进行匹配，效果如图2-7所示。

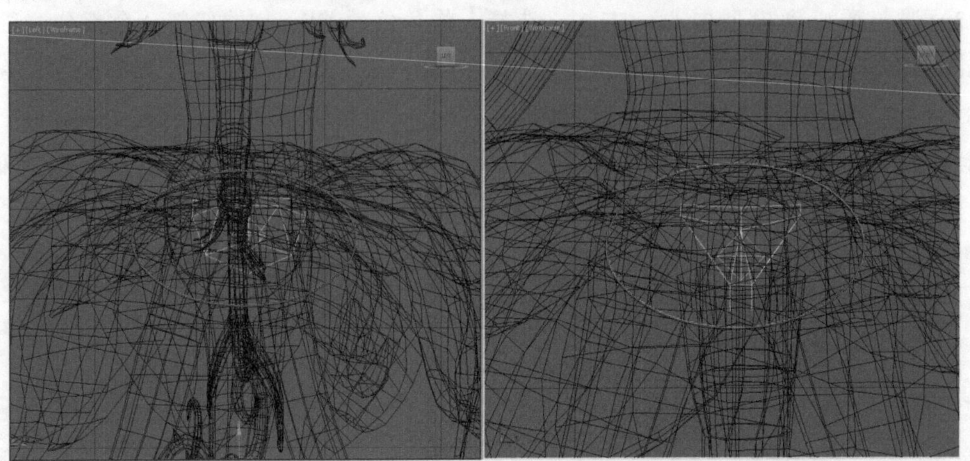

图2-7 匹配盆骨骨骼到模型

提示：为了便于观察，这里隐藏了其他骨骼的显示。

（2）匹配脊椎骨骼到模型。方法：使用 Select and Rotate（选择并旋转）工具和 Select and Uniform Scale（选择并均匀缩放）工具在视图中调整脊椎骨骼与模型相匹配，注意胸部与腹部骨骼节点的位置变化，效果如图2-8所示。

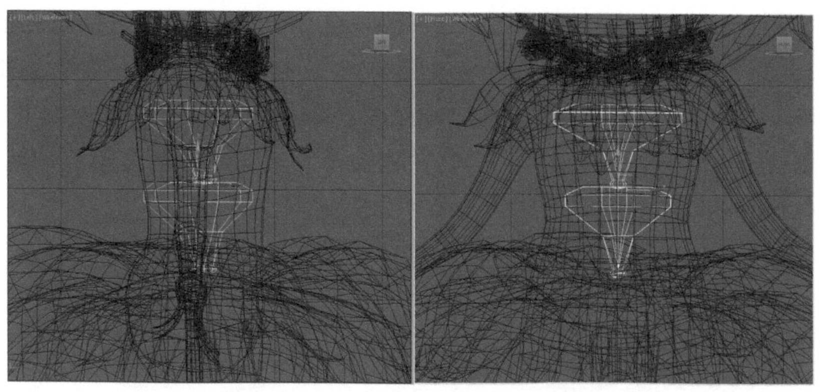

图2-8 匹配脊椎骨骼到模型

（3）匹配绿色手臂骨骼到模型。方法：选中绿色手臂骨骼，使用 Select and Rotate（选择并旋转）和 Select and Uniform Scale（选择并均匀缩放）工具在视图中匹配肩部与肩臂骨骼到模型，效果如图2-9所示。由于花妖的身体结构异于标准的人体骨骼，为方便观察，这里将肘臂与手部缩小。然后尽量与手臂模型进行合理匹配。

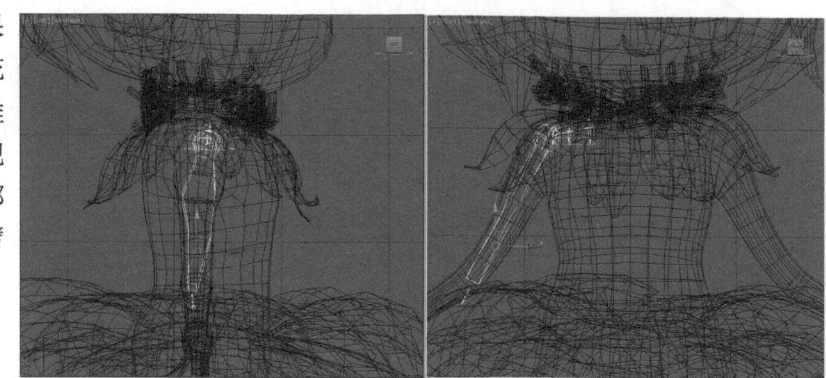

图2-9 匹配手臂骨骼到模型

（4）花妖手臂模型是左右对称的，因此可以将绿色手臂骨骼的姿态复制给蓝色的手臂骨骼。方法：选中手臂骨骼，如图2-10中A所示。先单击 Create Collection（创建集合）按钮创建集合，再单击 Copy Posture（复制姿态）按钮，最后单击 Paste Posture Opposite（向对面粘贴姿态）按钮，得到轴心对称的左右手臂骨骼定位，如图2-10中B所示。

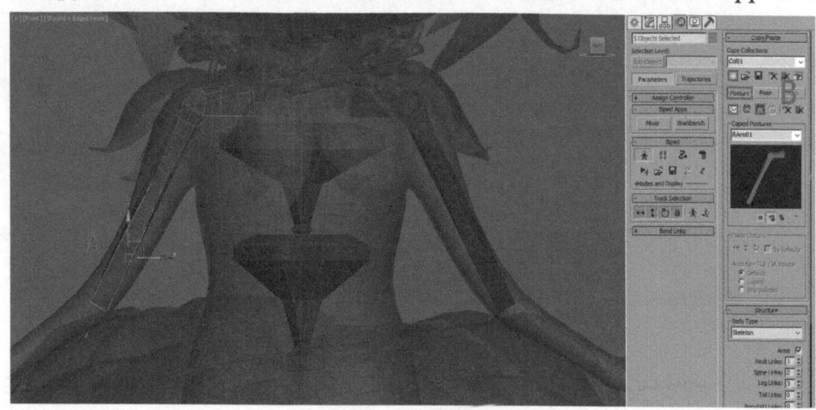

图2-10 复制手臂骨骼的信息

（5）颈部和头部的骨骼匹配。方法：选中颈部骨骼，使用 Select and Rotate（选择并旋转）和 Select and Uniform Scale（选择并均匀缩放）工具在视图中调整颈部骨骼，把颈部骨骼与模型匹配对齐。再选中头部骨骼，使用 Select and Rotate（选择并旋转）和 Select and Uniform Scale（选择并均匀缩放）工具在视图中调整头部骨骼与模型相匹配，效果如图2-11所示。

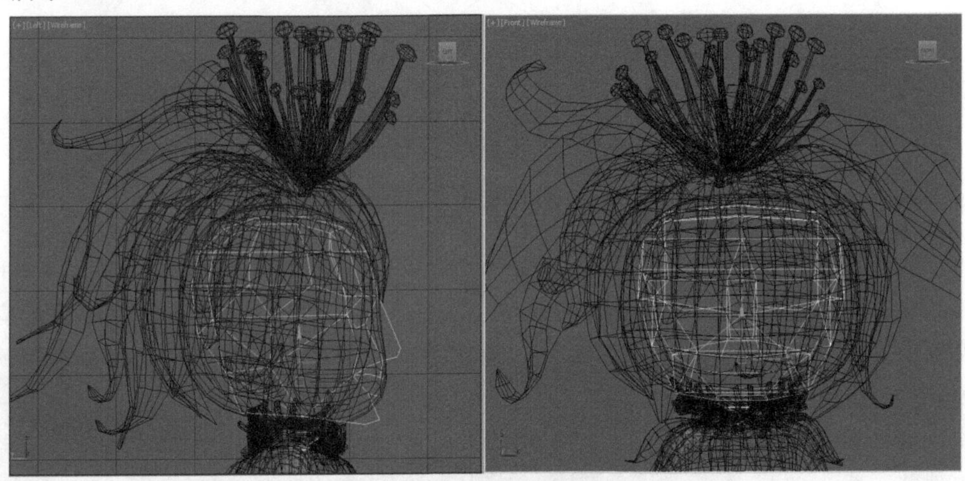

图2-11　匹配颈部和头部骨骼到模型

（6）匹配腿部骨骼到模型。方法：选中右腿骨骼，在视图中使用 Select and Rotate（选择并旋转）和 Select and Uniform Scale（选择并均匀缩放）工具将腿部骨骼与模型匹配，注意骨骼和模型的大小尽量保持一致，以便在后续做蒙皮的时候能更合理地适配模型权重值。根据小腿与脚部的模型结构对骨骼进行缩放，做到最佳适配，效果如图2-12所示。

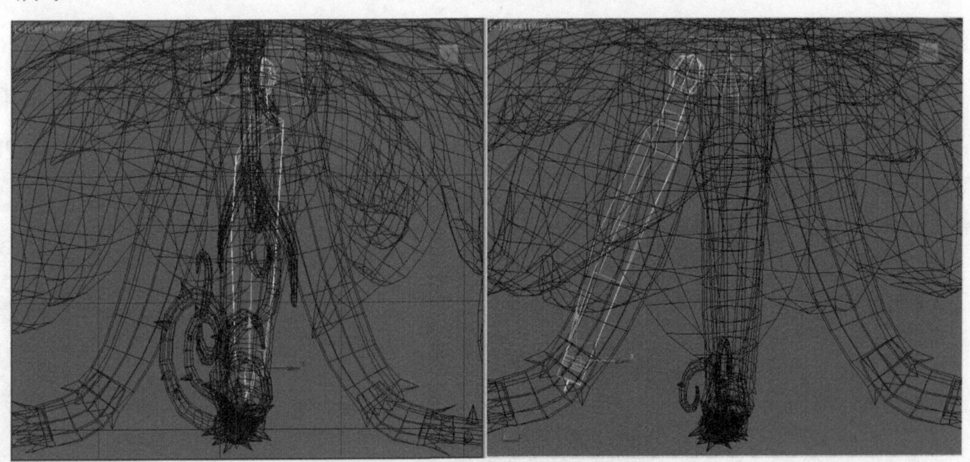

图2-12　匹配腿部骨骼到模型

（7）根据模型的结构变化，复制左侧腿部骨骼动态。方法：参照手臂对右侧骨骼的方法，将绿色腿部骨骼的姿态复制给蓝色腿部骨骼，得到左右对称骨骼，效果如图2-13所示。

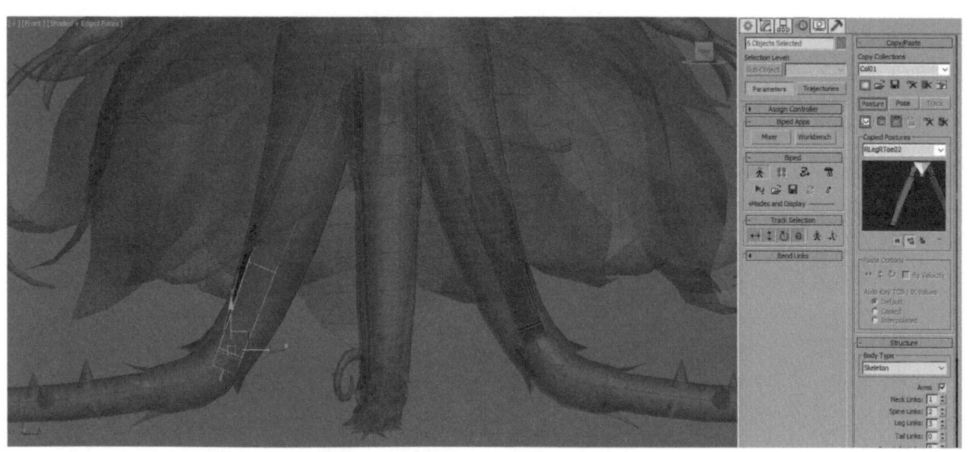

图2-13　复制腿部骨骼到另一边

# 2.2 花妖的附属物品骨骼创建

在创建花妖附属物品骨骼时，使用Bone骨骼进行设置。附属物品的骨骼创建分为创建头饰骨骼、创建触手骨骼、创建裙摆骨骼、创建触脚骨骼以及骨骼的链接五部分内容。

## 2.2.1 创建头饰骨骼

（1）创建右侧头饰骨骼。方法：进入前视图，单击 Snaps Toggle（捕捉开关）按钮，再单击鼠标右键，弹出Grid and Snap Settings（栅格和捕捉设置）面板，在此面板上勾选Vertex（点）与Edge/Segment（边/段）复选框，如图2-14中A所示。最后单击 Create（创建）面板下 Systems（系统）中的Bones（骨骼）按钮，在右侧头饰位置创建骨骼，右击鼠标结束创建，如图2-14中B所示。

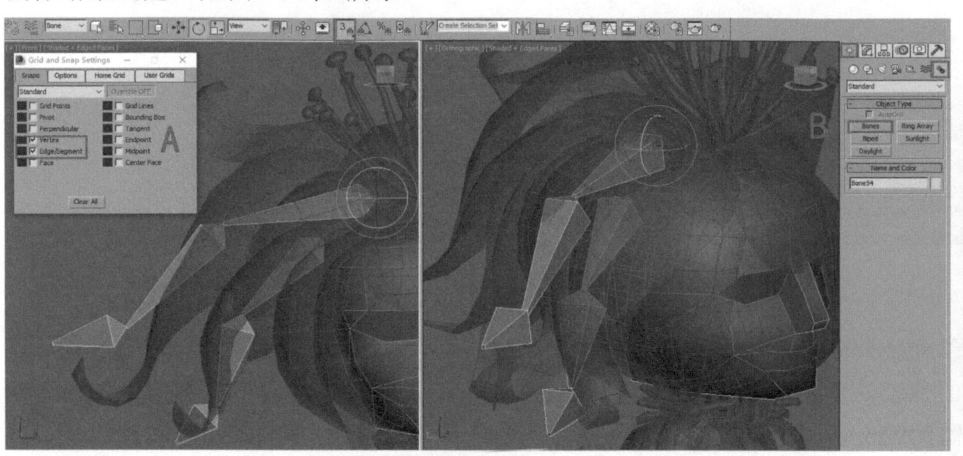


图2-14　创建右侧头饰骨骼

提示：在拉出骨骼后，会自动生成一根末端骨骼，这时可保留、隐藏或删除。

（2）准确匹配骨骼到模型。方法：选中头饰骨骼，执行Animation | Bone Tools菜单命令，如图2-15中A所示。打开Bone Tools（骨骼工具）面板，进入Fin Adjustment Tools（鳍调整工具）卷展栏的Bone Objects栏，调整Bone骨骼的Width（宽度）、Height（高度）和Taper（锥化）参数，如图2-15中B所示。同理调整好其他骨骼的大小。

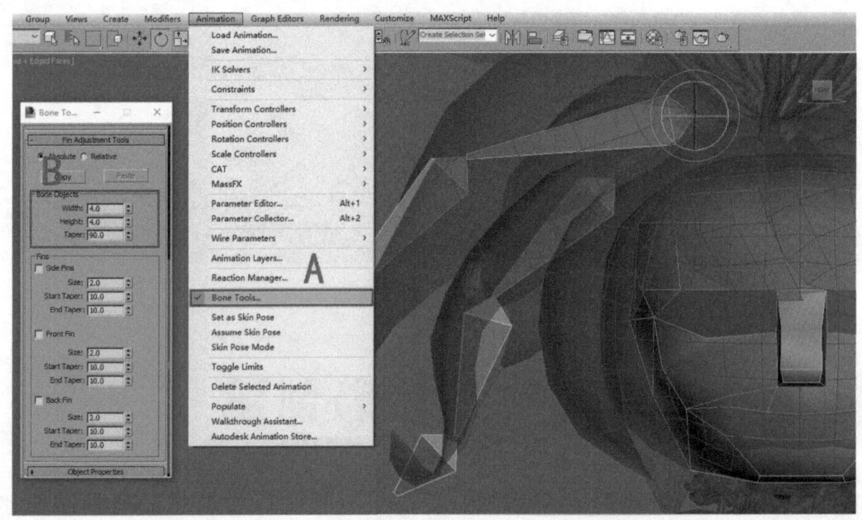


图2-15　使用Bone Tools（骨骼工具）面板调整骨骼大小

（3）根据头饰基础模型的结构变化，逐步创建左侧头饰的骨骼。方法：参照右侧头饰骨骼的创建方法来创建骨骼，再将骨骼移动到准确位置，最后调整Bone骨骼的Width（宽度）、Height（高度）和Taper（锥化）的参数，尽量与模型的大小进行匹配，效果如图2-16所示。

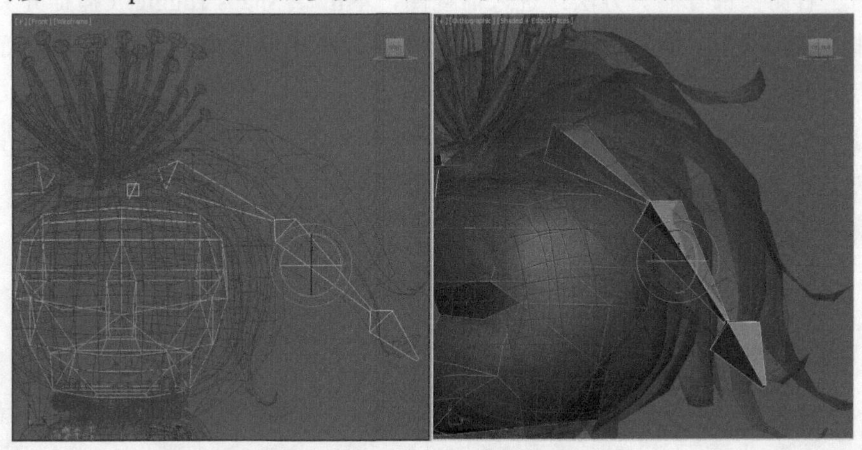

图2-16　创建左侧头饰骨骼

（4）结合前面头饰模型骨骼设置的特点，继续对头部后面的模型进行骨骼的设置，确定后面头饰的骨骼设置角度及大小。方法：进入“左”视图，在相应位置创建骨骼，分别调整Bone骨骼的Width（宽度）、Height（高度）和Taper（锥化）参数，并匹配到模型，效果如图2-17所示。

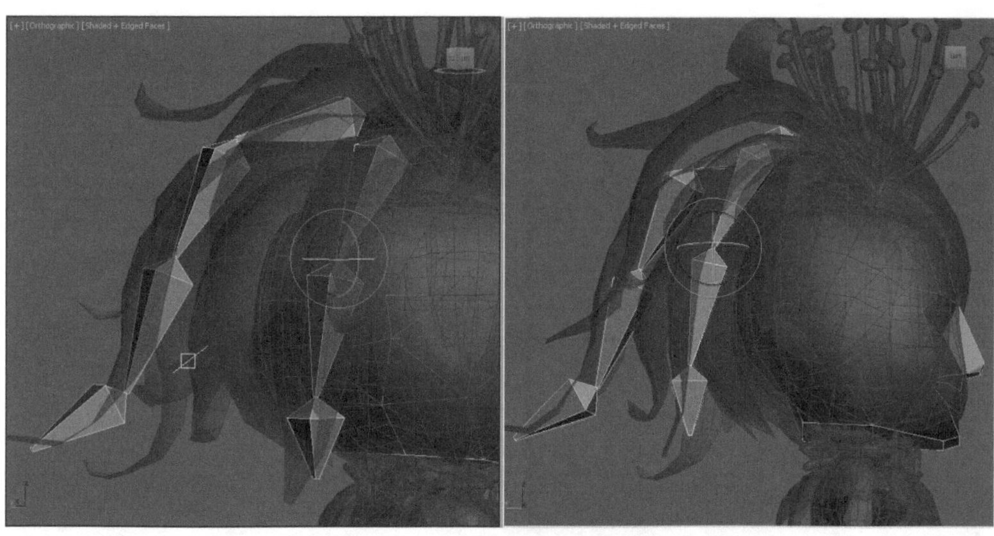

图2-17　创建后面头饰骨骼

（5）根据头饰模型整体变化，继续为头顶花蕊模型进行骨骼的设置，注意在设计花蕊动作的时候相对比较简单，因此骨骼的设置也不能过于复杂。方法：进入“前”视图，在花蕊位置创建一节骨骼，调整Bone骨骼的Width（宽度）、Height（高度）和Taper（锥化）参数，并匹配到模型，效果如图2-18所示。

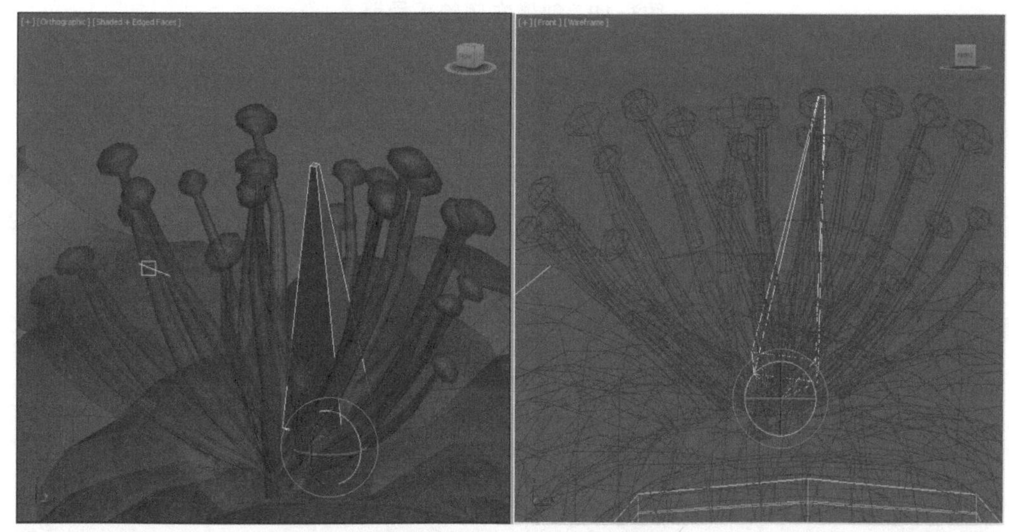

图2-18　创建花蕊骨骼

提示：在激活Bone Edit Mode（骨骼编辑模式）时，不能使用 Select and Rotate（选择并旋转）工具调整骨骼，不然会造成骨骼断链。同时，调整骨骼的大小时，也必须退出Bone Edit Mode（骨骼编辑模式）。

## 2.2.2 创建触手骨骼

（1）创建右侧触手骨骼。方法：进入“前”视图，参照上述骨骼的创建方法来创建触手骨骼。再将骨骼匹配到模型合适位置，并调整Bone骨骼的Width（宽度）、Height（高度）和Taper（锥化）参数，效果如图2-19所示。

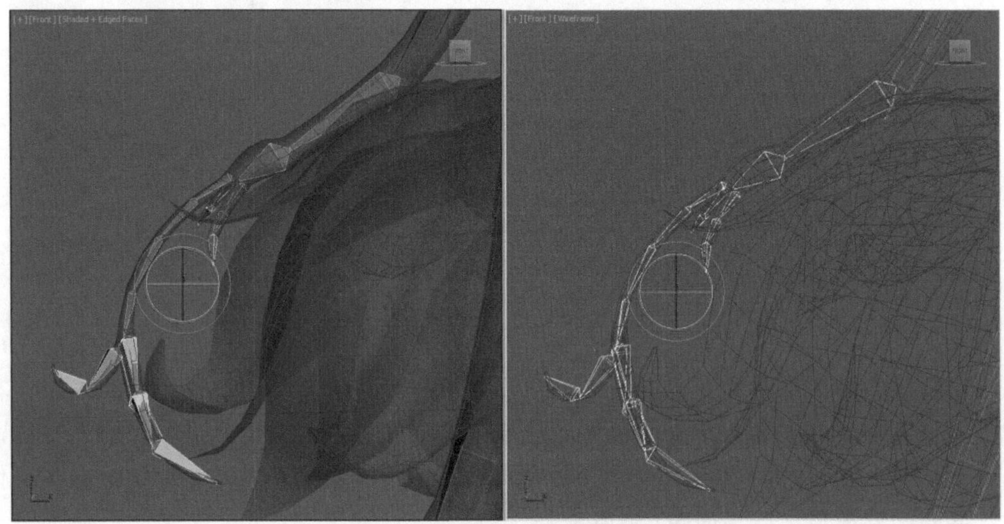

图2-19　创建右侧触手骨骼

（2）左侧触手骨骼的复制。方法：首先选中右侧触手所有Bone骨骼，再单击Bone Tools（骨骼工具）卷展栏下的Mirror（镜像）按钮，在弹出的Bone Mirror（骨骼镜像）对话框的Mirror Axis（镜像轴）栏中选中X复选框。此时视图中已经复制出以X轴为对称轴的骨骼。再单击OK按钮，完成左侧触手骨骼的复制，并匹配到模型，效果如图2-20所示。

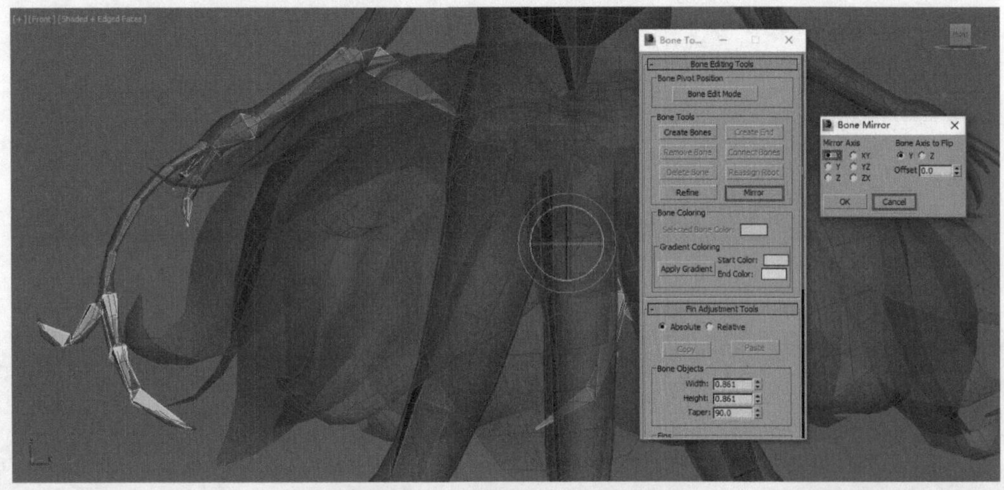


图2-20　左侧触手的骨骼复制

## 2.2.3 创建裙摆骨骼

（1）根据花妖模型身体服饰的造型变化，为右侧裙摆的骨骼进行设置。方法：进入前视图，创建三节骨骼匹配到模型，并调整Bone骨骼的Width（宽度）、Height（高度）和Taper（锥化）参数，效果如图2-21所示。

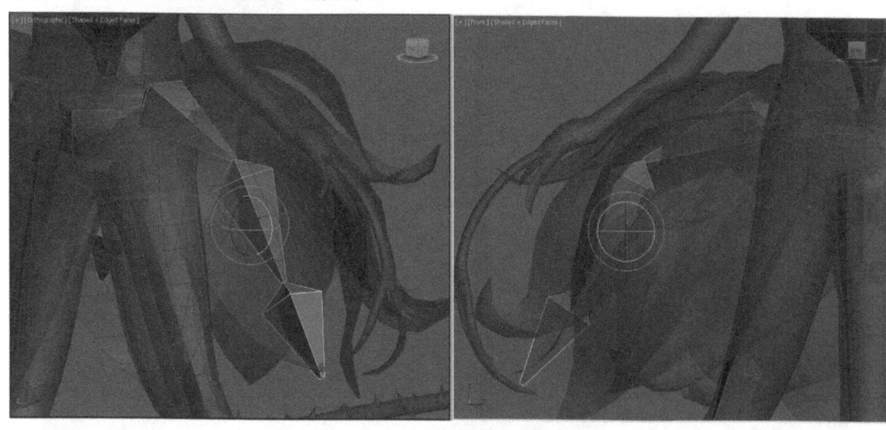

图2-21 创建右侧裙摆的骨骼

（2）因花妖模型不是两边对称，在创建左侧裙摆骨骼时候要尽量根据模型的结构进行骨骼的匹配。方法：进入前视图，参照上述创建骨骼的方法来创建骨骼，并匹配到模型，最后调整Bone骨骼的Width（宽度）、Height（高度）和Taper（锥化）参数，效果如图2-22所示。

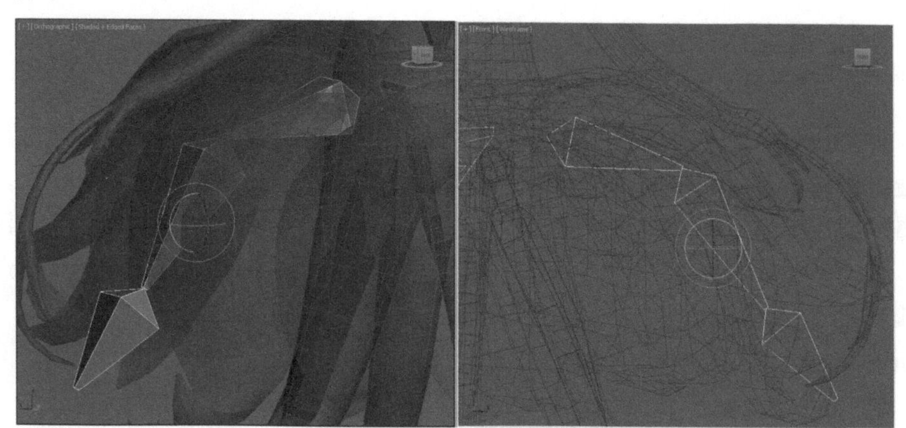

图2-22 创建左侧裙摆的骨骼

（3）在完成左右两侧裙摆的骨骼设置之后，创建前面裙摆的骨骼。方法：进入左视图，参照上述创建骨骼的方法来创建骨骼，并匹配到模型，最后调整Bone骨骼的Width（宽度）、Height（高度）和Taper（锥化）的参数，效果如图2-23所示。同理创建后面裙摆的骨骼，效果如图2-24所示。

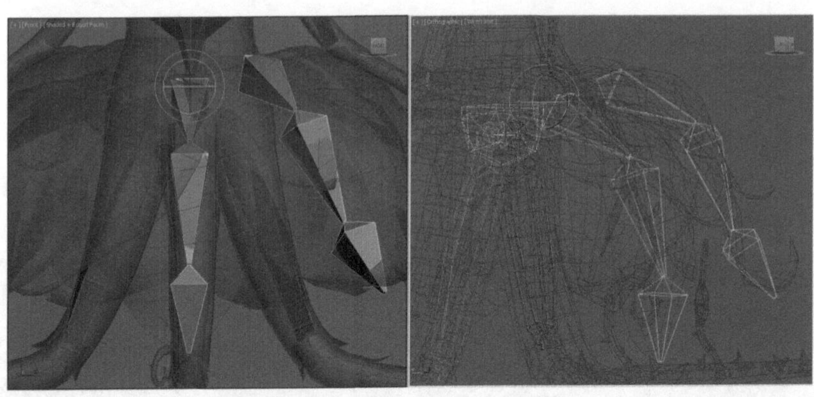
图2-23　创建前面裙摆的骨骼

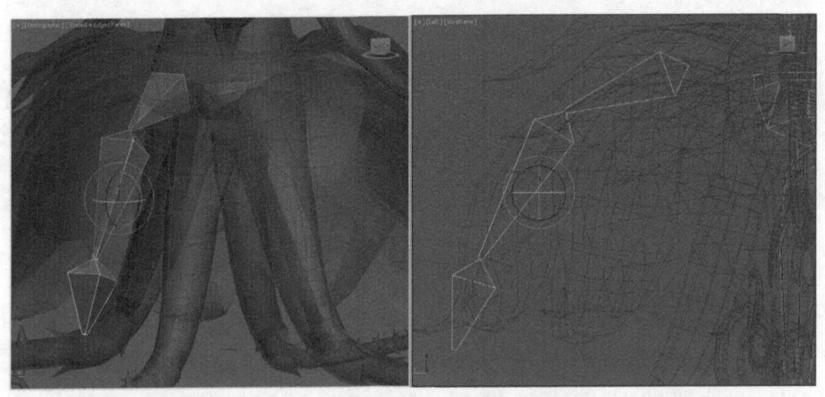
图2-24　创建后面裙摆的骨骼

## 2.2.4 创建触脚骨骼

（1）在完成上半身基础骨骼创建后，继续完成下半身触脚部分的骨骼。触脚模型与身体部分造型结构不一样，属于多线段造型，后续设计制作的动画也是比较自由、柔软，因此要根据模型段数来设置骨骼的数量。首先对右侧触脚的骨骼进行定位设置。方法：进入前视图，创建Bone骨骼并匹配到模型，最后调整Bone骨骼的Width（宽度）、Height（高度）和Taper（锥化）参数，效果如图2-25所示。同理创建左侧触脚的骨骼，效果如图2-26所示。

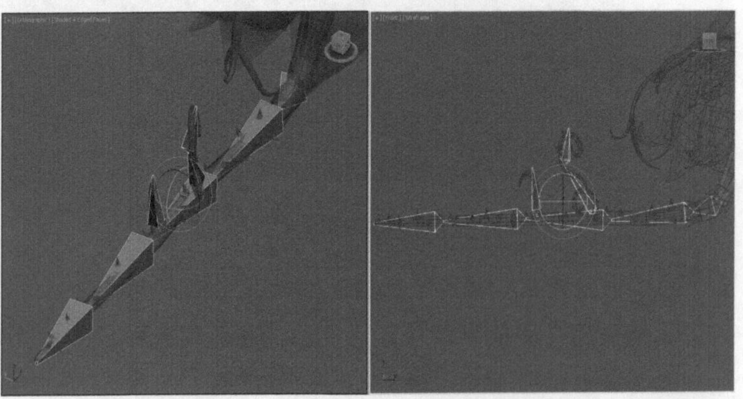
图2-25　创建右侧触脚的骨骼

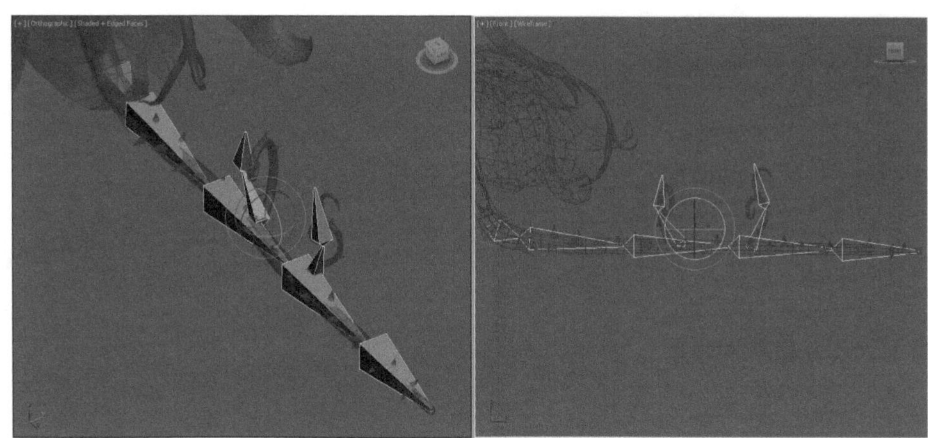

图2-26　创建左侧触脚的骨骼

（2）按照同样的骨骼设置流程及方法，继续完成前面触脚骨骼的设置。方法：进入左视图，创建Bone骨骼并匹配到模型，最后调整骨骼的Width（宽度）、Height（高度）和Taper（锥化）参数，效果如图2-27所示。同理创建后面触脚的骨骼，效果如图2-28所示。

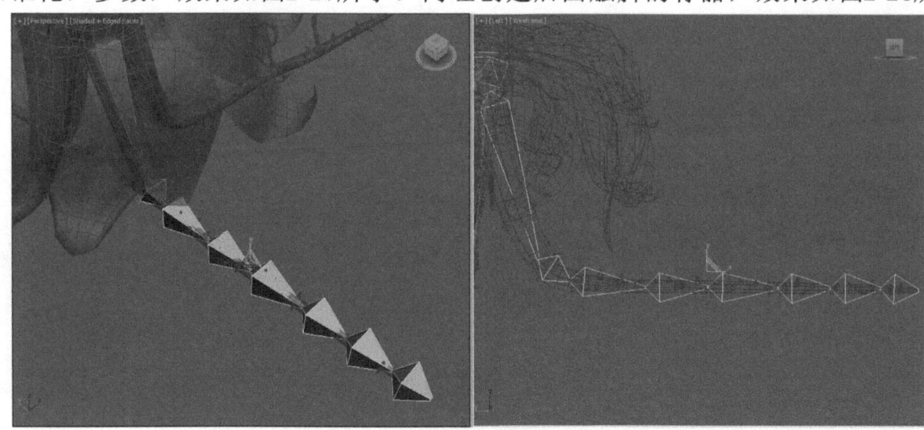

图2-27　创建前面触脚的骨骼

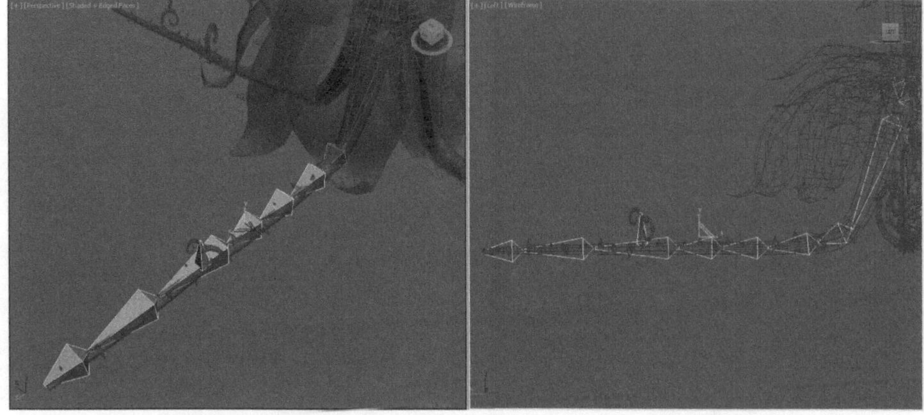

图2-28　创建后面触脚的骨骼

## 2.2.5 骨骼的链接

（1）头饰的骨骼链接。方法：按住Ctrl键，依次选中所有头饰的根骨骼，再单击工具栏中的 Select and Link（选择并链接）按钮，然后按住鼠标左键拖动至头骨上，松开鼠标左键即完成链接，如图2-29所示。

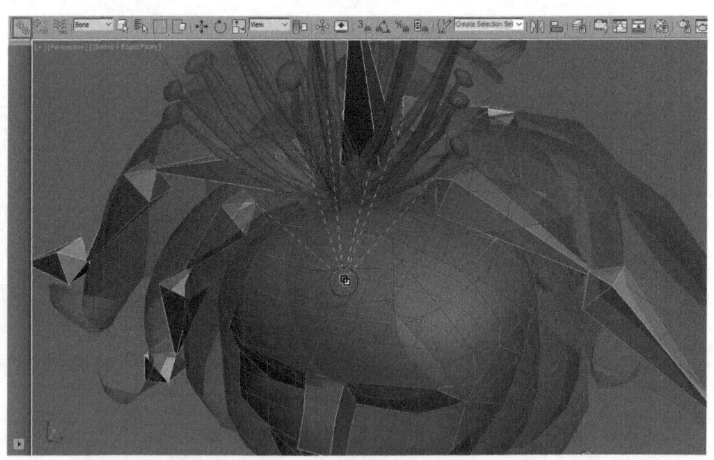

图2-29 头饰的骨骼链接

（2）因触手骨骼的段数比较多，每个骨骼部分角度及长度都不一样，因此在制作触手的骨骼链接时按照递进的流程来进行。方法：选中触手的根骨骼，参考头饰骨骼链接的方式，将左侧触手骨骼链接到左侧肘臂骨骼上，如图2-30中A所示。再将右侧触手骨骼链接到右侧肘臂骨骼上，如图2-30中B所示。

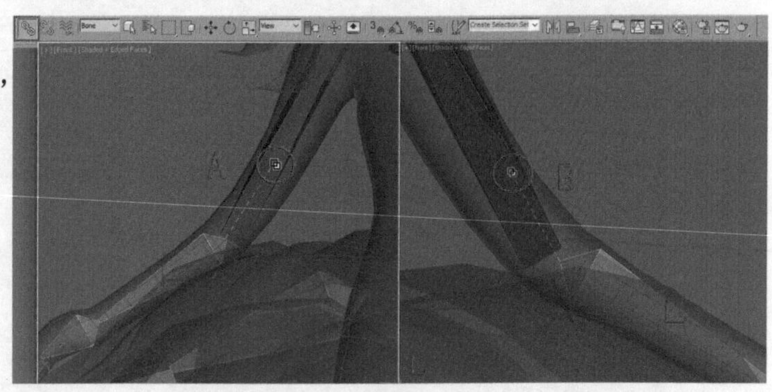


图2-30 触手的骨骼链接

（3）观察裙摆部分的骨骼创建方式，它是由多个角度的骨骼围绕在周边，实际在制作动画的时候都是以核心盆骨作为内置核心的。下面将裙摆基础骨骼逐步与盆骨链接。方法：选中所有裙摆的根骨骼，参考上述骨骼链接的方法，将裙摆骨骼链接到盆骨骨骼上，如图2-31所示。

图2-31 裙摆的骨骼链接

（4）根据前面骨骼链接的思路，完成触脚的骨骼链接。方法：选中前后触脚的根骨骼，参考上述骨骼链接的方法，将触脚骨骼链接到盆骨骨骼上，如图2-32中A所示。再选中左右侧触脚的根骨骼，将骨骼分别链接到左右侧腿部骨骼上，如图2-32中B所示。其他骨骼请参照此方法进行链接。

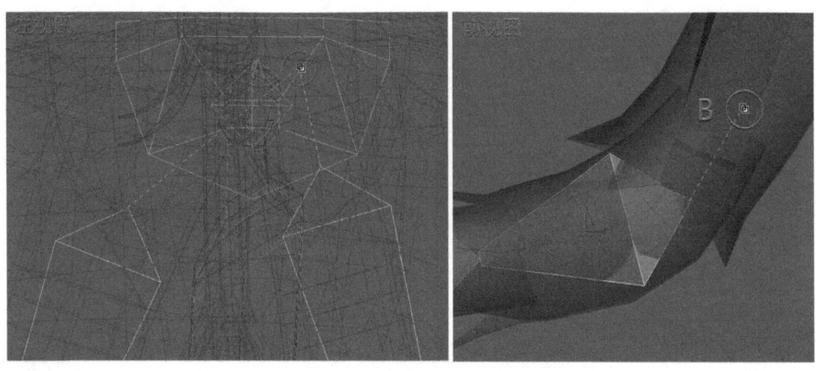


图2-32　触脚的骨骼链接

# 2.3 花妖的蒙皮设定

蒙皮的优点是可以自由选择骨骼来进行蒙皮，调节权重也十分方便。本节内容包括添加蒙皮修改器、调节骨胳权重等两个部分。

## 2.3.1 添加蒙皮修改器

（1）激活骨骼和模型并为花妖添加Skin修改器。方法：选中花妖身体的模型，再打开Modify（修改）面板中的Modifier List（修改器列表）下拉菜单，并选择Skin（蒙皮）修改器，如图2-33所示。然后单击Add（添加）按钮，如图2-34中A所示。在弹出的Select Bones（选择骨骼）对话框中选择全部骨骼，再单击Select（选择）按钮，如图2-34中B所示，将骨骼添加到蒙皮。

图2-33　为身体模型添加Skin修改器

图2-34 添加所有骨骼

（2）添加完所有骨骼之后，要把对花妖的动作不产生作用的骨骼移除，以便减少系统对骨骼数目的运算。方法：在Add（添加）列表中选择质心骨骼Bip01、手部以及脚部骨骼，再单击Remove（移除）按钮，移除质心等不起作用的骨骼，如图2-35所示。这样使蒙皮的骨骼对象更加简洁。

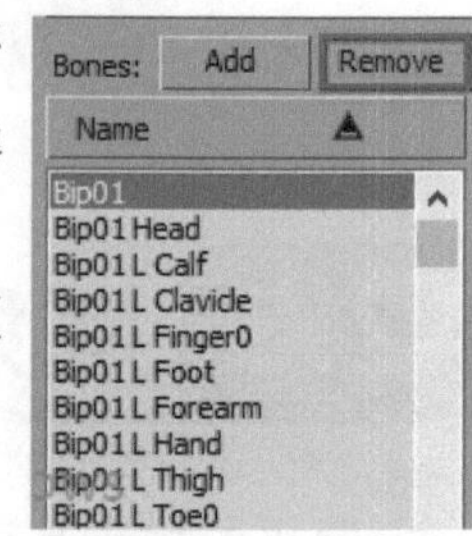


图2-35 移除质心等不起作用的骨骼

## 2.3.2 调节骨骼权重

为骨骼指定Skin（蒙皮）修改器后，还不能调节花妖的动作，因为这时骨骼对模型顶点的影响范围往往是不合理的，在调节动作时会使模型产生变形和拉伸。在调节之前，要先使用Edit Envelopes（编辑封套）功能将骨骼对模型顶点的影响控制在合理范围内。

（1）为方便观察，先将骨骼隐藏。方法：双击质心，从而选中所有的骨骼，再右击鼠标，在弹出的快捷菜单中选择Hide Selection（隐藏选择）命令，隐藏所有骨骼，效果如图2-36所示。

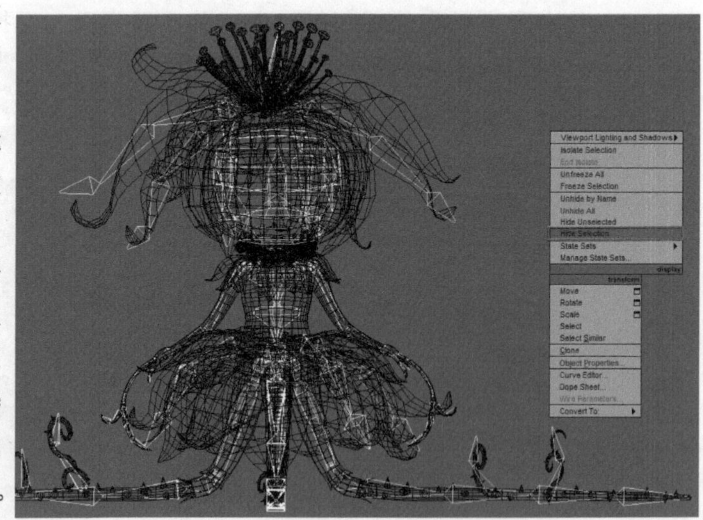

图2-36 隐藏骨骼

（2）激活花妖模型，进入权重面板为模型添加权重。方法：选中花妖身体的模型，激活Skin（蒙皮）修改器，再激活Edit Envelopes（编辑封套）功能，勾选Vertices（顶点）复选框，如图2-37所示。单击Weight tool（权重工具）按钮，如图2-38中A所示。在弹出面板中编辑权重，如图2-38中B所示。

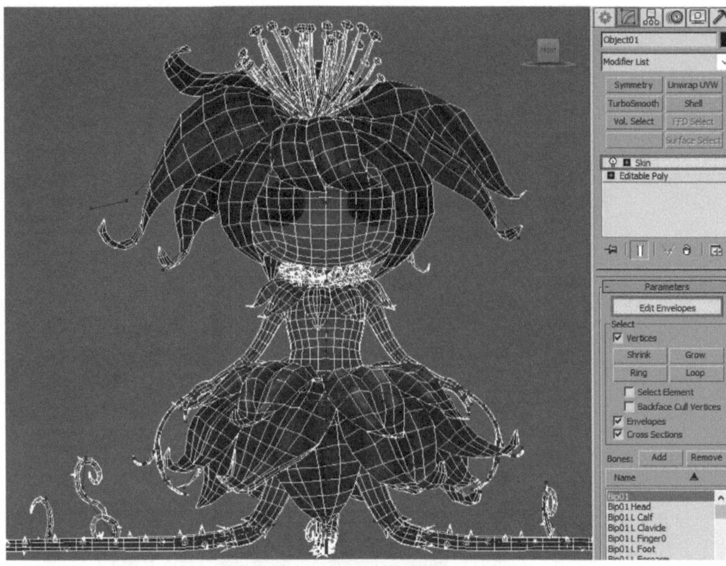

图2-37　激活编辑封套功能

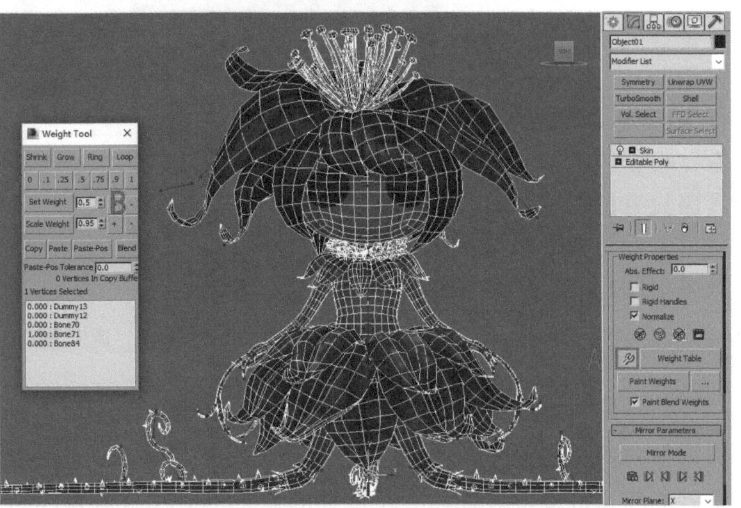

图2-38　打开权重工具面板

提示：在调节权重时，可以看到权重点上的颜色变化，不同颜色代表着这个点受这节骨骼影响的权重值不同，红色的点受这节骨骼的影响的权重值最大为1，蓝色点受这节骨骼的影响的权重值最小，白色的点则表示没有受这节骨骼的影响，权重值为0。

（3）调节头部的权重值。方法：先激活头部模型的权重，选中头部的权重链接，再选中头部所有相关的点，设置权重值为1；选中头部与脖子相衔接的部分，设置其权重值为0.5左右；与脖子链接部位根据模型的布线适当调整权重值。效果如图2-39所示。

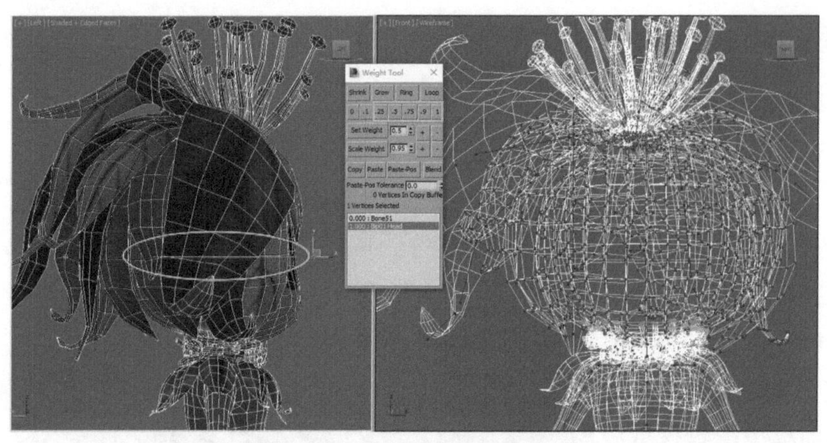

图2-39　调节头部的权重值

（4）调节颈部骨骼的权重值。方法：选中颈部骨骼的权重链接，设置其所在位置的权重值为1，与头部相衔接位置的权重值为0.5左右；根据模型的布线及骨骼设置的位置，对权重值进行适度的调整。效果如图2-40所示。

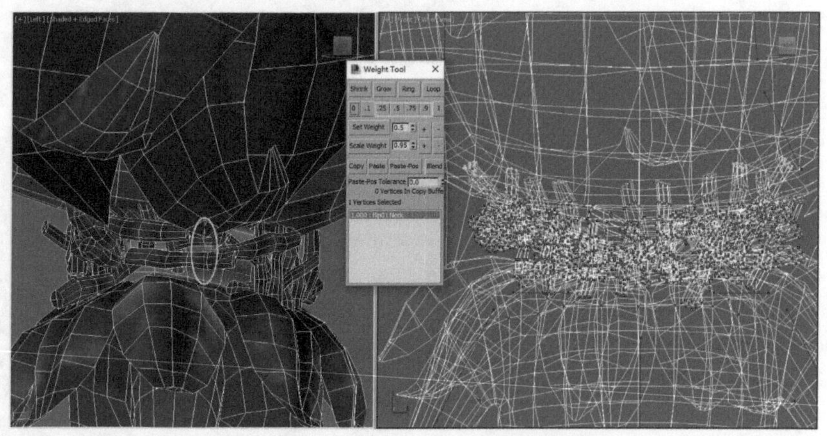

图2-40　调节颈部骨骼的权重值

（5）调节头饰骨骼的权重值。方法：选中头饰末端骨骼的权重链接，设置其所在位置的调整点的权重值为1，与第二节骨骼相衔接位置的调整点的权重值为0.5左右。选中第二节骨骼的权重链接，设置其所在位置的调整点的权重值为1，与根骨骼相衔接位置的调整点的权重值为0.5左右。最后选中根骨骼的权重链接，设置其与头部骨骼相衔接位置的调整点的权重值为0.5左右，如图2-41所示。同理调节其他头饰的权重值。

图2-41　调节头饰骨骼的权重值

（6）调节花蕊骨骼的权重值。方法：选中花蕊骨骼，设置其所在位置的调整点的权重值为1，与头部骨骼相衔接位置的调整点的权重值为0.5左右。在头顶与花瓣部分模型链接部分，根据模型线段的变化对每个骨骼的权重值进行合理调整，效果如图2-42所示。

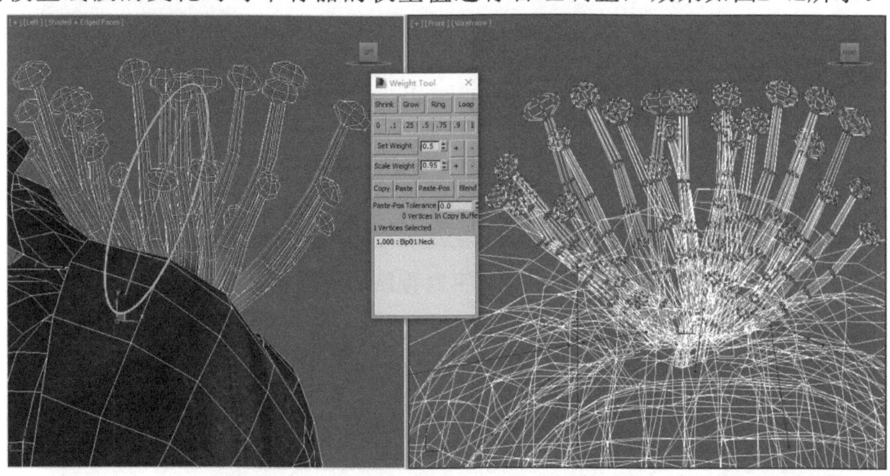


图2-42　调节花蕊骨骼的权重值

（7）调节触手骨骼的权重值。方法：分别选中触手权重链接，设置其所在位置的权重值为1，与邻近骨骼相衔接位置的权重值为0.5左右。注意，在处理与各个触手连接部分权重值的时候，要根据实际情况进行适当的数值调整，效果如图2-43所示。

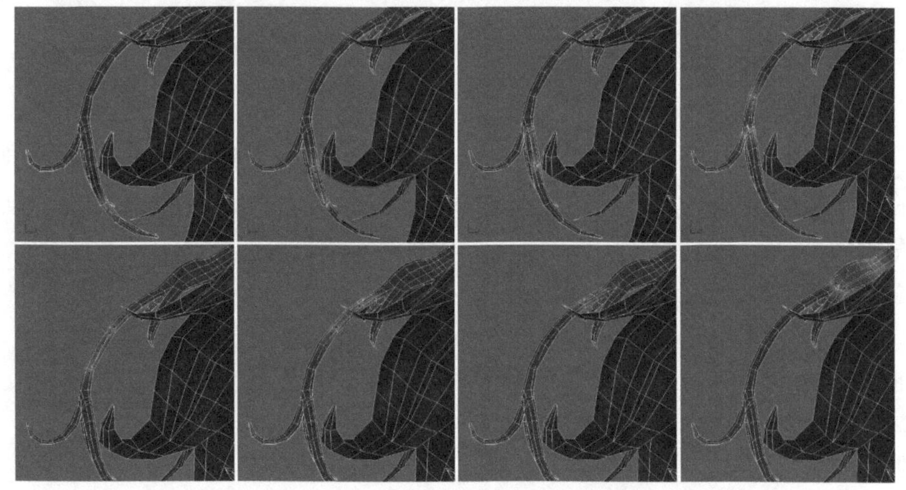

图2-43　调节触手骨骼的权重值

（8）调节右侧手臂骨骼的权重值。方法：先选中右侧肘臂骨骼的权重链接，设置其所在位置的权重值为1，与肩臂骨骼相衔接位置的权重值为0.5左右。再选中右侧肩臂骨骼的权重链接，设置其所在位置的权重值为1，与肘臂骨骼和肩部骨骼相衔接位置的权重值为0.5左右，如图2-44所示。选中右侧肩部骨骼的权重链接，设置其所在位置的权重值为1，与邻近骨骼相衔接位置的权重值为0.5左右，效果如图2-45所示。

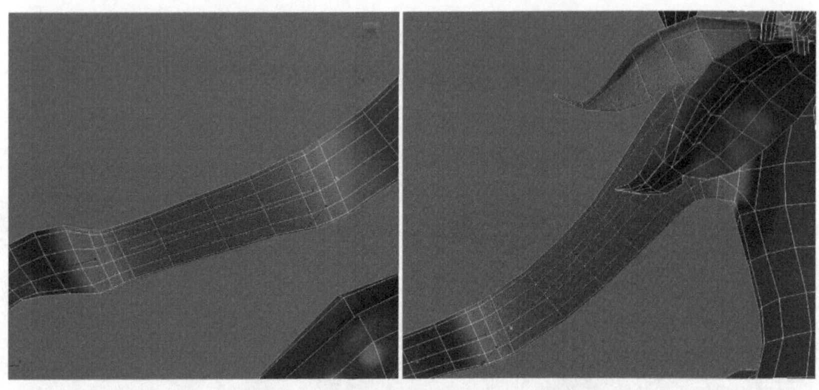

图2-44　调节手臂骨骼的权重值

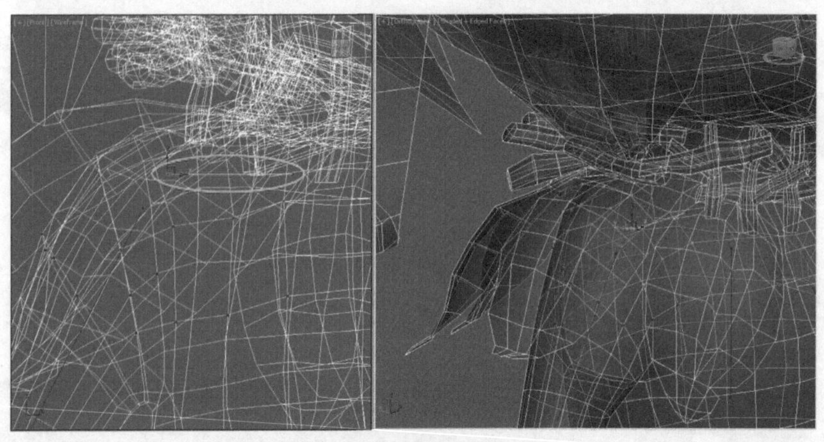

图2-45　调节肩部骨骼的权重值

（9）调节右侧触脚骨骼的权重值。方法：分别选中每一节骨骼的权重链接，设置其所在位置的权重值为1，与邻近骨骼相衔接位置的权重值为0.5左右，效果如图2-46所示。同理调节其他触脚的权重值，在调整蒙皮的时候，根据模型结构布线，灵活调节不同部位的权重值。

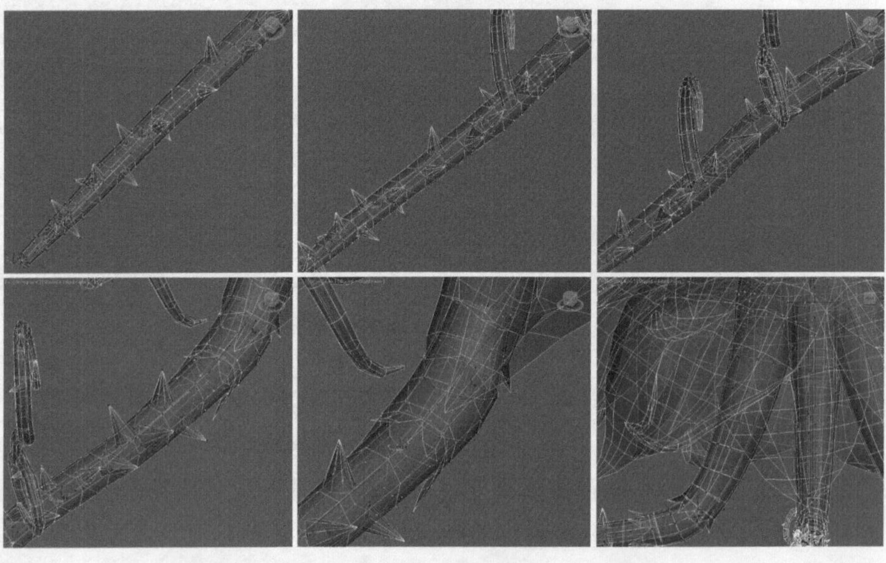

图2-46　调节右侧触脚骨骼的权重值

（10）调节右侧触须骨骼的权重值。方法：分别选中右侧触须的每一节骨骼的权重链接，设置其所在位置的权重值为1，与邻近骨骼相衔接位置的权重值为0.5左右。注意，每一小节触须链接部位的权重值的数值调整，要使各个小节权重衔接更为合理。效果如图2-47所示。

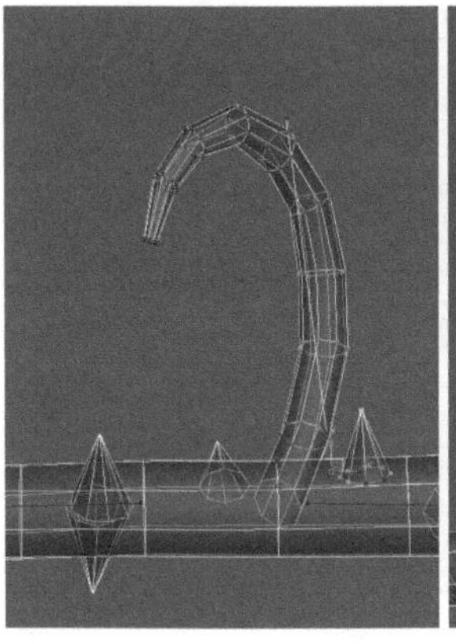
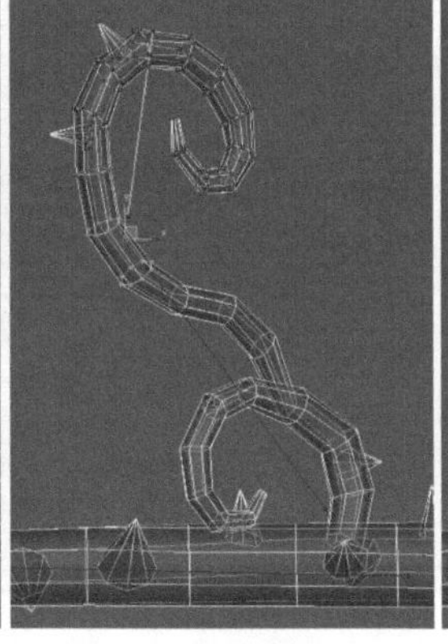
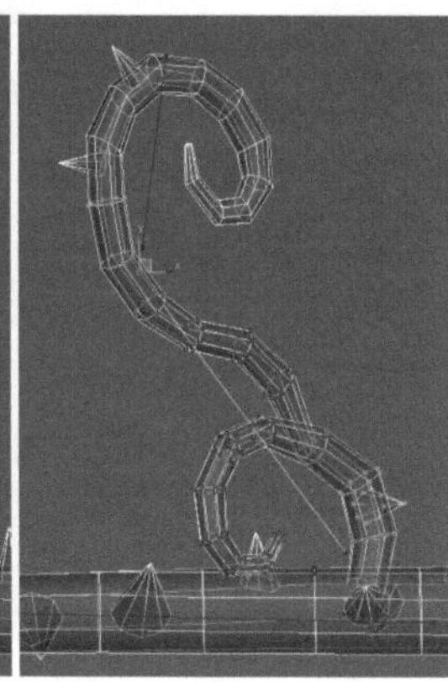

图2-47　调节右侧触须骨骼的权重值

（11）调节左侧触脚骨骼的权重值。方法：结合右侧触脚骨骼的权重赋予方式，分别选中每一节骨骼的权重链接，给每个节点进行权重值的设定。此部分数值衔接要细腻，对后续的触角动作的细节表现能起很关键的作用，效果如图2-48所示。

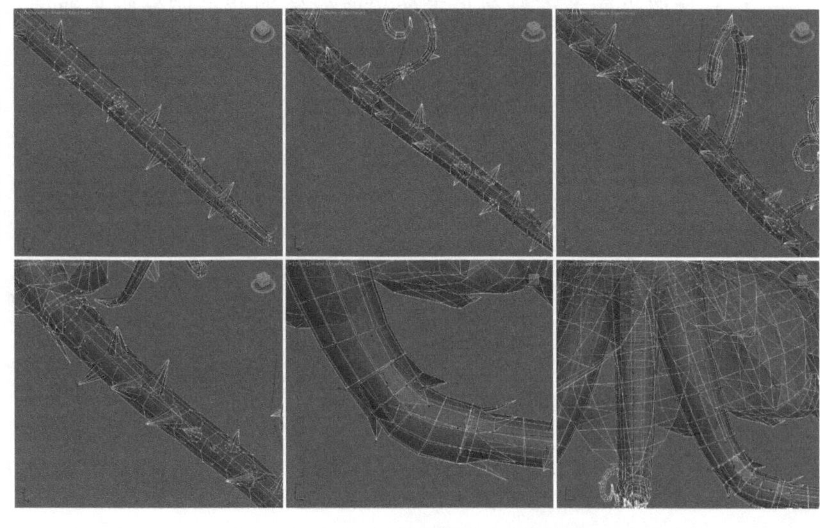

图2-48　调节左侧触脚骨骼的权重值

（12）调节左侧触须骨骼的权重值。方法：结合右侧触须骨骼的权重赋予方式，逐步选中每一节骨骼的权重链接，根据模型布线结构给每个节点进行权重值的设定，如图2-49所示。

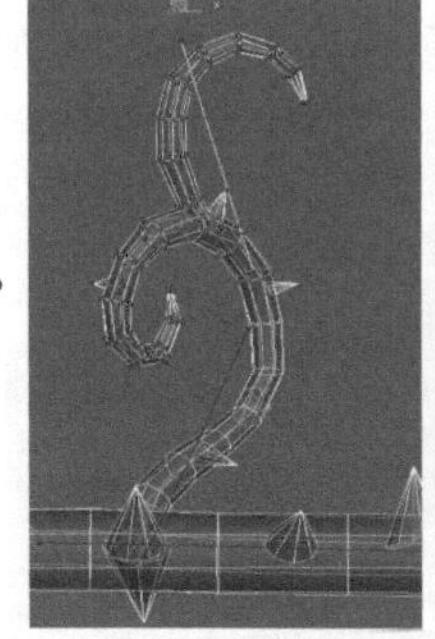
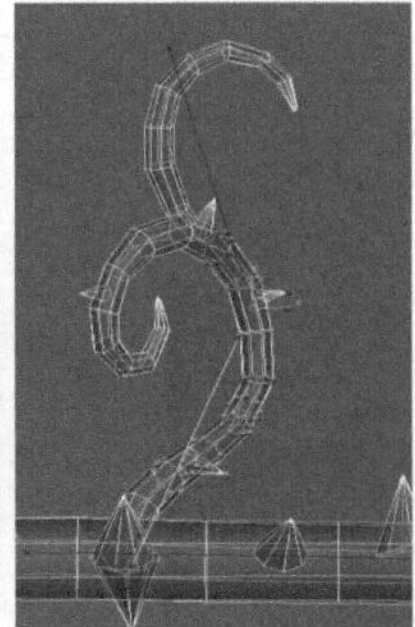
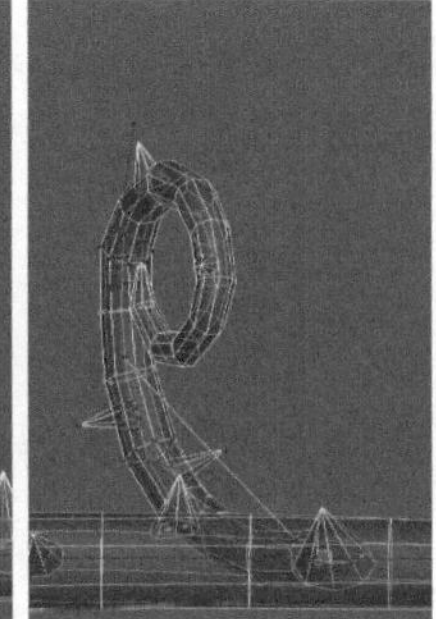
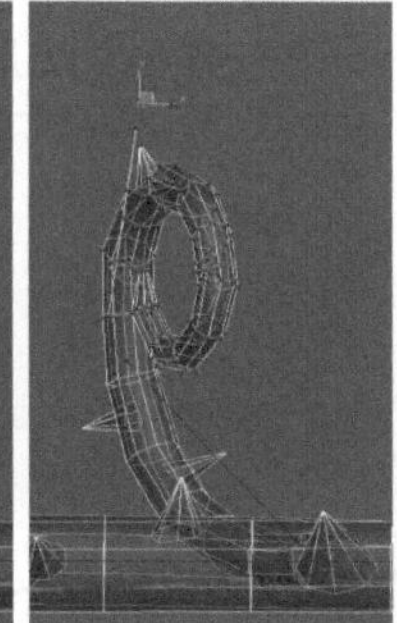

图2-49　调节左侧触须骨骼的权重值

（13）在完成花妖触手及触须各个节点的权重值之后，继续调节前面触脚骨骼的权重值。方法：根据触须的模型结构逐步进行权重值的设定。在设定的时候，运用旋转工具调整模型的角度，观察有没有出现拉伸变形，效果如图2-50所示。

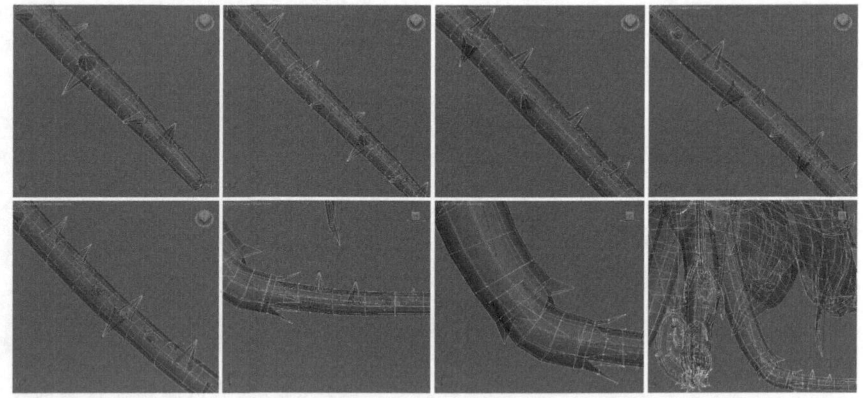

图2-50　调节前面触脚骨骼的权重值

（14）按照设定前面触角权重的思路继续调节后面触脚骨骼的权重值。方法：结合触脚整体的数值变化，通过移动、旋转等操作观察模型是否出现拉伸变形，效果如图2-51所示。

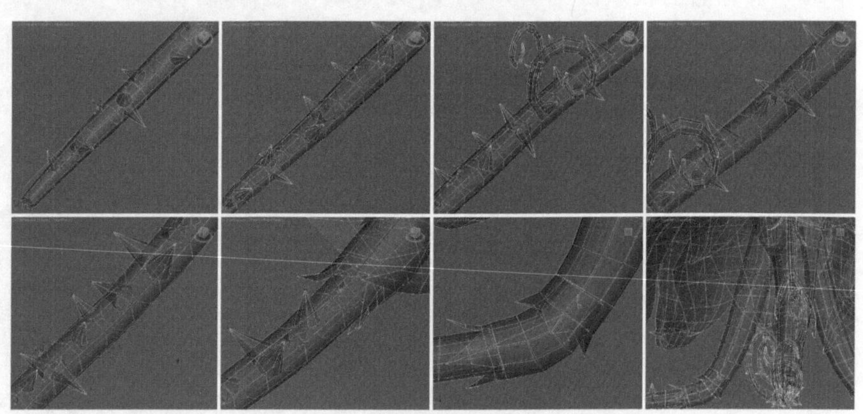

图2-51　调节后面触脚骨骼的权重值

（15）调节右侧裙摆骨骼的权重值。方法：选中右侧裙摆的末端骨骼的权重链接，设置其所在位置的权重值为1，与第二节骨骼相衔接位置的权重值为0.5左右。再选中第二节骨骼的权重链接，设置其所在位置的权重值为1，与根骨骼相衔接位置的全权重值为0.5左右。最后选中根骨骼的权重链接，设置其所在位置的权重值为1，在与盆骨骨骼相衔接位置的权重值为0.5左右，效果如图2-52所示。

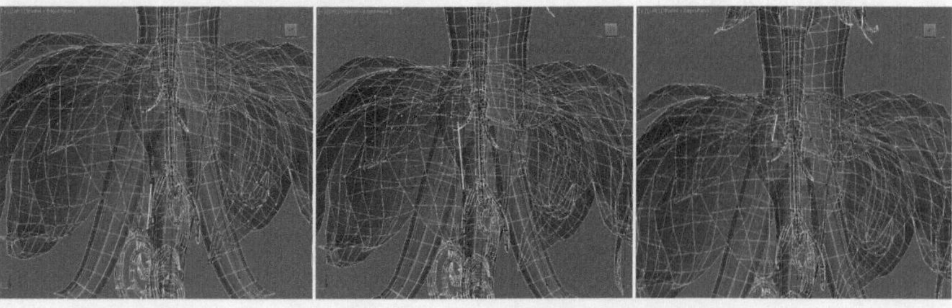

图2-52　调节右侧裙摆骨骼的权重值

（16）调节左侧裙摆骨骼的权重值。方法：选中左侧裙摆的末端骨骼的权重链接，设置其所在位置的权重值为1，与第二节骨骼相衔接位置的权重数值设置为0.5左右。注意，在过渡节点部分的权重值应根据模型线段进行适当分配，如图2-53所示。

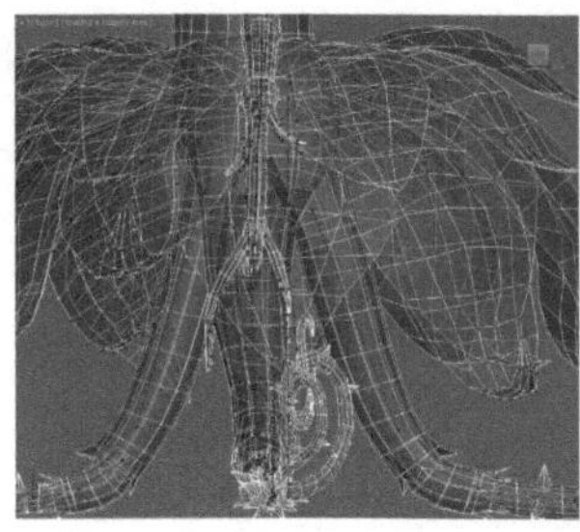
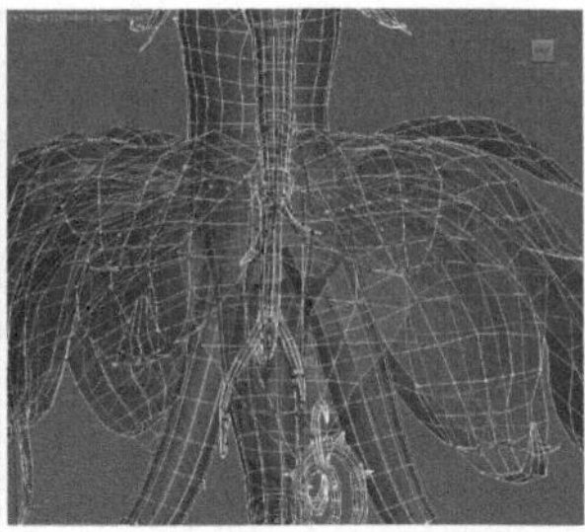
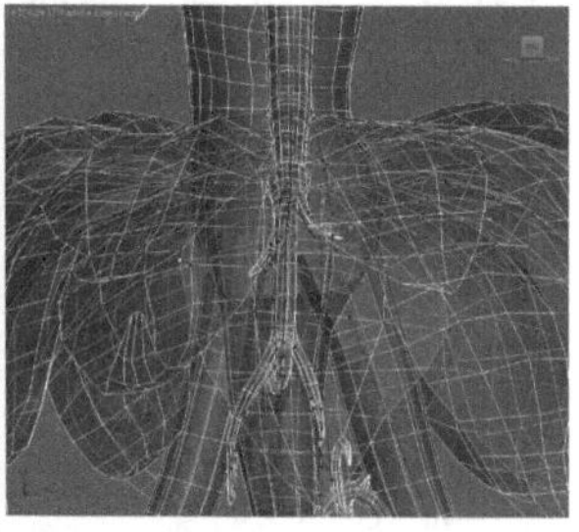

图2-53　调节左侧裙摆骨骼的权重值

（17）调节前面裙摆骨骼的权重值。方法：选中前面裙摆的模型与骨骼进行权重链接，设置其所在位置的权重值为1，分别将各自的第二节骨骼相衔接位置的权重数值设置为0.5左右。注意观察裙摆权重数值颜色的变化来调整权重值，如图2-54所示。

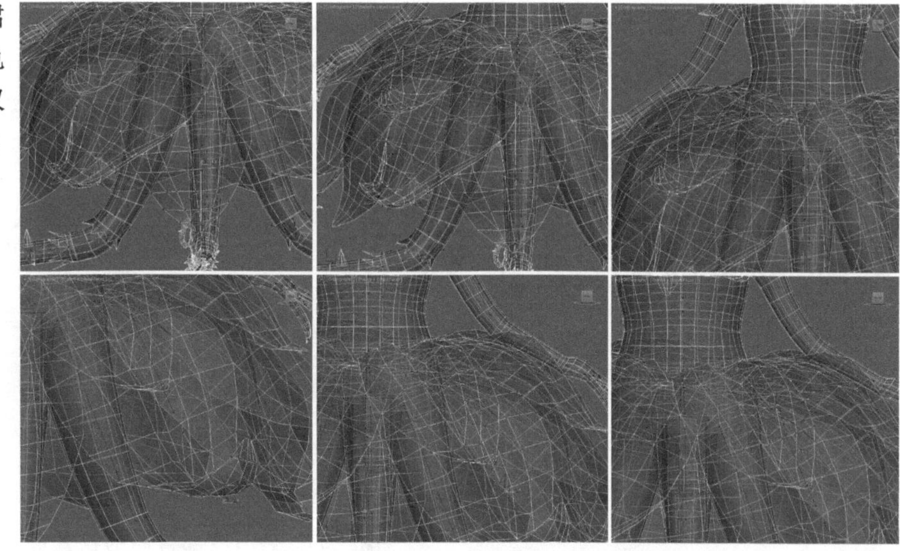

图2-54　调节前面裙摆骨骼的权重值

（18）调节后面裙摆第二节骨骼点骨骼的权重值。方法：激活后面裙摆骨骼的权重值，整体设置为1，同时将第一节骨骼链接部位的权重值根据模型的结构调整为0.5左右，并与前面裙摆的数值整体上进行调整，如图2-55所示。

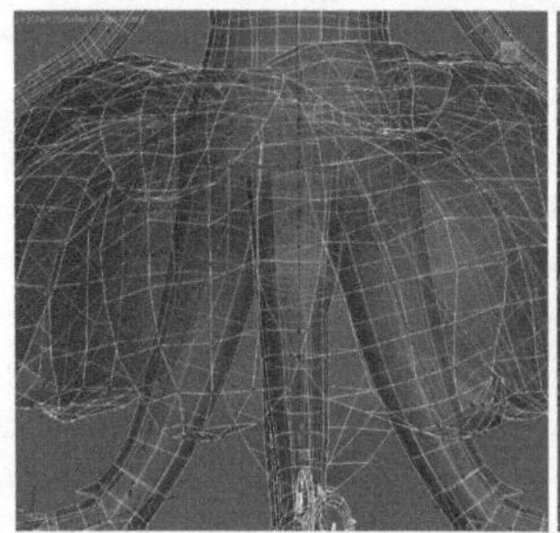
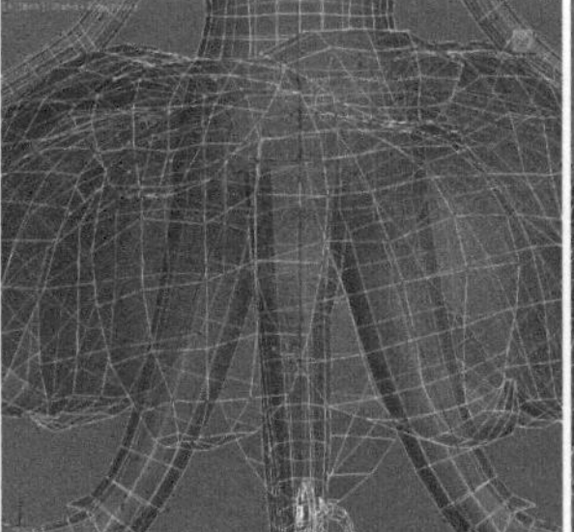
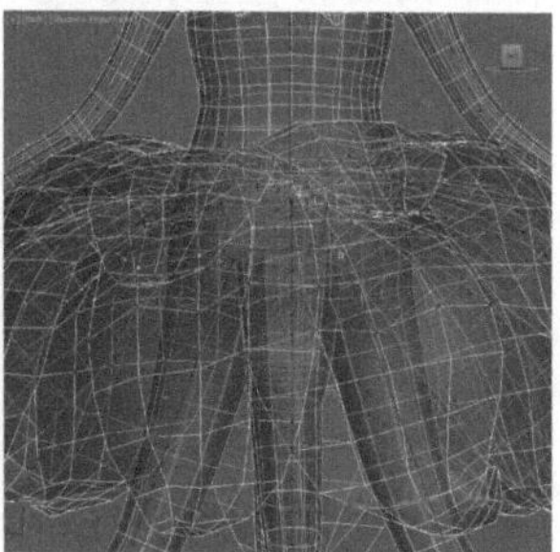

图2-55　调节后面裙摆骨骼的权重值

（19）臀部是腿部与腹部的中间链接点，也是整个角色动画平衡的中心，因此在设置臀部骨骼的权重的时候要注意处理好与腿部及腹部连接部分权重值的变化。方法：选中臀部骨骼的权重链接，设置其所在位置的权重值为1，与邻近骨骼相衔接位置的权重值为0.5左右，根据模型及骨骼长度适当进行权重值的调节，如图2-56所示。

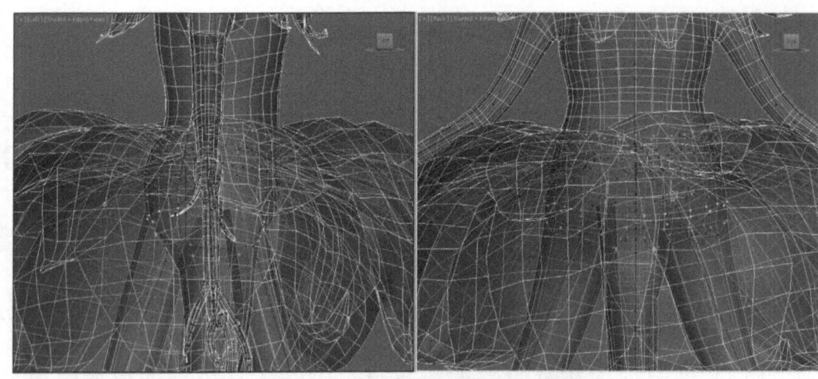

图2-56　调节臀部骨骼的权重值

（20）调节腹部骨骼的权重值，腹部整体上属于比较柔软的，也是上半身与下半身运动链接的中枢，因此延伸到胸部及臀部的权重值变化更为细致。方法：选中腹部骨骼的权重链接，设置其所在位置的权重值为1，与臀部骨骼和腰部骨骼相衔接位置的权重值为0.5左右。在设置权重值的时候，运用旋转工具进行动态变化，检测权重值的匹配，效果如图2-57所示。

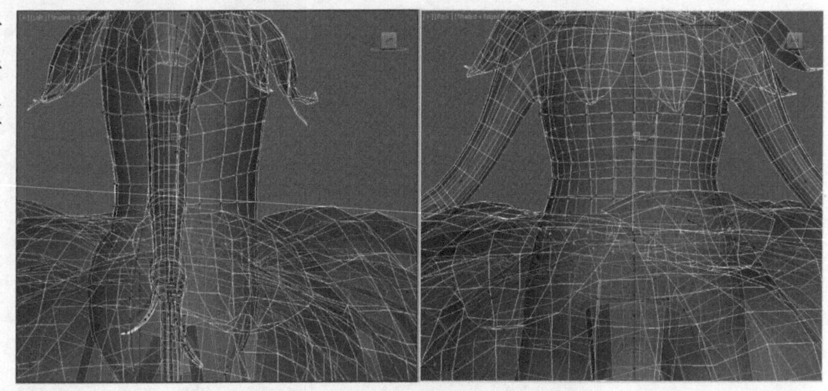

图2-57　调节腹部骨骼的权重值

（21）最后调节胸腔骨骼的权重值。方法：选中胸腔骨骼的权重链接，设置其所在位置的权重值为1，与邻近骨骼相衔接位置的权重值为0.5左右。注意在调整胸部与肩关节及颈脖部分权重值的时候，要进行反复测试调整，得到合理的权重值的分配，效果如图2-58所示。

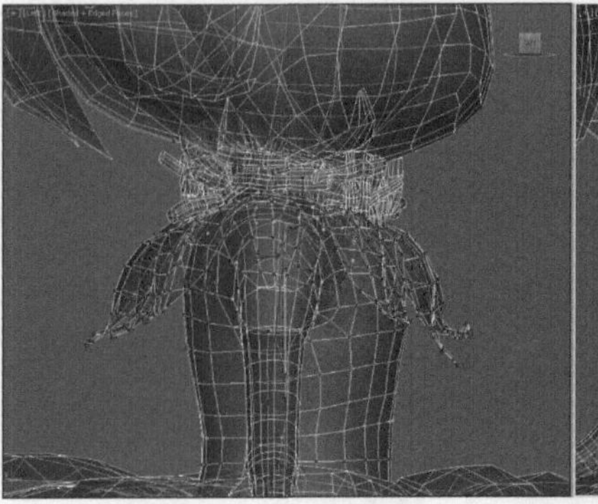
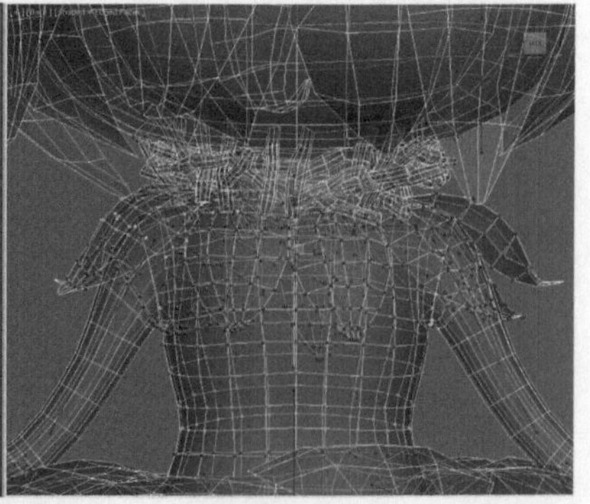

图2-58　调节胸腔骨骼的权重值

# 2.4 花妖的动画制作

在完成花妖的骨骼设定及蒙皮工作之后，接下来根据花妖的造型特点进行动作的设计及实践操作。此部分突出表现花妖的行走以及攻击的动画制作。

## 2.4.1 制作花妖的行走动画

花妖的行走动画根据花妖模型的形体结构来进行个性表现，而行走也是众多游戏角色的基本动作之一。了解和掌握花妖的动作规律及性格特点，是完成高质量动画表现的保障，也是动画设计师对角色性格特点的理解及动作制作技能技巧的呈现能力的完美结合。首先来看一下花妖行走动作的序列图，如图2-59所示。

图2-59 花妖行走动作的序列图

（1）创建关键帧。方法：在3ds Max中打开花妖-蒙皮.MAX文件，按H键，打开Select From Scene（从场景中选择）对话框，再选择所有Biped骨骼，如图2-60所示。单击OK按钮，接着打开 Motion（运动）面板下的Biped卷展栏，再关闭 Figure Mode（体形模式），单击Key Info（关键点信息）卷展栏下的 Set Key（设置关键点）按钮，如图2-61中A所示，为Biped骨骼在第0帧创建关键帧，如图2-61中B所示。再选中所有Bone骨骼，按K键，为Bone骨骼在第0帧创建关键帧，如图2-62所示。

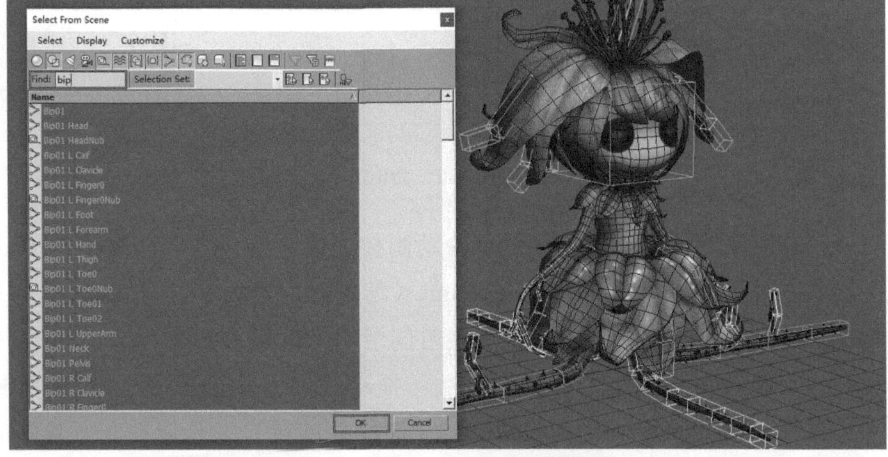


图2-60 从场景中选择骨骼

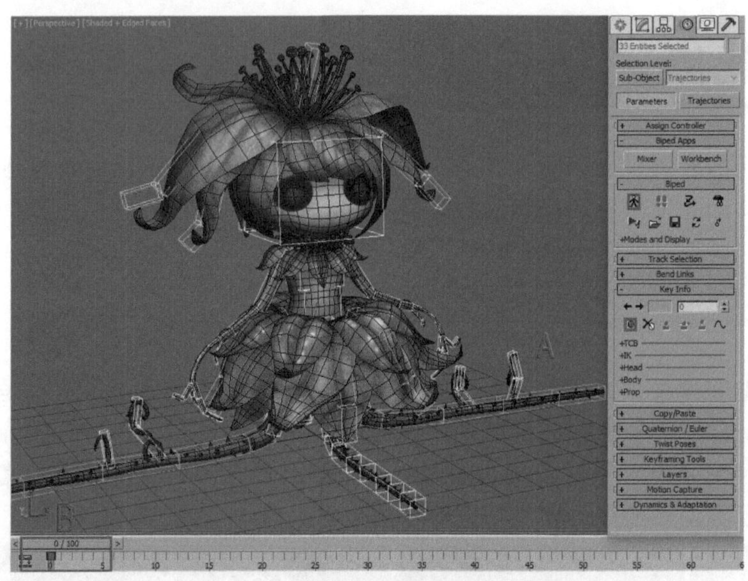

图2-61　为Biped骨骼创建关键帧

图2-62　为Bone骨骼创建关键帧

（2）设置时间配置。方法：单击动画控制区中的 Time Configuration（时间配置）按钮，并在弹出的对话框中设置End Time（结束时间）为40，设置Speed （速度）模式为1x，单击OK按钮，如图2-63所示。从而将时间滑块长度设为40帧。

（3）调整花妖的初始姿势。方法：拖动时间滑块到第0帧，再使用 Select and Move（选择并移动）和 Select and Rotate（选择并旋转）工具调整花妖骨骼的位置和角度，根据身体的整体节奏进行移动、旋转等动态的调整，效果如图2-64所示。

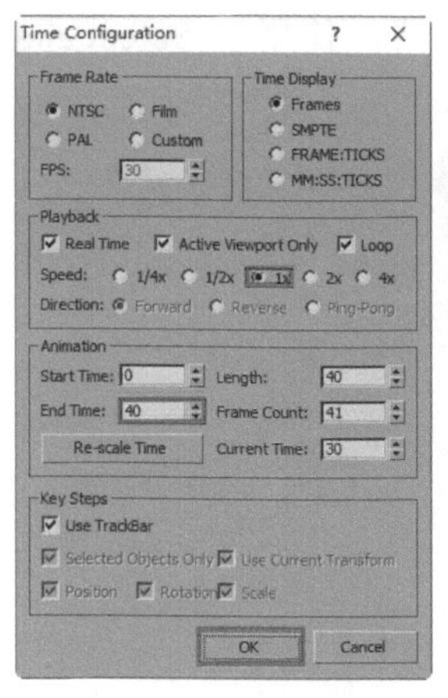


图2-63 设置时间配置

图2-64 花妖行走动作的初始姿势

（4）复制花妖的姿态。方法：选中任意的Biped骨骼，进入 Motion（运动）面板的Copy Paste（复制/粘贴）卷展栏，单击Pose（姿势）按钮、 Create Collection（创建集合）和 Copy Pose（复制姿势）按钮。接着拖动时间滑块到第20帧，单击 Paste Pose（粘贴姿势）按钮，将第0帧骨骼姿势复制到第40帧，效果如图2-65所示。拖动时间滑块到第20帧，单击 Paste Pose Opposite（向对面粘贴姿势）按钮，向对面复制姿态到第40帧，效果如图2-66所示。

图2-65 复制姿态到第20帧

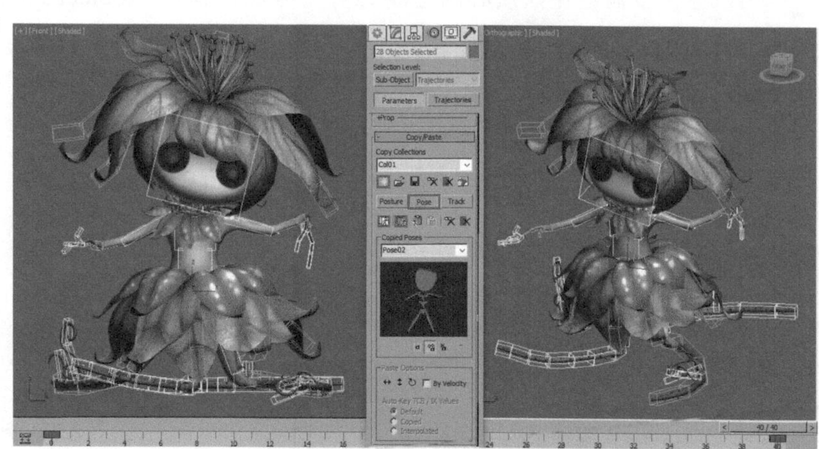

图2-66 复制姿态到第40帧

（5）调整花妖在第10帧的姿势。方法：将时间滑块拖动到第10帧，使用 Select and Rotate（选择并旋转）工具调整花妖的质心向下，身体向右侧弯曲，制作出花妖在行走时身体柔软、四肢及触角妩媚的动态姿势，如图2-67所示。将第10帧的姿势向对面复制粘贴到第30帧，同时对花妖的头部、身体及四肢的运动方向及运动节奏进行细节的调整，注意左右两边运动的变化，效果如图2-68所示。

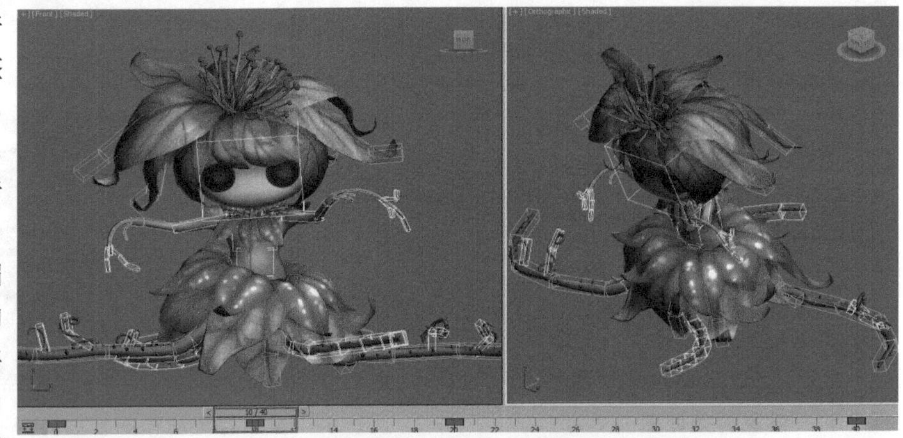

图2-67 调整第10帧姿势

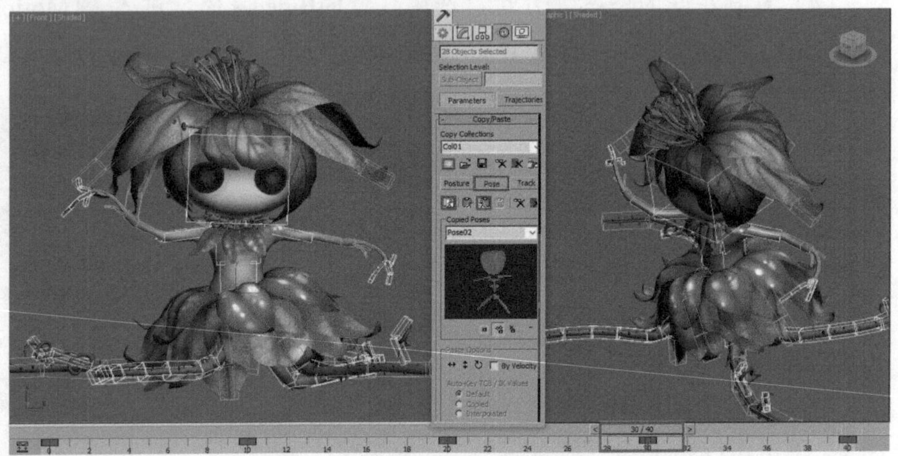

图2-68 向对面复制粘贴到第30帧

（6）进一步调整花妖质心的运动姿势。方法：使用 Select and Move（选择并移动）和 Select and Rotate（选择并旋转）工具调整花妖质心的位置和角度，制作出花妖在行走时质心上下起伏的运动规律，结合身体模型的造型调整头、身体、四肢的运动节奏，如图2-69所示。

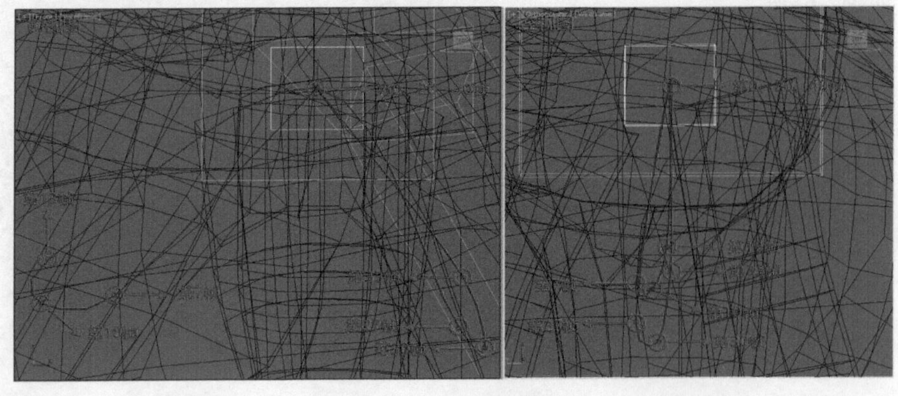

图2-69 质心的运动轨迹

（7）调整花妖盆骨的运动姿势。方法：使用 Select and Rotate（选择并旋转）工具调整花妖盆骨的角度，制作出花妖在行走时盆骨的运动姿势。注意逐步对每一帧的动态进行细节的调整，特别是裙摆部分的各个花瓣模型的动态造型变化，效果如图2-70所示。

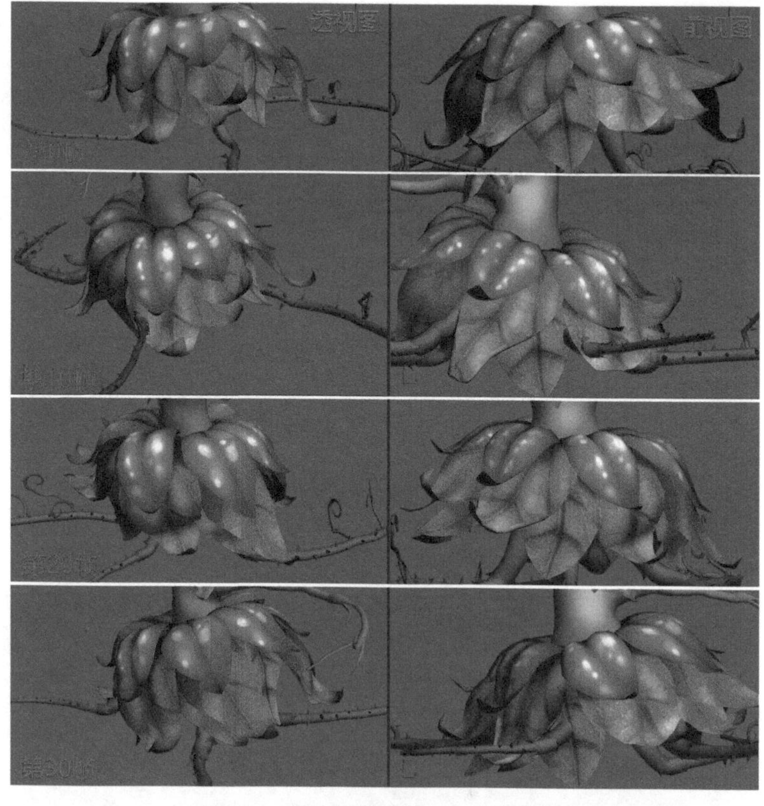

图2-70　花妖盆骨的运动姿势

（8）调整花妖脊椎的运动姿势。花妖脊椎更多的是参照小孩或者女性的身体脊椎设定，身体运动节奏比较灵活、柔软，充分表现出花妖妩媚、Q萌个性特点。方法：使用 Select and Rotate（选择并旋转）工具调整脊椎骨骼的角度，制作出花妖行走时身体的运动姿势，效果如图2-71所示。

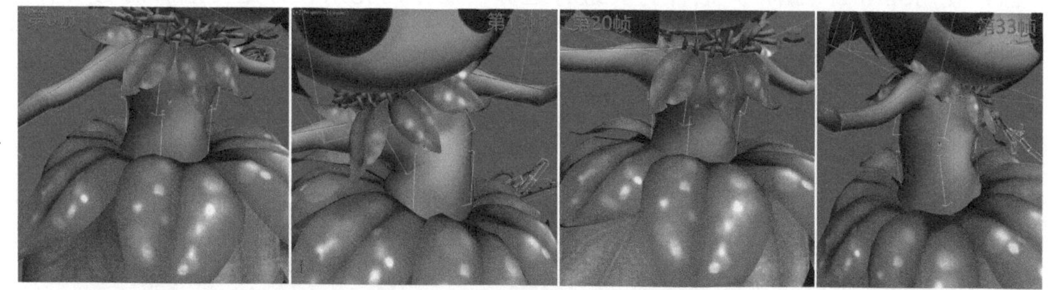


图2-71　花妖脊椎的运动姿势

（9）调整花妖头部的运动姿势。方法：使用 Select and Rotate（选择并旋转）工具调整头部骨骼的角度，制作出花妖行走时头部的运动姿势。注意花妖头部包含的组成部分比较多，是脑袋、头发及发饰等结合在一起的整体动画，且每个部分的材质质感还不一样，表达的柔软及运动的节奏也有明显的区分，效果如图2-72所示。

图2-72 花妖头部的运动姿势

（10）调整花妖触手的运动姿势。方法：选中肩臂骨骼，使用 Select and Rotate（选择并旋转）工具调整肩臂骨骼的角度。打开Spring（飘带）插件面板，选中肘臂以下的所有骨骼，设置Spring参数为0.3，Loops参数为3。单击Bone（骨骼）按钮，为选中的骨骼进行运算，制作出花妖在行走时触手的运动姿势。因花妖属于柔体生物，在制作行走动画时，整个触手的运动节奏和方向也是非常的自由、灵活，与脚部触手形成呼应，突出花妖的性格特征。效果如图2-73所示。

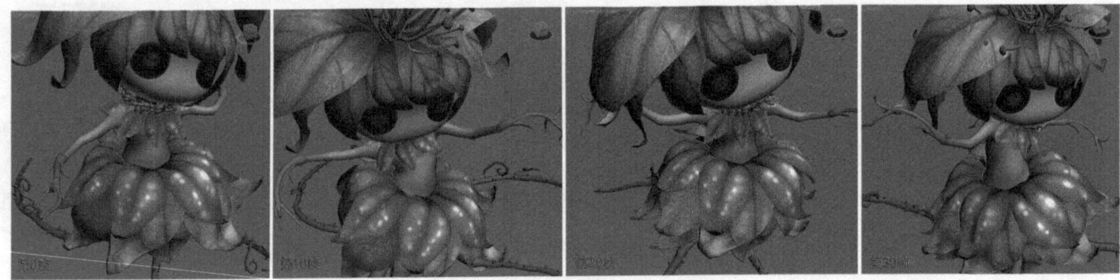

图2-73 花妖触手的运动姿势

（11）进一步调整花妖触脚的运动姿势。方法：使用 Select and Move（选择并移动）和 Select and Rotate（选择并旋转）工具调整触脚骨骼的角度。再选中除根骨骼以外的所有骨骼，使用Spring（飘带）插件为其进行运算，制作出花妖在行走时触脚的运动姿势，效果如图2-74所示。

图2-74 花妖触脚的运动姿势

（12）继续调整花妖模型花蕊的运动姿势。方法：使用 Select and Rotate（选择并旋转）工具调整花蕊的角度，因花蕊只有一个骨骼在控制它的运动节奏及方向，因此花妖在行走时花蕊的运动节奏要与头部运动保持一致。效果如图2-75所示。

图2-75　花妖花蕊的运动姿势

（13）使用Spring（飘带）插件为头饰和裙摆调节姿势。方法：选中头饰和裙摆除根骨骼以外的所有骨骼，再打开Spring Magic_飘带插件的文件夹（见光盘：Spring Magic插件），找到“Spring Magic_飘带插件. mse”文件并将其拖到3ds Max的视图中。设置Springs参数为0.3，Loops参数为3，单击Bone按钮，如图2-76中A所示。此时，Spring（飘带）插件开始为选中的骨骼进行运算，并循环四次。运算之后的关键帧效果如图2-76中B所示。

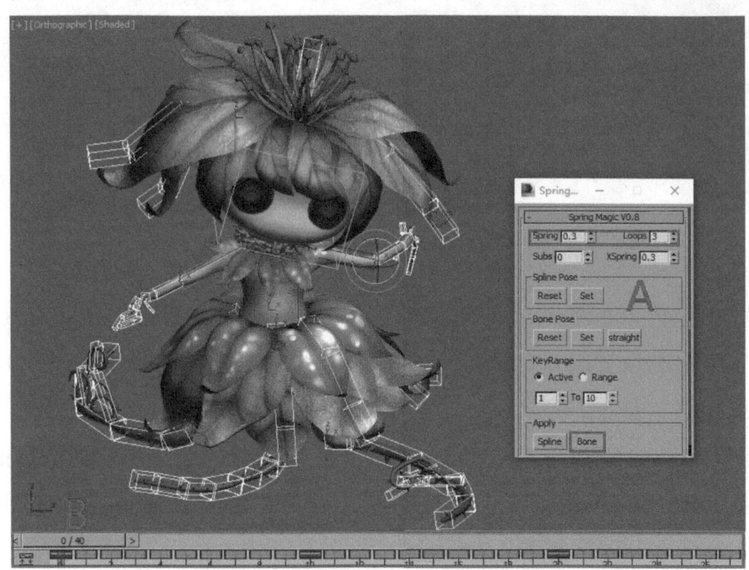


图2-76　使用飘带插件为头饰和裙摆调节姿势

（14）单击 Playback（播放动画）按钮播放动画，可以看到花妖的行走动作。在播放动画时，如发现幅度过大或有抖动等不流畅的地方，可适当加以调整。最后将文件保存为“行走动画”（可参看光盘文件）。

## 2.4.2 制作花妖的攻击动画

攻击动作最能表现角色性格特点及运动节奏，很多延伸的动态造型及技能特效都是以攻击动作作为整体韵律的载体。本节将学习花妖攻击的制作过程。首先来看一下花妖攻击动作的主要序列图，如图2-77所示。

图2-77　花妖攻击动作的序列图

（1）设置时间配置。方法：单击动画控制区中的 Time Configuration（时间配置）按钮，在弹出的对话框中设置End Time（结束时间）为70，设置Speed（速度）模式为1x。单击OK按钮，结束设置，如图2-78所示。

（2）设定花妖的初始帧。方法：将时间滑块拖动到第0帧，使用 Select and Move（选择并移动）和 Select and Rotate（选择并旋转）工具调整花妖骨骼的位置和角度，设定攻击动作前期的动态姿势。效果如图2-79所示。

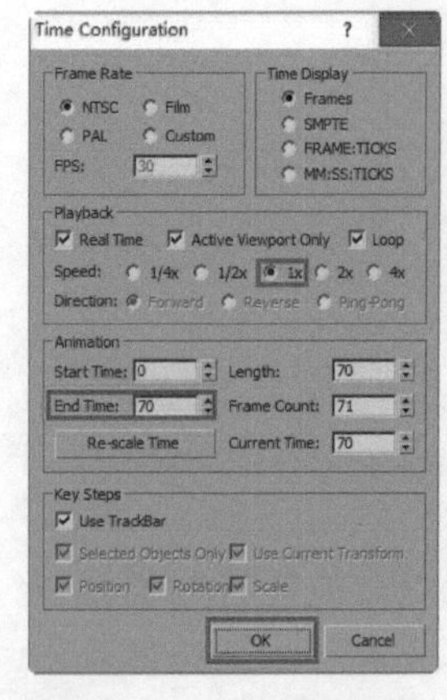


图2-78　设置时间配置

图2-79　设置花妖的初始帧

（3）根据花妖动态造型变化，调整花妖在第10帧的姿势。方法：将时间滑块拖动到第10帧，使用 Select and Move（选择并移动）和 Select and Rotate（选择并旋转）工具调整花妖的质心，分别调整头部、身体及四肢的动态变化，将头部微微向前伸展，身体及臀部根据头部的整体态势稍微上抬，脚部的触角稍微倾斜，使身体整体产生往前冲的动势，效果如图2-80所示。

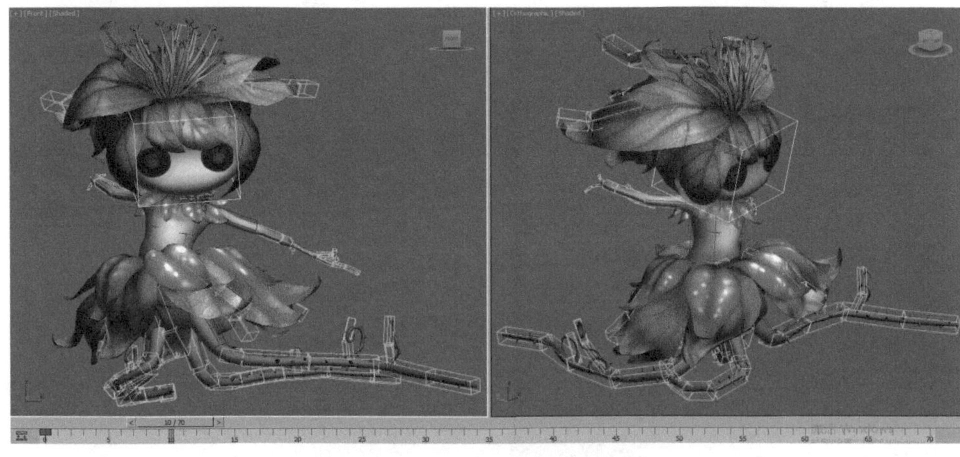

图2-80　花妖在第10帧的姿势

（4）调整花妖在第18帧的姿势。方法：将时间滑块拖动到第18帧，使用 Select and Move（选择并移动）和 Select and Rotate（选择并旋转）工具调整花妖质心向前倾、身体向后缩，使身体产生往前冲击的动态造型，效果如图2-81所示。

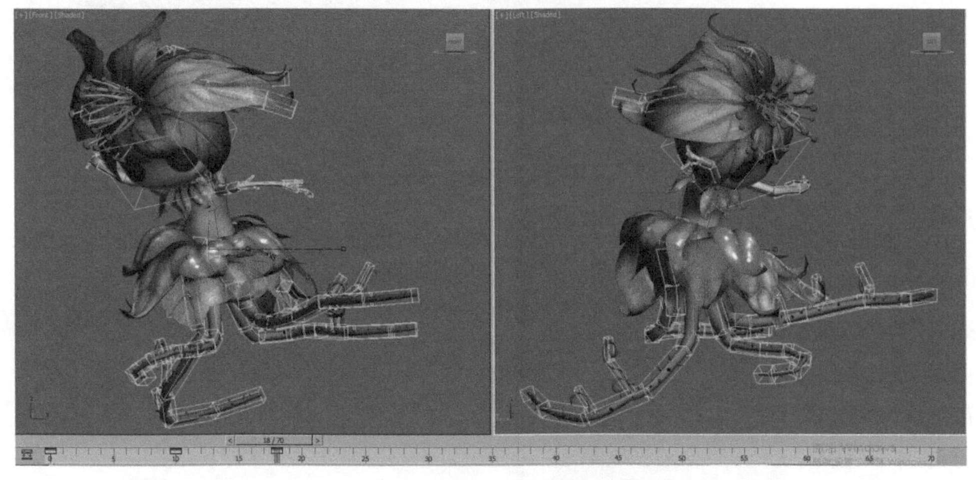

图2-81　花妖在第18帧的姿势

（5）继续调整花妖在第25帧的姿势。方法：将时间滑块拖动到第25帧，使用 Select and Move（选择并移动）和 Select and Rotate（选择并旋转）工具调整花妖质心向后倾、头部与身体往右侧倾斜，腰部与脚部稍微往左侧倾斜，同时结合四肢的动态变化进行整体动作的调节，效果如图2-82所示。

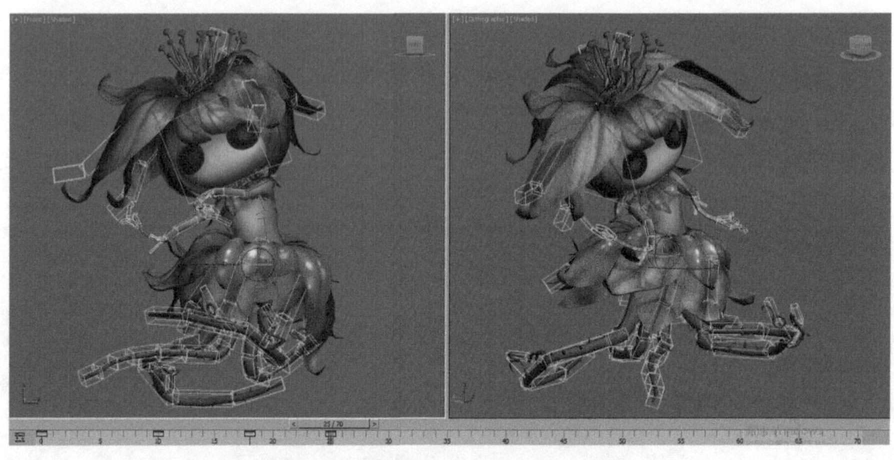

图2-82　花妖在第25帧的姿势

（6）调整花妖在第30帧的姿势。方法：在身体动态往前冲的动态造型下，将时间滑块拖动到第30帧，使用 Select and Move（选择并移动）和 Select and Rotate（选择并旋转）工具将花妖质心向前，将花妖身体向后仰，调整为往前冲击的动态姿势，同时左右手臂也是往上抬起，效果如图2-83所示。

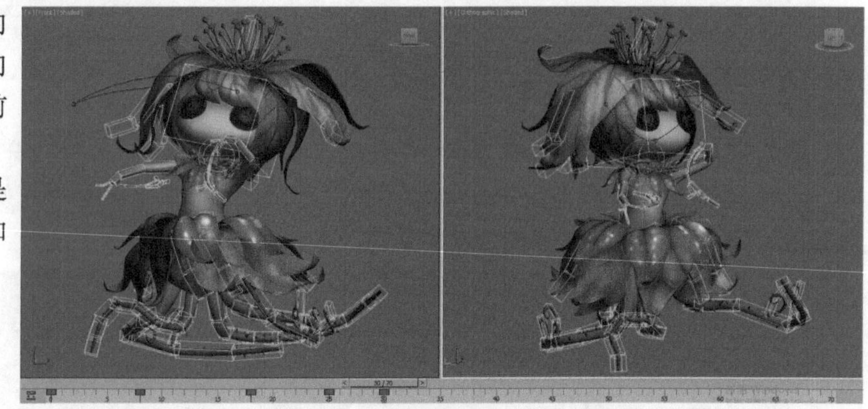

图2-83　花妖在第30帧的姿势

（7）调整花妖在第35帧的姿势。方法：将时间滑块拖动到第35帧，使用 Select and Move（选择并移动）和 Select and Rotate（选择并旋转）工具将花妖质心向后移，同时身体整体动态往左侧倾斜，下半身的花瓣及触须也会根据动态的变化做反向蠕动，效果如图2-84所示。

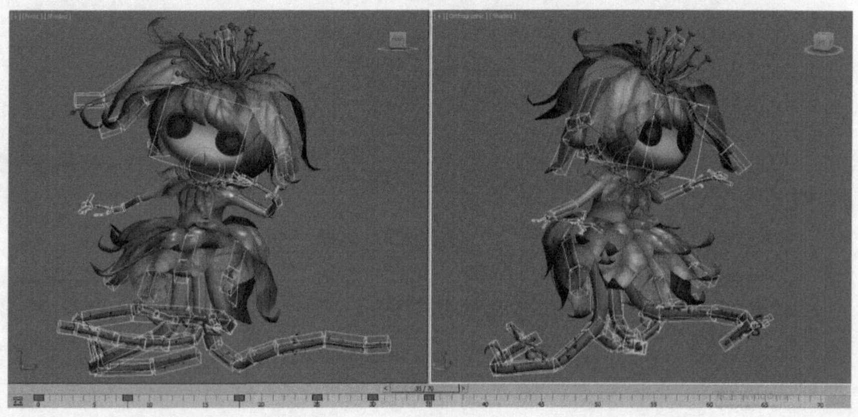

图2-84　花妖在第35帧的姿势

（8）调整花妖在第45帧的姿势。方法：将时间滑块拖动到第45帧，使用 Select and Move（选择并移动）和 Select and Rotate（选择并旋转）工具调整花妖质心向后倾，身体蜷缩，头部根据动态设计往下俯视。同时手部触须往胸前交错，调整成蓄力状态，效果如图2-85所示。

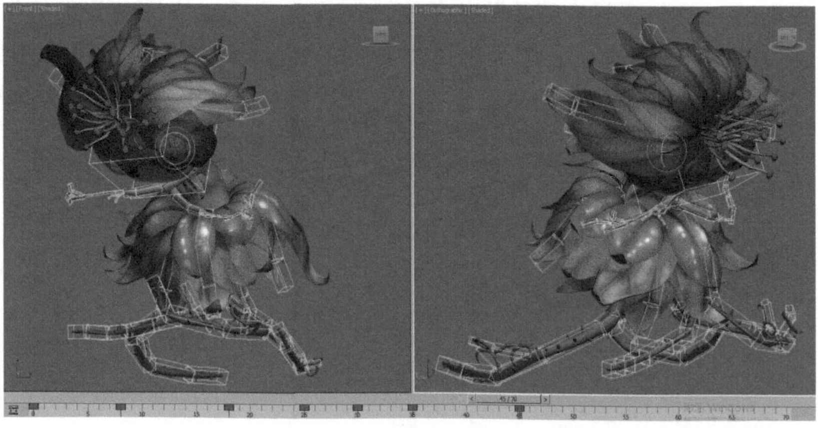

图2-85　花妖在第45帧的姿势

（9）调整花妖在第48帧的姿势。方法：将时间滑块拖动到第48帧，使用 Select and Move（选择并移动）和 Select and Rotate（选择并旋转）工具调整花妖质心向前倾，头部快速抬起，并往后仰，双手张开向后甩出，胸部和脚部触须向前跨出，稍稍往上抬起，身体向后仰，效果如图2-86所示。

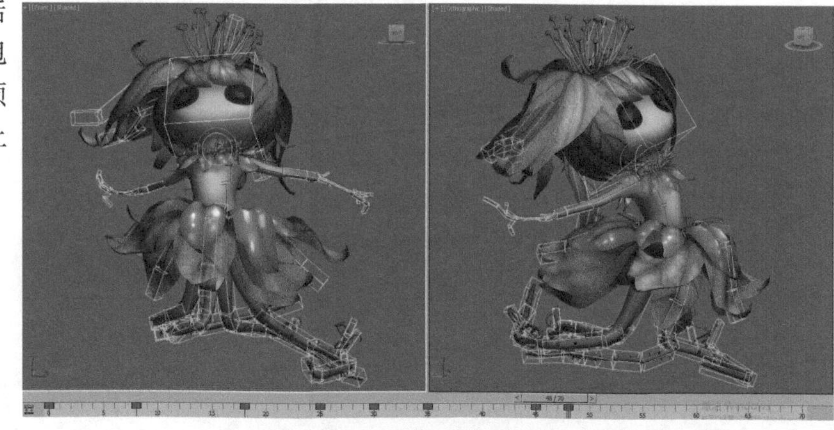

图2-86　花妖在第48帧的姿势

（10）调整花妖质心的运动姿势。方法：选中质心，使用 Select and Move（选择并移动）和 Select and Rotate（选择并旋转）工具调整花妖的质心的位置和角度，制作出花妖在攻击时质心的运动轨迹曲线，同时观察花妖身体、四肢及触须等不同角度的运动，拖动时间滑块反复调整花妖的运动方向及运动节奏变化，如图2-87所示。

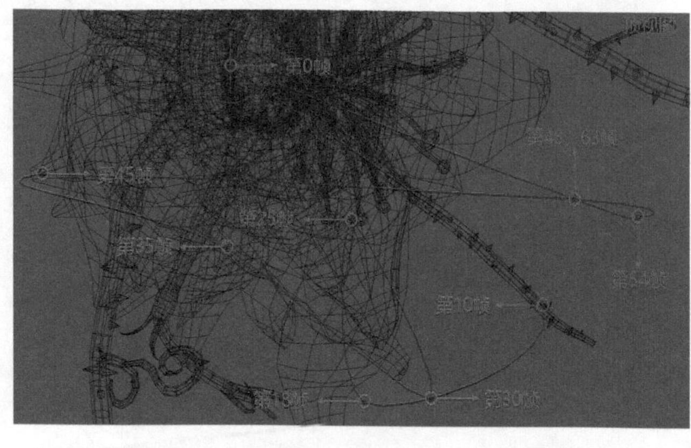


图2-87　花妖质心的运动轨迹参考图

第2章　Q版角色动画制作——花妖

（11）调整花妖头部的运动姿势。方法：选中头部骨骼，使用 Select and Rotate（选择并旋转）工具调整头部骨骼的角度，制作出花妖在等待时头部的运动姿势，结合头部装饰物运动状态的变化，逐帧调整头部前后左右的运动方向。效果如图2-88所示。

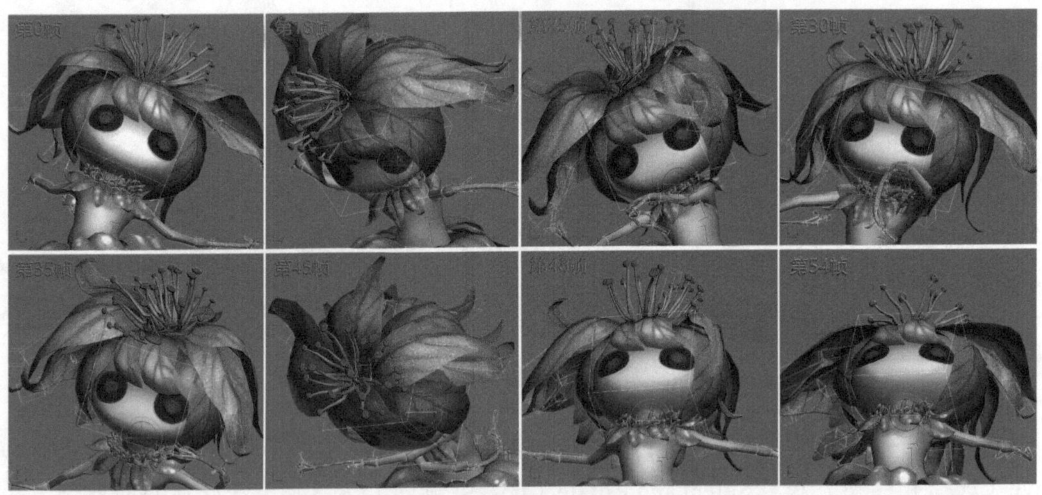


图2-88 花妖头部的运动姿势

（12）调整花妖右侧手臂的运动姿势。方法：选中右侧手臂骨骼，使用 Select and Rotate（选择并旋转）工具调整手臂骨骼的角度，制作出花妖在等待时手臂的运动姿势，特别是前臂及上臂之间运动的节奏与方向的变化。因花妖手部是触角，因此在制作动画的时候，运动节奏要比较快，相对手臂其他部分，节奏要更柔和、更有张力，效果如图2-89所示。

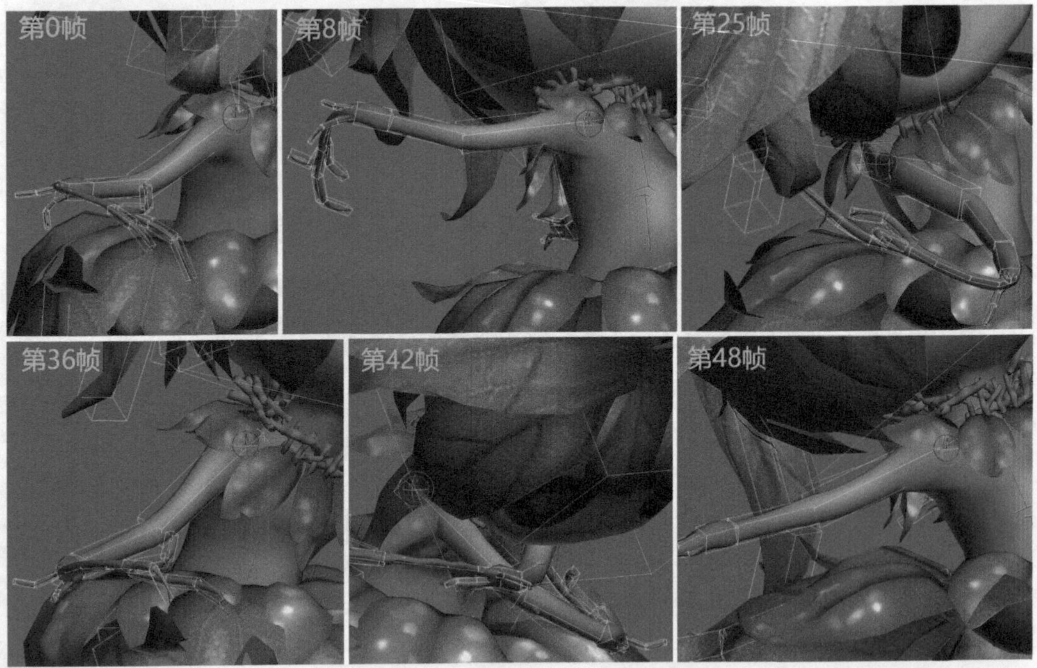


图2-89 花妖右侧手臂的运动姿势

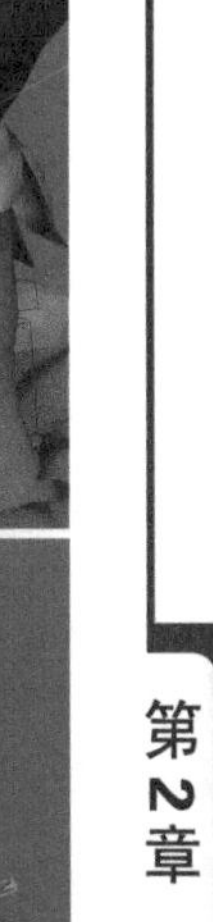

（13）按照右侧手臂制作动作的思路，调整花妖左侧手臂的运动姿势。方法：选中左侧手臂骨骼，使用 Select and Rotate（选择并旋转）工具调整左侧手臂骨骼的角度，结合右手动态造型，制作出花妖在等待时手臂的运动姿势。要注意与右臂之间的运动节奏及运动方向的变化，特别是在制作攻击动作时，要注意两边手臂的前后运动位移及攻击范围的变化，要更好地突出花妖四肢攻击的状态变化及攻击力度。效果如图2-90所示。

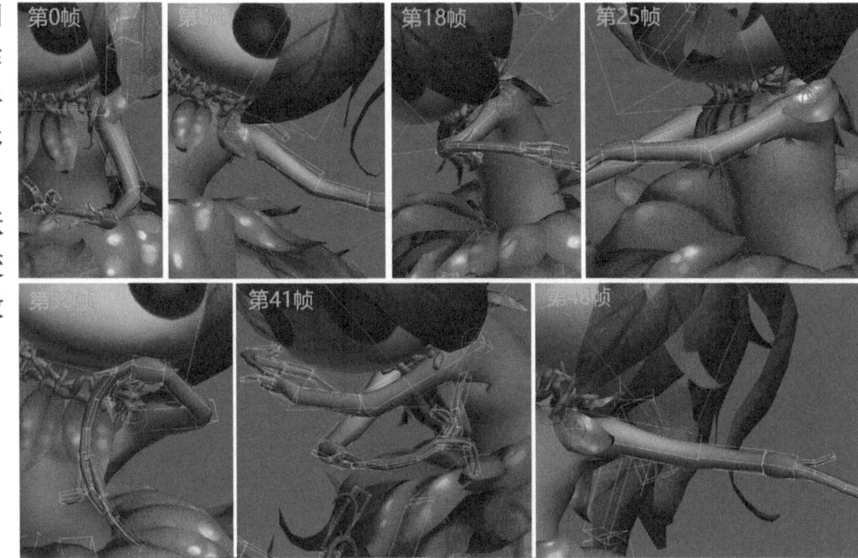


图2-90　花妖左侧手臂的运动姿势

（14）调整其他骨骼的运动姿势。方法：选中除根骨骼之外的触手、触脚、头饰以及裙摆骨骼，再打开Spring Magic_飘带插件的文件夹（见光盘：spring magic_插件），找到spring magic_0.8文件，并将其拖到3ds Max的视图中。设置Spring参数为0.3左右，设置Loops参数为3，单击Bone（骨骼）按钮，如图2-91中A所示。此时，Spring（飘带）插件开始为选中的骨骼进行动作运算，循环3次，运算之后的关键帧，效果如图2-91中B所示。

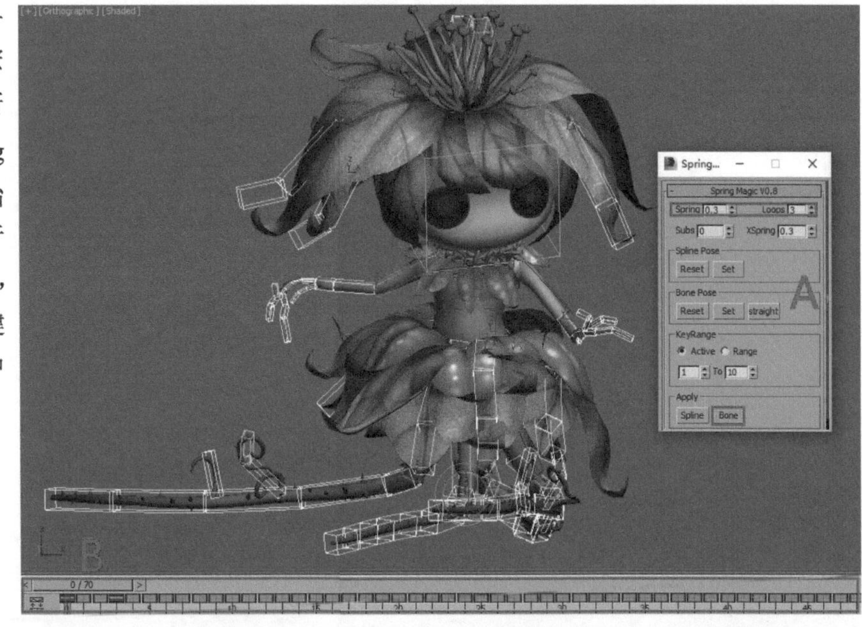


图2-91　使用飘带插件制作触手、触脚、头饰以及裙摆姿势

（15）单击 Playback（播放动画）按钮播放动画，此时可以看到花妖的攻击动作。在播放动画时，如发现幅度过大或有抖动不流畅的地方，可适当加以调整，根据花妖整体的运动节奏及动作需求进行个性动作制作。最后将文件保存为“攻击动作”（可参考光盘文件）。

## 2.5 本章小结

本章通过花妖的动画制作流程，详细讲解卡通风格人形NPC（Non Player Character，非玩家控制角色）动作设计思路和技巧。在整个讲解过程中，分别介绍了花妖的骨骼创建、蒙皮设定及动作设计，重点讲解了人形NPC的动态创作过程，并演示了花妖行走和攻击的动画制作技巧。通过对本章内容的学习，读者需要掌握以下几个要领：

（1）掌握花妖的骨骼创建方法。

（2）掌握花妖的蒙皮设定技法。

（3）了解花妖的基本运动规律。

（4）重点掌握花妖的动画制作技巧。

## 2.6 本章练习

**操作题**

结合本章讲解的动作制作流程及制作技巧，继续对花妖的动画进行深入制作，完成休闲待机及受击的动画制作。

# 第3章 Q版角色动画制作——自然导师

**精灵族女法师——自然导师描述：**

精灵美丽无比，居住在森林的最深处。拥有稍长的尖耳、金发碧眼，与人类体型相似，擅长魔法和弓箭。平时栖息于树上，喜欢在夜间活动，长寿、高贵、优雅、聪慧、美丽，彼此之间平等友好，敌视邪恶种族，能和其他种族友好相处，喜欢和大自然融为一体。

本章通过对法系职业——自然导师的动画设计及制作流程，重点讲解法系职业动画的创作技巧及动作设计思路。

**●实践目标**

- **掌握自然导师角色的骨骼创建方法**
- **掌握自然导师角色的蒙皮设定**
- **了解自然导师角色的基本运动规律**
- **掌握自然导师角色的动画制作方法**
- **掌握利用飘带插件制作飘带动画的方法**

**●实践重点**

- **掌握自然导师角色的骨骼创建方法**
- **掌握自然导师角色的蒙皮设定**
- **掌握自然导师角色的动画制作方法**

本章通过讲解自然导师的战斗奔跑、战斗待机、普通攻击和法术攻击的制作流程及规范，深入了解法系职业动作制作的要领及在游戏产品中的应用。自然导师调节完成动作动态画面截图效果如图3-1所示。

（a）自然导师的战斗奔跑动画

（b）自然导师的战斗待机动画

（c）自然导师的普通攻击动画

（d）自然导师的法术攻击动画

**图3-1　效果图**

# 3.1 创建自然导师的骨骼

在创建自然导师骨骼时，是将使用传统的CS 骨骼、Bone 骨骼相结合。自然导师身体骨骼创建分为创建前的准备、创建Character Studio骨骼、匹配骨骼到模型三部分内容。

## 3.1.1 创建前的准备

（1）选择要制作的自然导师的模型，使得模型所有顶点归零。方法：选中自然导师模型，将窗口上的坐标值设置为（X:0，Y:0，Z:0），此时可以看到场景中的自然导师位于坐标原点，如图3-2中A所示。

（2）过滤模型。方法：打开Selection Filter（选择过滤器）卷展栏，选择Bone（骨骼）模式，如图3-3所示。这样在选择骨骼时，只会选中骨骼，而不会发生误选到模型的情况。

图3-2 模型归零

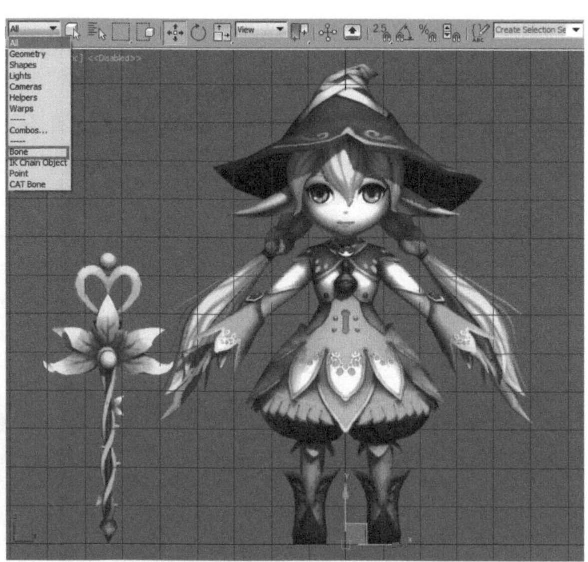


图3-3 过滤自然导师的模型

提示：在匹配自然导师的骨骼之前，一定要在骨骼模式下操作，以便在创建骨骼的过程中，自然导师的模型不会因为被误选而出现移动、变形等问题。

## 3.1.2 创建Character Studio骨骼

（1）创建Biped骨骼。方法：按F3键，进入线框显示模式。单击 Create（创建）面板下 Systems（系统）中的Biped按钮，在“前”视图中拖出一个与模型等高的人物角色骨骼（Biped），如图3-4所示。

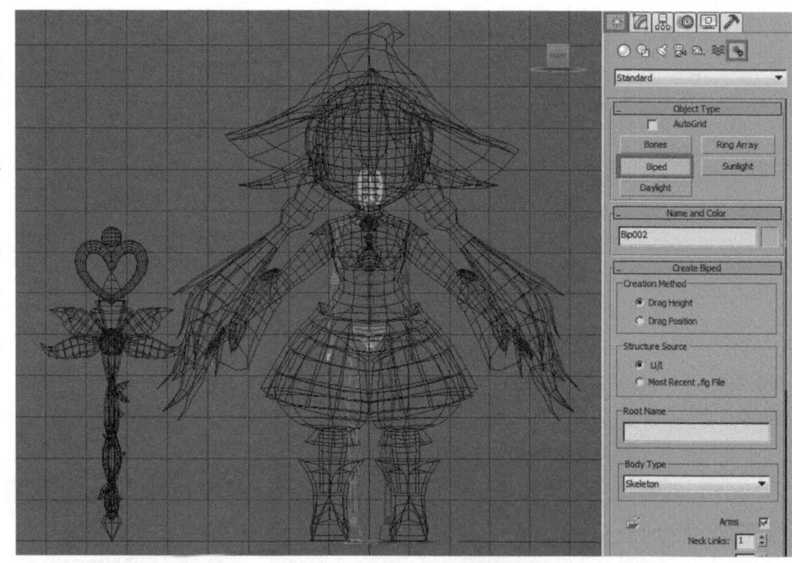


图3-4 创建Biped骨骼

（2）调整质心到模型中心。方法：选择人物角色骨骼Biped的任何一个部分，进入 Motion（运动）面板。打开Biped卷展栏，单击 Figure Mode（体形模式）按钮，激活并锁定控制器，如图3-5中A所示，这样就选择了Biped骨骼的质心。使用 Select and Move（选择并移动）工具调整质心向下并对准模型，如图3-5中B所示。设置质心的X、Y轴坐标为0，将质心的位置调整到模型中心，如图3-5中C所示。

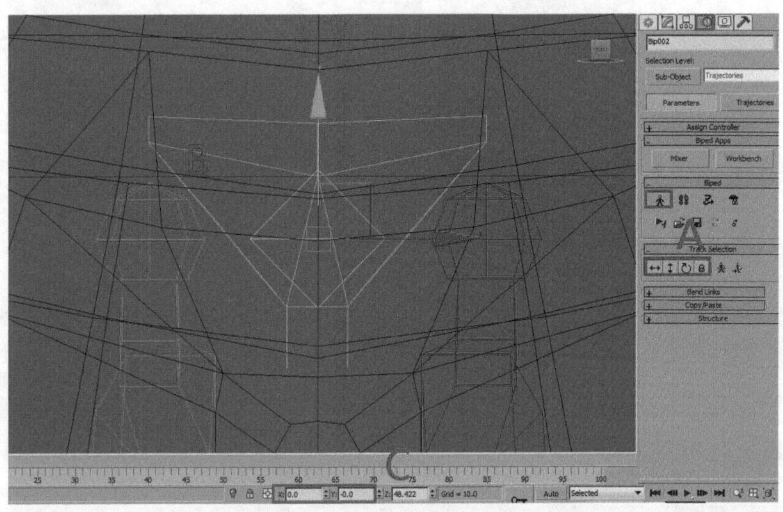


图3-5　匹配质心到模型中心

（3）修改Biped结构参数。方法：选中人物角色骨骼Biped的任何一个部分，打开 Motion（运动）面板下的Structure（结构）卷展栏，修改Spine Links（脊椎链接）的结构参数为2，Fingers（手指）的结构参数为5，Fingers Links（手指链接）的结构参数为2，Toe Links（脚趾链接）的参数为1，如图3-6所示。

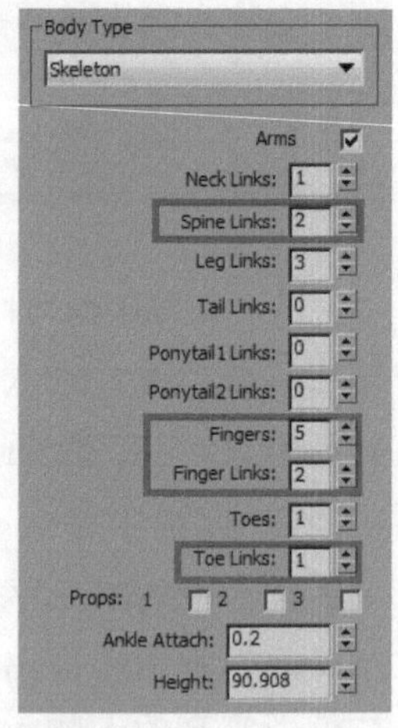


图3-6　修改Biped结构参数

## 3.1.3 匹配骨骼到模型

（1）匹配盆骨骨骼到模型。方法：选中盆骨骨骼，单击工具栏上 Select and Uniform Scale（选择并均匀缩放）按钮，并更改坐标系为Local（局部），然后在前视图和左视图中调整臀部骨骼与模型匹配，如图3-7所示。

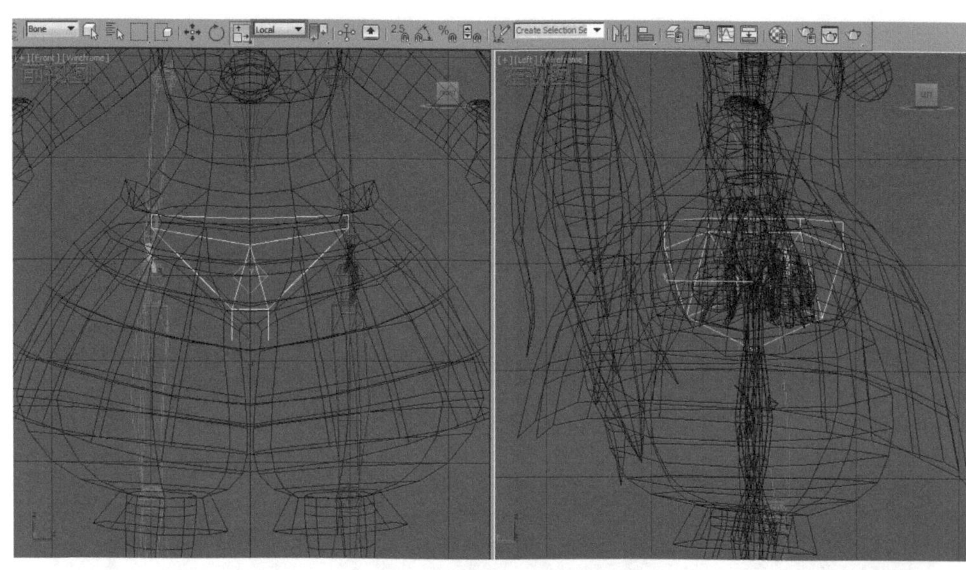

图3-7　匹配盆骨到模型

（2）匹配脊椎骨骼到模型。方法：使用 Select and Move（选择并移动）、 Select and Rotate（选择并旋转）和 Select and Uniform Scale（选择并均匀缩放）工具在前视图和左视图中调整脊椎骨骼与模型相匹配，效果如图3-8所示。

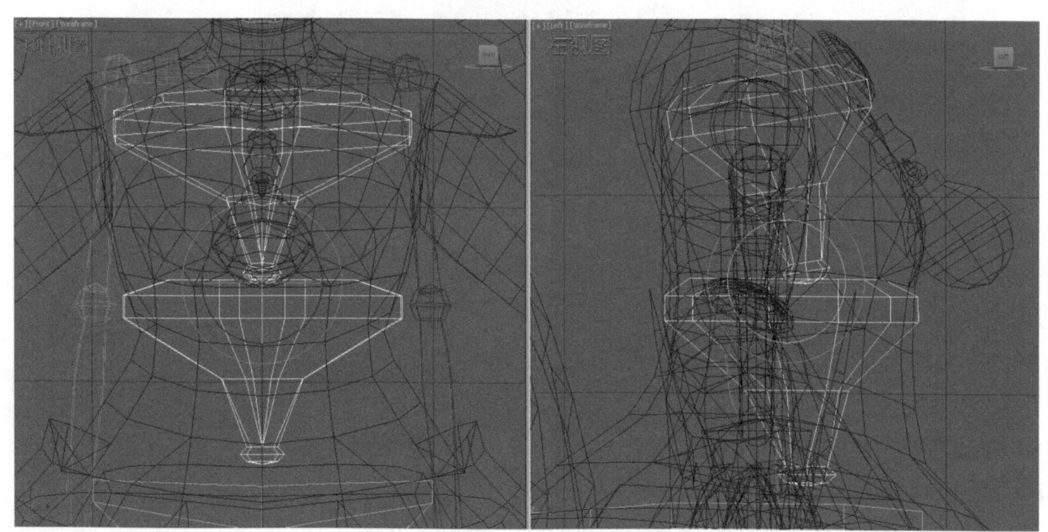

图3-8　匹配脊椎骨骼到模型

（3）匹配绿色手臂骨骼到模型。方法：选中绿色肩膀骨骼，使用 Select and Move（选择并移动）、 Select and Rotate（选择并旋转）和 Select and Uniform Scale（选择并均匀缩放）工具在前视图和左视图中调整肩膀骨骼与模型匹配，效果如图3-9所示。再选中绿色大臂骨骼，在前视图和左视图中调整大臂与模型对齐。同理调整绿色小手臂与模型对齐，效果如图3-10所示。

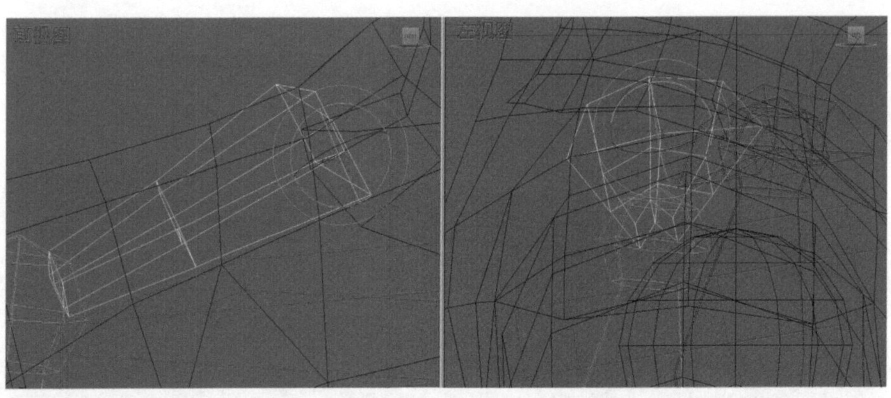

图3-9 匹配绿色肩膀骨骼到模型

图3-10 匹配绿色手臂骨骼到模型

（4）匹配绿色手掌和手指骨骼到模型。方法：使用 Select and Move（选择并移动）、 Select and Rotate（选择并旋转）和 Select and Uniform Scale（选择并均匀缩放）工具在前视图和透视图中调整手部骨骼与模型对齐，如图3-11所示。

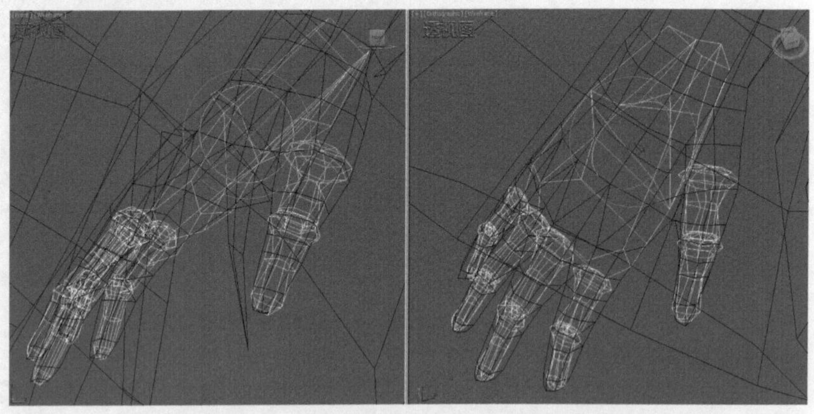

图3-11 匹配绿色手掌和手指骨骼到模型

提示：在匹配自然导师的骨骼之前，一定要在骨骼模式下操作，以便在创建骨骼的过程中，自然导师的模型不会因为被误选而出现移动、变形等问题。

（5）自然导师手臂模型是左右对称的，因此可以将绿色手臂骨骼姿态复制到蓝色手臂骨骼，从而提高制作的效率。方法：双击绿色肩膀骨骼，从而选中手臂全部骨骼，如图3-12中A所示。激活Copy/Paste（复制/粘贴）卷展栏下的Posture（姿态）按钮，单击Create Collection（创建集合）按钮，再单击Copy Posture（复制姿态）按钮，最后单击Paste Posture Opposite（向对面粘贴姿态）按钮，从而将绿色手臂骨骼姿态复制到蓝色手臂骨骼，效果如图3-12中B所示。

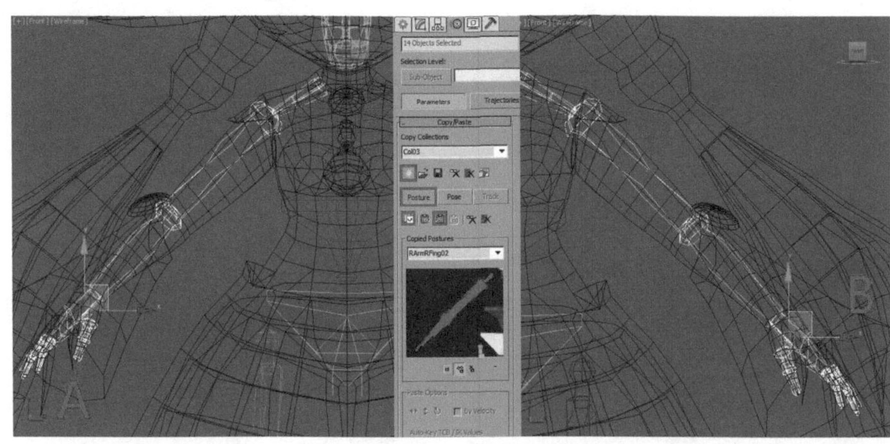

图3-12 复制绿色手臂骨骼的姿态到蓝色手臂骨骼

（6）颈部和头部的骨骼匹配。方法：选中颈部骨骼，使用Select and Move（选择并移动）、Select and Rotate（选择并旋转）和Select and Uniform Scale（选择并均匀缩放）工具在前视图和左视图中调整颈部骨骼，把颈部骨骼与模型匹配对齐。再选中头部骨骼，在前视图和左视图中调整头部骨骼与模型相匹配，效果如图3-13所示。

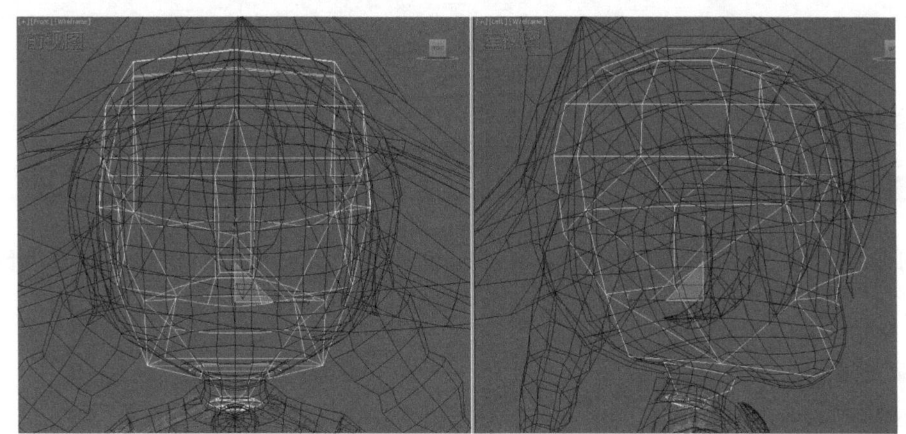

图3-13 匹配颈部和头部骨骼到模型

（7）匹配腿部骨骼到模型。方法：选中右腿骨骼，在前视图或左视图中使用Select and Rotate（选择并旋转）和Select and Uniform Scale（选择并均匀缩放）工具将腿部骨骼与模型匹配对齐，效果如图3-14所示。

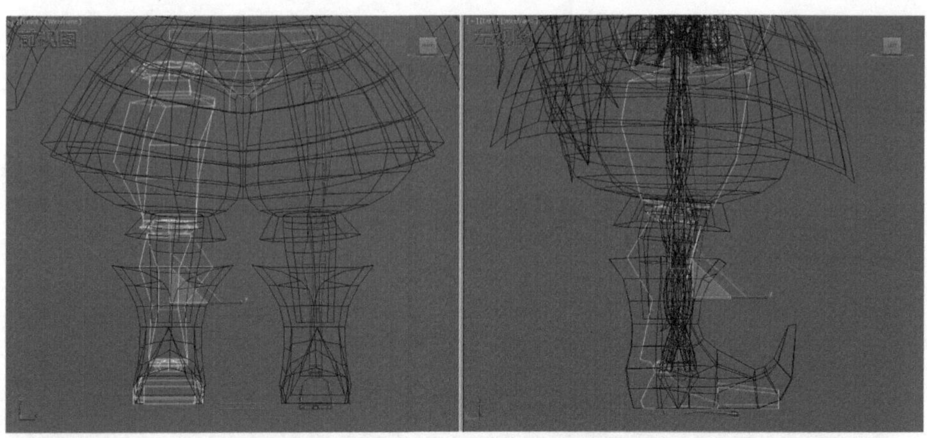

图3-14　匹配腿部骨骼到模型

（8）参照手臂的复制方法，完成腿部骨骼的复制，效果如图3-15所示。

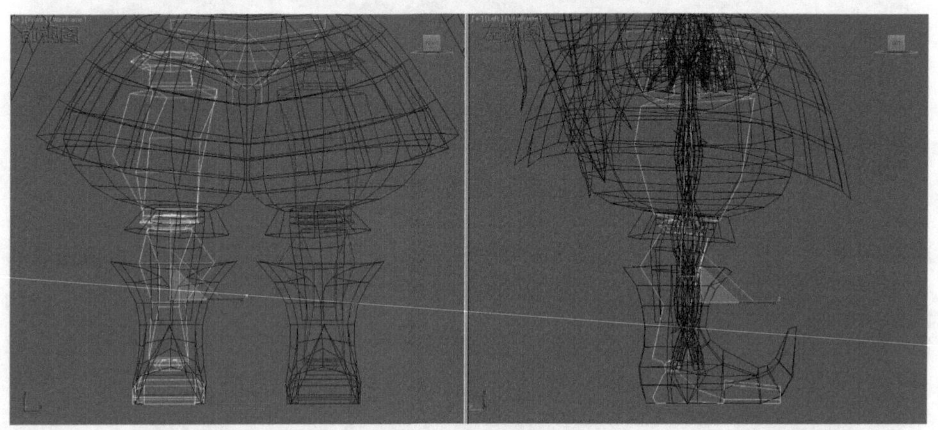

图3-15　复制腿部骨骼到另一边

# 3.2 自然导师的附属物品骨骼创建

在创建自然导师附属物品骨骼时，使用Bone骨骼。附属物品的骨骼创建分为创建头发和耳朵骨骼、创建裙摆骨骼、创建武器骨骼和骨骼的链接四部分内容。

## 3.2.1 创建头发和耳朵骨骼

（1）创建右边头发骨骼。方法：进入前视图，单击 Create（创建）面板下 Systems（系统）中的Bones骨骼按钮，为前面头发创建五节骨骼，单击鼠标右键结束创建，删除末端骨骼，再使用 Select and Move（选择并移动）、 Select and Rotate（选择并旋转）调整骨骼的位置和角度，效果如图3-16所示。

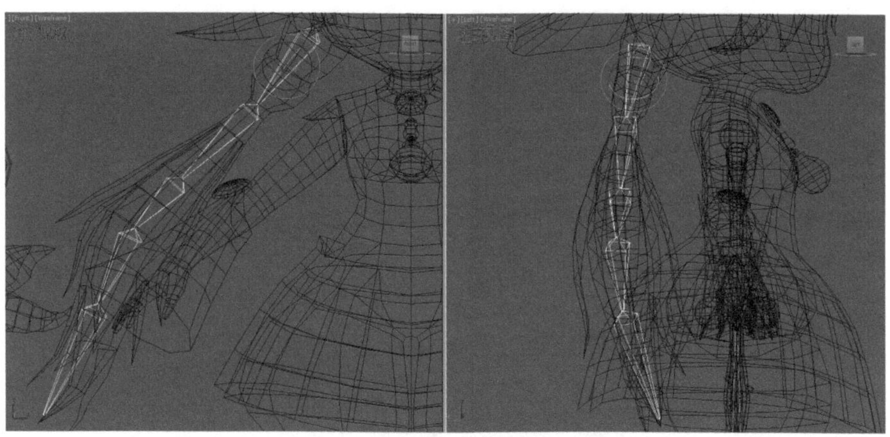

图3-16 创建右边头发的骨骼

（2）准确匹配骨骼到模型。方法：选中右边头发的根骨骼，执行Animation | Bone Tools（骨骼工具）菜单命令，如图3-17中A所示。打开 Bone Tools（骨骼工具）面板，进入Fin Adjustment Tools（鳍调整工具）卷展栏的Bone Objects（骨骼对象）栏，调整Bone骨骼的宽度、高度和锥化参数，如图3-17中B所示。同理，调整好其他骨骼的大小。

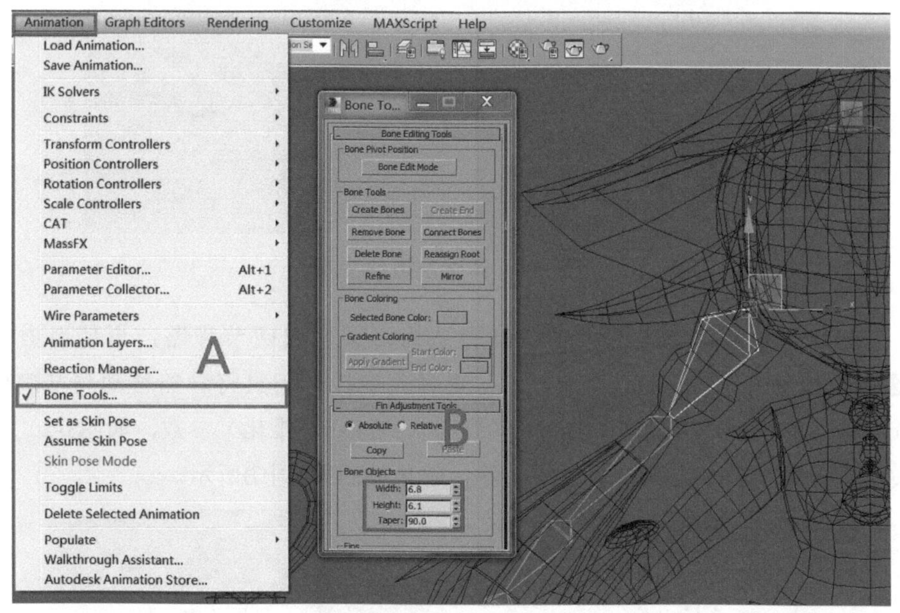


图3-17 使用Bone Tools面板调整骨骼大小

（3）镜像骨骼并匹配。方法：双击刚刚创建的右边头发的根骨骼，从而选中整根骨骼。单击Bone Tools（骨骼工具）卷展栏下的Mirror（镜像）按钮，在弹出的Bone Mirror（骨骼镜像）对话框中选中Mirror Axis（镜像轴）组下的X复选框，单击OK按钮，如图3-18中A所示。此时视图中已经复制出以X轴为对称轴的骨骼，如图3-18中B所示。使用 Select and Move（选择并移动）工具调整左边的骨骼匹配到头发，如图3-19所示。

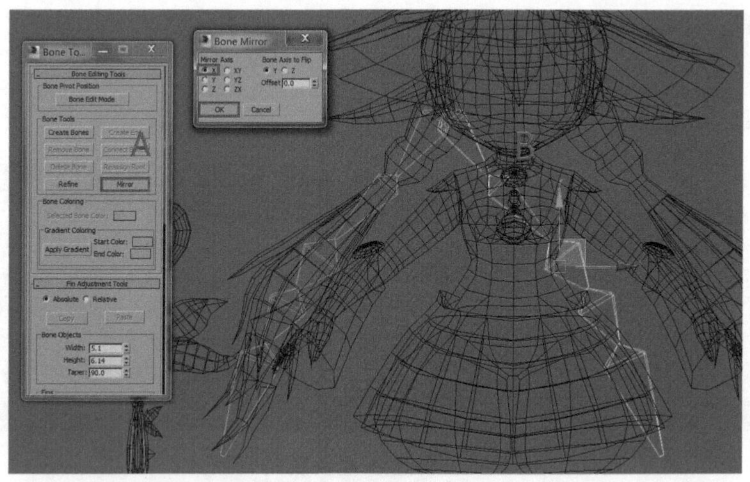

图3-18 镜像左边的头发

图3-19 调整左边的头发

（4）创建耳朵骨骼。参考头发的创建方法为耳朵创建两节骨骼，再使用 Select and Move（选择并移动）、 Select and Rotate（选择并旋转）工具将骨骼移动到准确位置，然后调整Bone骨骼的Width（宽度）、Height（高度）和Taper（锥化）参数，如图3-20中A所示。再参考头发的镜像方法，镜像出耳朵的骨骼，效果如图3-20中B所示。

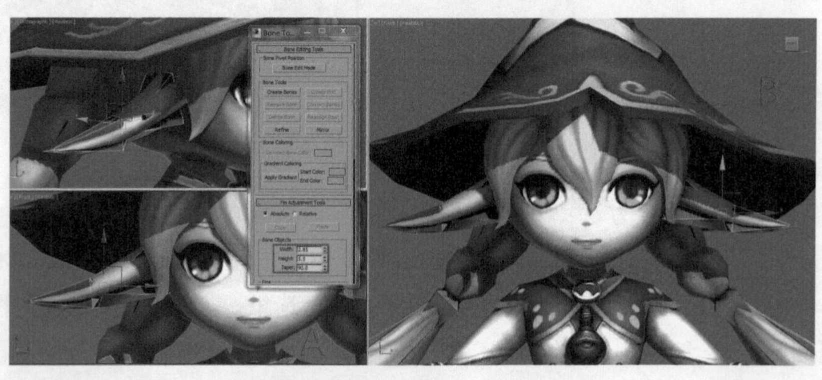

图3-20 创建耳朵的骨骼

## 3.2.2 创建裙摆骨骼

（1）创建左右裙摆的骨骼。方法：参照创建骨骼的方法，切换到“前”视图，参照裙摆的弧度创建两节骨骼，单击鼠标右键结束创建。删除末端骨骼，再使用 Select and Move（选择并移动）、 Select and Rotate（选择并旋转）工具将骨骼移动到准确位置，然后调整Bone骨骼的宽度、高度和锥化的参数，如图3-21中A所示。再镜像出另一边裙摆的骨骼，效果如图3-21中B所示。

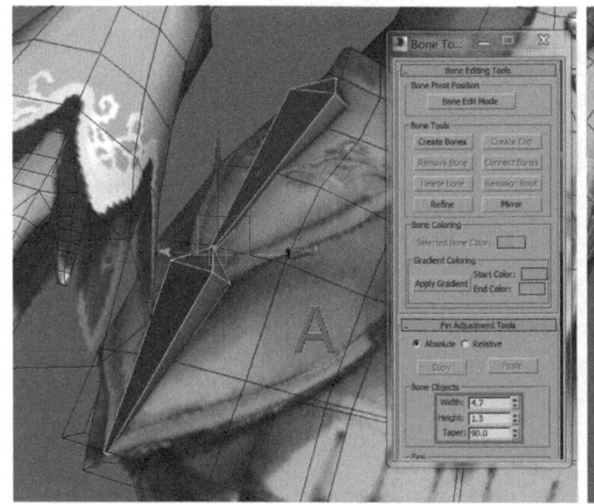

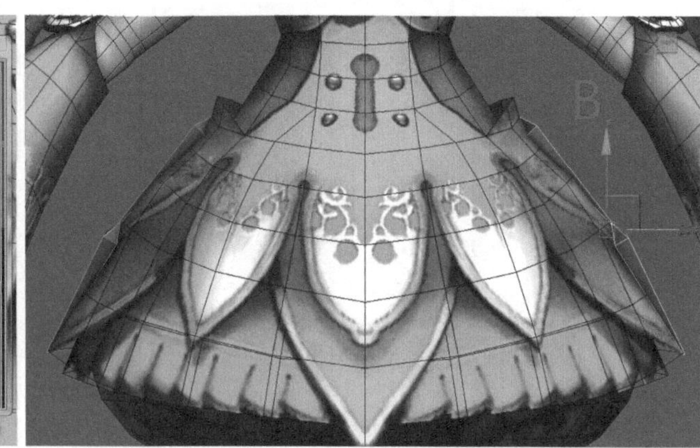


图3-21　创建左右裙摆的骨骼

（2）参照以上方法创建前后裙摆的骨骼，效果如图3-22所示。

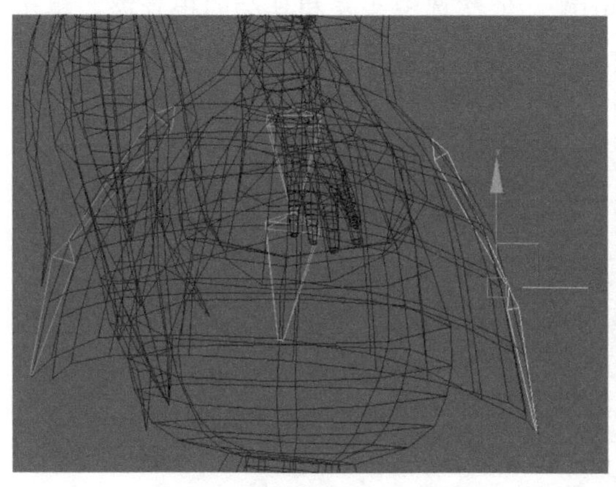
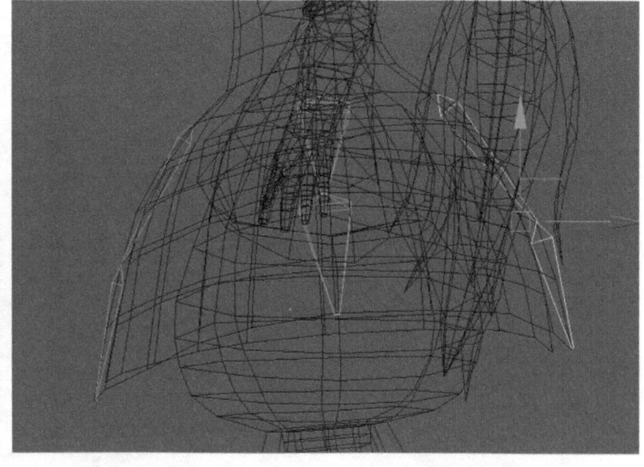

图3-22　创建前后裙摆的骨骼

## 3.2.3 创建武器骨骼

参照上述骨骼的创建方法为武器创建一组骨骼。使用 Select and Move（选择并移动）、Select and Rotate（选择并旋转）工具将骨骼移动到合适位置，再调整Bone骨骼的宽度、高度和锥化的参数，效果如图3-23所示。

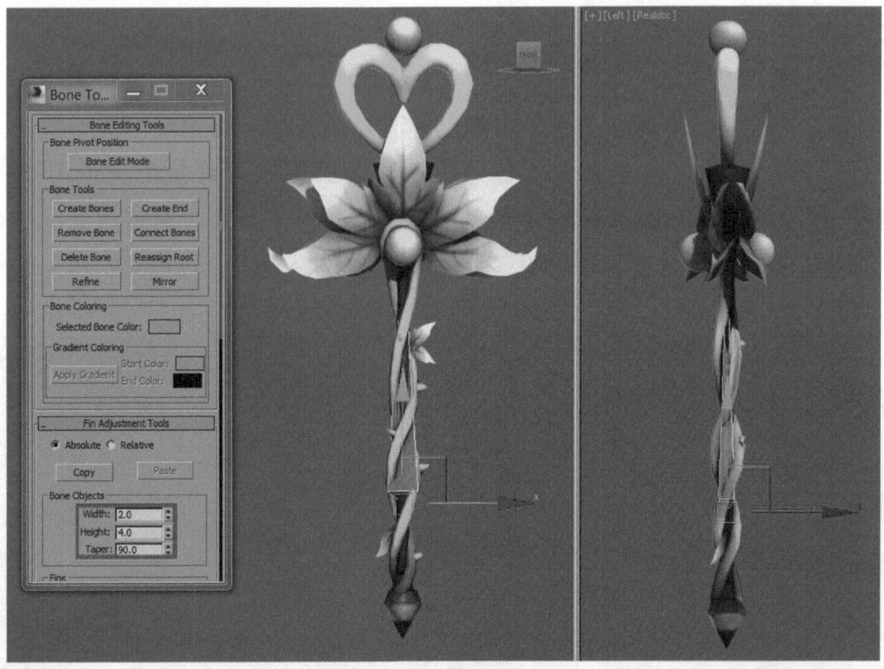


图3-23　创建武器的骨骼

## 3.2.4 骨骼的链接

（1）头发和耳朵的骨骼链接。方法：按住Ctrl键，依次选中头发和耳朵的根骨骼，单击工具栏中的 Select and Link（选择并链接）按钮，然后按住鼠标左键拖动至头部骨骼上，松开鼠标左键完成链接，如图3-24所示。

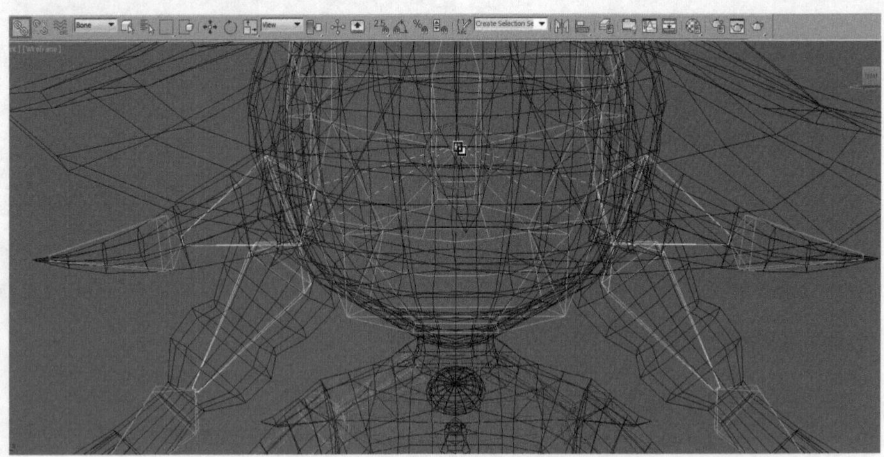

图3-24　头发和耳朵的骨骼链接

（2）裙摆骨骼的链接。方法：按住Ctrl键，依次选中裙摆的根骨骼，然后按住鼠标左键拖动至盆骨上，松开鼠标完成链接，如图3-25所示。

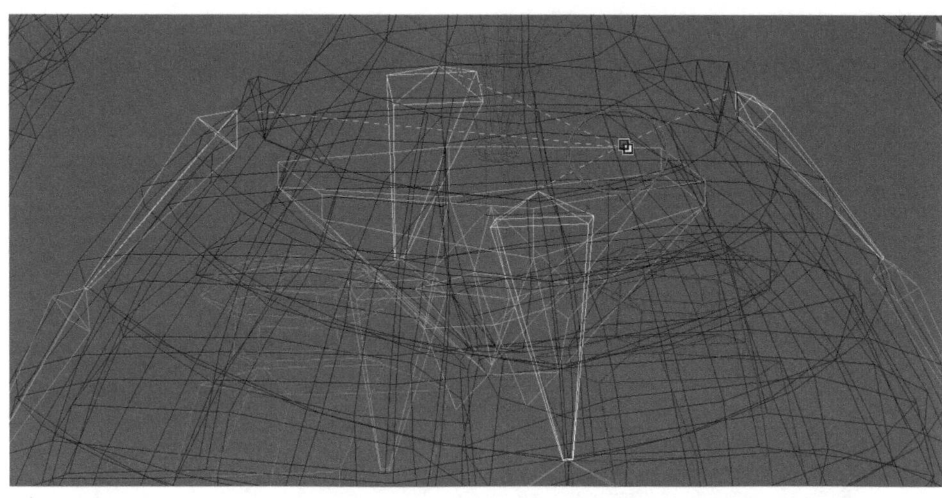

图3-25 裙摆骨骼的链接

# 3.3 自然导师的蒙皮设定

Skin蒙皮的优点是可以自由选择骨骼来进行蒙皮，调节权重也十分方便。本节内容包括添加蒙皮修改器、调节主体权重、调节头发/耳朵和裙摆权重、调节武器权重等四个部分。

## 3.3.1 添加蒙皮修改器

（1）调整选择过滤器。方法：打开Selection Filter（选择过滤器）卷展栏，并选择All（全部）模式，如图3-26所示。

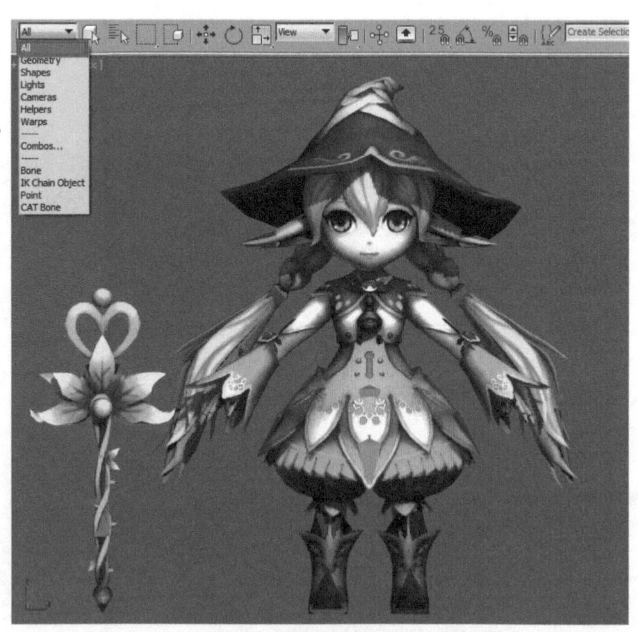


图3-26 调整选择过滤器

（2）关闭骨骼显示。方法：进入 Display（显示）面板，勾选Bones Objects（骨骼对象）复选框，如图3-27中A所示。从而隐藏骨骼，效果如图3-27中B所示。

图3-27 关闭骨骼显示

（3）为自然导师添加Skin修改器。方法：选中自然导师身体的模型，打开 Modify（修改）面板中的Modifier List（修改器列表）下拉列表，选择Skin（蒙皮）修改器，如图3-28所示。单击Add（添加）按钮，如图3-29中A所示，在弹出的Select Bones（选择骨骼）对话框中选择与身体相应的骨骼，再单击Select（选择）按钮，如图3-29中B所示，将骨骼添加到蒙皮。

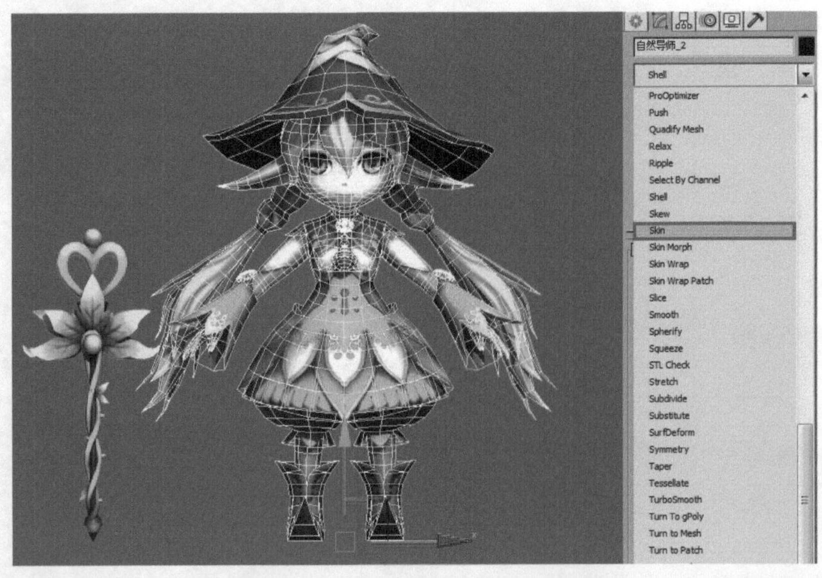


图3-28 为模型添加Skin修改器

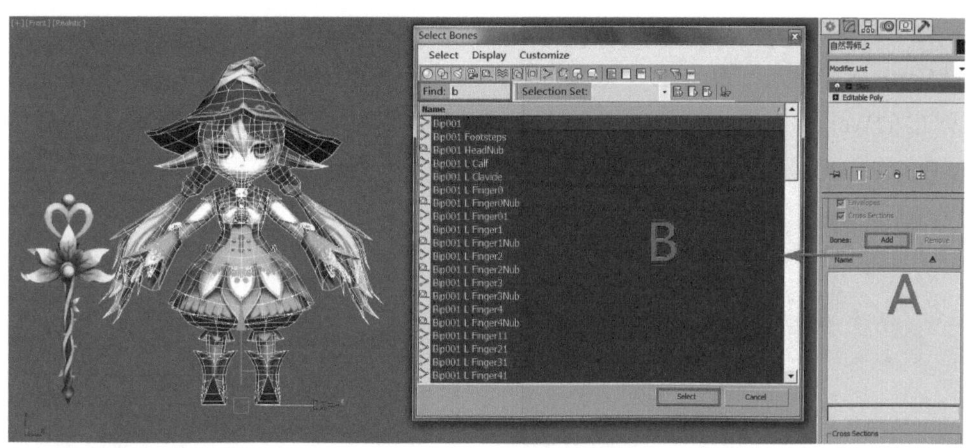


图3-29　为身体蒙皮添加骨骼

（4）添加完所有骨骼之后，要把对自然导师动作不产生作用的骨骼移除，以减少系统对骨骼数目的运算。方法：在Add（添加）列表框中选择质心骨骼Bip001，单击Remove（移除）按钮移除质心，这样使蒙皮的骨骼对象更加简洁，如图3-30所示。

（5）参照以上方法为武器添加蒙皮修改器。方法：先选择武器的模型，如图3-31中A所示，并将与武器相对应的骨骼添加到修改器，如图3-31中B所示。

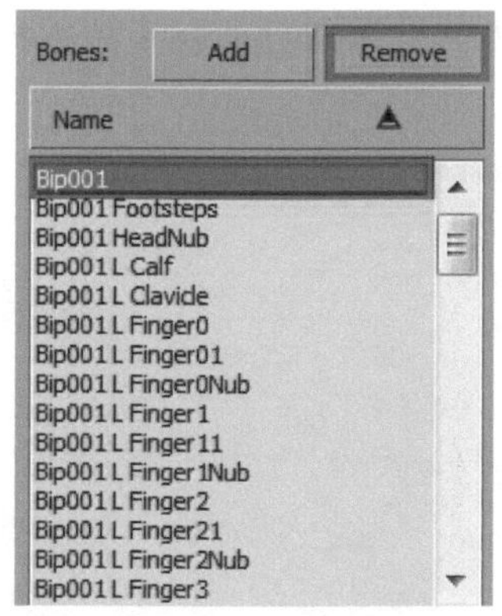


图3-30　移除质心

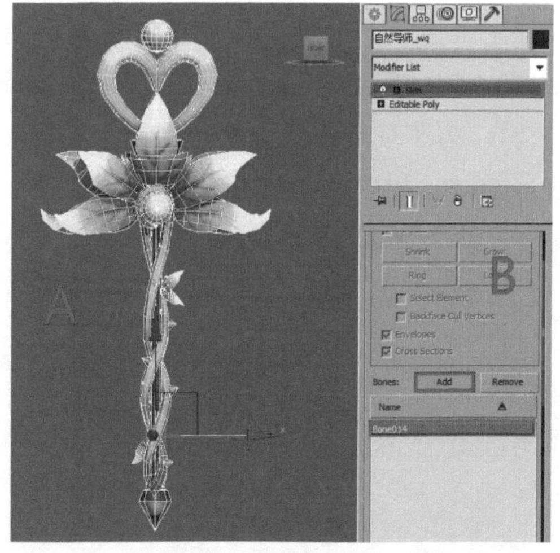


图3-31　为武器的模型添加蒙皮

## 3.3.2 调节主体权重

> 提示：在调节权重时，可以看到权重点的颜色变化，不同颜色代表着这个点受这节骨骼影响的权重值不同，其中红色的点受这节骨骼的影响的权重值最大，为1.0；黄色点为0.5、蓝色点为0.1、白色点为0.0。

（1）激活权重。方法：选中自然导师头部的模型，激活Edit Envelopes（编辑封套）功能，勾选Vertices（顶点）复选框，效果如图3-32所示。单击 Weight Tool（权重工具）按钮，在弹出的Weight Tool（权重工具）面板中编辑权重，并在Display（显示）栏中勾选Show No Envelopes（不显示封套）复选框，如图3-33所示。

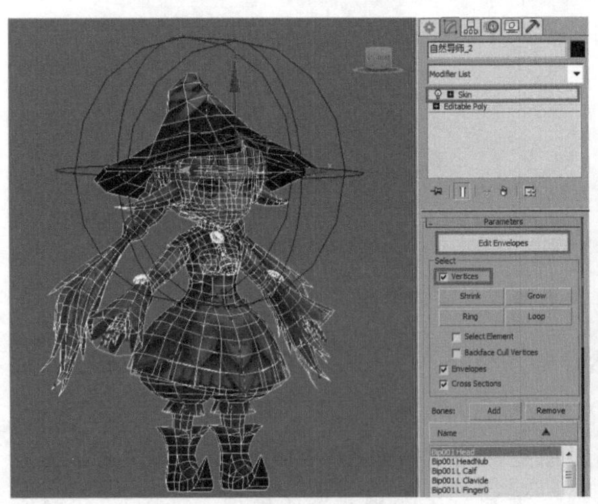


图3-32　激活蒙皮

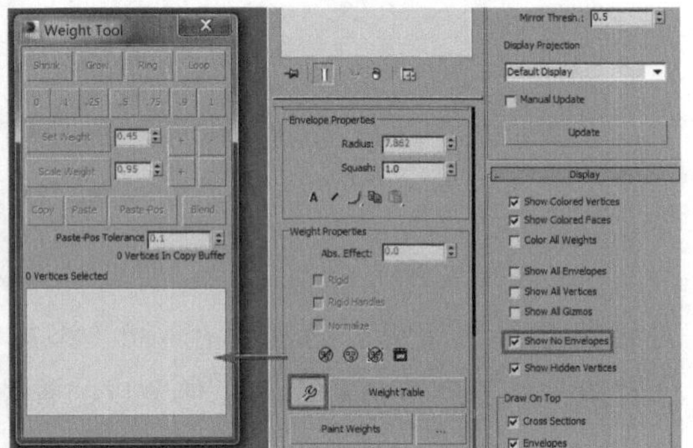


图3-33　打开权重工具面板

（2）首先激活臀部的模型和权重链接线，调节臀部的权重值。方法：选择臀部的权重链接，如图3-34中A所示。再选中与臀部相关的调整点，运用权重工具，设置臀部位置调整点权重值为1。为了使动作看起来更流畅，与腰部及腿部骨骼链接部分的权重值根据模型布线适度进行递减，如图3-34中B所示。

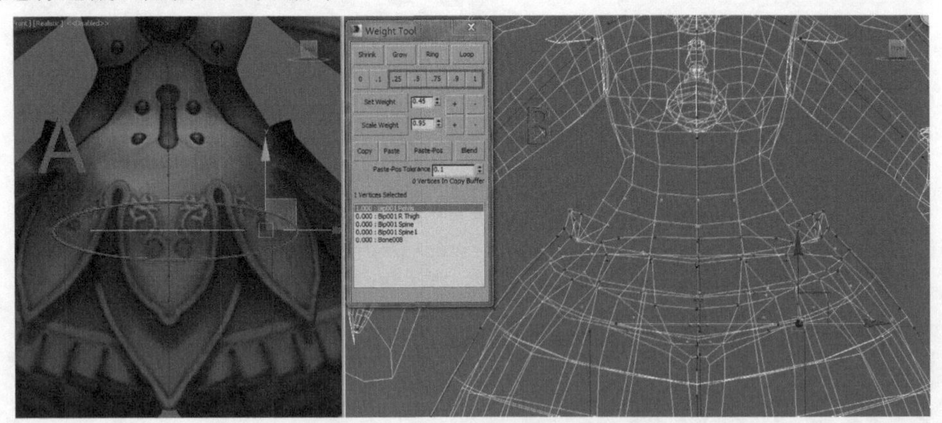


图3-34　调节臀部的权重值

（3）延续臀部权重值的过渡变化，进一步调节腹部的权重值。方法：选择腹部的权重链接，如图3-35中A所示。再选中与腹部相关的调整点，运用权重工具根据模型结构对权重值进行调节，逐步向臀部递减（分别为0.9、0.75、0.25），此部分数值根据实际情况进行合理调节。效果如图3-35中B所示。

图3-35　调节腹部的权重

（4）根据骨骼及模型蒙皮权重值的变化，胸部与腹部是身体部分两个比较大的转折点，因此对胸部蒙皮的权重值要比较概括，但要深入调节胸腔的权重值。方法：选择胸腔的权重链接，如图3-36中A所示。再选中与胸腔相关的调整点，运用权重工具，设置胸腔和衣领肩膀位置调整点的权重值为1；再设置权重值由胸腔向腹部递减（分别为0.9、0.75、0.5、0.25、0.1），效果如图3-36中B所示。

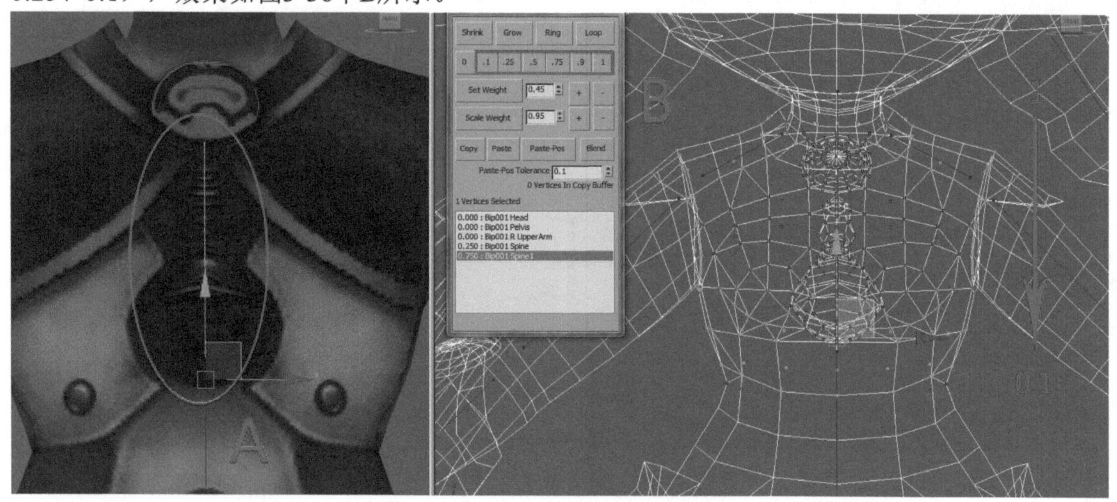


图3-36　调节胸腔的权重值

（5）胸部与肩部关节部分是紧密联系在一起的，肩部在动作制作中也是比较重要的部分，蒙皮权重值调整得到不到位，会直接影响动画的节奏及流畅性。因此要精细调节肩膀的权重值。方法：选择肩膀的权重链接，如图3-37中A所示。再选中与肩膀相关的调整点，运用权重工具，设置肩膀位置调整点的权重值为1；再设置与胸腔相衔接位置的权重值为0.5左右，效果如图3-37中B所示。

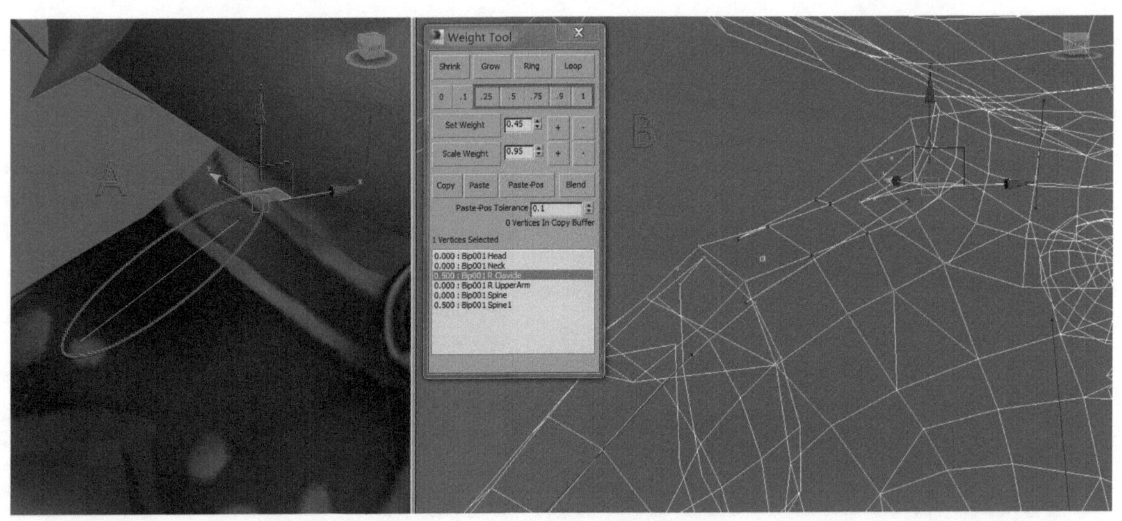


图3-37　调节肩膀的权重值

（6）根据骨骼与模型的匹配细节，继续调节手臂的权重值，特别是上臂与前臂转折部分肘关节的权重值。方法：选择大臂的权重链接，再选中与大臂相关的调整点，运用权重工具，设置大臂、大臂与小臂相衔接位置的调整点权重值为1，与肩膀相衔接的点权重值为0.5左右，效果如图3-38中A所示。选择小臂的权重链接，设置小臂、小臂与手掌相衔接位置的调整点权重值为1，再设置与大臂相衔接的位置权重值为0.5左右。效果如图3-38中B所示。

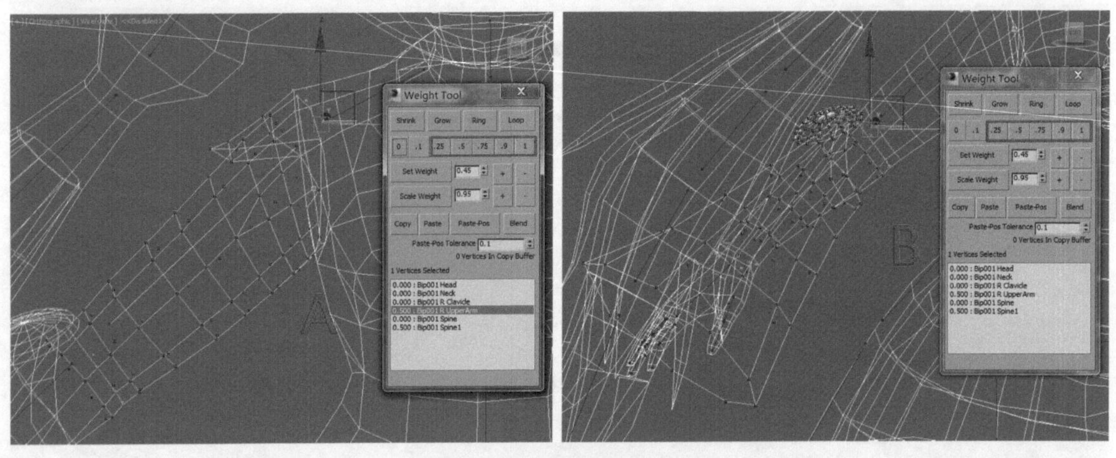


图3-38　调节手臂的权重值

（7）调节手部的权重值。方法：选择手掌的权重链接，再选中与手掌相关的调整点，运用权重工具，设置手掌位置的调整点权重值为1，再设置与小臂相衔接的位置权重值为0.5左右；选择大拇指第一节骨骼的权重链接，设置第一节骨骼位置的调整点权重值为1，再设置与手掌相衔接的位置权重值为0.5左右；选择大拇指第二节骨骼的权重链接，设置第二节骨骼位置的调整点权重值为1，再设置与第一节骨骼相衔接的位置权重值为0.5左右；效果如图3-39所示。参照大拇指的权重调节，完成其余手指的权重设置。

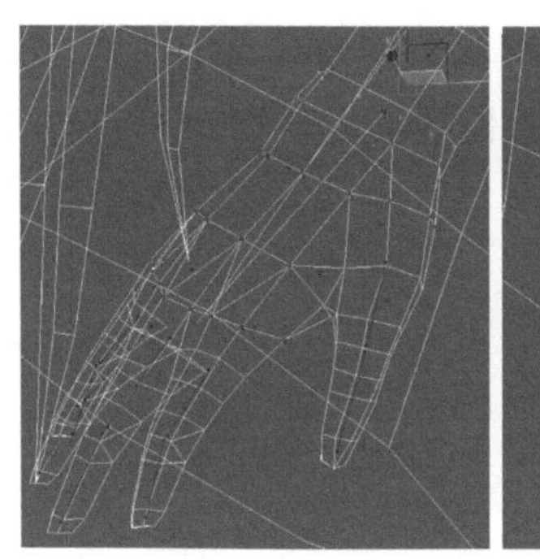
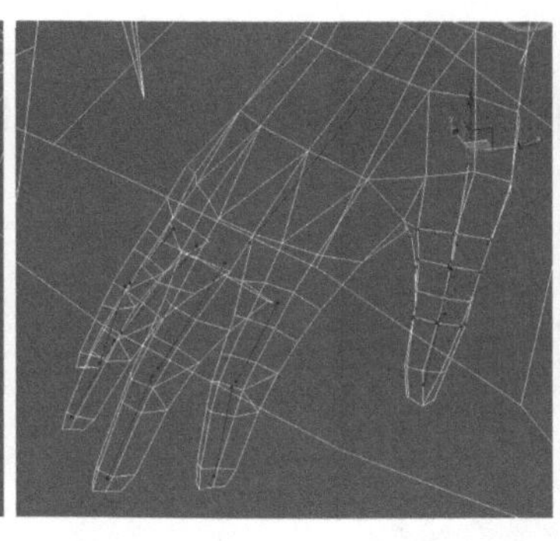
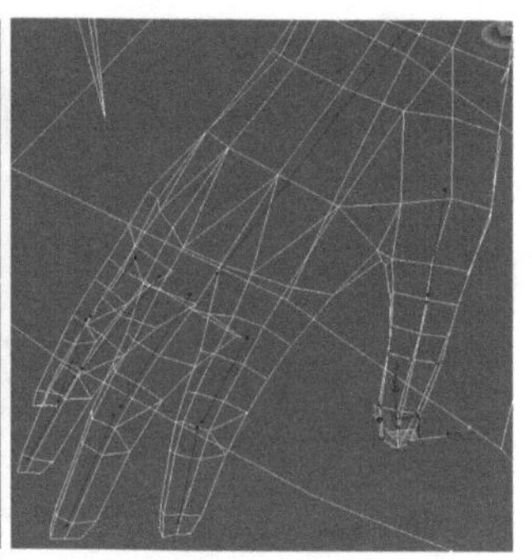

图3-39　调节手部的权重值

（8）在完成上半身各个部位大体的蒙皮及权重设置之后，延续臀部的权重变化，调节腿部的权重值。方法：选择大腿的权重链接，设置大腿位置的调整点权重值为1，再设置与盆骨相衔接的位置权重值为0.5左右，选择小腿的权重链接，设置小腿位置的调整点权重值为1，再设置与大腿相衔接的位置权重值为0.5左右。效果如图3-40所示。

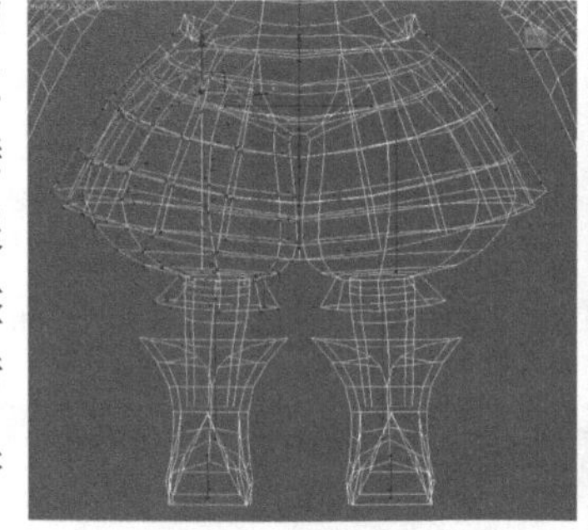
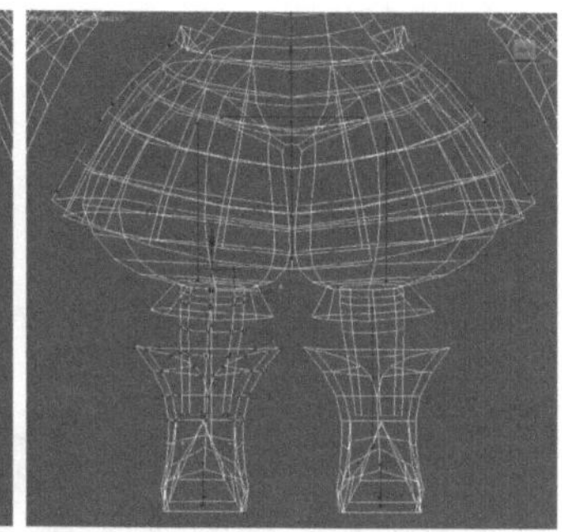

图3-40　调节腿部的权重值

（9）调节脚掌的权重值。方法：选择脚掌根部的权重链接，设置脚掌根部位置的调整点权重值为1，再设置与小腿相衔接的位置权重值为0.5左右，选择脚尖的权重链接，设置脚尖位置的调整点权重值为1，再设置与根部位置相衔接的点权重值为0.5左右。效果如图3-41所示。

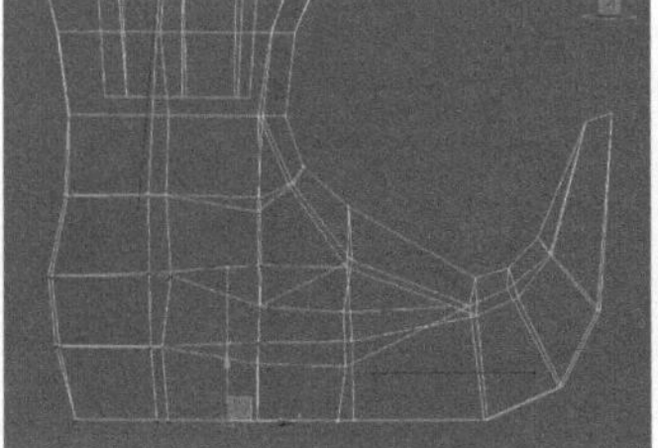
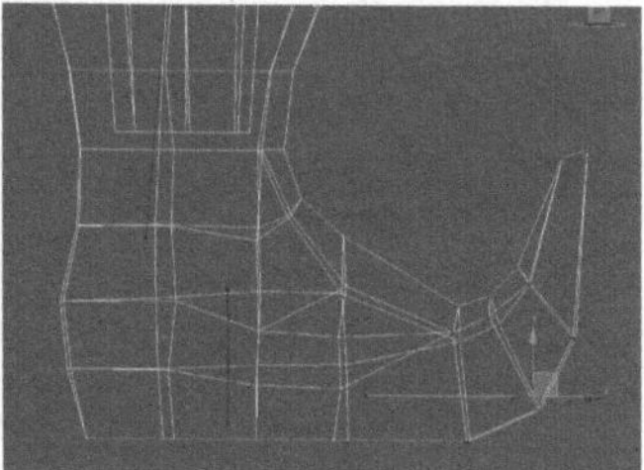

图3-41　调节脚掌的权重值

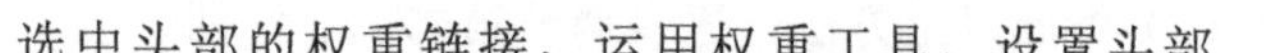

（10）调节头部的权重。方法：选中头部的权重链接，运用权重工具，设置头部、帽子、头部与头发相衔接的位置，头发与耳朵相衔接的位置的权重值权重值为1，这样在后续制作动画的时候，能更好地控制头部的形态变化。效果如图3-42所示。

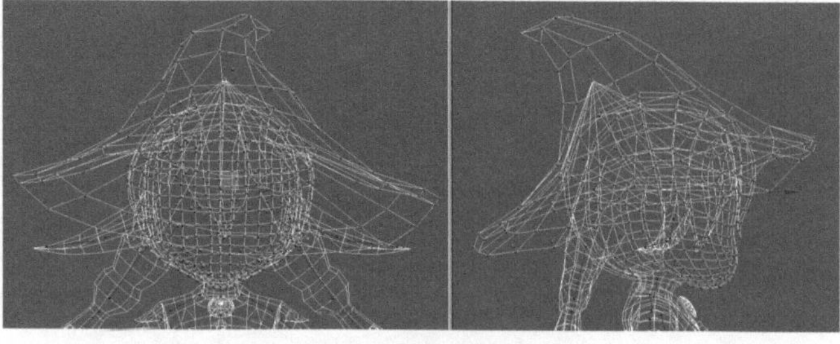

图3-42　调节头部的权重

（11）调节脖子的权重值。方法：在调整脖子部分与肩部连接部分权重的时候，设置数值在0.5左右。靠近头部权重值在0.5~1之间过渡，靠近肩部骨骼的权重值在0.5~0.8之间过渡。骨骼权重值分配效果如图3-43所示。

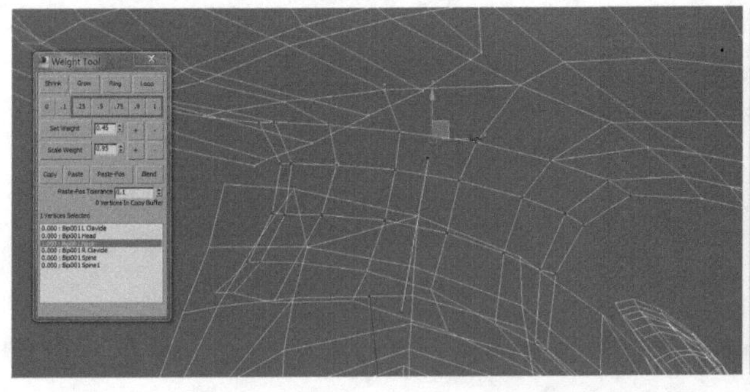
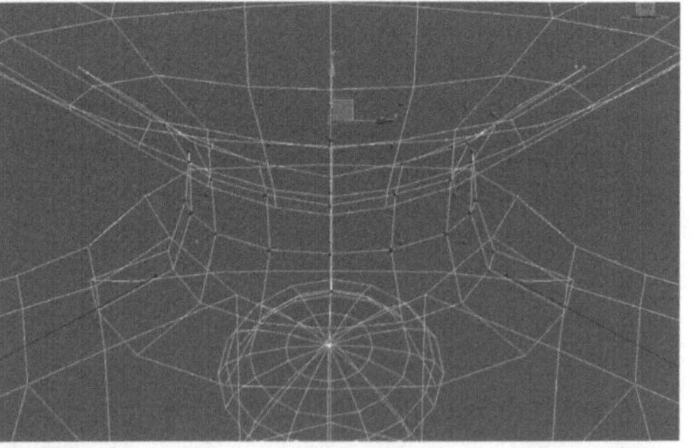

图3-43　调节脖子的权重值

## 3.3.3 调节头发、耳朵和裙摆权重

（1）调节头发的权重值。方法：选中头发的根骨骼的权重链接，运用权重工具，设置根骨骼位置的调整点权重值为1，设置根骨骼与头部相衔接的部分权重值为0.5左右。然后逐渐往两边过渡，这样在制作头发动画的时候，头发的摆动会比较自然流畅，效果如图3-44所示。

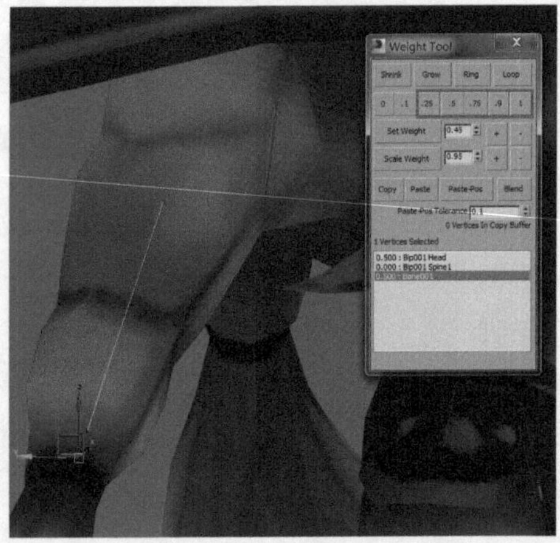

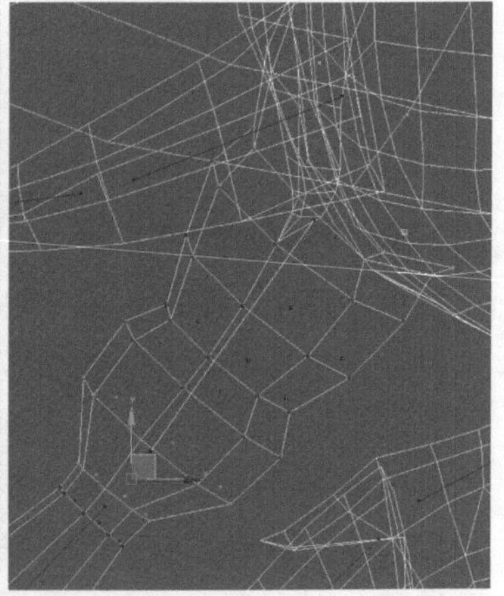

图3-44　调节头发骨骼的权重值

（2）参照以上方法，逐步调节第二、三、四、五节骨骼的权重值。方法：在调整权重的时候，要根据模型布线的情况适当分配权重值的大小，效果如图3-45所示。

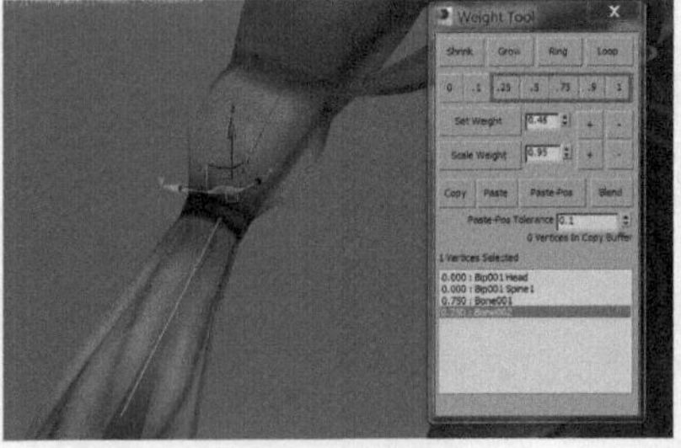
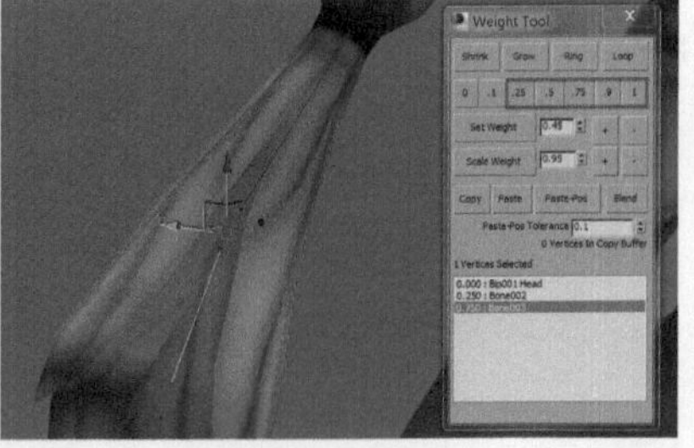

图3-45　调节第二、三、四、五节骨骼的权重值

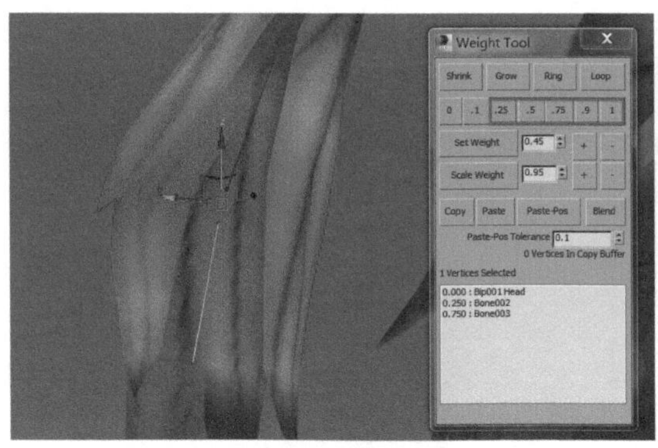


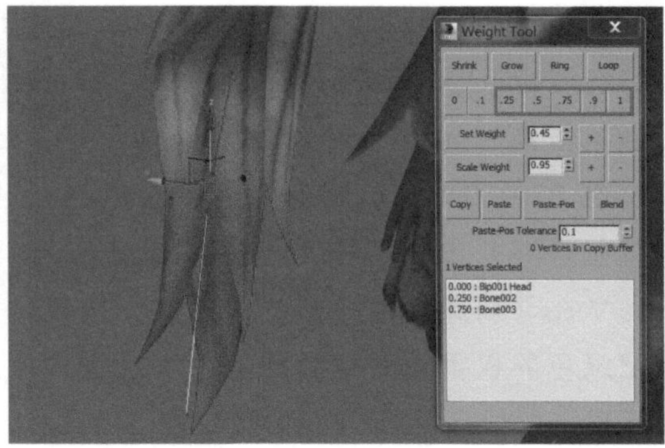


图3-45　调节第二、三、四、五节骨骼的权重值（续）

（3）调节耳朵的权重值。方法：因耳朵的模型结构比较简单，动画运动的幅度也不大，因此在分配权重值的时候要明确数值。效果如图3-46所示。

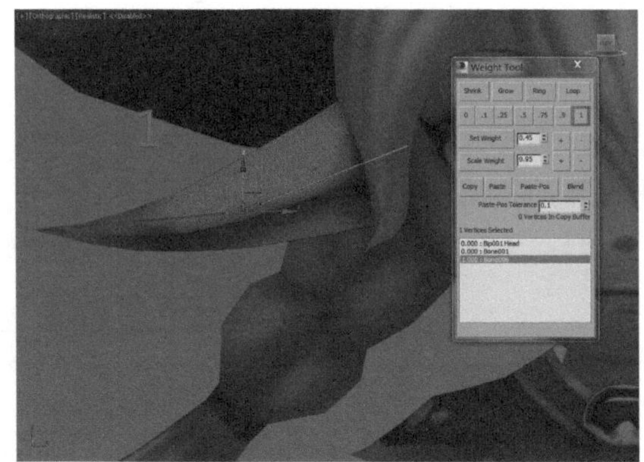

图3-46　调节耳朵的权重值

（4）参照头发权重值的调节方法，逐层逐步调节右边裙摆的权重值。方法：裙摆模型制作左右两边是对称的，因此按照权重设置要求调整右边裙摆的权重值，在1~0.5之间设置各个部分裙摆骨骼的权重值，效果如图3-47所示。

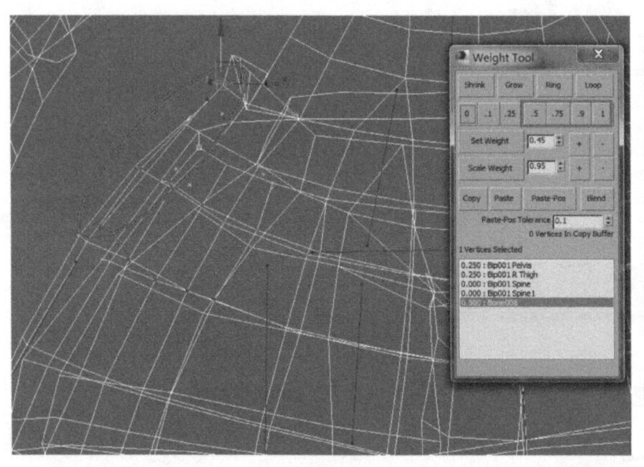


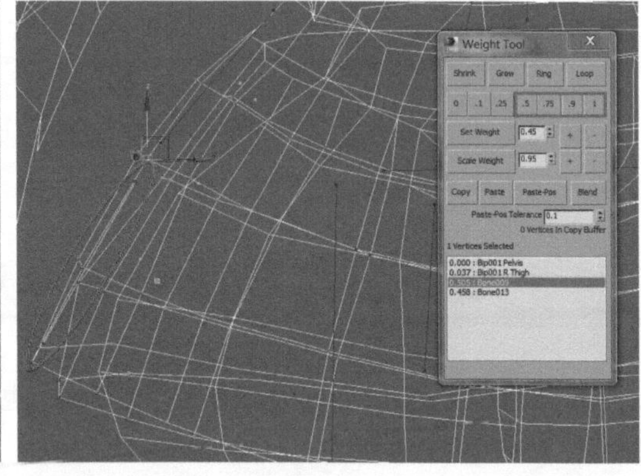


图3-47　调节裙摆的权重值

（5）镜像复制权重。方法：单击 Modify（修改）面板下的Mirror Parameters（镜像参数）卷展栏下的Mirror Mode（镜像模式）按钮，然后单击 Mirror Paste（镜像粘贴）按钮，再单击 Paste Green To Blue Bones（将绿色粘贴到蓝色骨骼）按钮，最后单击 Paste Green To Blue Verts（将绿色粘贴到蓝色顶点）按钮，从而把绿色的权重顶点复制到蓝色的权重顶点，完成权重调节，如图3-48中A所示。

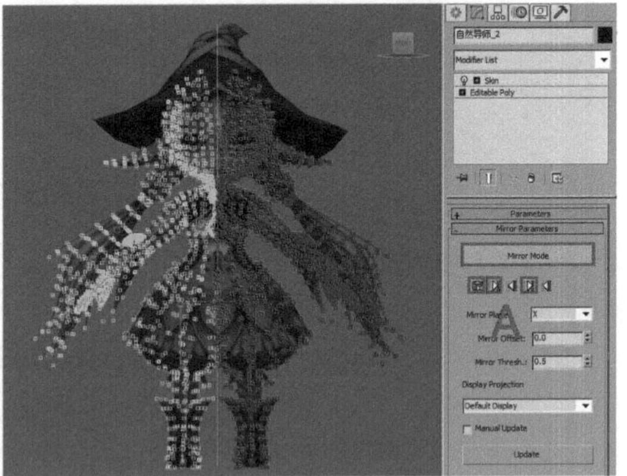

图3-48 镜像复制权重

## 3.3.4 调节武器权重

参照为身体添加蒙皮的方法为武器添加蒙皮，再将与武器与手掌部分相对应的骨骼添加到蒙皮。选中武器的权重链接，运用权重工具，设置武器的调整点权重值为1，效果如图3-49所示。

图3-49 调节武器的权重值

# 3.4 自然导师的动画制作

接下来重点讲解自然导师的动画制作，内容包括自然导师的战斗奔跑、战斗待机、普通攻击、法术攻击等。

## 3.4.1 制作自然导师的战斗奔跑动画

战斗奔跑是游戏角色的基本动作之一，也是最能体现角色性格特点及个性表现的动作，通过自然导师战斗奔跑动作的制作流程及技巧的精讲，深度掌握游戏角色动画制作的精髓。首先来看一下自然导师战斗奔跑动作图片序列，如图3-50所示。

图3-50 自然导师战斗奔跑序列图

（1）设置时间配置。方法：单击Auto Key（自动关键点）按钮，然后单击动画控制区中的 Time Configuration（时间配置）按钮，在弹出的Time Configuration（时间配置）对话框中设置End Time（结束时间）为22，设置Speed（速度）模式为1x，单击OK按钮，即可将时间滑块长度设为22帧，如图3-51所示。

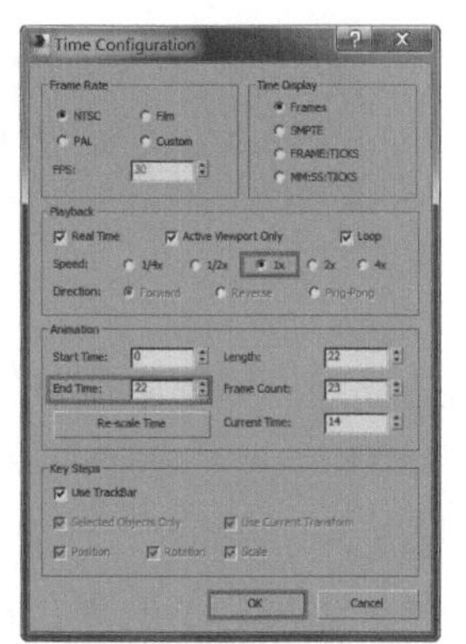


图3-51 设置时间配置

（2）创建关键帧。方法：按H键，打开Select From Scene（从场景中选择）对话框，选择所有的Biped骨骼，如图3-52中A所示，单击OK按钮。打开Motion（运动）面板下Biped卷展栏，关闭Figure Mode（体形模式），最后单击Key Info（关键点信息）卷展栏下的Set Key（设置关键点）按钮，如图3-52中B所示，为Biped骨骼在第0帧创建关键帧，如图3-52中C所示。选中所有Bone骨骼，如图3-53中A所示。按K键，为Bone骨骼在第0帧创建关键帧，如图3-53中B所示。

图3-52 为Biped骨骼在第0帧创建关键帧

图3-53 为Bone骨骼在第0帧创建关键帧

（3）链接武器并创建关键帧。方法：使用 Select and Move（选择并移动）、 Select and Rotate（选择并旋转）工具调整自然导师手握武器的姿势，并将武器链接给手掌，如图3-54中A所示。选中质心，进入 Motion（运动）面板，分别单击Track Selection（轨迹选择）卷展栏下的 Lock COM Keying（锁定COM关键帧）、 Body Horizontal（躯干水平）、 Body Vertical（躯干垂直）和 Body Rotation（躯干旋转）按钮，锁定质心三个轨迹方向，然后单击 Set Key（设置关键点）按钮为质心在第0帧创建关键帧，如图3-54中B所示。

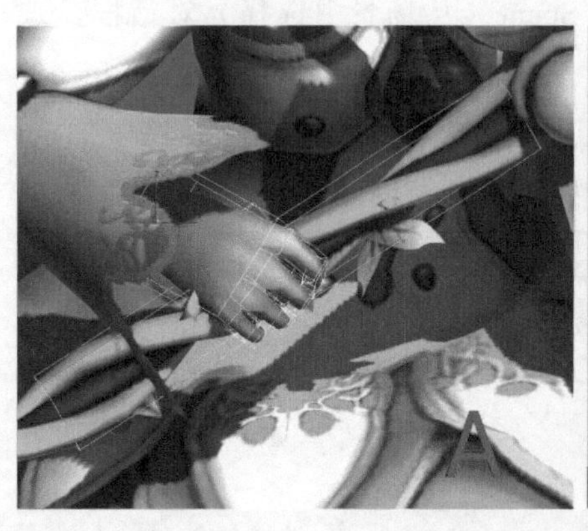


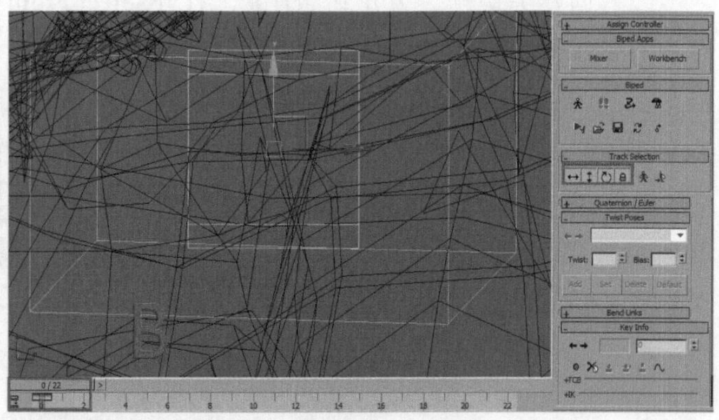


图3-54 链接武器和为质心创建关键帧

（4）调整自然导师的跑步初始姿势。方法：在第0帧，使用 Select and Move（选择并移动）、 Select and Rotate（选择并旋转）工具分别调整自然导师的质心、腿部、身体、头和手臂骨骼的位置和角度，使自然导师质心向上，蓝色腿抬起向前，绿色腿抬起向后，身体前倾，盆骨向右向后，腹部向左向前，右手拿武器向前，左手微握向后，如图3-55所示。

图3-55　自然导师奔跑中初始姿势

（5）复制姿态。方法：选中任意的Biped骨骼，如图3-56中A所示。进入Motion（运动）面板的Cope/Paste（复制/粘贴）卷展栏，分别单击Pose（姿势）按钮、Create Collection（创建集合）和Copy Pose（复制姿势）按钮，如图3-56中B所示。拖动时间滑块到第22帧，单击Paste Pose（粘贴姿势）按钮，将第0帧骨骼姿势复制到第22帧，效果如图3-56中C所示。拖动时间滑块到第11帧，单击Paste Pose Opposite（向对面粘贴姿势）按钮。并调整右手的位置和角度，效果如图3-57所示。

图3-56　复制第0帧骨骼姿势到第22帧

图3-57　将第0帧的姿势向对面复制到第11帧

（6）调整自然导师在第4帧的姿势。方法：拖动时间滑块到第4帧，再使用 Select and Move（选择并移动）、Select and Rotate（选择并旋转）工具分别调整自然导师质心向下向左、绿色脚掌向前踩地、蓝色脚掌向后、蓝色手臂微微向前向外、腹部向左、盆骨向右、头部向右的姿势，从而制作出自然导师奔跑过程中身体处于最低位置的姿势，如图3-58所示。参考以上复制方法，将自然导师在第4帧的姿势向对面复制粘贴到第15帧，效果如图3-59所示。

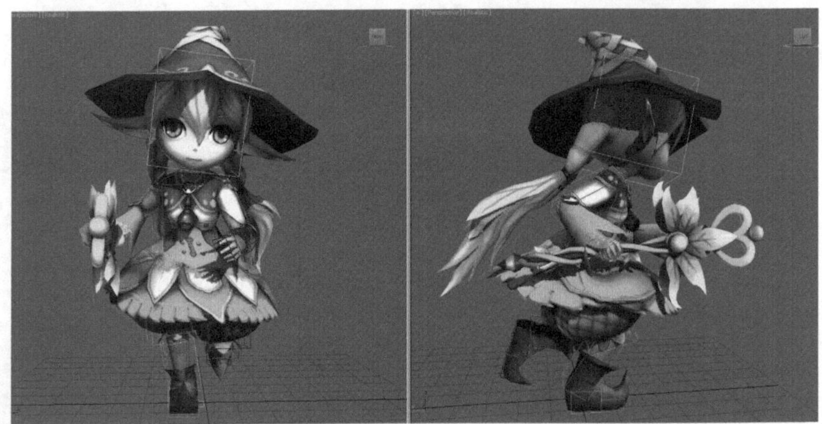

图3-58　自然导师在第4帧的最低姿势

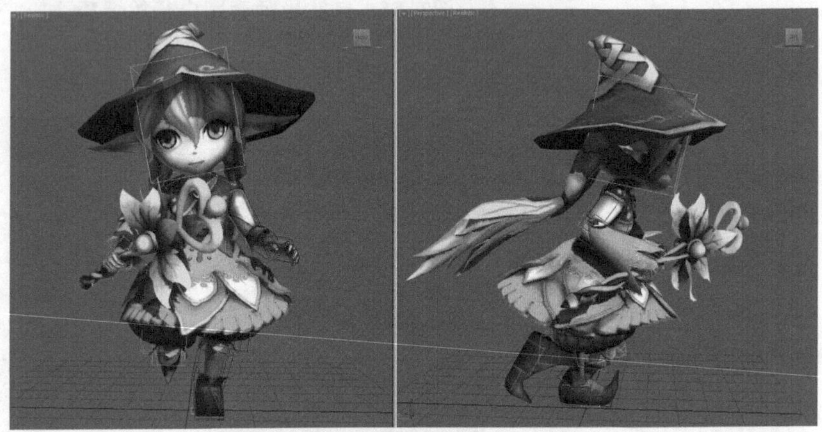

图3-59　复制出的第15帧姿势

（7）调整自然导师在第2帧的姿势。方法：拖动时间滑块到第2帧，再使用（Select and Move（选择并移动）、Select and Rotate（选择并旋转）工具调整自然导师质心向下、盆骨偏向蓝色脚方向、蓝色脚掌踩地、绿色脚掌抬起向后、头部微微向下的姿势，如图3-60所示。

图3-60　自然导师在第2帧的踩地姿势

（8）调整自然导师在第13帧的姿势。方法：参考第0帧的姿态复制到第11帧的过程，把第2帧的姿态向对面复制粘贴到第13帧，从而复制出自然导师的绿色脚掌踩地姿势。注意，在调节脚部与腿部落地的动作时要注意节奏与力度的把握。效果如图3-61所示。

图3-61　自然导师在第13帧的姿势

（9）调整自然导师在第7帧的姿势。方法：拖动时间滑块到第7帧，再使用 Select and Move（选择并移动）、 Select and Rotate（选择并旋转）工具分别调整自然导师质心向上、蓝色脚掌向后踮起、绿色脚掌向前、蓝色手掌微微向前、头部微微向上的姿势，如图3-62所示。参考以上复制方法，将自然导师在第7帧的姿势向对面复制粘贴到第18帧，并调节蓝色手臂向前的姿势。效果如图3-63所示。

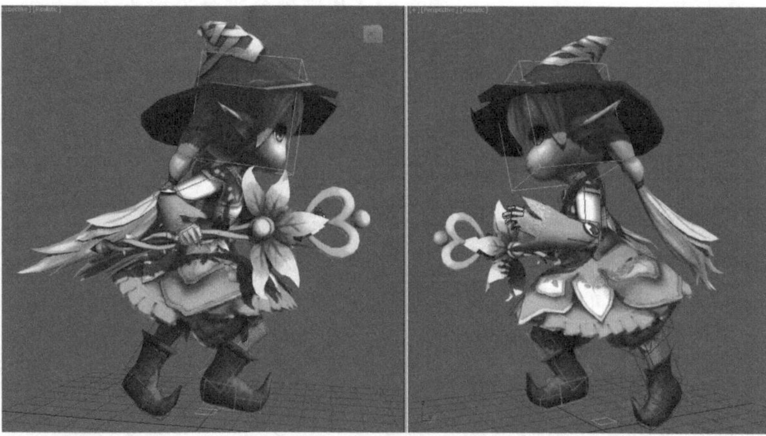

图3-62　自然导师在第7帧的向上奔跑姿势

图3-63　复制出的第18帧姿势

（10）为踩地的脚掌设置滑动关键点。方法：拖动时间滑块到第2、4、7帧，再选中蓝色脚掌骨骼，然后单击Key Into（关键点信息）卷展栏下的 Set Sliding Key（设置滑动关键点）按钮，此时时间滑块上的帧点变成黄色。同理，绿色脚掌在第13、15、18帧设置成滑动关键帧。效果如图3-64所示。

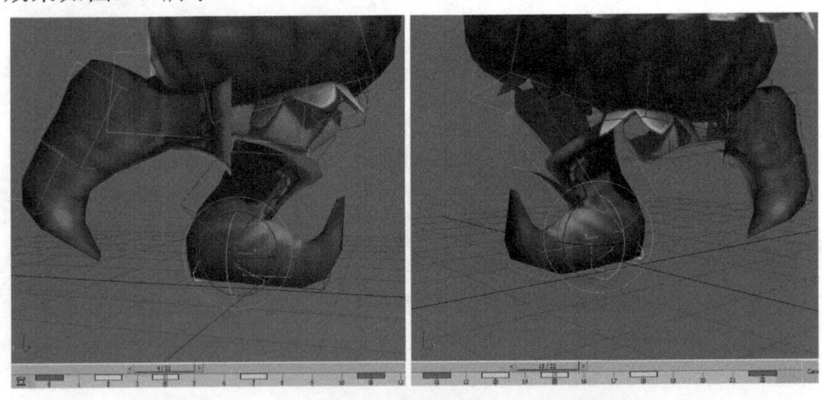

图3-64　将踩地的脚掌设置为滑动关键帧

（11）调节质心的动画。方法：切换到前视图，在第4帧，使用Select and Move（选择并移动）工具调节自然导师质心，向蓝色脚掌偏向的姿势。拖动时间滑块到第15帧，调节质心向绿色脚掌偏移的姿势。拖动时间滑块到第7、18帧，调节自然导师在奔跑中的最高帧，并对其他帧进行稍微调整，效果如图3-65所示。

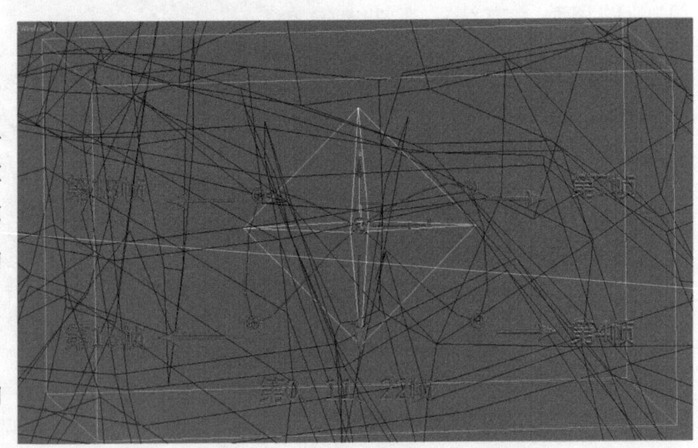

图3-65　调节质心的动画

（12）调节裙摆的动画。方法：拖动时间滑块到第0帧，使用 Select and Rotate（选择并旋转）工具调节裙摆整体向右旋转的姿势。选中所有骨骼，按住Shift键拖动第0帧复制到第22帧；拖动时间滑块到第11帧，调节裙摆整体向左的姿势；在第5帧，调节末端骨骼向右滞留的姿势；在第17帧，调节末端骨骼向左滞留的姿势，效果如图3-66所示。

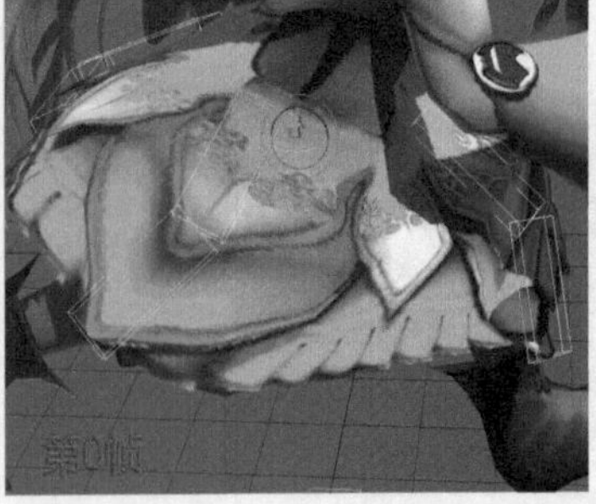


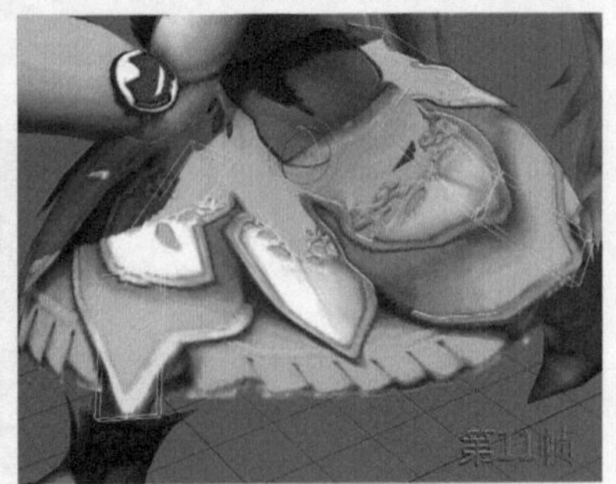


图3-66　调节裙摆的动画

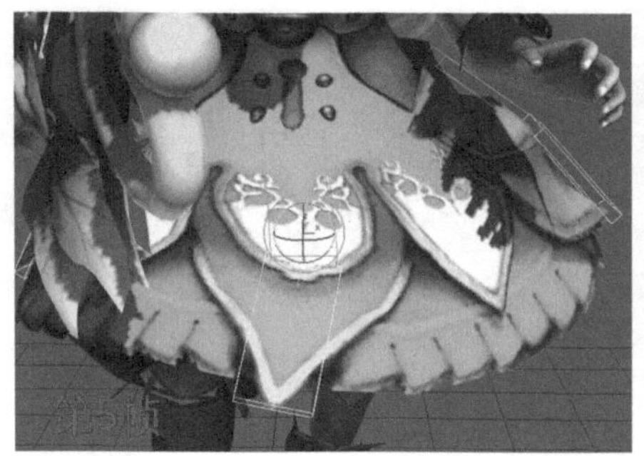

图3-66 调节裙摆的动画（续）

（13）调节耳朵的动画。方法：拖动时间滑块到第0、11帧，使用 Select and Rotate（选择并旋转）工具调节耳朵向下的姿势，再将第0帧复制到第22帧；在第5、16帧，调节耳朵向上的姿势；在第2、13帧，调节耳朵的末端骨骼向下滞留的姿势；在第8、19帧，调节耳朵末端骨骼向上滞留的姿势，效果如图3-67所示。

图3-67 调节耳朵的动画

（14）调节头发的根骨骼动画。方法：在第0帧，调节头发根骨骼向上向右的姿势，并将第0帧复制到第22帧。在第11帧，调节头发根骨骼向上向左的姿势；在第5帧，调节头发根骨骼向下的姿势；在第16帧，调节头发根骨骼稍微向下的姿势，效果如图3-68所示。

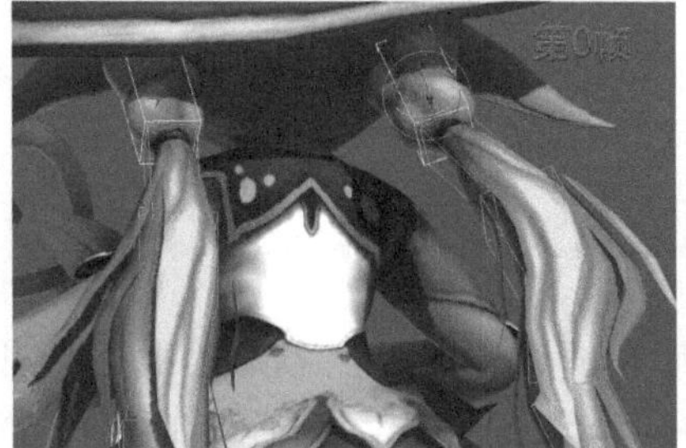

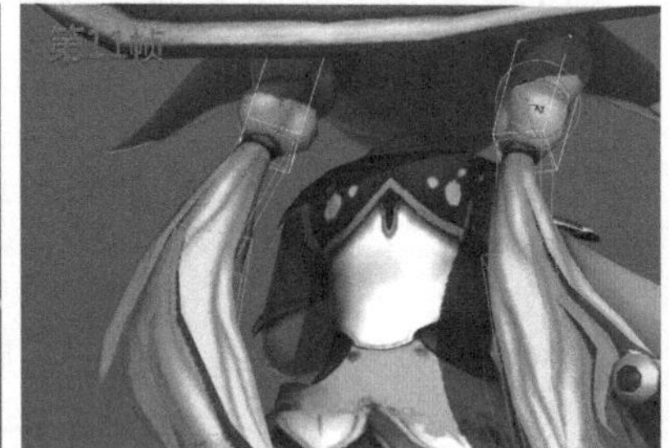

图3-68 调节头发的根骨骼动画

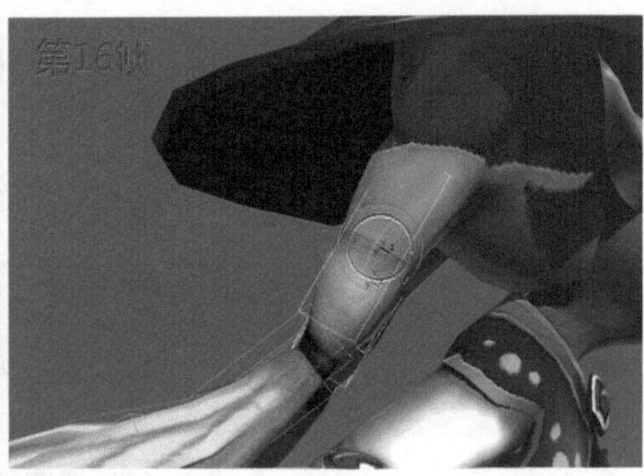


图3-68　调节头发的根骨骼动画（续）

（15）使用Spring（飘带）插件为头发调节动画。方法：选中除了头发根骨骼之外的所有骨骼，再打开Spring Magic_飘带插件的文件夹（见光盘:spring magic_飘带插件），找到spring magic_ 飘带插件.mse文件并把它拖到3ds Max的视图中，然后设置Spring参数为0.3，Loops参数为3，单击Bone按钮，如图3-69中A所示。此时，Spring（飘带）插件开始为选中的骨骼进行运算，并循环4次，运算之后的关键帧效果，如图3-69中B所示。

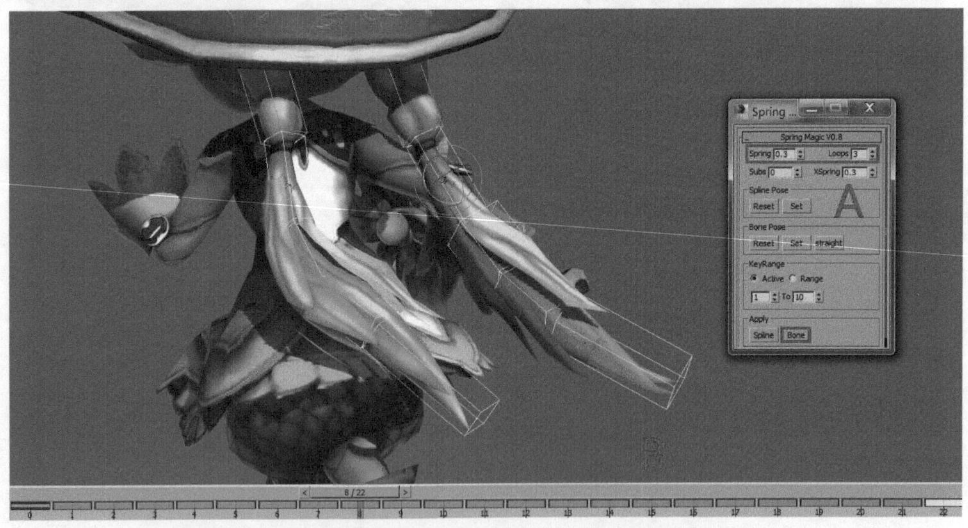


图3-69　使用飘带插件为头发调节动画

（16）单击 Playback（播放动画）按钮播放动画，此时可以看到自然导师战斗奔跑的完成动画。反复播放动画，如发现穿帮或者运动不正确的地方，进行适当调整。

## 3.4.2 制作自然导师的战斗待机动画

在完成战斗奔跑动作制作之后，继续完成自然导师的战斗待机动画的制作。战斗待机是游戏角色进入战斗攻击之前的一个预备动作，对后续的各种技能动作有很好的引导作用。首先来看一下自然导师战斗待机动作图片序列，如图3-70所示。

图3-70　自然导师战斗待机序列图

（1）设置时间配置。方法：单击Auto Key（自动关键点）按钮，再单击动画控制区中的 Time Configuration（时间配置）按钮，在弹出的Time Configuration（时间配置）对话框中设置End Time（结束时间）为30，设置Speed（速度）模式为1x，单击OK按钮，即可将时间滑块长度设为30帧，如图3-71所示。

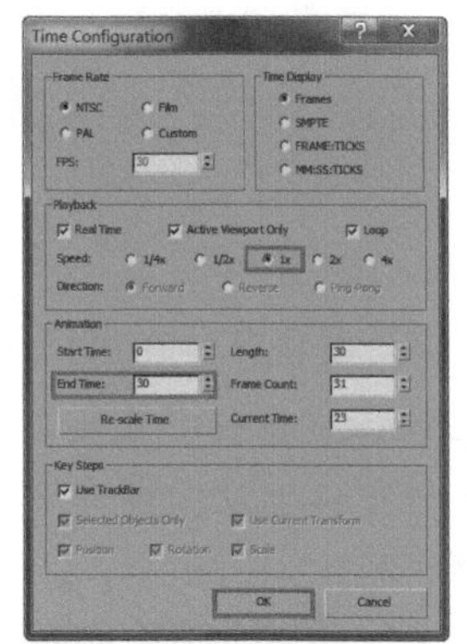

图3-71　设置时间配置

（2）调整自然导师战斗待机的初始帧。方法：拖动时间滑块到第0帧，将脚掌设置成滑动关键帧，再使用 Select and Move（选择并移动）、 Select and Rotate（选择并旋转）工具调整自然导师的身体质心向下向右、绿色脚向后踮起、身体向右向后旋转、绿色手掌在下、蓝色手掌在前的战斗初始姿态。效果如图3-72所示。框选所有的骨骼，按住Shift键，拖动复制第0帧到第30帧。

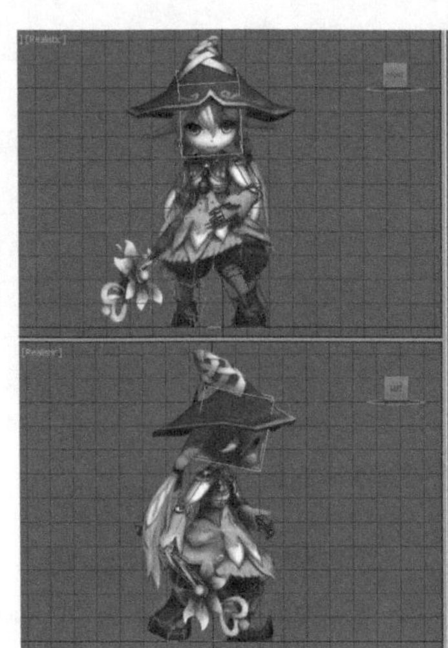

图3-72　自然导师战斗待机的初始帧

（3）调整第15帧的质心。方法：拖动时间滑块到第15帧，将脚掌设置为滑动关键帧，如图3-73中A所示。选择质心，进入 Motion（运动）面板的Track Selection（轨迹选择）卷展栏，激活 Body Vertical（躯干垂直）按钮。单击Key Info（关键点信息）卷展栏中的 Trajectories（轨迹）按钮，移动质心，使质心向下向前，效果如图3-73中B所示。

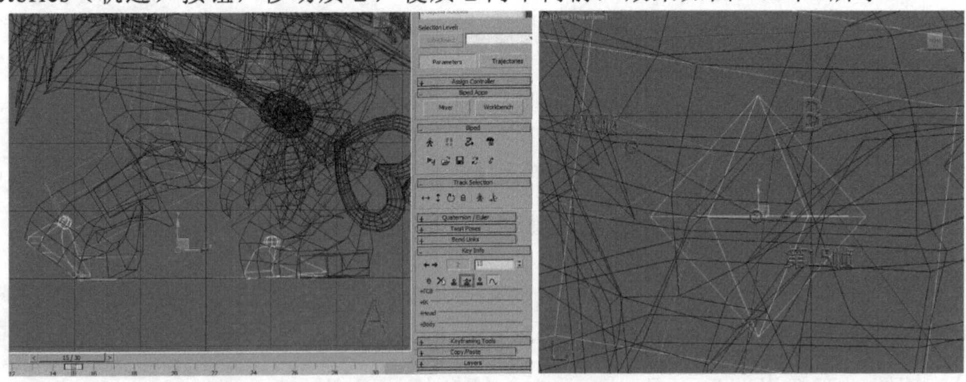


图3-73 调整第15帧的质心

（4）调整身体在第15帧的姿势。方法：使用 Select and Move（选择并移动）、 Select and Rotate（选择并旋转）工具调整出自然导师的臀部向前、腰和胸腔向前向下旋转、头部向下、蓝色手掌向前向下、绿色手向前、蓝色肩膀微微向下、绿色肩膀微微向上的姿势，效果如图3-74所示。

图3-74 调整身体在第15帧的姿势

（5）调节质心在第7、23帧的姿势。方法：拖动时间滑块到第7帧，使用 Select and Move（选择并移动）工具调节质心向上的姿势；再拖动时间滑块到第23帧，调节质心向上的姿势。效果如图3-75所示。

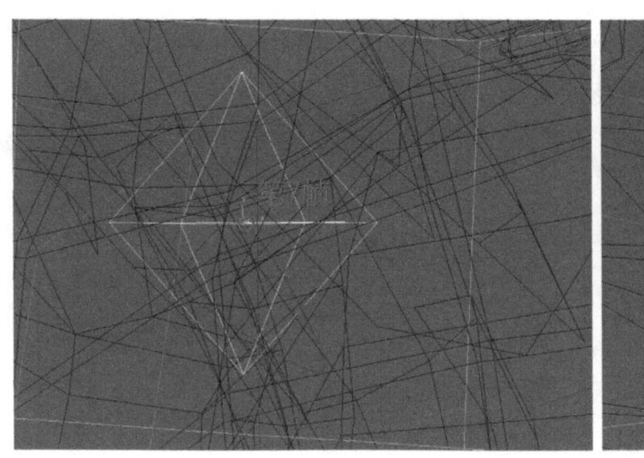

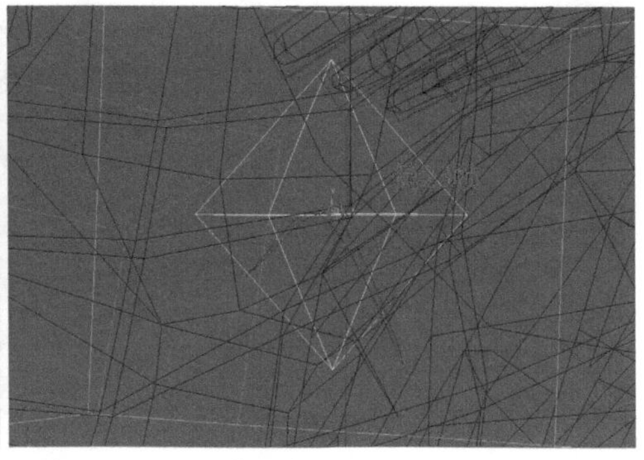

图3-75 调整质心在第7、23帧的姿势

（6）调节蓝色手掌在第7、23帧的动画。方法：拖动时间滑块到第7帧，调节手臂向下、手指微握的姿势；在第23帧，调节绿色手掌向上打开的姿势。效果如图3-76所示。

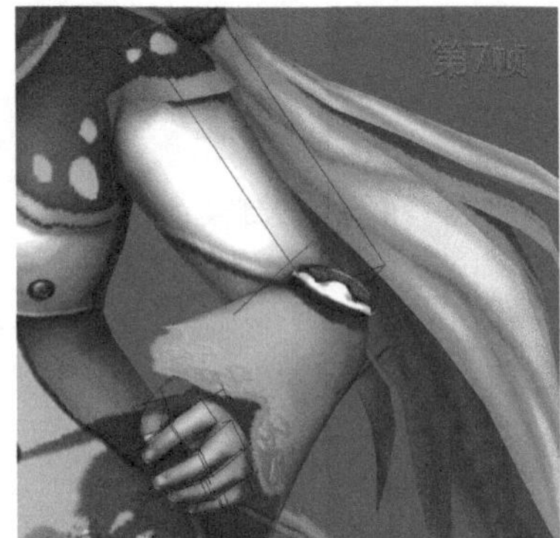

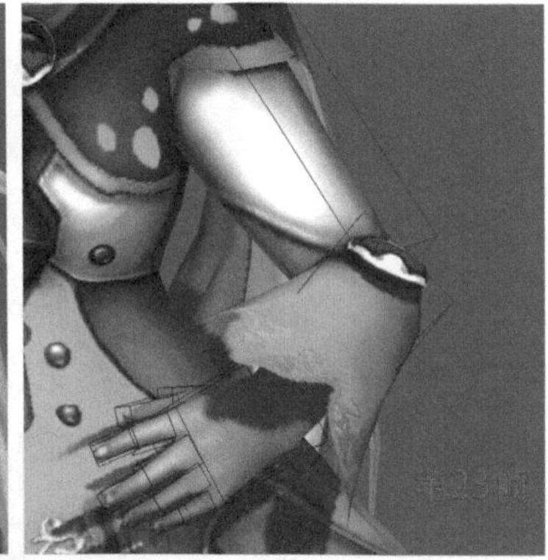

图3-76 调节蓝色手掌的动画

（7）调节裙摆的动画。方法：拖动时间滑块到第0帧，使用 Select and Rotate（选择并旋转）工具调节裙摆根骨骼向后、末端骨骼向前的姿势。框选所有骨骼，将第0帧复制到第30帧。拖动时间滑块到第15帧，调节裙摆根骨骼向前、末端向后打开的姿势；在第7帧，调节末端骨骼向前滞留的姿势；在第23帧，调节末端骨骼向后滞留的姿势。效果如图3-77所示。

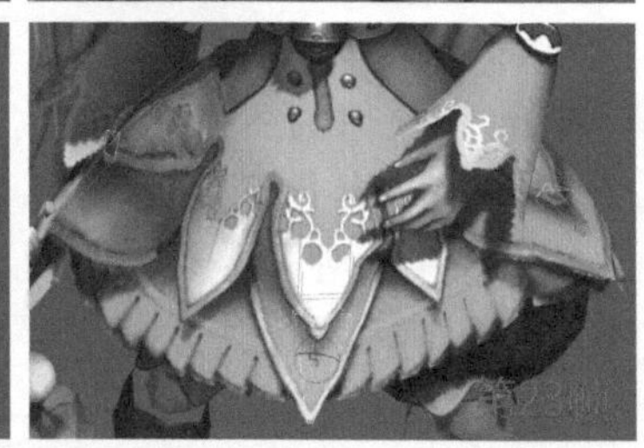

图3-77 调节裙摆的动画

（8）调节耳朵的动画。方法：先在第0、15帧调节出耳朵的上下运动，再在第7、23帧调节出耳朵末端骨骼的滞留，效果如图3-78所示。

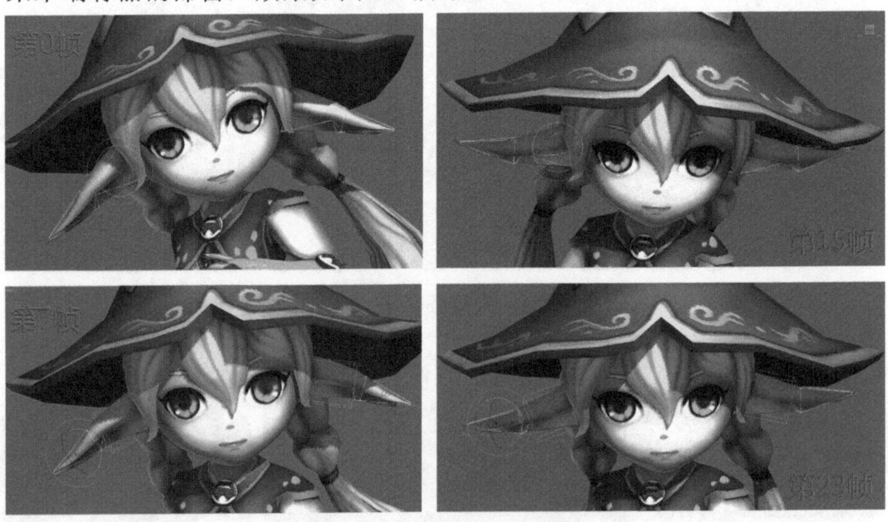


图3-78 调节耳朵的动画

（9）调节头发的根骨骼动画。方法：在第0帧，调节头发根骨骼向上向左的姿势，并将第0帧复制到第30帧；在第15帧，调节头发根骨骼向上向右的姿势；在第7、23帧，调节头发根骨骼向下的姿势，效果如图3-79所示。选中除了头发根骨骼之外的所有骨骼，参照以上方法打开Spring（飘带）插件，然后设置Spring参数为0.3，Loops参数为3，单击Bone按钮，如图3-80中A所示。此时，飘带插件开始为选中的骨骼进行运算，并循环四次，效果如图3-80中B所示。

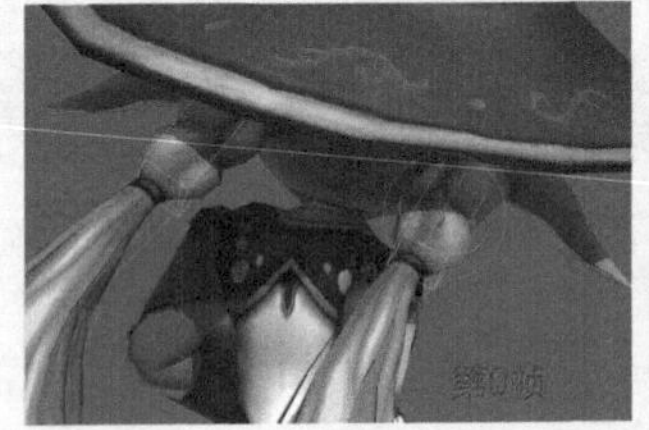

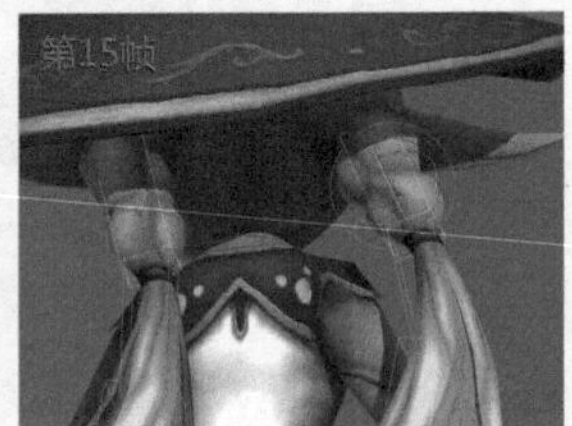

图3-79 调节头发的根骨骼动画

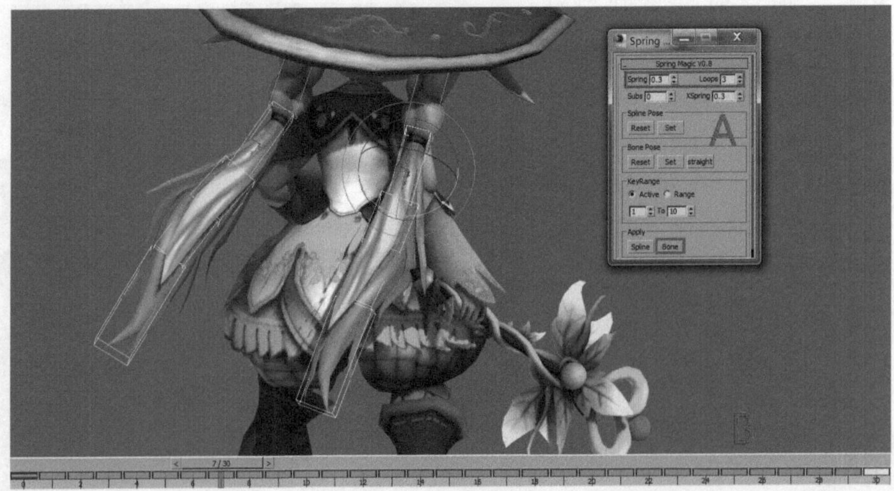


图3-80 使用飘带插件为头发调节动画

（10）单击 Playback（播放动画）按钮播放动画，此时可以看到自然导师战斗待机的完成动画。在播放动画的时候，如发现穿帮或是运动不正确的地方，根据实际情况调整骨骼局部权重值或关节转折部分的模型角度，使整体动作动态看起来更为自然流畅。

## 3.4.3 制作自然导师的普通攻击动画

继续完成自然导师的普通攻击动画的制作。普通攻击是延续战斗待机动作，根据角色造型设计的通用动作之一，也是最能体现角色性格特点及把握运动节奏关键。首先来看一下自然导师普通攻击动作图片序列，如图3-81所示。

图3-81 自然导师普通攻击序列图

（1）设置时间配置。方法：打开“自然导师—战斗待机.max”文件，保留第0帧关键帧，其余的帧全部删除。按N键，单击Auto Key（自动关键点）按钮；再单击动画控制区中的 Time Configuration（时间配置）按钮，在弹出的Time Configuration（时间配置）对话框中设置End Time（结束时间）为35，设置Speed（速度）模式为1x，单击OK按钮，即可将时间滑块长度设为35帧，如图3-82所示。

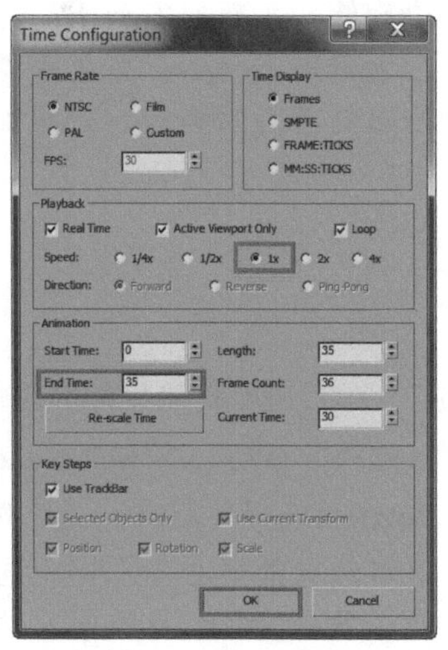


图3-82 设置时间配置

（2）调节自然导师攻击的初始蓄力姿势。方法：先将第0帧复制到第35帧，再拨动时间滑块到第6帧，使用 Select and Move（选择并移动）、 Select and Rotate（选择并旋转）工具调整自然导师质心向右向下、盆骨/腹部/腰部/胸腔沿X轴向右边旋转、蓝色小腿微微向右边旋转、绿色手臂抬起向后、蓝色手臂抬起、头稍微向右偏转的蓄力姿势。效果如图3-83所示。

图3-83 调节自然导师攻击的初始蓄力姿势

（3）加大蓄力动画。方法：拖动时间滑块到第10帧，使用 Select and Move（选择并移动）、 Select and Rotate（选择并旋转）工具调节自然导师质心向右向下、盆骨/腹部/腰部/胸腔继续沿X轴向右边旋转、头部向右向下、绿色手臂向下向后、蓝色手臂抬起的蓄力的姿势。效果如图3-84所示。

图3-84 调节自然导师攻击蓄力的姿势

（4）调节自然导师的攻击动画。方法：拖动时间滑块到第17帧，使用 Select and Move（选择并移动）、 Select and Rotate（选择并旋转）工具调节自然导师质心向左向上向前、盆骨/腰部/胸腔向左边旋转、头部向前、蓝色手臂向后、手掌握拳、绿色手臂挥舞法杖向后、绿色脚抬起的攻击姿势。效果如图3-85所示。

图3-85 自然导师的攻击姿势

（5）调节自然导师攻击的过渡姿势。方法：拖动时间滑块到第13帧，使用 Select and Move（选择并移动）、 Select and Rotate（选择并旋转）工具调节自然导师质心向上向前、腰部和胸腔向左边旋转、绿色手臂向前、蓝色手臂向后、绿色脚尖踮起的攻击过渡姿势。效果如图3-86所示。

图3-86 自然导师攻击的过渡姿势

（6）调节自然导师攻击的滞留姿势。方法：选中所有骨骼，按住Shift键，将第17帧复制到第20帧，再对第20帧进行细微调整，效果如图3-87所示。

图3-87 自然导师攻击的滞留姿势

（7）调节自然导师攻击回收的缓冲动画。方法：拖动时间滑块到第28帧，使用 Select and Move（选择并移动）、 Select and Rotate（选择并旋转）工具调节自然导师质心微微向右、盆骨/腹部/腰部/胸腔继续向右旋转、绿色手臂向右回收、蓝色手臂向前、绿色脚向后脚尖踩地的缓冲姿势。效果如图3-88所示。

图3-88 自然导师攻击回收的缓冲姿势

（8）调节裙摆的动画。方法：使用 Select and Rotate（选择并旋转）工具，在第10帧调节裙摆微微向后的姿势，在第20帧调节裙摆向左边飘动的姿势，在第7帧调节裙摆末端骨骼稍微向右边滞留的姿势，在第28帧调节裙摆的末端骨骼微微向左的滞留姿势。效果如图3-89所示。

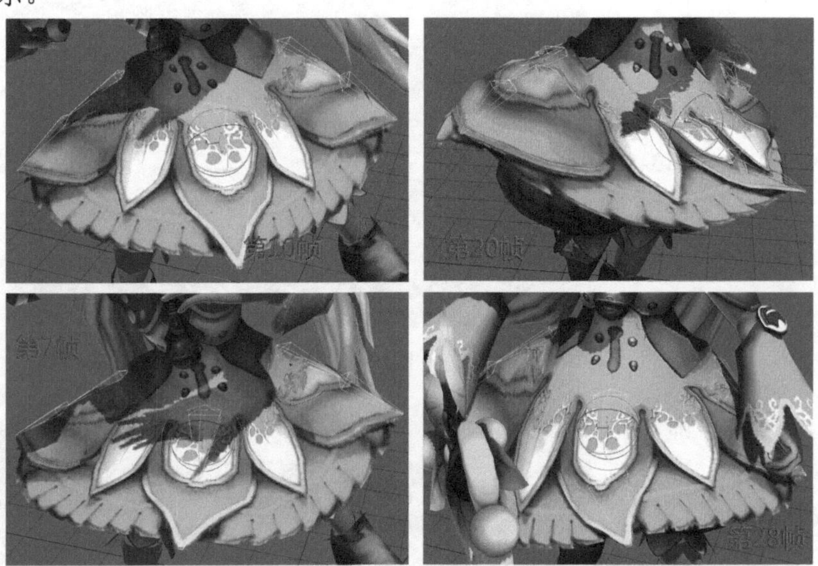


图3-89 调节裙摆的动画

（9）调节自然导师耳朵的主体动画。方法：使用 Select and Rotate（选择并旋转）工具，在第0帧调节耳朵自然摆放的姿势，并将第0帧复制到第35帧，在第10帧调节耳朵向下的姿势，在15帧调节耳朵向上向后的姿势，在第24帧调节耳朵微微向下的姿势。效果如图3-90所示。

图3-90 自然导师耳朵主体的动画

（10）调节自然导师耳朵的滞留动画。方法：在第13帧调节耳朵末端骨骼向下滞留的姿势，在第21帧调节耳朵末端骨骼向上向后滞留的姿势，在第30帧调节耳朵末端骨骼向下滞留的姿势。效果如图3-91所示。

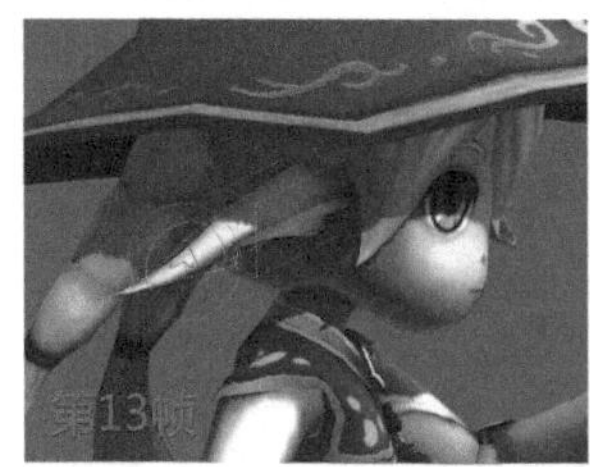

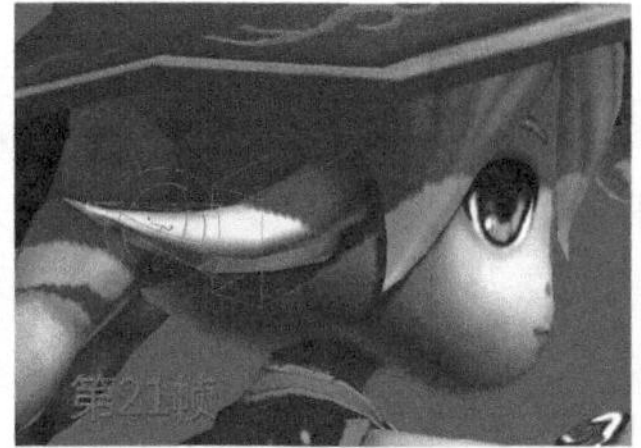

图3-91 调节自然导师耳朵的滞留姿势

（11）调节自然导师头发的动画。方法：使用 Select and Rotate（选择并旋转）工具，在第0帧调节头发向下的姿势，在第11帧调节头发向左的姿势，在第18帧调节头发向右的姿势，效果如图3-92所示。在5帧调节头发末端骨骼向右滞留的姿势，在26帧调节头发末端骨骼向右向上滞留的姿势，效果如图3-93所示。

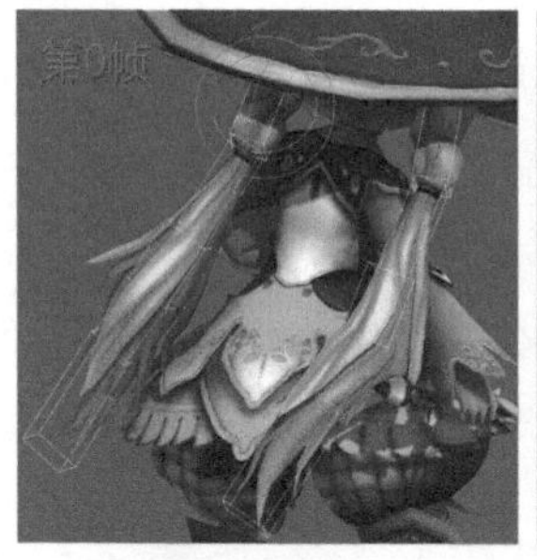

图3-92 调节头发的主体运动

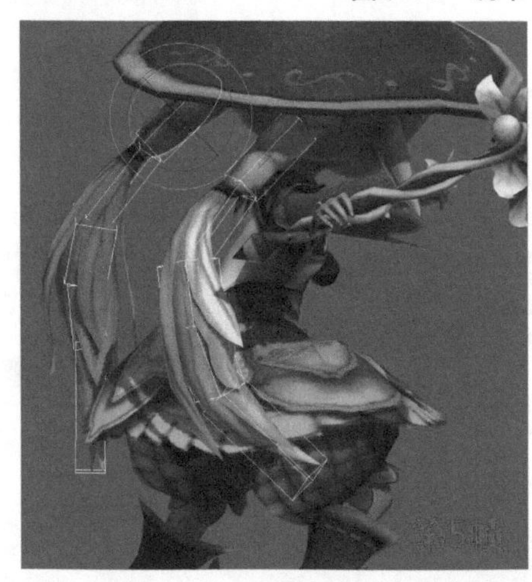

图3-93 调节头发的滞留运动

（12）单击 Playback（播放动画）按钮播放动画，可以看到自然导师普通攻击的动作，在播放动画的时候，有运动不正确的地方，可以适当调整。

## 3.4.4 制作自然导师的法术攻击动画

法术攻击在技能动作设计中要结合武器的运动姿态进行整体调节。法术攻击是角色战斗攻击技能中最有张力及最有表现力的动作，法术的释放经常结合特效的动态表现进行融合，因此在刻画细节时会根据角色职业定位及造型特点进行动作的设计。首先来看一下自然导师法术攻击动作图片序列，如图3-94所示。

图3-94　自然导师法术攻击序列图

（1）设置时间配置。方法：按N键，单击Auto Key（自动关键点）按钮，单击动画控制区中的 Time Configuration（时间配置）按钮，在弹出的Time Configuration（时间配置）对话框中设置End Time（结束时间）为93，设置Speed（速度）模式为1x，单击OK按钮，即可将时间滑块长度设为93帧，如图3-95所示。

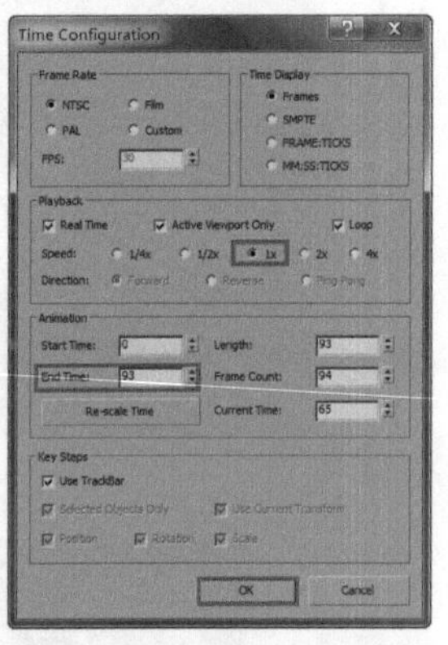


图3-95　设置时间配置

（2）调节自然导师的初始姿势。方法：拖动时间滑块到第0帧，使用 Select and Move（选择并移动）、 Select and Rotate（选择并旋转）工具调整出自然导师绿色脚向后、质心向后、盆骨和腹部向右旋转、绿色手臂拿武器向后、蓝色手臂在前的待机姿势。将第0帧的姿势复制到第93帧，效果如图3-96所示。再选中两个脚掌，将脚掌设为滑动关键帧，效果如图3-97所示。

图3-96　调节自然导师的初始姿势

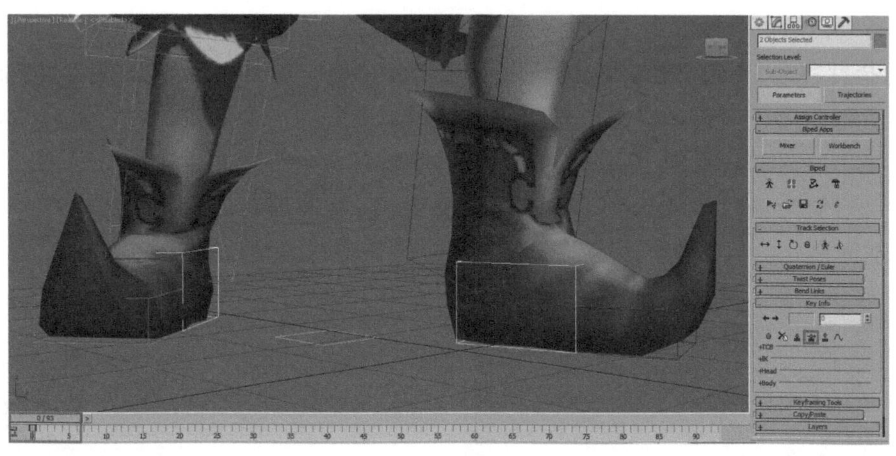

图3-97　将脚掌设为滑动关键帧

（3）调节自然导师攻击的聚灵姿势。方法：拖动时间滑块到第35帧，使用 Select and Move（选择并移动）、 Select and Rotate（选择并旋转）工具，在视图中调整自然导师质心向右（绿色腿方向）、盆骨/腰部/胸腔向左旋转、头部向左旋转、绿色手臂微微向前，蓝色手臂打开向后、手指打开向后的聚灵姿势。再选中两个脚掌，将脚掌设为滑动关键帧，效果如图3-98所示。

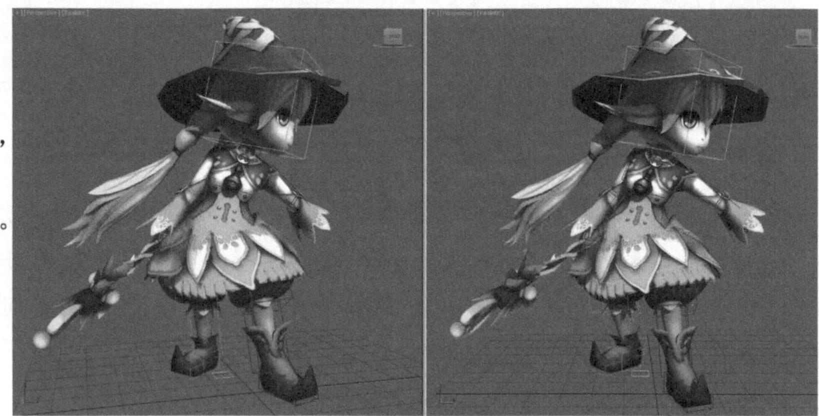

图3-98　调节自然导师攻击的聚灵姿势

（4）调节蓝色手臂聚灵的过渡姿势。方法：使用 Select and Move（选择并移动）和 Select and Rotate（选择并旋转）工具在第4帧调整自然导师蓝色手掌向上向后，在第11帧调整蓝色手掌向下，在第20帧调整蓝色手掌向内向上，在第28帧调整蓝色手掌向内滞留。效果如图3-99所示。

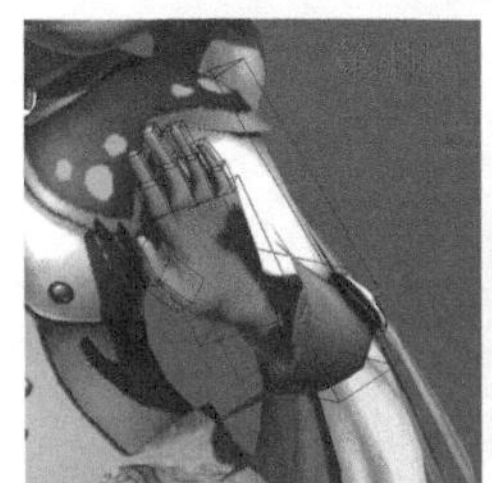 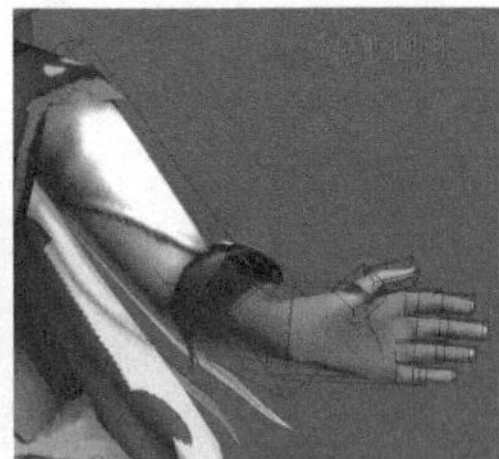  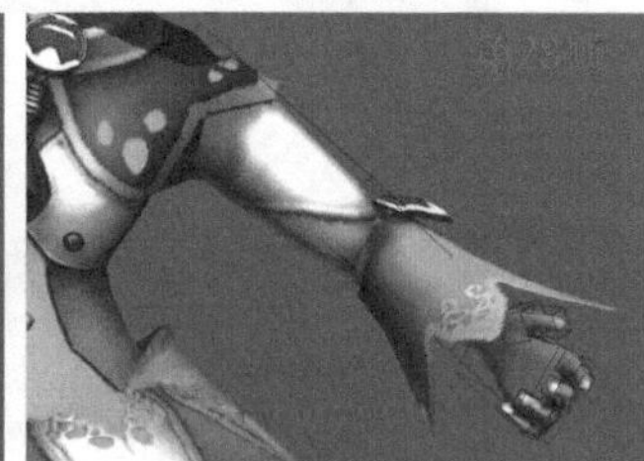

图3-99　手臂聚灵的过渡姿势

（5）调节自然导师回收蓄力的姿势。方法：拖动时间滑块到第41帧，使用 Select and Move（选择并移动）、 Select and Rotate（选择并旋转）工具调节盆骨/腹部/腰部/胸腔向右旋转、头部向前、蓝色手臂向后滞留的姿势；拖动时间滑块到第47帧，将两个脚掌设为滑动关键帧，再调节盆骨/腹部/腰部/胸腔向右旋转、蓝色手掌向后滞留、绿色手臂向后的姿势；拖动时间滑块到第52帧，调节盆骨/腹部/腰部/胸腔向右旋转、头部向右、蓝色手掌向上握拳在胸前、绿色手掌向后、蓝色脚尖踮起的姿势。效果如图3-100所示。

图3-100　调节自然导师回收蓄力的姿势

（6）调节自然导师的攻击过渡姿势。方法：拖动时间滑块到第59帧，使用 Select and Move（选择并移动）、 Select and Rotate（选择并旋转）工具调节自然导师的大臂向前、蓝色脚尖向前踩地、盆骨/腹部/腰部/胸腔稍微向左边旋转、头部向左的姿势；拖动时间滑块到第61帧，调节盆骨/腹部/腰部/胸腔稍微向左边旋转、头部向左、蓝色手臂微微向前、食指和中指立起的姿势。效果如图3-101所示。

图3-101　调节自然导师的攻击过渡姿势

（7）调节自然导师的攻击姿势。方法：拖动时间滑块到第63帧，使用 Select and Move（选择并移动）、 Select and Rotate（选择并旋转）工具，在视图中调节自然导师的质心向前、盆骨/腹部/腰部/胸腔继续向左旋转、蓝色手臂向前、手掌打开、绿色手臂向后打开、头部向前的姿势、再将脚掌设为滑动关键帧，效果如图3-102所示。将第63帧复制到第70帧，为攻击做一个停顿的姿势，并让蓝色手掌进行细微运动，效果如图3-103所示。

图3-102　调节自然导师攻击的姿势

图3-103　攻击停顿的姿势

（8）调节自然导师攻击回收的姿势。方法：拖动时间滑块到第80帧，使用 Select and Move（选择并移动）、 Selcct and Rotate（选择并旋转）工具，在前视图中调节盆骨/腰部/胸腔向右旋转、蓝色手臂回收、手掌微握的姿势。效果如图3-104所示。

图3-104 手臂攻击回收的姿势

提示：单击 Playback（播放动画）按钮播放动画，此时可以看到自然导师法术攻击的身体动作，在播放动画的时候如发现腿部晃动或者运动不合理的地方，可以适当调整。

（9）调节裙摆运动的主体动画。方法：使用 Select and Rotate（选择并旋转）工具，在第0帧调节裙摆向下的姿势，再将第0帧复制到第93帧，在第35帧调节裙摆向左的姿势，在第52帧调节裙摆向右的姿势，在第73帧调节裙摆打开向左的姿势。效果如图3-105所示。

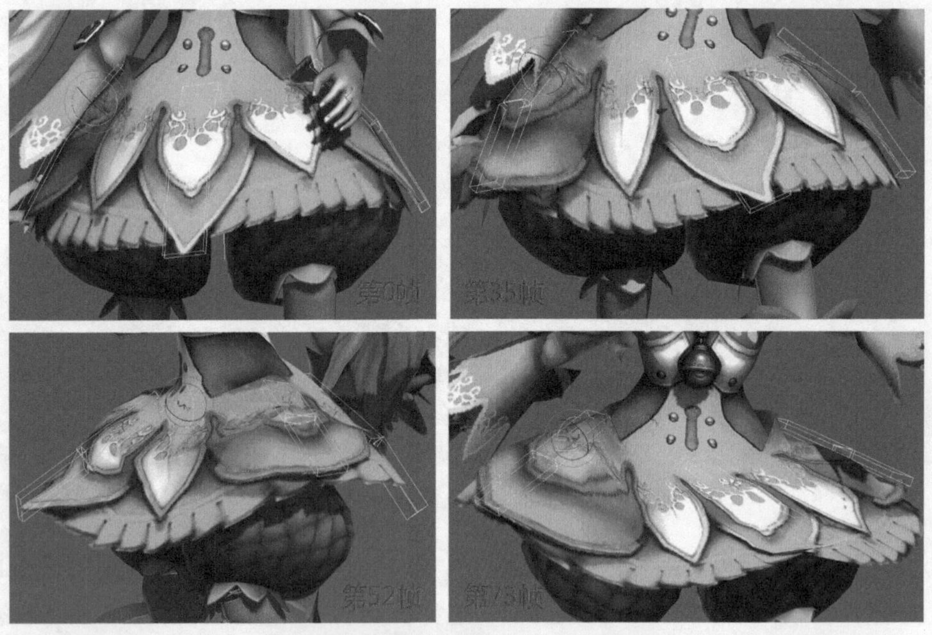

图3-105 调节裙摆运动的主体动画

（10）调节裙摆的滞留动画。方法：在第0帧，调节末端骨骼微微向左滞留的姿势；在第60帧，调节末端骨骼向右滞留的姿势；在第80帧，调节末端骨骼向左滞留的姿势。效果如图3-106所示。

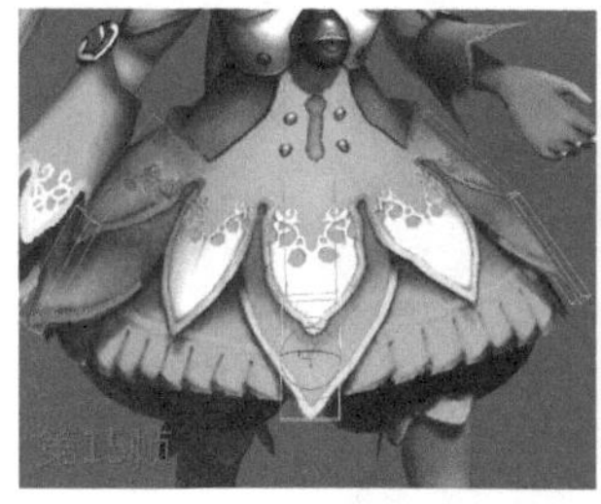
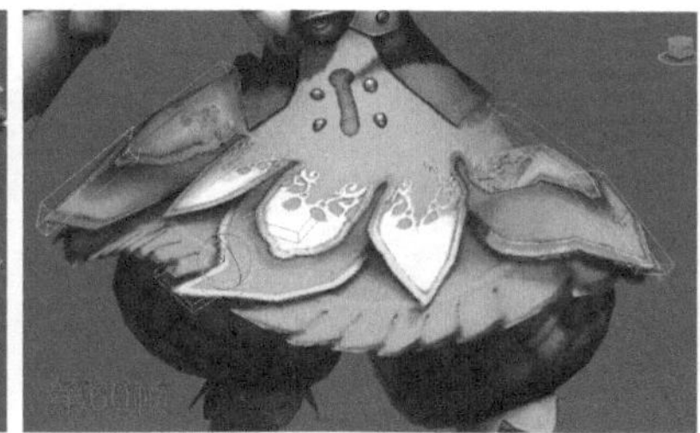

图3-106　调节裙摆的滞留动画

（11）调节头发的主体动画。方法：使用 Select and Rotate（选择并旋转）工具，在第0帧调节头发根骨骼向下的姿势，并将第0帧复制到第93帧；在第35帧调节头发根骨骼向右的姿势，在第51帧调节头发根骨骼向左的姿势，在第64帧调节头发根骨骼向右向后的姿势，在第72帧调节头发根骨骼向右的姿势。效果如图3-107所示。

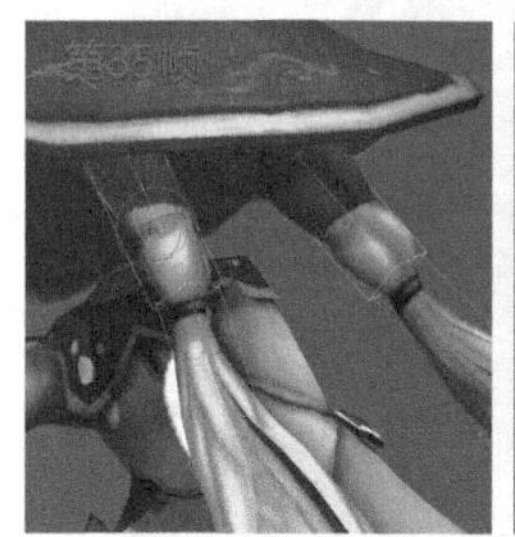

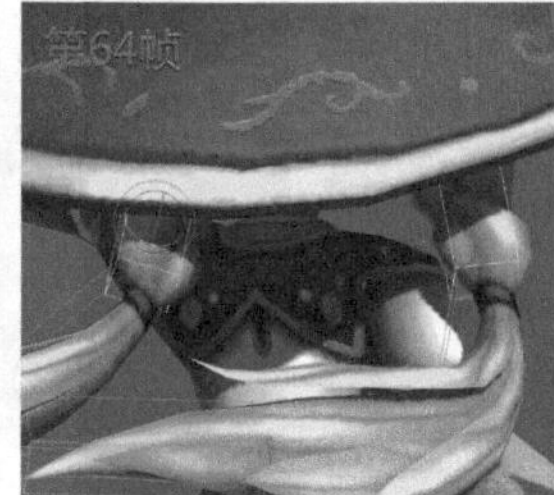

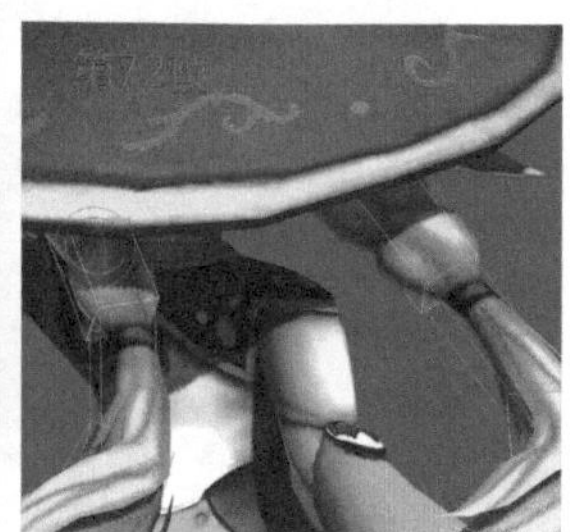

图3-107　调节头发的主体动画

（12）运用Spring（飘带）插件完成头发的动画。方法：选中除了根骨骼外的所有骨骼，打开飘带插件，然后设置Spring参数为0.3，Loops参数为3，单击Bone按钮，如图3-108中A所示。此时，飘带插件开始为选中的骨骼进行运算，并循环四次，效果如图3-108中B所示。

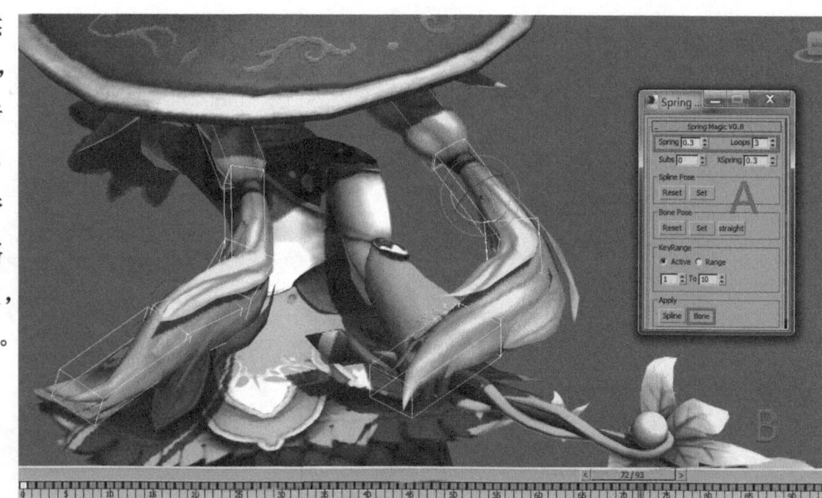


图3-108　运用飘带插件完成头发的动画

（13）调节耳朵的动画。方法：使用 Select and Rotate（选择并旋转）工具，在第0帧调节耳朵向下的姿势，并将第0帧复制到第93帧；在第35帧调节耳朵向上向后的姿势，在第56帧调节耳朵向下的姿势，在第64帧调节耳朵向上向后的姿势，在第73帧调节耳朵向下的姿势，在第84帧调节耳朵向上的姿势。效果如图3-109所示。

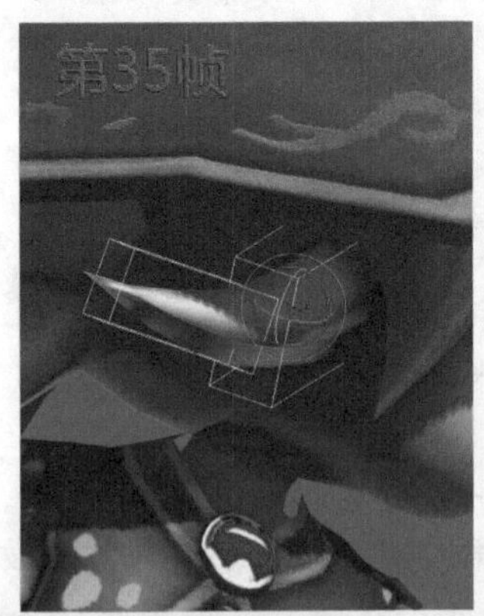

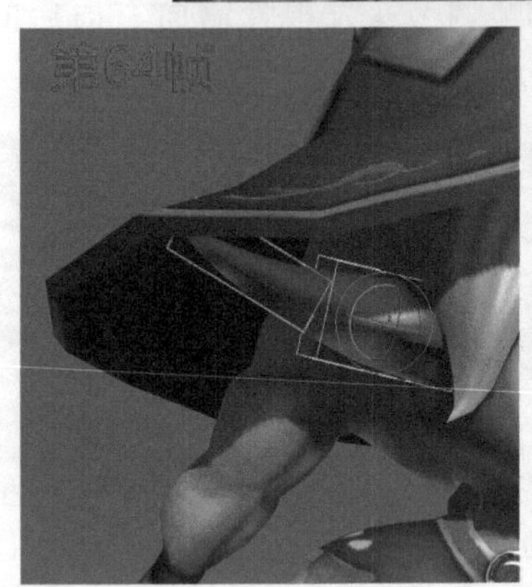

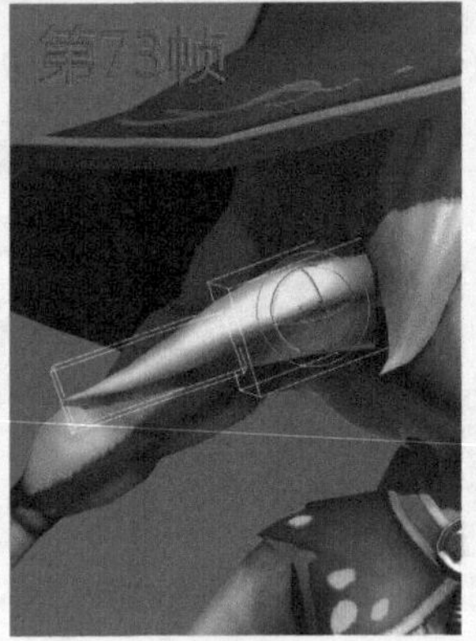

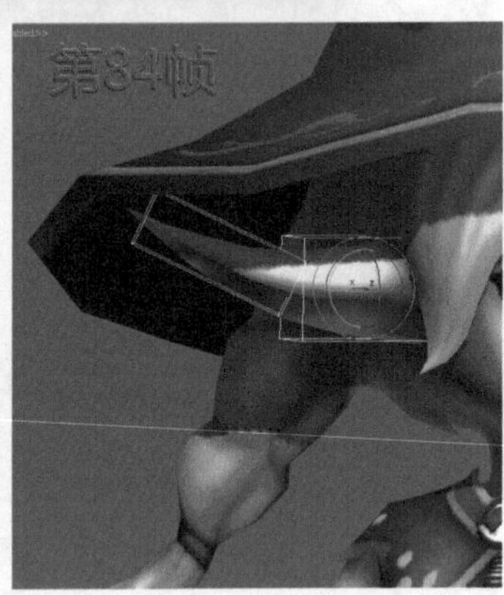


图3-109　调节耳朵的动画

（14）调节耳朵的滞留动画。方法：在第13帧调节耳朵末端骨骼向上的姿势，在第47帧调节耳朵末端骨骼向上的姿势，在第70帧调节耳朵末端骨骼向上的姿势，在第80帧调节耳朵末端骨骼向下的姿势，在第88帧调节耳朵末端骨骼向上的姿势。效果如图3-110所示。

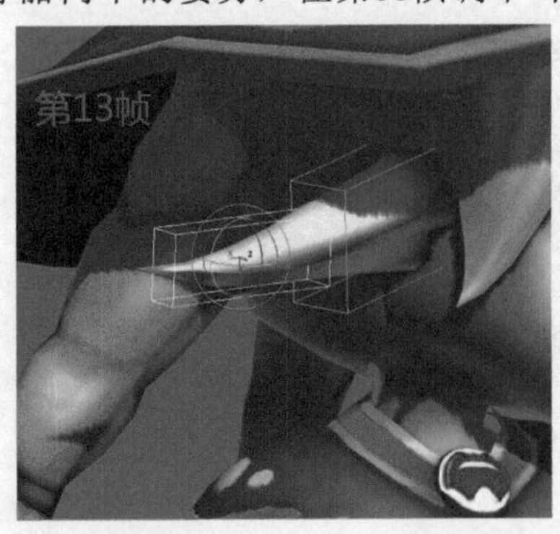

图3-110　调节耳朵的滞留动画

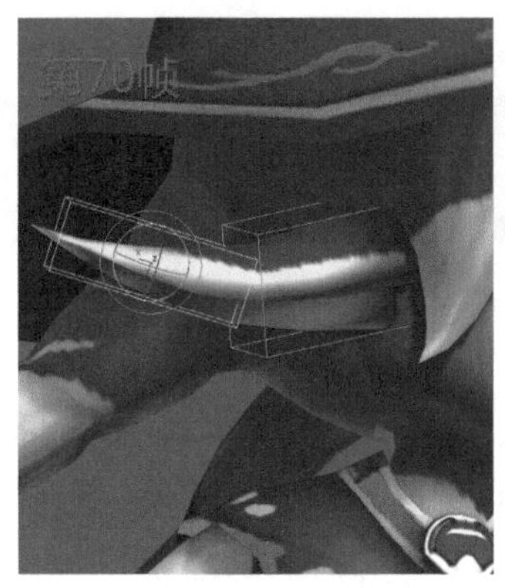


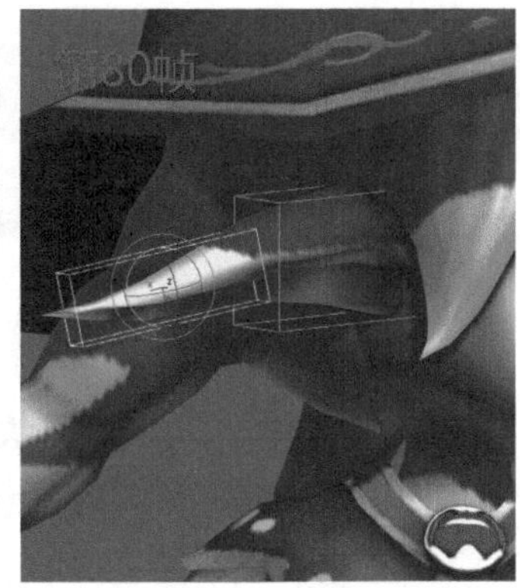


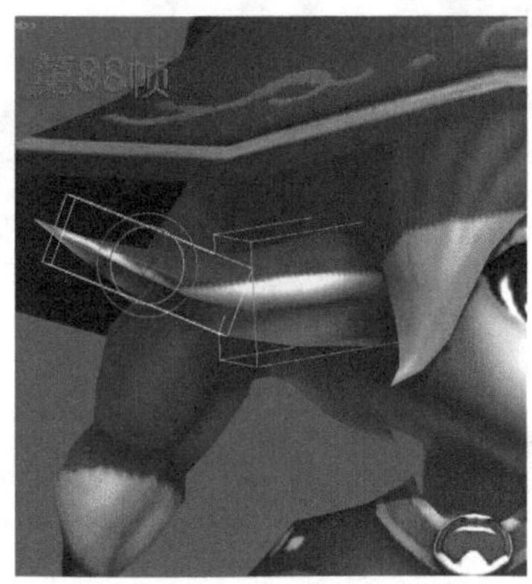


图3-110 调节耳朵的滞留动画（续）

（15）完成头部、身体及四肢等部分动画制作之后，对自然导师头部、身体及四肢的动作根据角色的个性特点进行细节调整。

## 3.5 本章小结

本章讲解了法系职业——自然导师的动画设计及制作流程，重点讲解法系自然导师动画的创作技巧及动作设计思路。在整个讲解过程中，分别介绍了自然导师的骨骼创建、蒙皮设定及动作设计，重点介绍了自然导师的动作设计创作过程，详细讲解了自然导师由静止到动作完成的设计过程，引导读者学习使用3ds Max制作游戏动作设计的流程和规范。通过对本章内容的学习，读者需要掌握以下几个要领：

（1）掌握自然导师角色的骨骼创建技巧。

（2）掌握自然导师角色的基础蒙皮设定。

（3）了解Q版角色的运动规律及特殊技能表现。

（4）掌握利用飘带插件制作飘带动画的方法。

（5）掌握自然导师角色的动画制作技巧及应用。

## 3.6 本章练习

**操作题**

从提供的光盘中任选一个法系角色，根据本章角色的动画制作技巧及流程，在临摹的基础上添加新的动作设计元素，重点表现行走及技能攻击两个动作的制作过程。

# Q版角色动画制作——吟游诗人

**精灵大祭司——吟游诗人描述：**

大祭司是神在人间的代言人，只要经过大祭司的神圣洗礼，任何伤痛都能瞬间痊愈。同时如果一支队伍拥有了大祭司，战斗力将会成倍增长。吟游诗人属于大祭司中战斗力及生存能力最强大的职业。吟游诗人追求魔法攻击和魔法防御，通过魔法力量恢复自己与队友的生命力，也通过魔法来对敌人造成沉重打击。

本章通过对法系职业——吟游诗人的动画设计及制作流程，重点讲解吟游诗人动画的创作技巧及动作设计思路，学会基础动作及特殊技能的表现技法。

● **实践目标**

- **掌握吟游诗人角色的骨骼创建技巧**
- **掌握吟游诗人角色的蒙皮设定流程**
- **了解法系职业角色的基本运动规律及制作思路**
- **掌握吟游诗人角色的基础动画制作及特殊技能动画技巧**

● **实践重点**

- **掌握吟游诗人角色的骨骼创建技巧**
- **掌握吟游诗人角色的蒙皮设定流程**
- **掌握吟游诗人角色的动画制作技巧及规范流程**

本章根据吟游诗人的个性特点讲解战斗奔跑、战斗待机、普通攻击和特殊攻击的制作技巧及规范流程，动画效果如图4-1所示。通过本章的学习，使读者能更好地掌握法系职业动作设计的特点及设计理念。

（a）吟游诗人的战斗奔跑动画

（b）吟游诗人的战斗待机动画

（c）吟游诗人的普通攻击动画

（d）吟游诗人的特殊攻击动画

图4-1 效果图

## 4.1 创建吟游诗人的骨骼

在创建吟游诗人骨骼时，使用传统的CS骨骼、Bone骨骼相结合。吟游诗人身体骨骼创建分为创建前的准备、创建Character Studio骨骼、匹配骨骼到模型三部分内容。

## 4.1.1 创建前的准备

（1）模型归零。方法：激活吟游诗人角色模型，重置模型所有顶点信息，同时使模型轴心点及位移的归零。方法：选中吟游诗人的模型，右击工具栏上 Select and Move（选择并移动）按钮，在弹出的Move Transform Type-In（移动变化输入）界面中，将Absolute:World（绝对:世界）的坐标值设置为（X:0，Y:0，Z:0），如图4-2中A所示。此时可以看到场景中的吟游诗人位于坐标原点，如图4-2中B所示。

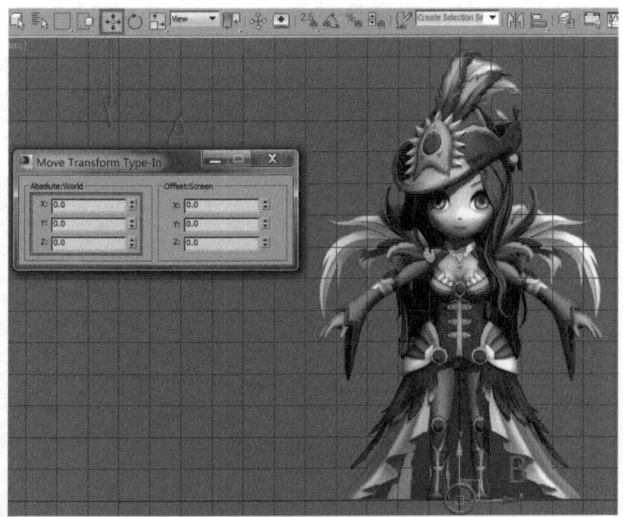


图4-2　模型归零

（2）过滤模型。方法：打开Selection Filter（选择过滤器）卷展栏，并选择Bone骨骼模式，如图4-3所示。这样在选择骨骼时，只会选中骨骼，而不会发生误选到模型的情况。

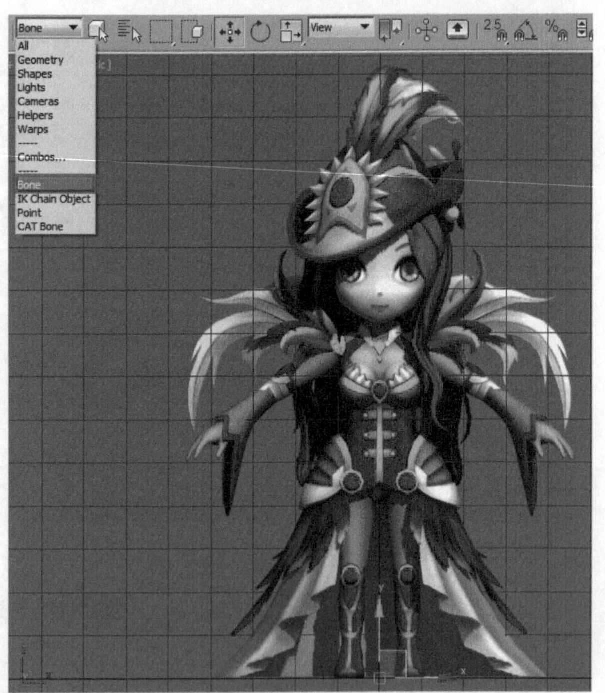


图4-3　过滤吟游诗人的模型

提示：在匹配吟游诗人的骨骼之前，一定要在骨骼模式下操作，以便在后面创建骨骼的过程中，吟游诗人的模型不会因为被误选而出现移动、变形等问题。

## 4.1.2 创建Character Studio骨骼

（1）激活吟游诗人角色模型，为模型创建Biped骨骼。方法：按F4键，进入线框显示模式。单击 Create（创建）面板下 Systems（系统）中的Biped按钮，在前视图中拖出一个与模型等高的人物角色骨骼Biped，如图4-4所示。

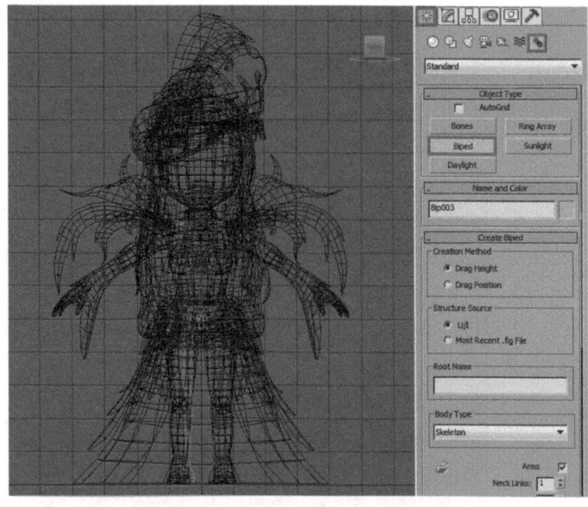

图4-4　创建Biped骨骼

（2）调整质心到模型中心。方法：选择人物角色骨骼Biped的任何一个部分，进入 Motion（运动）面板，再打开Biped卷展栏，然后单击 Figure Mode（体形模式）按钮，激活并锁定控制器，如图4-5中A所示，从而选择了Biped骨骼的质心。使用 Select and Move（选择并移动）工具调整质心向下对准模型，如图4-5中B所示。接着设置质心的X、Y轴坐标为0，将质心的位置调整到模型中心，如图4-5中C所示。

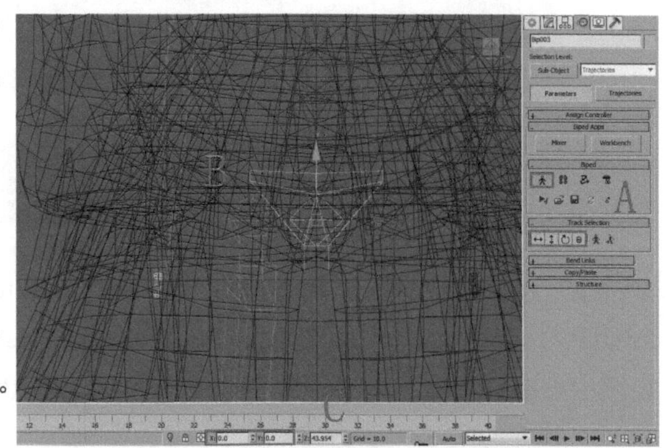


图4-5　匹配质心到模型中心

（3）修改Biped结构参数。方法：选中人物角色骨骼Biped的任何一个部分，再打开 Motion（运动）面板下的Structure（结构）卷展栏，修改Spine Links（脊椎链接）的结构参数为3，Fingers（手指）的结构参数为5，Fingers Links（手指链接）的结构参数为2，Toe Links（脚趾链接）的参数为1，如图4-6所示。

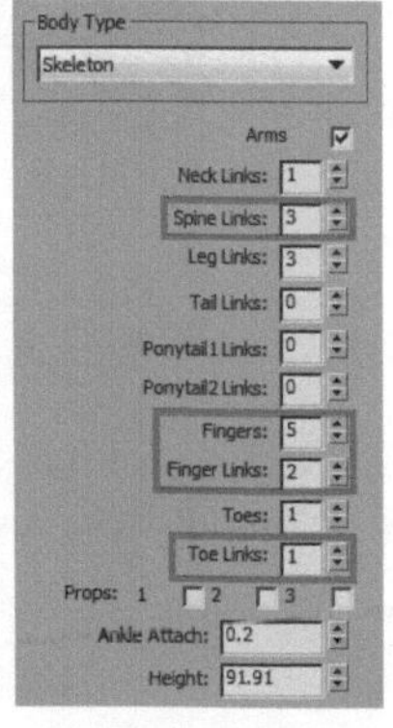


图4-6　修改Biped结构参数

## 4.1.3 匹配骨骼到模型

（1）匹配盆骨骨骼到模型。方法：选中盆骨骨骼，单击工具栏上Select and Uniform Scale（选择并均匀缩放）按钮，更改坐标系为Local（局部），然后在前视图和左视图中调整臀部骨骼与模型匹配，如图4-7所示。

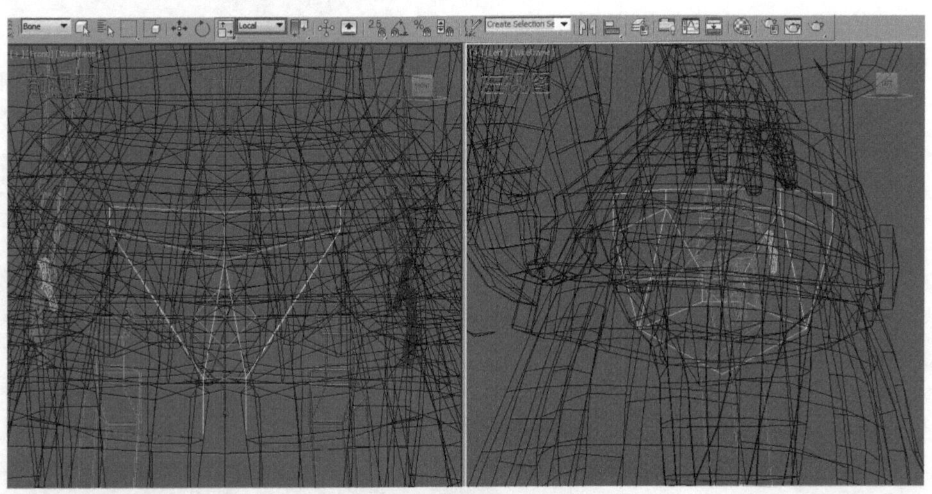

图4-7 匹配盆骨到模型

> 提示：为了便于观察，在这里隐藏了部分骨骼的显示。

（2）匹配脊椎骨骼到模型。方法：使用 Select and Move（选择并移动）、 Select and Rotate（选择并旋转）和 Select and Uniform Scale（选择并均匀缩放）工具在前视图和左视图中调整脊椎骨骼与模型相匹配，效果如图4-8所示。

图4-8 匹配脊椎骨骼到模型

（3）匹配绿色手臂骨骼到模型。方法：选中绿色肩膀骨骼，使用 Select and Move（选择并移动）、 Select and Rotate（选择并旋转）和 Select and Uniform Scale（选择并均匀缩放）工具在前视图和左视图中调整肩膀骨骼与模型匹配，效果如图4-9所示。再选中绿色大臂骨骼，在前视图和左视图中调整大臂与模型对齐。同理调整绿色小手臂与模型对齐，效果如图4-10所示。

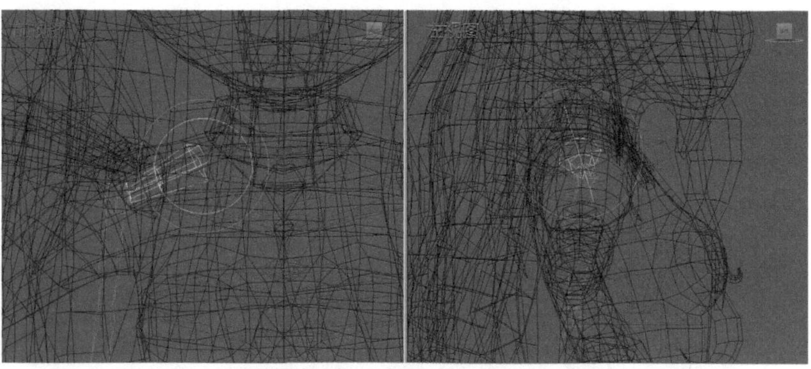

图4-9　匹配绿色肩膀骨骼到模型

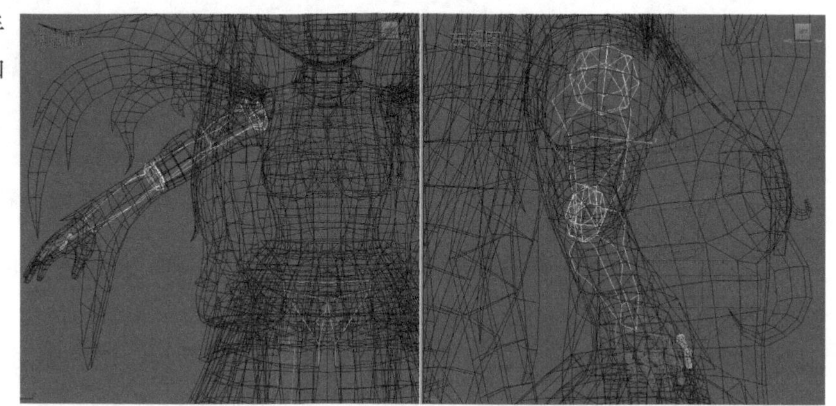

图4-10　匹配绿色手臂骨骼到模型

（4）匹配绿色手掌和手指骨骼到模型。方法：使用 Select and Move（选择并移动）、 Select and Rotate（选择并旋转）和 Select and Uniform Scale（选择并均匀缩放）工具在前视图和透视图中调整手部骨骼与模型对齐，如图4-11所示。

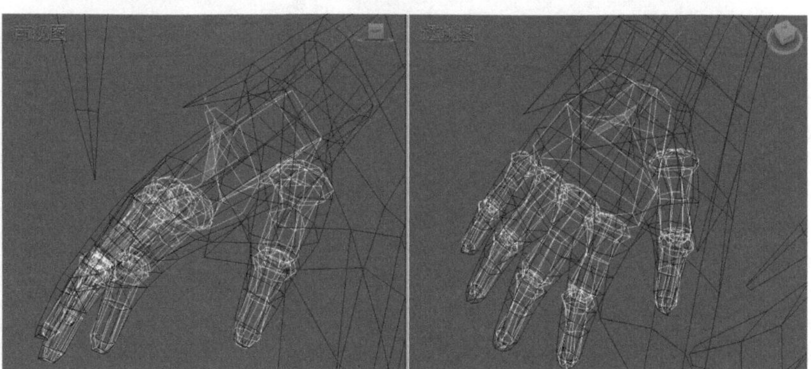

图4-11　匹配绿色手掌和手指骨骼到模型

提示：在匹配手掌与手指骨骼到模型时，应注意指节点的匹配，要做到骨骼节点与模型的手指节点完全匹配对齐。调整其他骨骼时，也要尽量对齐到模型节点。

（5）吟游诗人手臂模型是左右对称的，因此可以将绿色手臂骨骼姿态复制到蓝色手臂骨骼，从而提高制作的效率。方法：双击绿色肩膀骨骼，从而选中手臂全部骨骼，如图4-12中A所示。单击 Cope/Paste（复制/粘贴）卷展栏下的Posture（姿态）按钮、 Create Collection（创建集合）按钮、 Copy Posture（复制姿态）按钮和 Paste Posture Opposite（向对面粘贴姿态）按钮，从而将绿色手臂骨骼姿态复制到蓝色手臂骨骼，效果如图4-12中B所示。

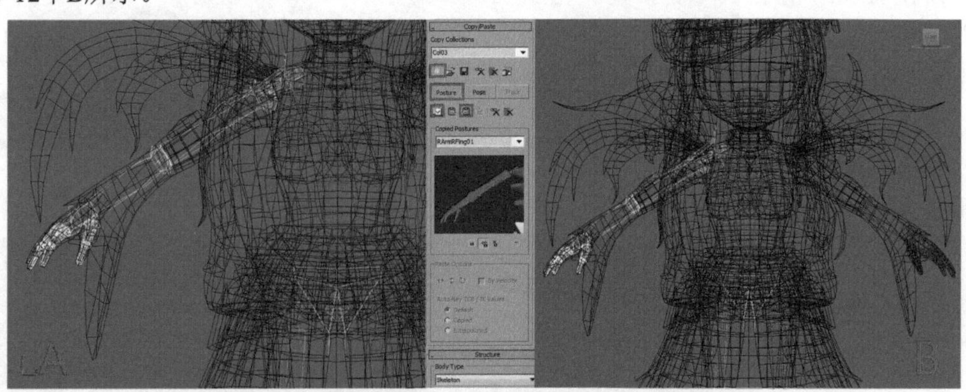

图4-12 复制绿色手臂骨骼的姿态到蓝色手臂骨骼

（6）颈部和头部的骨骼匹配。方法：选中颈部骨骼，使用 Select and Move（选择并移动）、 Select and Rotate（选择并旋转）和 Select and Uniform Scale（选择并均匀缩放）工具在前视图和左视图中调整颈部骨骼，把颈部骨骼与模型匹配对齐。接下来选中头部骨骼，在前视图和左视图中调整头部骨骼与模型相匹配，效果如图4-13所示。

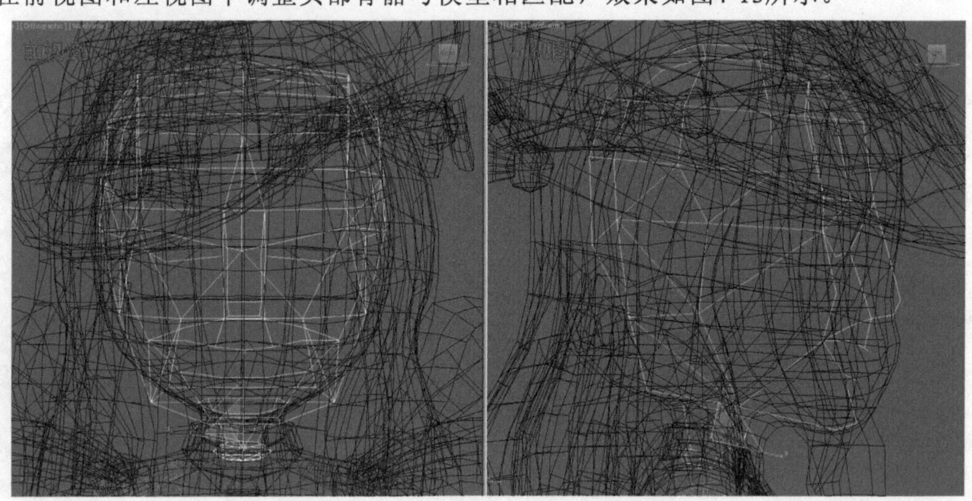

图4-13 匹配颈部和头部骨骼到模型

（7）匹配腿部骨骼到模型。方法：选中右腿骨骼，在前视图或左视图中使用 Select and Move（选择并移动）、 Select and Rotate（选择并旋转）和 Select and Uniform Scale（选择并均匀缩放）工具将腿部骨骼与模型匹配对齐，效果如图4-14所示。

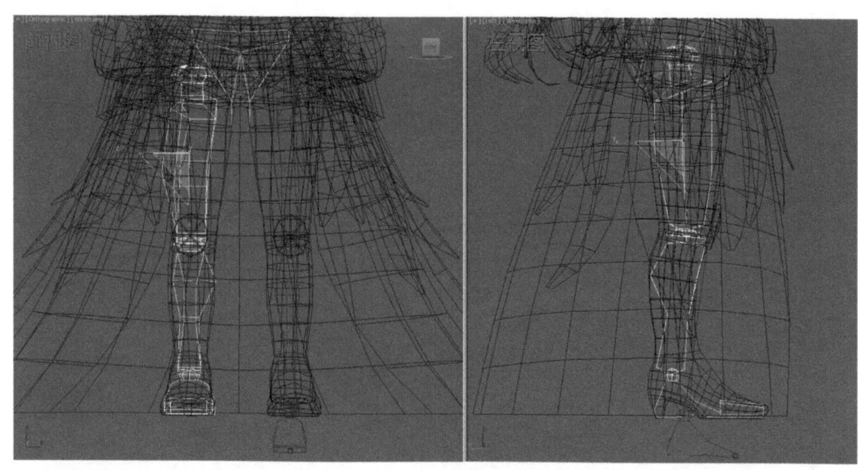

图4-14　匹配腿部骨骼到模型

（8）参照手臂的复制方法，完成腿部骨骼的复制，效果如图4-15所示。

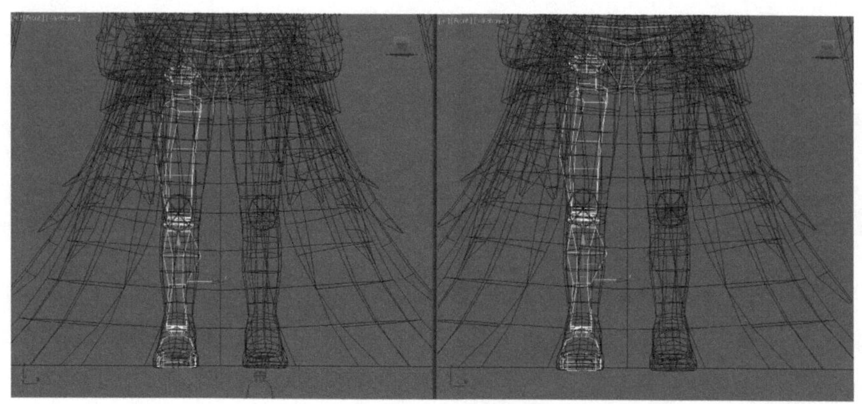

图4-15　复制腿部骨骼到另一边

# 4.2 吟游诗人的附属物品骨骼创建

在创建吟游诗人附属物品骨骼时，使用Bone骨骼。附属物品的骨骼创建分为创建头发骨骼、创建羽毛骨骼、创建裙摆和袖子骨骼、骨骼的链接四部分内容。

## 4.2.1 创建头发骨骼

（1）创建左边头发骨骼。方法：进入透视图，单击 Snaps Toggle（捕捉开关）按钮，弹出Grid and Snap Settings（栅格和捕捉设置）面板，在此面板上勾选Vertex（点）复选框，如图4-16中A所示。最后单击 Create（创建）面板下 Systems（系统）中的Bones按钮，在捕捉的模式下为前面头发创建四节骨骼，右击鼠标结束创建，效果如图4-16中B所示。

图4-16　创建前面头发的骨骼

提示：打开捕捉工具后，会在视图中出现一个黄色的小“十”字，吸附模型的点来创建头发骨骼，使骨骼顺应头发的弧度；在拉出第四节骨骼后，会自动生成一根末端骨骼，可保留、隐藏或删除。

（2）准确匹配骨骼到模型。方法：选中前面头发的根骨骼，执行Animation（动画）| Bone Tools（骨骼工具）菜单命令，如图4-17中A所示，打开Bone Tools（骨骼工具）面板，进入Fin Adjustment Tools（鳍调整工具）卷展栏的Bone Objects（骨骼对象）栏，调整Bone骨骼的宽度、高度和锥化参数，如图4-17中B所示。同理，调整好其他骨骼的大小。

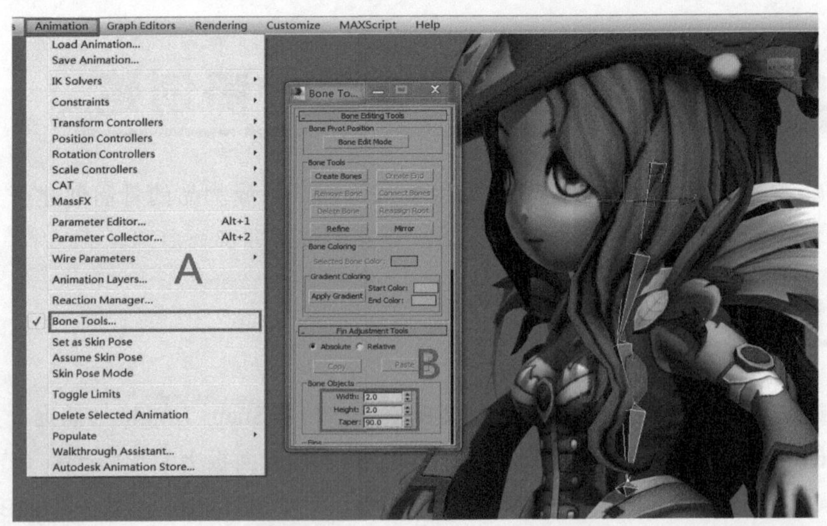


图4-17　使用Bone Tools面板调整骨骼大小

（3）创建右边头发的骨骼。方法：切换到前视图，为右边的头发创建一节骨骼，右击鼠标结束创建。使用 Select and Move（选择并移动）、 Select and Rotate（选择并旋转）工具将骨骼移动到准确位置，然后调整Bone骨骼的宽度、高度和锥化的参数，如图4-18所示。

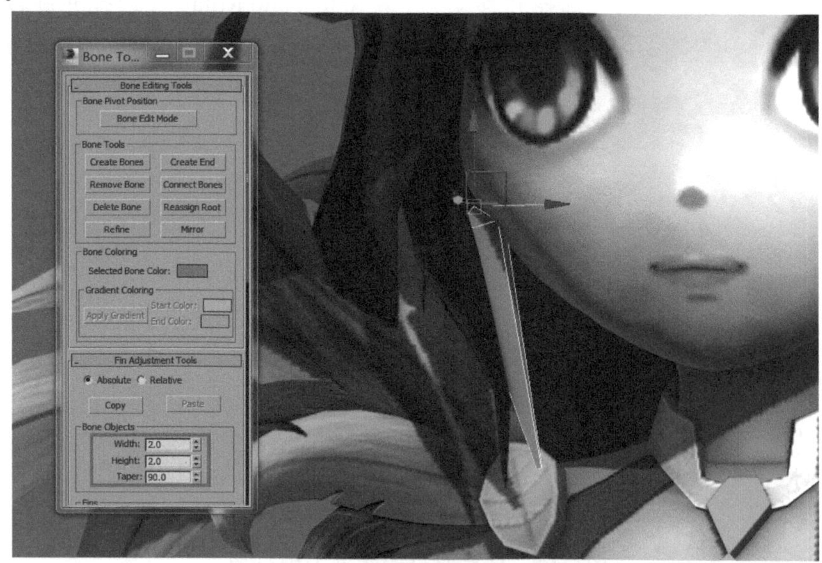


图4-18　创建右边头发的骨骼

（4）创建后面头发的骨骼。方法：参照创建前面头发骨骼的方法，切换到后视图，单击Bones按钮，在后面头发位置创建四节骨骼，右击鼠标结束创建。使用 Select and Move（选择并移动）、 Select and Rotate（选择并旋转）工具将骨骼移动到准确位置，然后调整Bone骨骼的宽度、高度和锥化的参数，如图4-19所示。

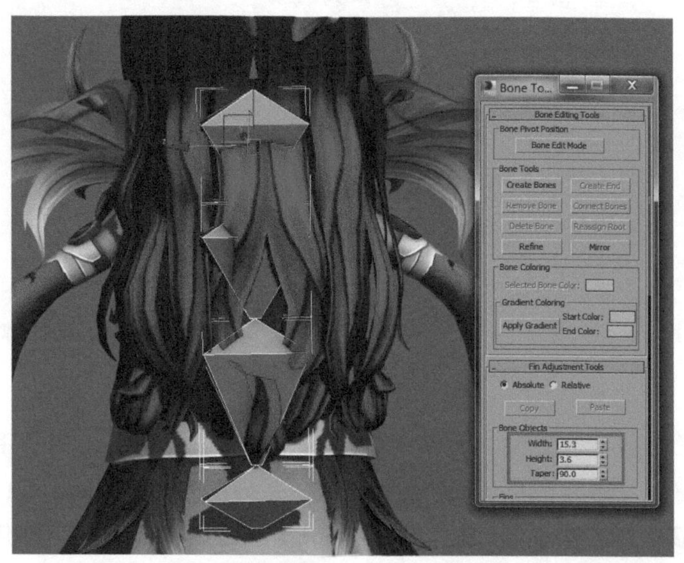


图4-19　创建后面头发的骨骼

## 4.2.2 创建羽毛骨骼

（1）创建右边肩膀羽毛的骨骼。方法：参照上述骨骼的创建方法为肩膀羽毛创建三组骨骼。使用 Select and Move（选择并移动）、 Select and Rotate（选择并旋转）工具将骨骼移动到合适位置，再调整Bone骨骼的宽度、高度和锥化的参数，效果如图4-20所示。

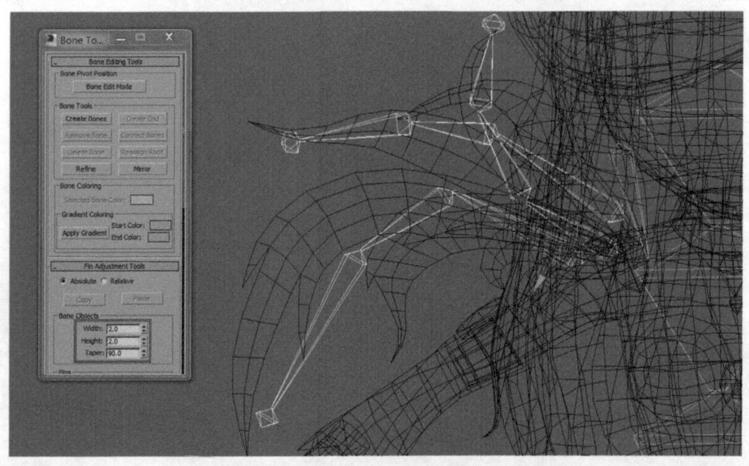

图4-20 创建右边肩膀羽毛的骨骼

（2）创建左边肩膀羽毛的骨骼。方法：顺应羽毛模型的弧度，为左边肩膀的羽毛创建三组骨骼。此部分骨骼可以根据模型要求制作，也可以根据右肩骨骼设定以轴心为进行骨骼的镜像复制，效果如图4-21所示。

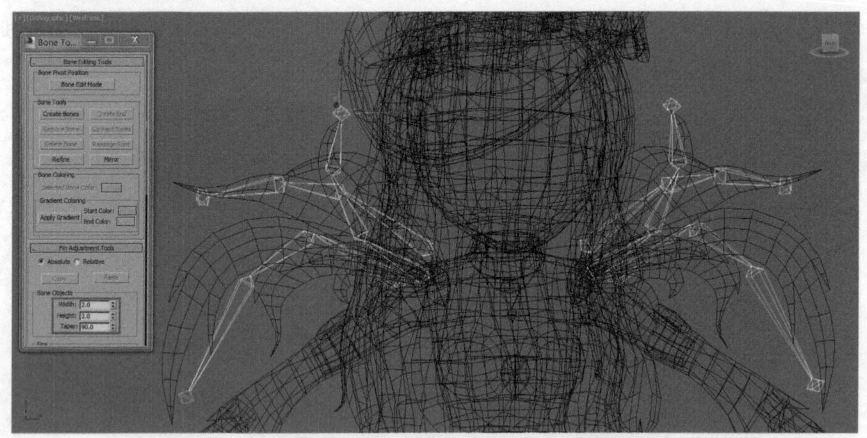

图4-21 创建左边肩膀羽毛的骨骼

（3）创建帽子上羽毛的骨骼。方法：切换到透视图，为帽子上的羽毛创建三节骨骼，右击鼠标结束创建。使用 Select and Move（选择并移动）、 Select and Rotate（选择并旋转）工具将骨骼移动到准确位置，然后调整Bone骨骼的宽度、高度和锥化的参数，效果如图4-22所示。

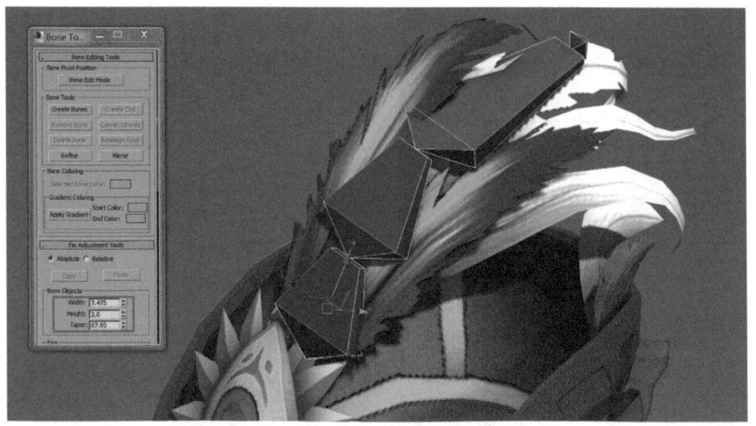

图4-22 创建帽子上羽毛的骨骼

## 4.2.3 创建裙摆和袖子骨骼

（1）创建右边袖子的骨骼。方法：切换到前视图，单击 Create（创建）面板下 Systems（系统）中的Bones按钮，在右边的袖子位置创建两节骨骼，右击鼠标结束创建。使用 Select and Move（选择并移动）、 Select and Rotate（选择并旋转）工具将骨骼移动到准确位置，然后调整Bone骨骼的宽度、高度和锥化的参数，效果如图4-23所示。

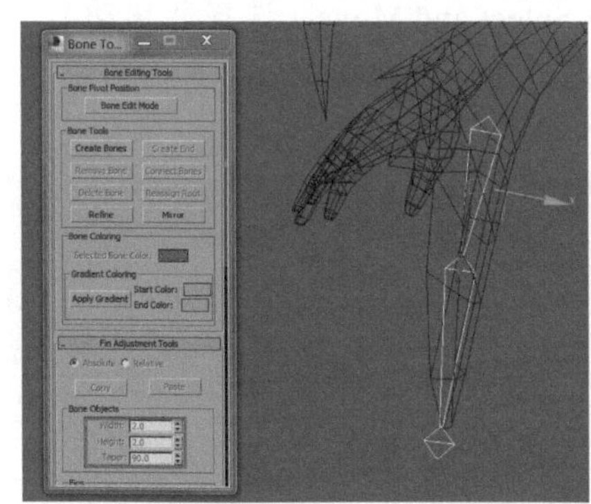

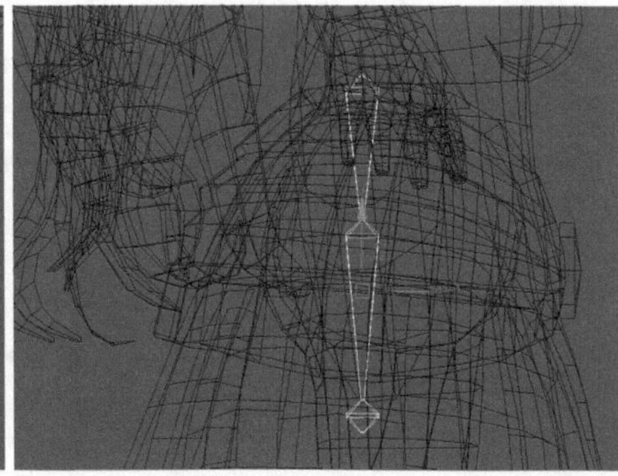

图4-23 创建右边袖子的骨骼

（2）左边袖子骨骼的复制。方法：双击右边袖子的根骨骼，从而选中整根骨骼。再单击Bone Tools（骨骼工具）卷展栏下的Mirror（镜像）按钮，在弹出的Bone Mirror（骨骼镜像）对话框下的Mirror Axis（镜像轴）栏中选中X单选按钮，如图4-24中A所示。此时视图中已经复制出以X轴为对称轴的骨骼，如图4-24中B所示。单击OK按钮，完成左边袖子骨骼的复制。

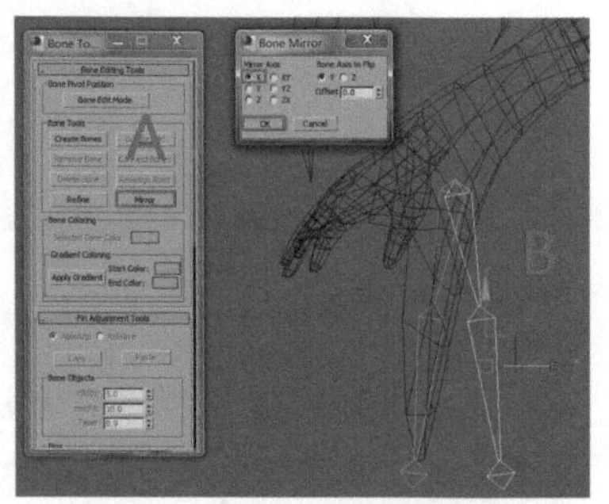


图4-24 左边袖子骨骼的复制

（3）匹配复制的骨骼到模型，方法：在工具栏中选择View（视图），如图4-25中A所示。再使用 Select and Move（选择并移动）工具在前视图中调整骨骼的位置，使复制的骨骼和左边袖子模型对齐，效果如图4-25中B所示。

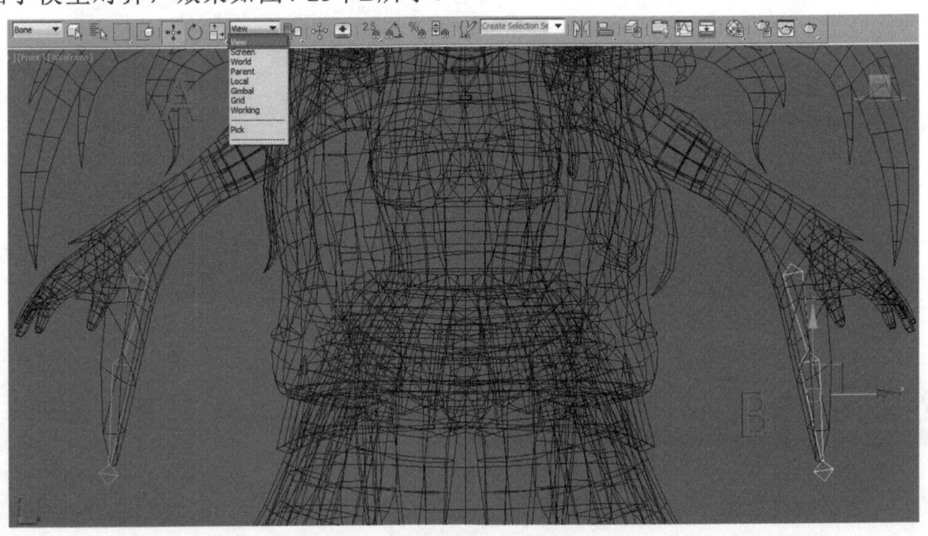

图4-25 匹配复制的骨骼到模型

（4）创建右边裙摆的骨骼。方法：切换到前视图，在右边裙摆位置顺着裙摆的弧度走向创建三节骨骼，右击鼠标结束创建。使用 Select and Move（选择并移动）、 Select and Rotate（选择并旋转）工具将骨骼移动到准确位置，然后调整Bone骨骼的宽度、高度和锥化的参数，效果如图4-26所示。

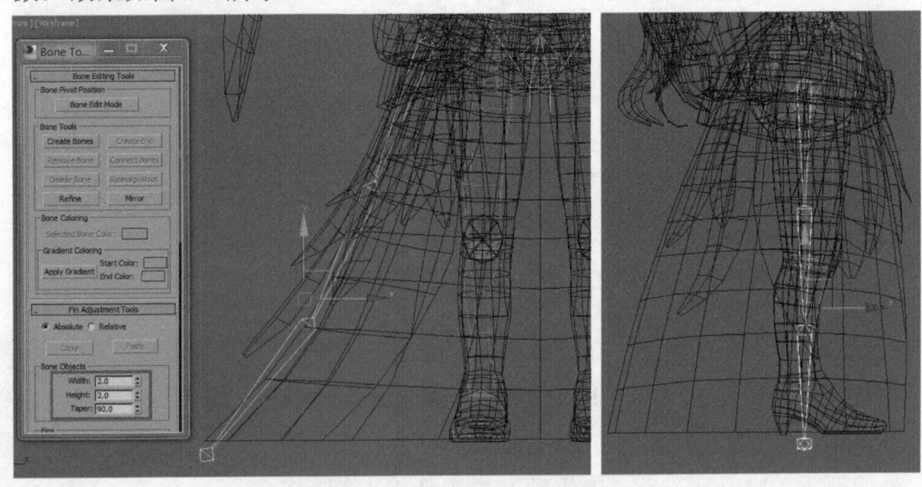

图4-26 创建右边裙摆的骨骼

（5）复制裙摆的骨骼。方法：参照袖子骨骼的复制方法，完成左边裙摆骨骼的复制。注意，镜像基于模型两边是对称的，这与模型的制作规范有比较重要的关系。效果如图4-27所示。

图4-27　复制裙摆的骨骼

（6）创建裙摆后面的骨骼。方法：切换到左视图，顺着裙摆的弧度走向创建三节骨骼，右击鼠标结束创建。使用 Select and Move（选择并移动）、 Select and Rotate（选择并旋转）工具将骨骼移动到准确位置，然后调整Bone骨骼的宽度、高度和锥化的参数，效果如图4-28所示。

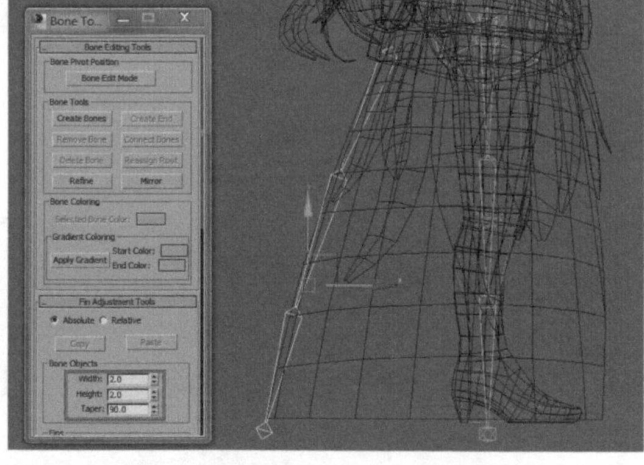


图4-28　创建裙摆后面的骨骼

（7）为了使骨骼更加简洁，将所有的末端骨骼进行删除。方法：按住Ctrl键，选中所有的末端骨骼，按Delete键直接删除，如图4-29所示。

图4-29　删除末端骨骼

## 4.2.4 骨骼的链接

（1）头发的骨骼链接。方法：按住Ctrl键，依次选中头发和帽子羽毛的根骨骼，再单击工具栏中的Select and Link（选择并链接）按钮，然后按住鼠标左键拖动至头部骨骼上，松开鼠标左键即完成链接，如图4-30所示。

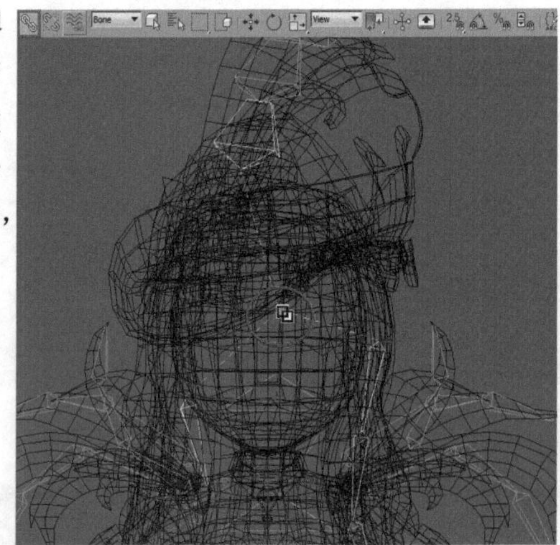

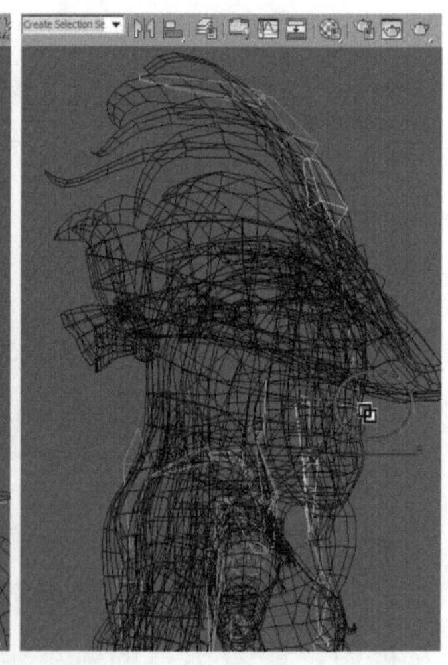

图4-30 头发的骨骼链接

（2）右边肩膀上羽毛骨骼的链接。方法：按住Ctrl键，依次选中右边羽毛的根骨骼，然后按住鼠标左键拖动至右边肩膀上，松开鼠标左键完成链接，如图4-31所示。

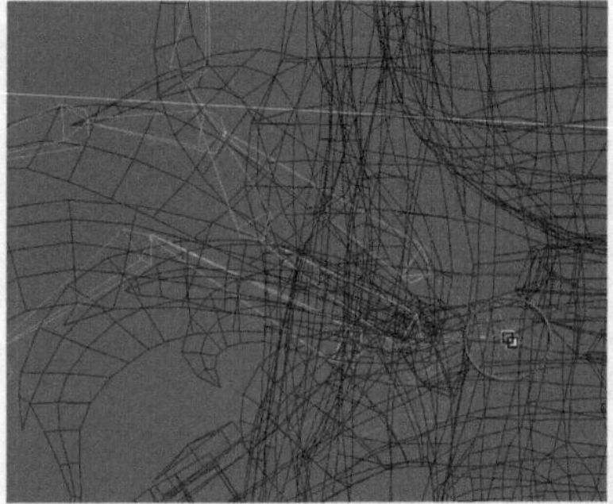

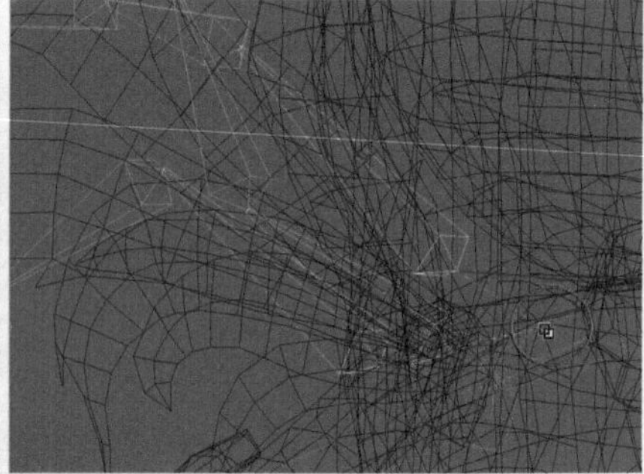

图4-31 右边羽毛骨骼链接

（3）左边肩膀上羽毛骨骼的链接。方法：参照同样的链接方法，链接左边肩膀上羽毛的骨骼，如图4-32所示。注意，在链接的时候尽量避免出现误操作。

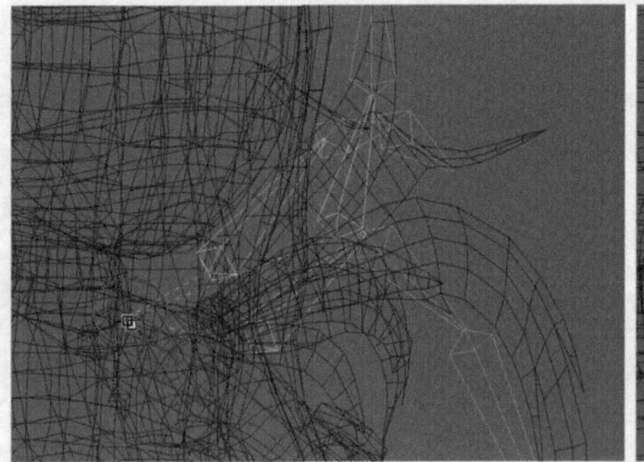

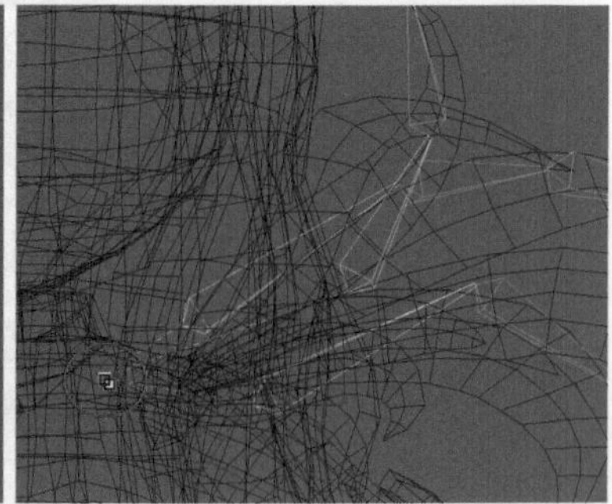

图4-32 左边羽毛骨骼链接

（4）袖子骨骼的链接。方法：依次激活袖子的骨骼，参照以上方法，将左右袖子骨骼分别链接到相应小手臂上，如图4-33所示。

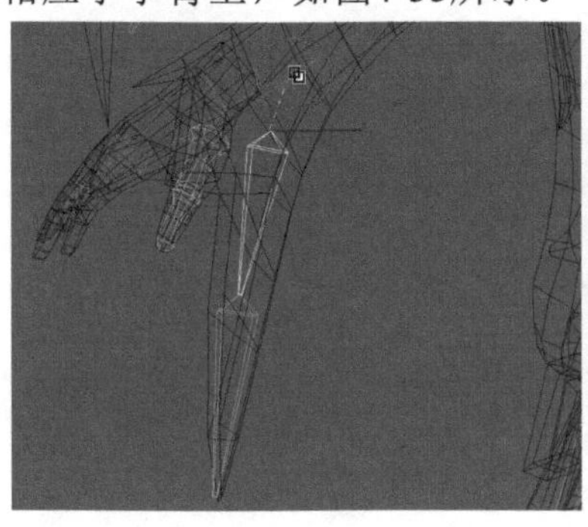
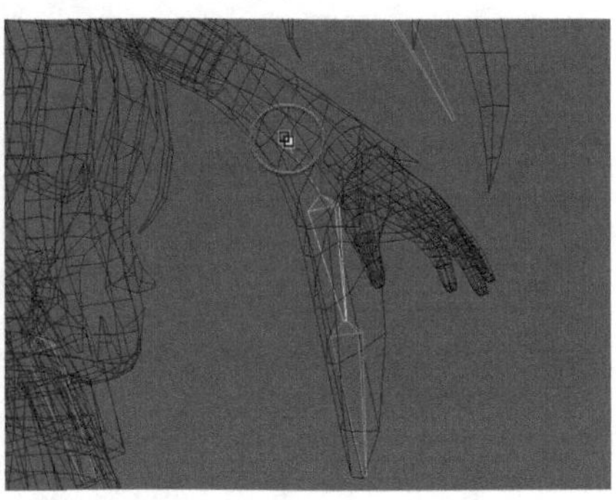

图4-33　袖子骨骼的链接

（5）对角色裙摆部分的骨骼与盆骨逐步进行链接。方法：按住Ctrl键，依次选中裙摆的根骨骼，然后按住鼠标左键拖动至盆骨上，再松开鼠标左键完成链接，如图4-34所示。这样就完成了角色附属骨骼整体的链接。

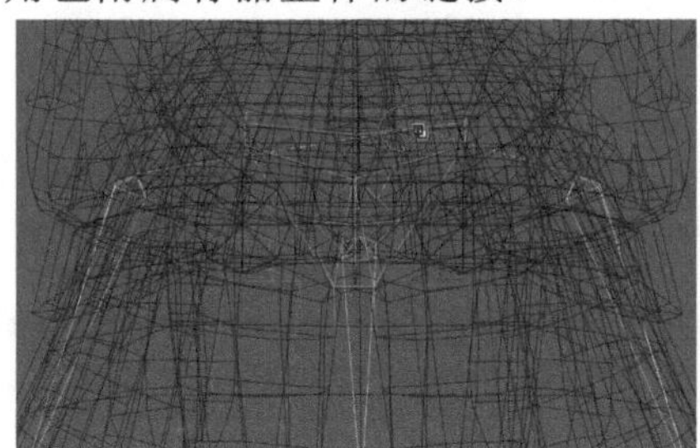
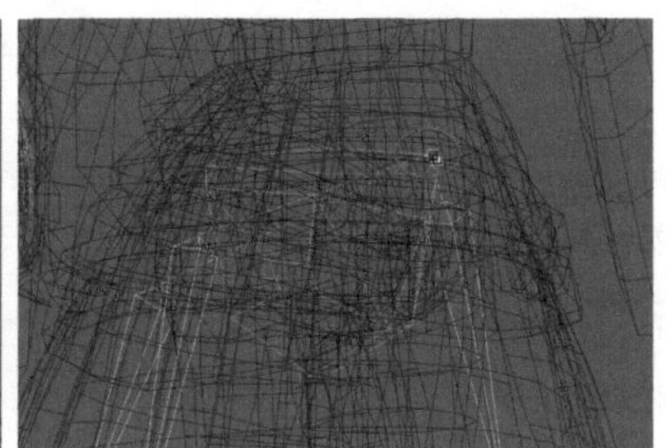

图4-34　裙摆骨骼的链接

# 4.3 吟游诗人的蒙皮设定

Skin蒙皮的优点是可以自由地选择骨骼来进行蒙皮，调节权重也十分的方便。本节内容包括分离多边形、添加蒙皮修改器、调节主体权重、调节头发权重、调节头部和帽子等权重五个部分。

## 4.3.1 分离多边形

因吟游诗人的模型面片太多，权重的调节有一定难度。为了便于操作，可以将角色模型根据换装部位进行分解，对部分模型分离出来单独蒙皮。

（1）调整选择过滤器。方法：打开Selection Filter（选择过滤器）卷展栏，并选择All（全部）模式，显示吟游诗人整体模型。从不同的视角观察模型与骨骼的匹配程度，如图4-35所示。

图4-35　调整选择过滤器

（2）分离头部和帽子。方法：选中吟游诗人的模型，在 Modify（修改）面板下Editable Poly（可编辑多边形）中的Selection（选择）卷展栏中激活 Element（元素）模式，如图4-36中A所示，再选中头部和帽子的模型，如图4-36中B所示，单击Edit Geometry（编辑多边形）卷展栏中 Detach（分离）按钮，从而将头部和帽子的模型分离出来。如图4-36中C所示。

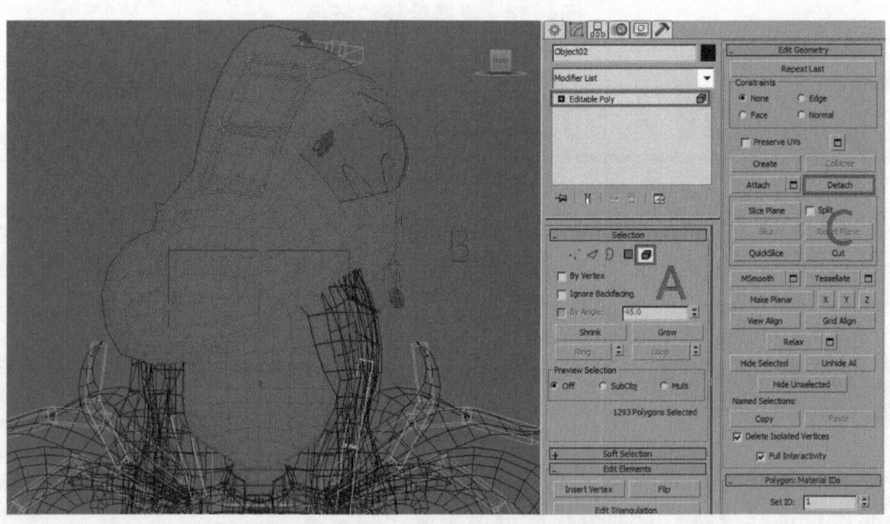


图4-36　分离头部和帽子的模型

（3）参照头部和帽子的分离方法，将头发分离出来。方法：选择头发的模型，进入体块模式，激活显示为红色，在下拉菜单中单击Detach（分离）头发部分的模型，如图4-37所示。

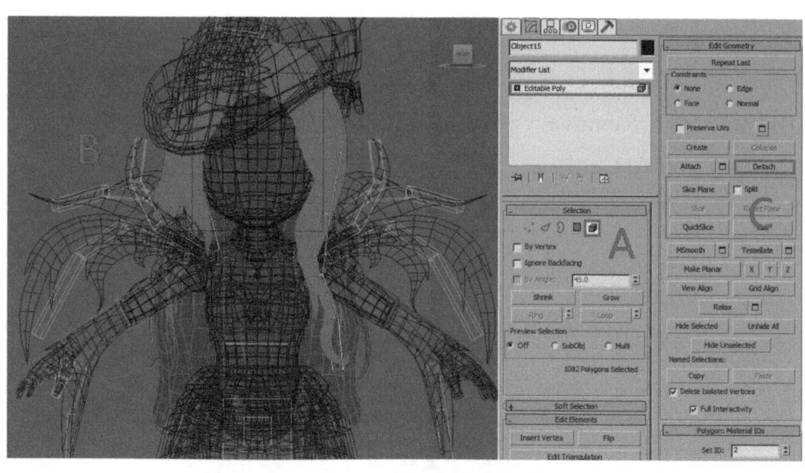

图4-37　分离头发的模型

## 4.3.2 添加蒙皮修改器

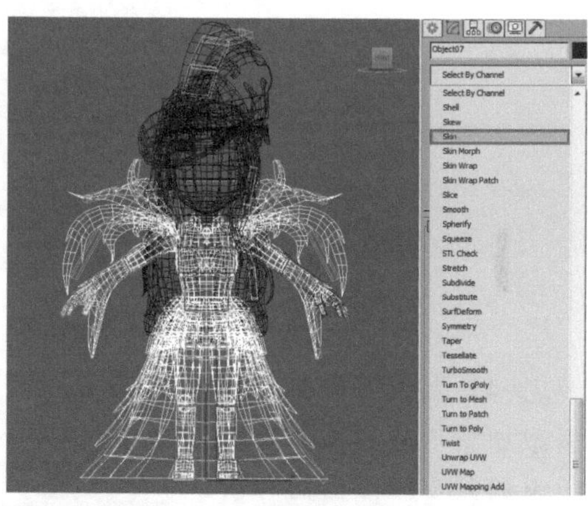

图4-38　为模型添加Skin修改器

（1）为吟游诗人添加Skin修改器。方法：选中吟游诗人身体的模型，再打开Modify（修改）面板中的Modifier List（修改器列表）的下拉菜单，选择Skin（蒙皮）修改器，如图4-38所示。单击Add（添加）按钮，如图4-39中A所示。并在弹出的Select Bones（选择骨骼）对话框中选择与身体相应的骨骼，单击Select（选择）按钮，如图4-39中B所示，将骨骼添加到蒙皮。

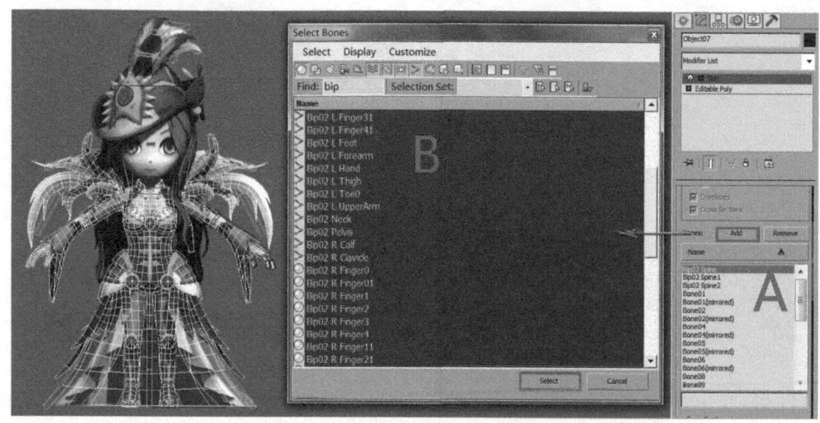

图4-39　为身体蒙皮添加骨骼

（2）添加完所有骨骼之后，要把对吟游诗人动作不产生作用的骨骼移除，以便减少系统对骨骼数目的运算。方法：在Add（添加）列表中选择质心骨骼Bip02，单击Remove（移除）按钮移除质心，这样使蒙皮的骨骼对象更加简洁，如图4-40所示。

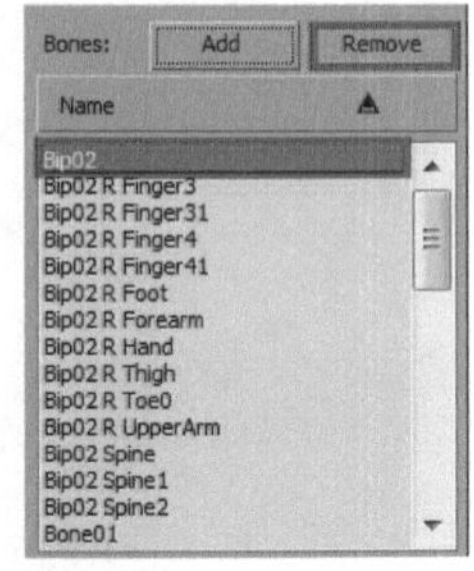


图4-40　移除质心

（3）参照以上方法为头发添加蒙皮修改器。方法：先选择头发的模型，如图4-41中A所示，并将与头发相对应的骨骼和头部的骨骼添加到修改器，如图4-41中B所示。

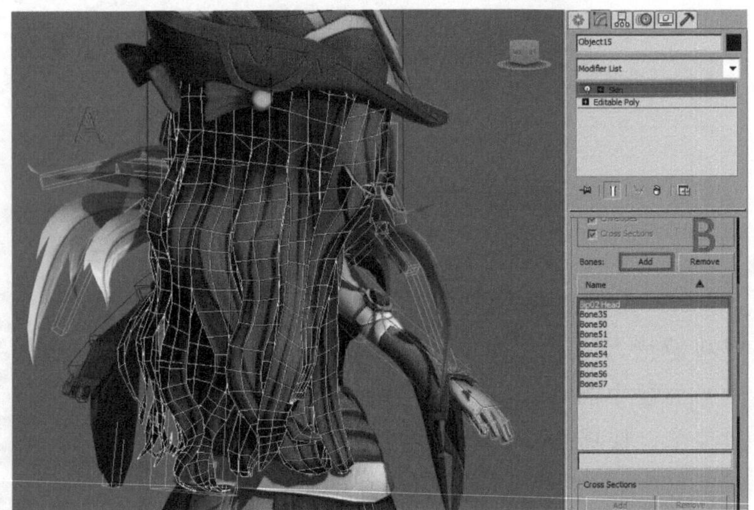


图4-41　为头发模型添加蒙皮

（4）为头部和帽子的模型添加蒙皮修改器。方法：在添加蒙皮修改器的时候，根据模型分解部分逐步进行蒙皮设置，如图4-42所示。

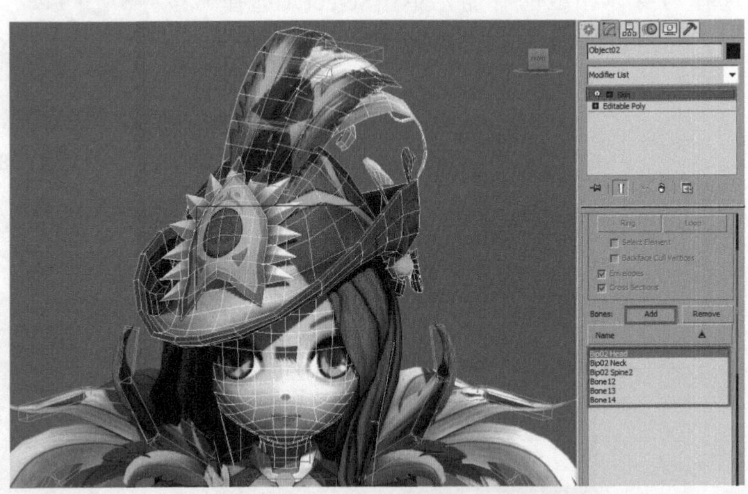


图4-42　为头部和帽子模型添加蒙皮

（5）关闭骨骼显示。方法：进入Display（显示）面板，勾选Bones Objects（骨骼对象）复选框，如图4-43中A所示。从而隐藏骨骼，效果如图4-43中B所示。

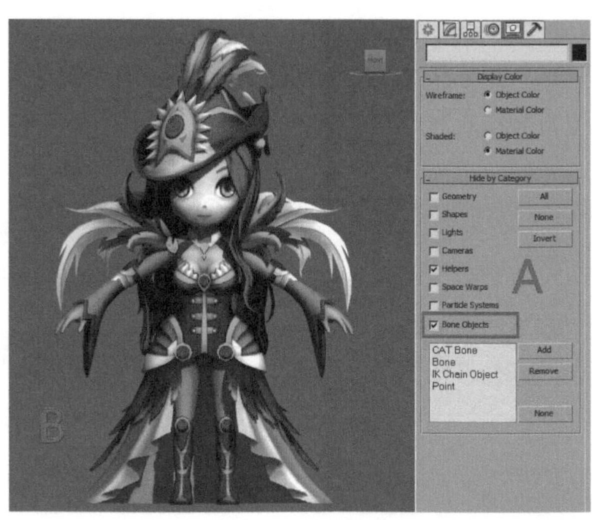


图4-43　关闭骨骼显示

## 4.3.3 调节主体权重

> 提示：在调节权重时，可以看到权重点的颜色变化，不同颜色代表这个点受这节骨骼影响的权重值不同，其中红色的点受这节骨骼的影响的权重值最大，为1.0；黄色为0.5，蓝色点0.1，白色为0.0。

（1）激活权重。方法：选中吟游诗人身体的模型，再激活Skin（蒙皮）修改器，激活Edit Envelopes（编辑封套）功能，勾选Vertices（顶点）复选框，效果如图4-44所示。单击 Weight tool（权重工具）按钮，在弹出的Weight tool（权重工具）面板中编辑权重，如图4-45所示。

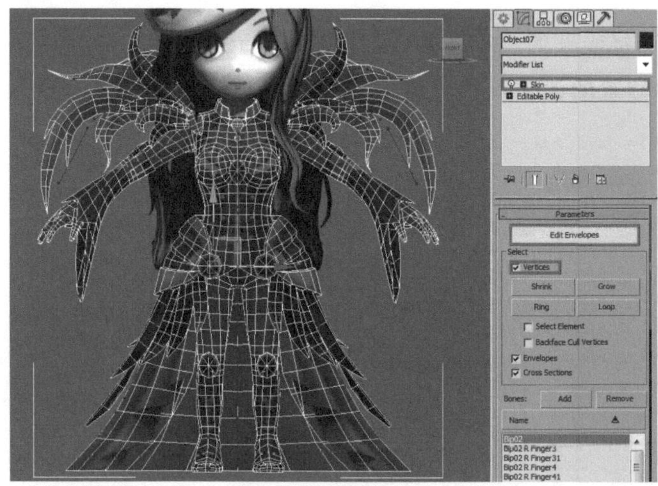


图4-44　激活蒙皮

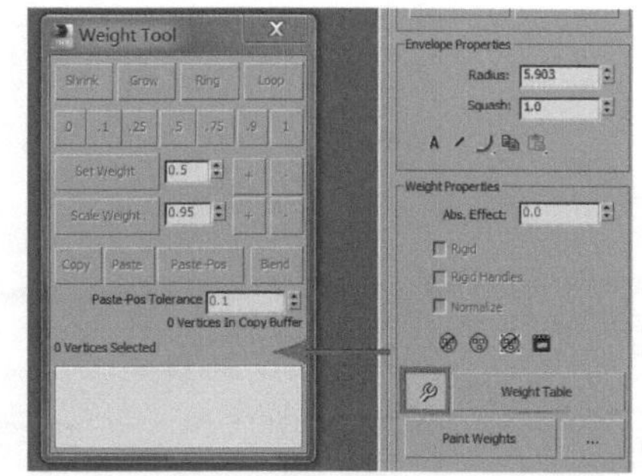


图4-45　打开权重工具面板

（2）调节臀部的权重值。方法：选择臀部的权重链接，如图4-46所示。选中与臀部相关的调整点，运用权重工具，设置臀部中心位置的调整点权重值为1，再设置权重值由臀部向腰部、腿部递减（分别为0.9、0.75、0.5、0.25、0.1），即由中心往外权重值逐步衰减，效果如图4-47所示。

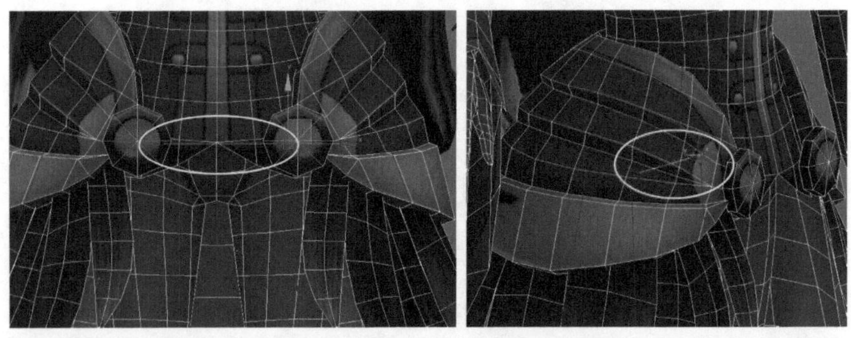

图4-46　选择臀部的权重链接

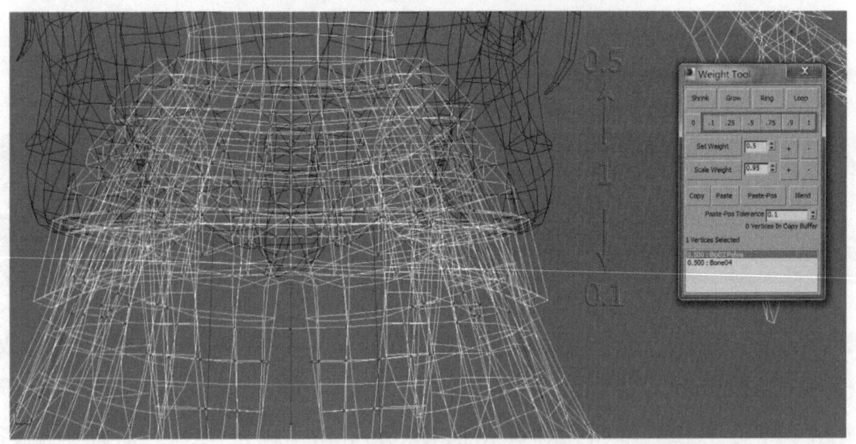


图4-47　调节臀部的权重值

（3）调节腹部的权重值。方法：选择腹部的权重链接，如图4-48所示。选中与腹部相关的调整点，运用权重工具，设置腹部位置的调整点权重值为0.5左右，再设置权重值由腹部向腰部、臀部递减，效果如图4-49所示。

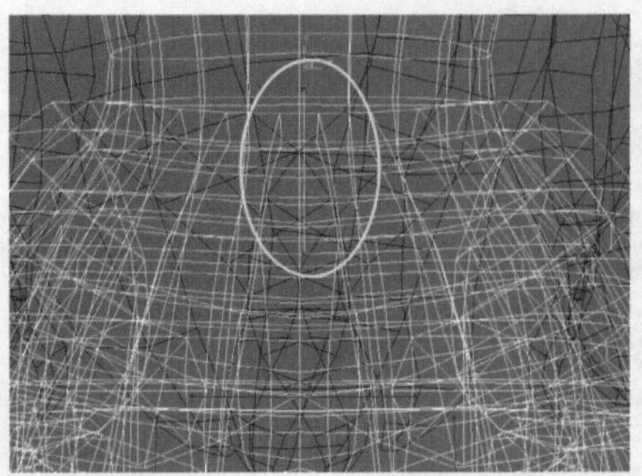
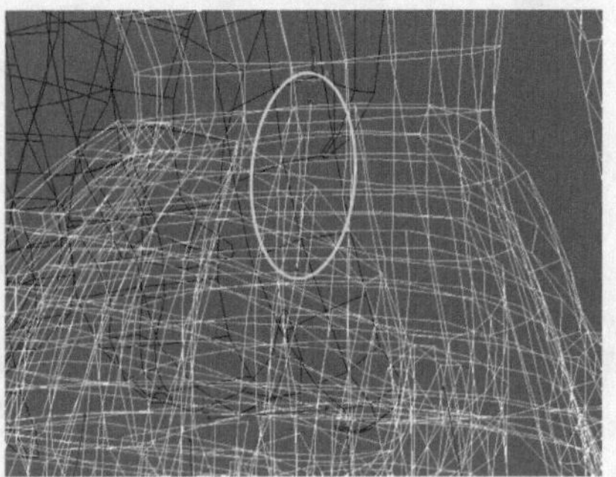

图4-48　选择腹部的权重链接

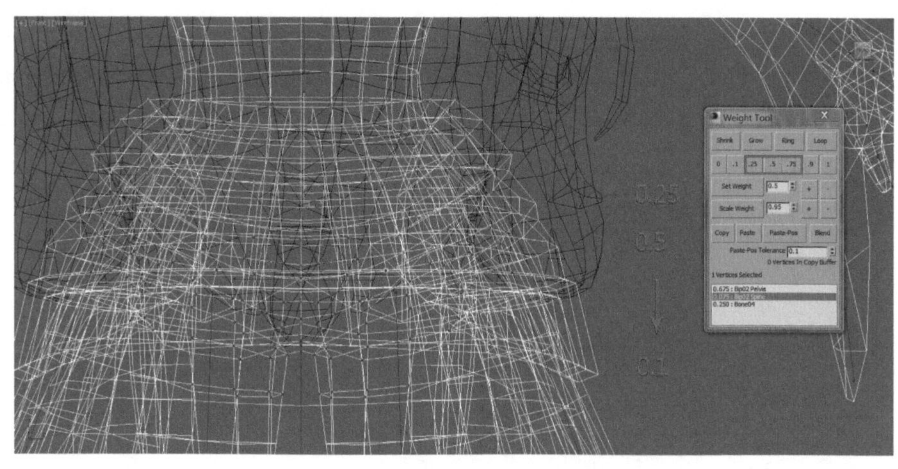


图4-49 调节腹部的权重值

（4）调节腰部的权重值。方法：选择腰部的权重链接，如图4-50所示。选中与腰部相关的调整点，运用权重工具，设置腰部位置的调整点权重值为0.75左右，再设置权重值由腰部向胸腔、腹部递减，效果如图4-51所示。

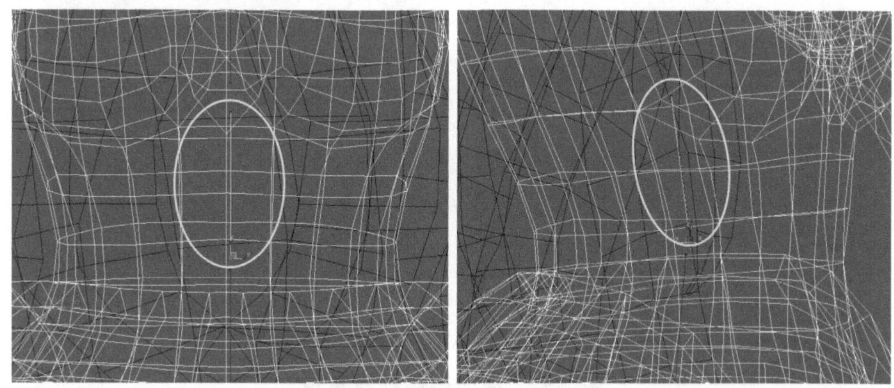

图4-50 选择腰部的权重链接

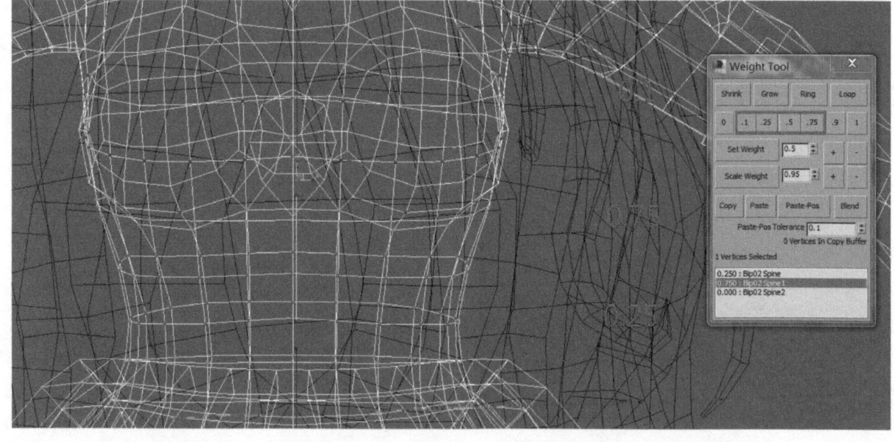


图4-51 调节腰部的权重值

（5）调节胸腔的权重值。方法：选择胸腔的权重链接，如图4-52所示；选中与胸腔相关的调整点，运用权重工具，设置胸腔和衣领位置的调整点权重值为1，再设置权重值由胸腔向腰部递减，设置与手臂相衔接的位置权重值为0.5左右。链接部分根据布线适当调整权重值，效果如图4-53所示。

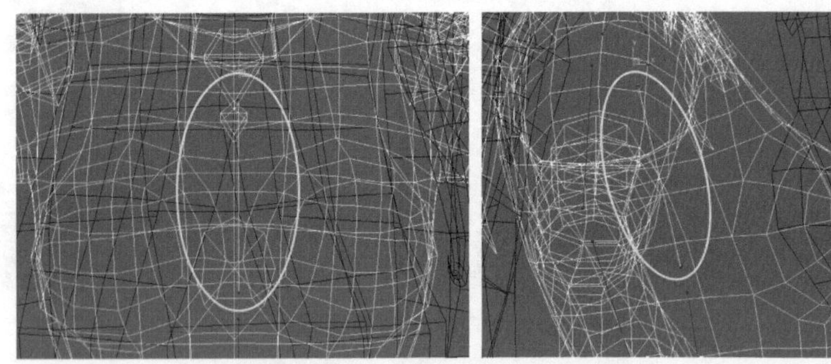

图4-52　选择胸腔的权重链接

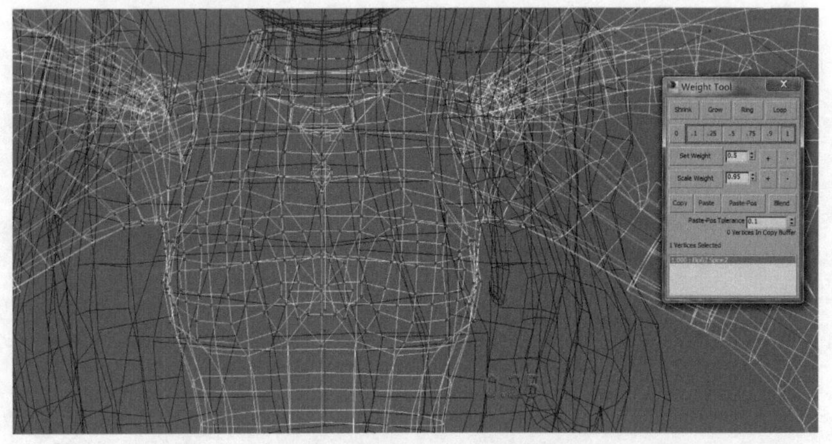


图4-53　调节胸腔的权重值

（6）调节肩膀的权重。方法：选择肩膀的权重链接，如图4-54所示；选中与肩膀相关的调整点，运用权重工具，设置肩膀位置的调整点权重值为1，再设置与羽毛、大臂相衔接的位置权重值为0.5左右。在调整权重时，可以运用移动、旋转等工具来检测权重值的合理性，效果如图4-55所示。

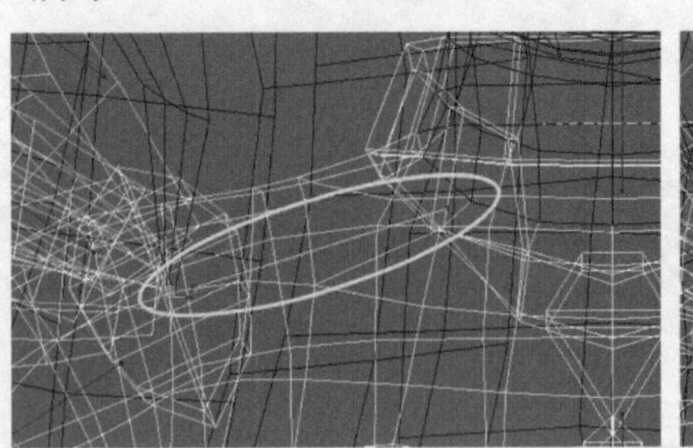

图4-54　选择肩膀的权重链接

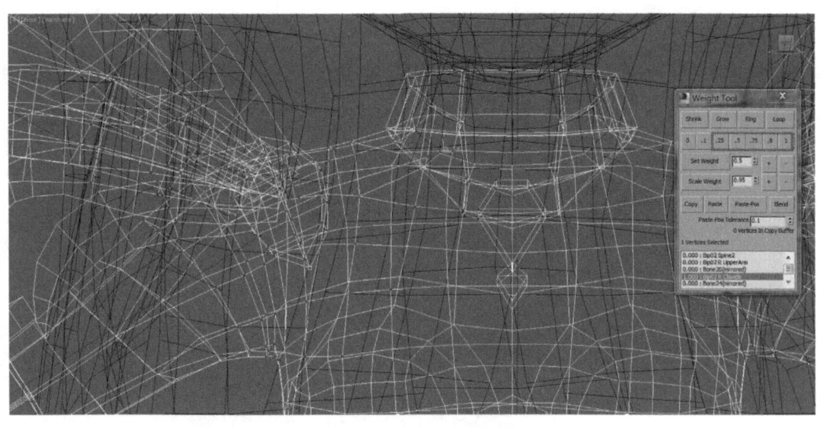

图4-55　调节肩膀的权重值

（7）调节手臂的权重值。方法：选择大臂的权重链接，再选中与大臂相关的调整点，运用权重工具，设置大臂位置的调整点为权重值1，设置与肩膀、小臂相衔接的位置权重值为0.5左右，效果如图4-56中A所示。选择小臂的权重链接，设置小臂位置的调整点权重值为1，设置与大臂、衣袖相衔接的位置权重值为0.5左右，效果如图4-56中B所示。

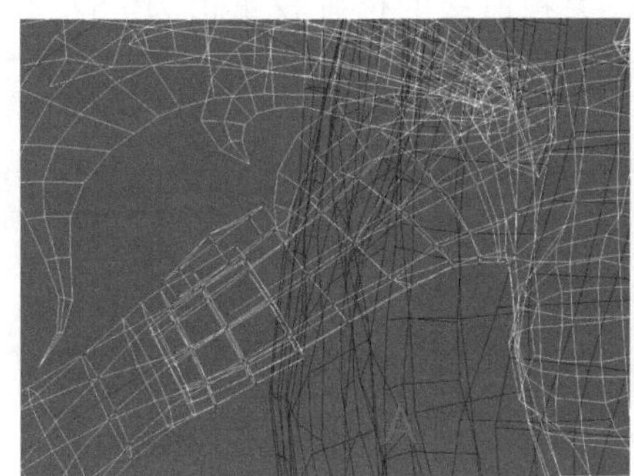

图4-56　调节手臂的权重值

（8）调节手部的权重值。方法：选择手掌的权重链接，再选中与手掌相关的调整点，运用权重工具，设置手掌位置的调整点权重值为1，设置与小臂、手指相衔接的位置权重值为0.5左右；选择食指第一节骨骼的权重链接，设置第一节骨骼位置的调整点权重值为1，设置与手掌、第二节骨骼相衔接的位置权重值为0.5左右；选择食指第二节骨骼的权重链接，设置第二节骨骼位置的调整点权重值为1，设置与第一节骨骼相衔接的位置权重值为0.5左右，效果如图4-57所示。参照食指的权重调节，完成其余手指的权重设置。

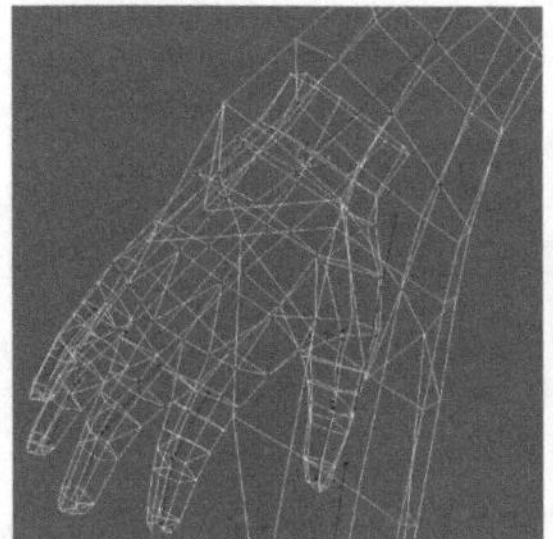

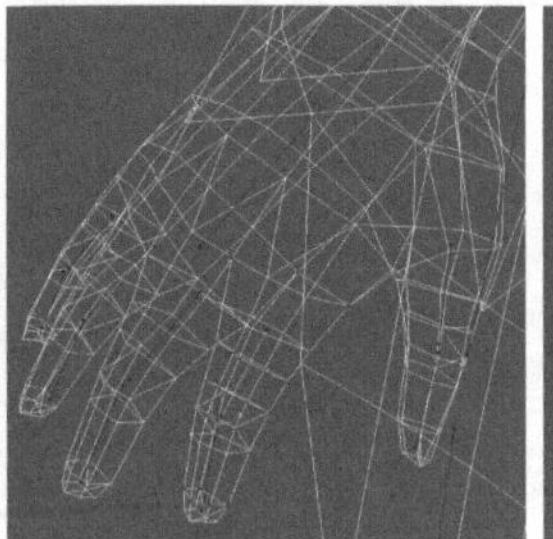

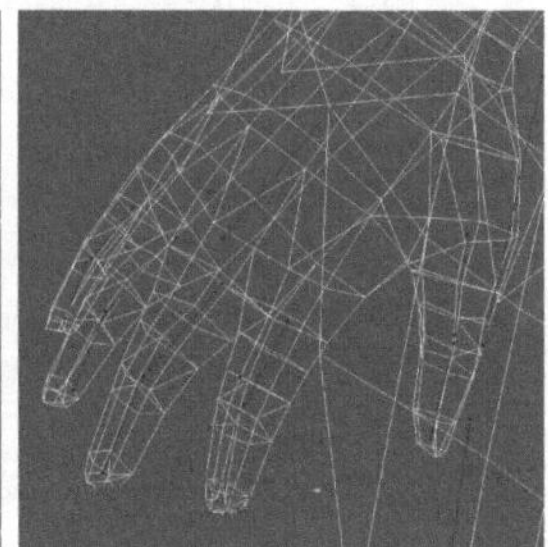

图4-57　调节手部的权重值

（9）调节腿部的权重值。方法：选择大腿的权重链接，设置大腿位置的调整点权重值为1，设置与盆骨、小腿相衔接的位置权重值为0.5左右；选择小腿的权重链接，设置小腿位置的调整点权重值为1，再设置与大腿、脚踝相衔接的位置权重值为0.5左右，效果如图4-58所示。

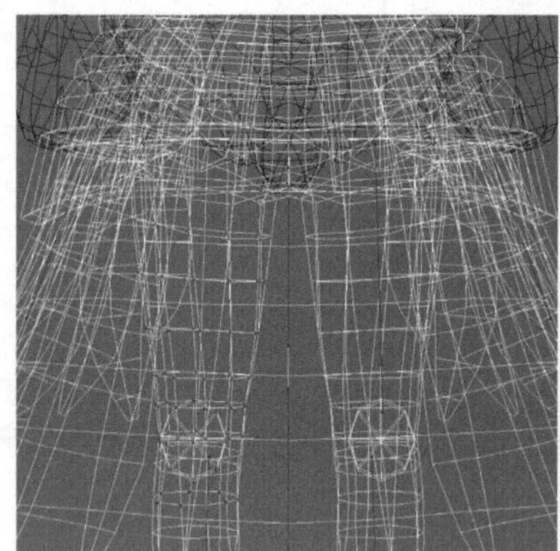
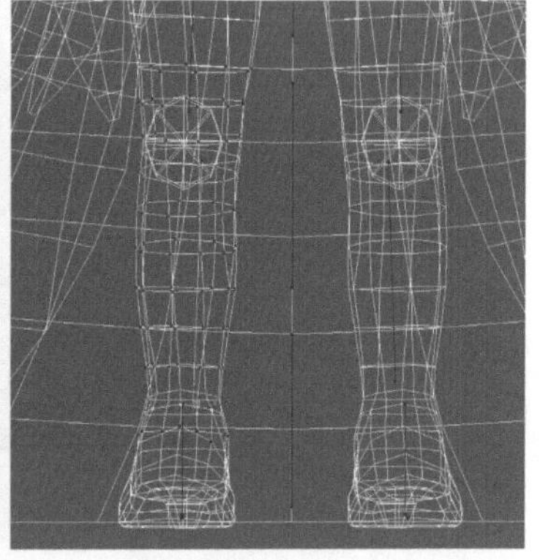

图4-58 调节腿部的权重值

（10）调节脚掌的权重值。方法：选择脚掌根部的权重链接，设置脚掌根部位置的调整点权重值为1，设置与小腿、脚尖相衔接的位置权重值为0.5左右；选择脚尖骨骼的权重链接，设置脚尖位置的调整点权重值为1，设置与根部位置相衔接的点权重值为0.5左右。移动及旋转关节，检测权重值的衔接合理性，效果如图4-59所示。

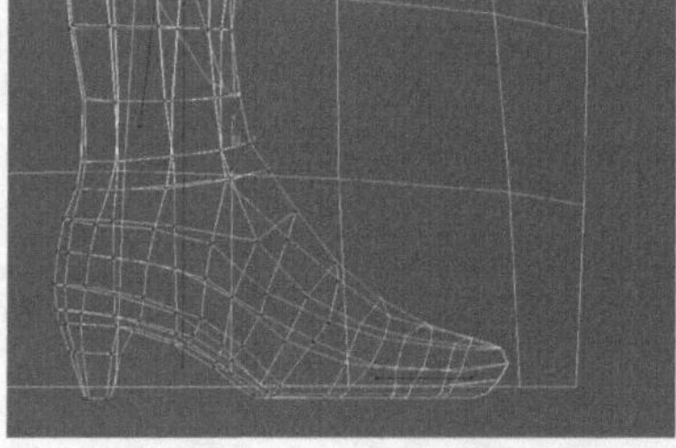
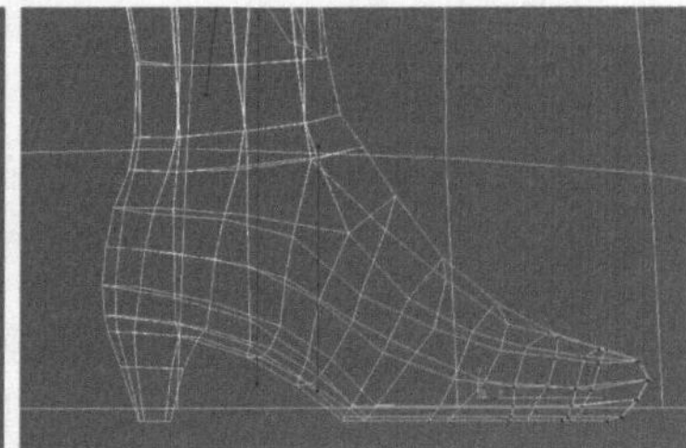

图4-59 调节脚掌的权重值

（11）镜像复制权重。方法：单击Modify（修改）面板下的Mirror Parameters（镜像参数）卷展栏下的Mirror Mode（镜像模式）按钮、Mirror Paste（镜像粘贴）按钮，再单击Paste Green To Blue Bones（将绿色粘贴到蓝色骨骼）按钮，最后单击Paste Green To Blue Verts（将绿色粘贴到蓝色顶点）按钮，从而把绿色的权重顶点复制到蓝色的权重顶点，完成手和脚的权重复制，如图4-60中A所示。

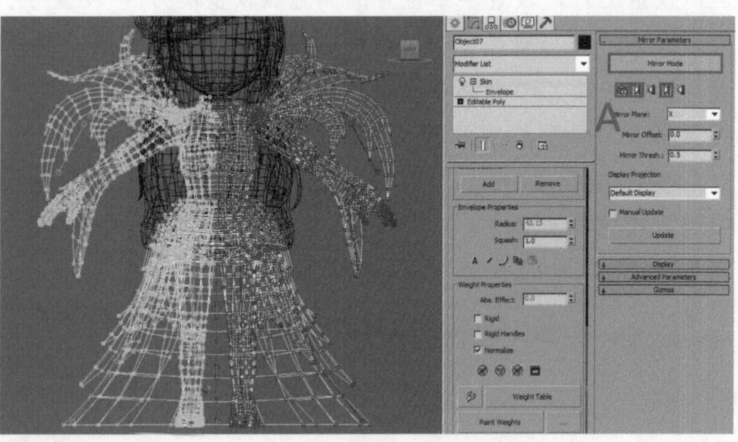


图4-60 镜像复制权重

（12）调节羽毛的权重值。方法：选中右边肩膀羽毛骨骼中的一组根骨骼权重链接，效果如图4-61所示。选中与根骨骼相关的调整点，运用权重工具，设置根骨骼位置的调整点权重值为1，再设置权重值由根骨骼向肩膀、第二根骨骼递减（依次为：0.9、0.75、0.5、0.25、0.1），效果如图4-62所示。

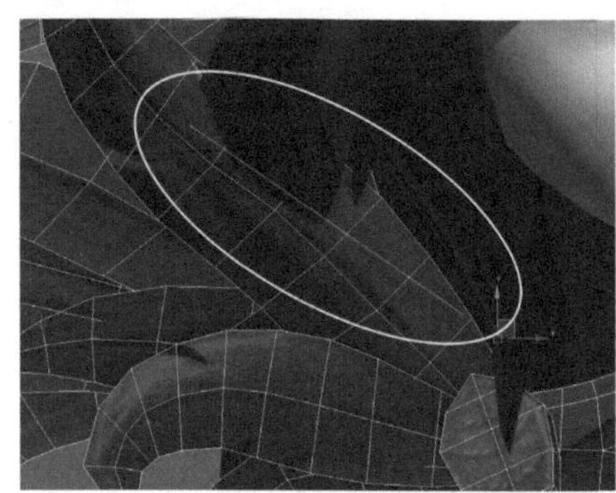

图4-61 选中羽毛根骨骼的权重链接

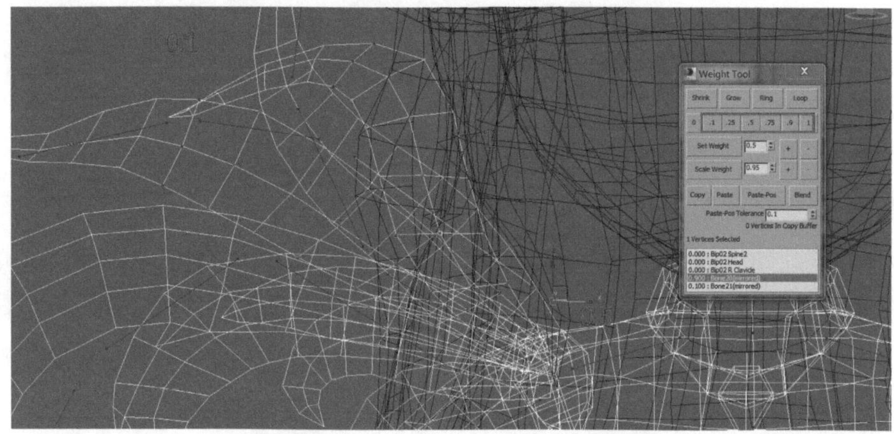


图4-62 调节羽毛的根骨骼权重值

（13）调节羽毛第二根骨骼的权重值。方法：选中羽毛第二节骨骼的权重链接，效果如图4-63所示。选中与第二节骨骼相关的调整点，运用权重工具，设置第二节骨骼位置的调整点权重值为1，再设置权重值由第二节骨骼向根骨骼、第三根骨骼递减（依次为：0.9、0.75、0.5、0.25、0.1），效果如图4-64所示。

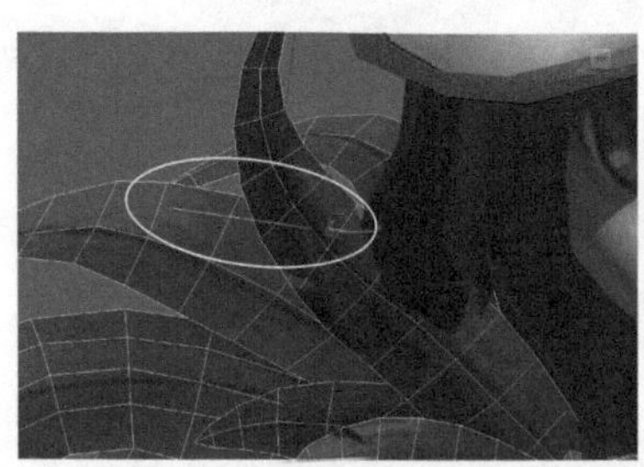
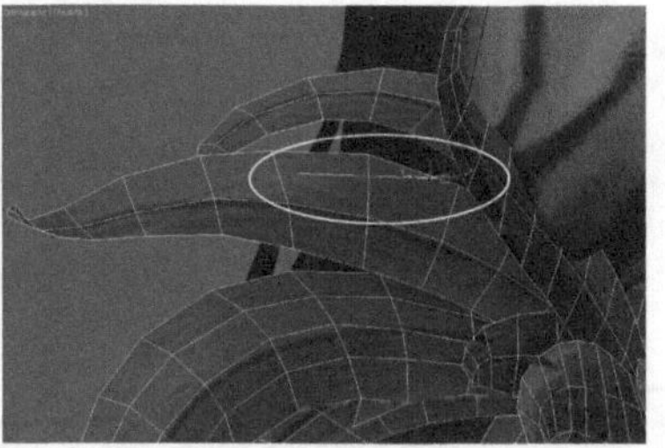

图4-63 选中羽毛第二节骨骼的权重链接

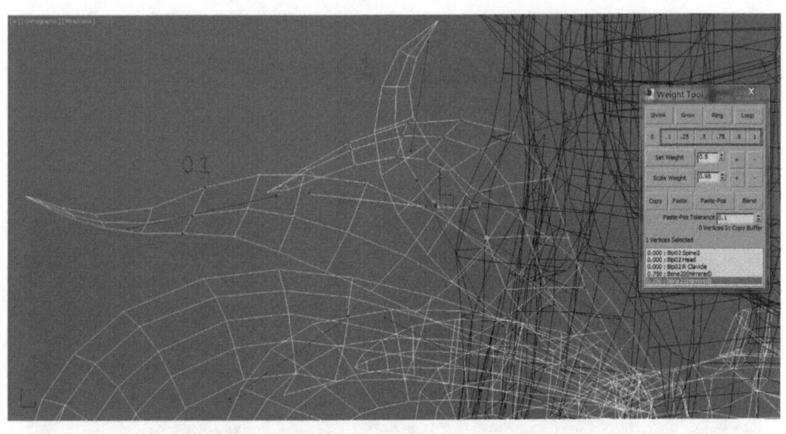


图4-64 调节羽毛第二根骨骼的权重值

（14）调节羽毛第三根骨骼的权重值。方法：选中羽毛第三节骨骼的权重链接，效果如图4-65所示。选中与第三节骨骼相关的调整点，运用权重工具，设置第三节骨骼末端位置的调整点权重值为1，设置权重值由第三节骨骼向第二根骨骼递减（依次为：0.9、0.75、0.5、0.25、0.1），效果如图4-66所示。

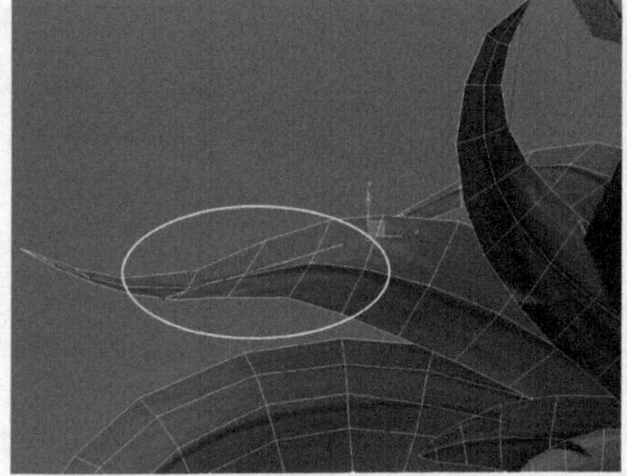

图4-65 选中羽毛第三节骨骼的权重链接

图4-66 调节羽毛第三根骨骼的权重值

提示：参照以上这组羽毛的权重设置，完成其他羽毛的权重调节。

（15）调节右边袖子的权重值。方法：选中袖子的根骨骼，设置袖子根骨骼位置的调整点权重值为0.75，设置权重值由根骨骼向小臂、末端骨骼递减（依次为：0.5、0.25、0.1），效果如图4-67所示。再选中袖子末端骨骼的权重链接，设置末端骨骼的权重值为1，再设置权重值由末端骨骼向根骨骼递减（依次为：0.9、0.75、0.5、0.25），效果如图4-68所示。左边袖子操作相同。

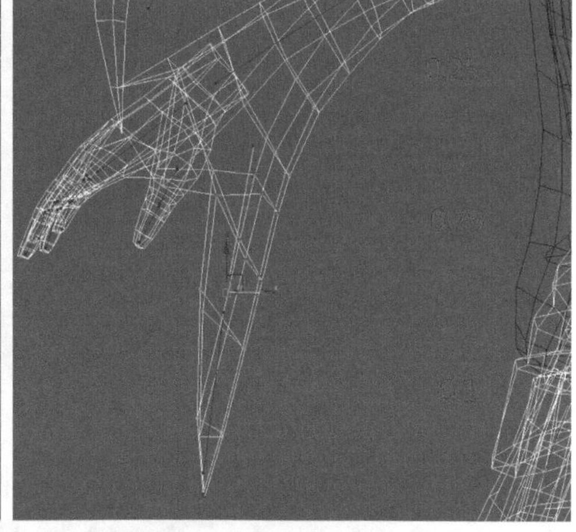

图4-67 调节袖子根骨骼的权重值

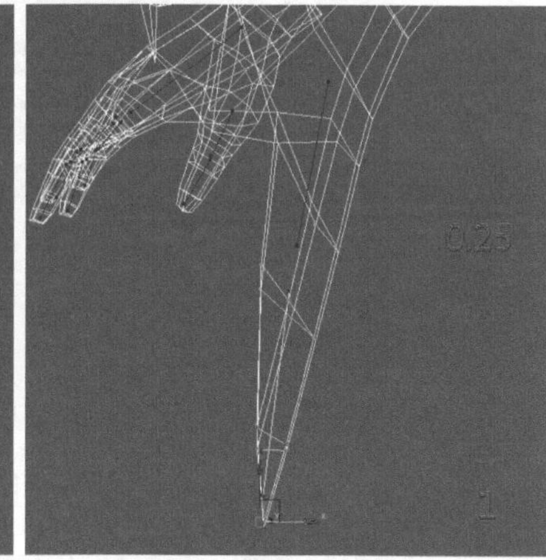


图4-68 调节袖子末端骨骼的权重值

（16）调节右边裙摆的权重值。方法：选中右边裙摆根骨骼的权重链接，如图4-69所示。选中与根骨骼相关的调整点，运用权重工具，设置根骨骼调整点权重值为1，设置权重值由根骨骼向盆骨、第二根骨骼递减（依次为：0.9、0.75、0.5、0.25、0.1），效果如图4-70所示。

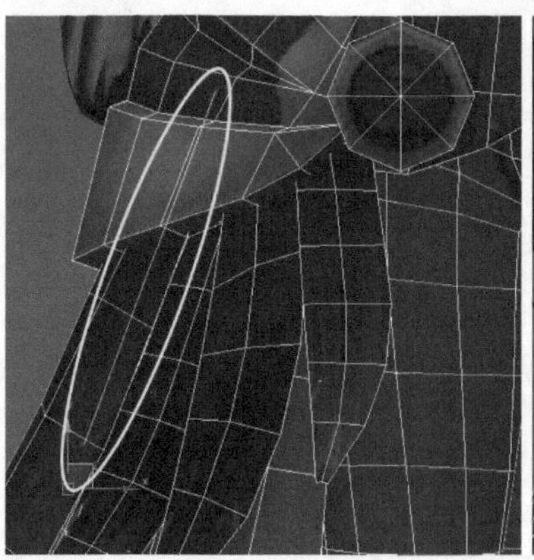

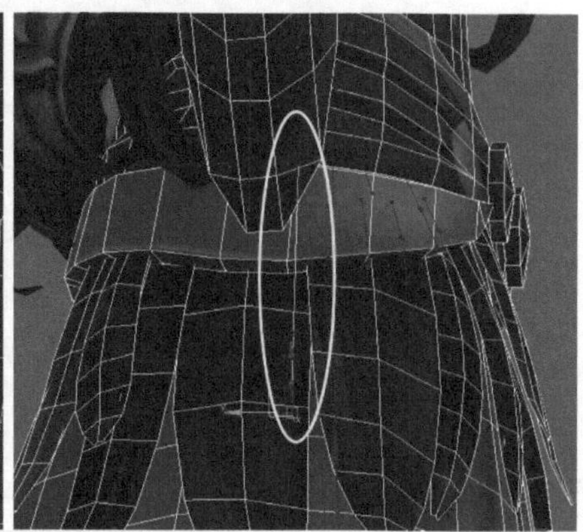

图4-69 选中根骨骼的权重链接

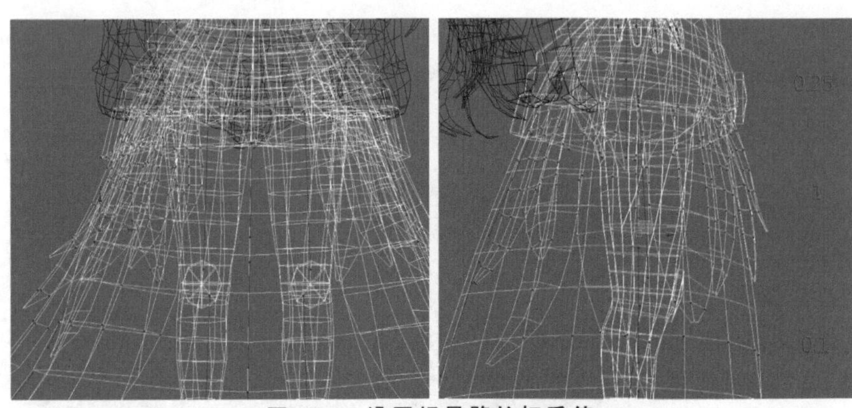

图4-70 设置根骨骼的权重值

（17）参照以上方法，调节裙摆第二根骨骼的权重值，效果如图4-71所示。

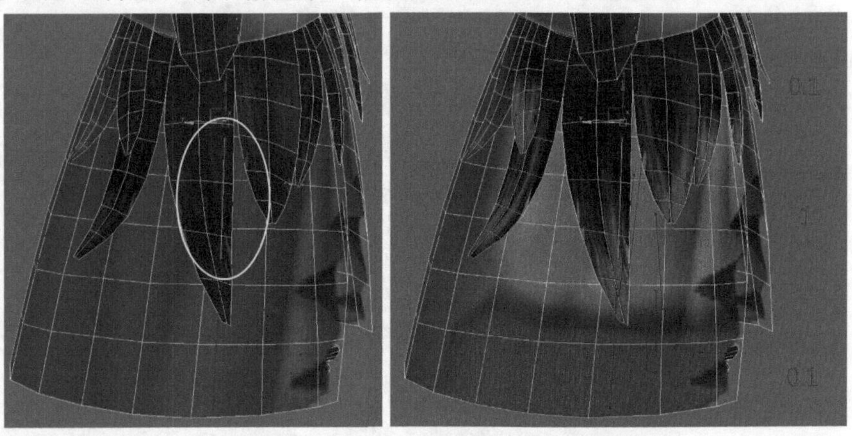

图4-71 调节第二根骨骼的权重值

（18）调节裙摆第三根骨骼的权重值，效果如图4-72所示。

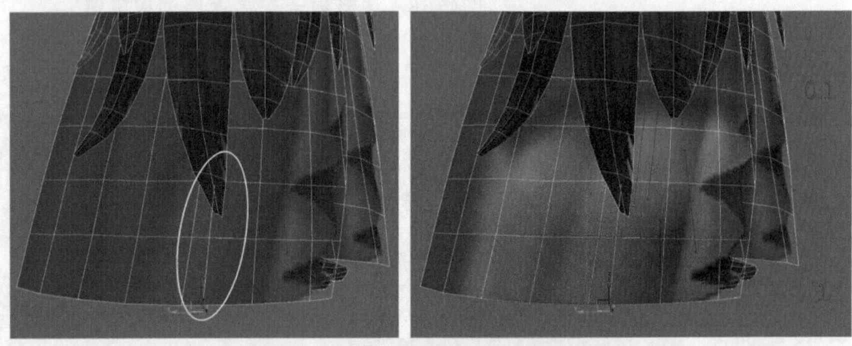

图4-72 调节末端骨骼的权重值

提示：运用同样的方法完成全部裙摆的权重设置。注意，通过选择等工具可检测权重值的合理性并及时做细节的调整。

## 4.3.4 调节头发权重

（1）调节头顶的权重值。方法：激活头发的权重，选中头顶的权重链接，运用权重工具，设置头顶的权重值为权重值1，再设置权重值由头顶向下递减（依次为：0.9、0.75、0.5、0.25、0.1）。注意，在调整头发权重时要根据模型结构的转折进行数值的调整，效果如图4-73所示。

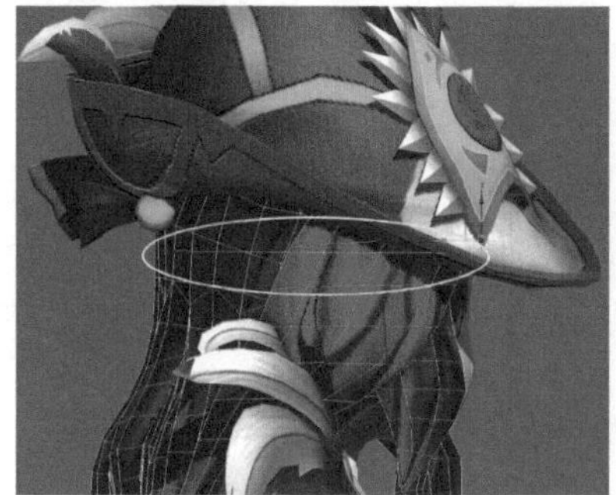

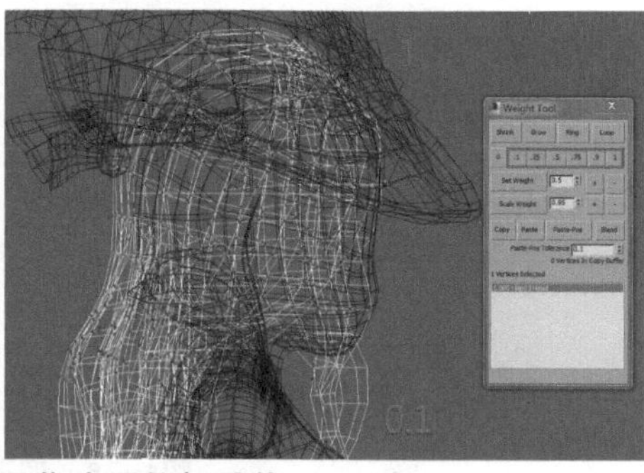

图4-73　调节头顶的权重值

（2）调节后面头发的权重值。方法：选中后面头发的根骨骼的权重链接，运用权重工具，设置根骨骼中心位置的调整点权重值为1，再设置权重值由根骨骼向头顶、第二节骨骼递减（依次为：0.9、0.75、0.5、0.25、0.1），效果如图4-74所示。

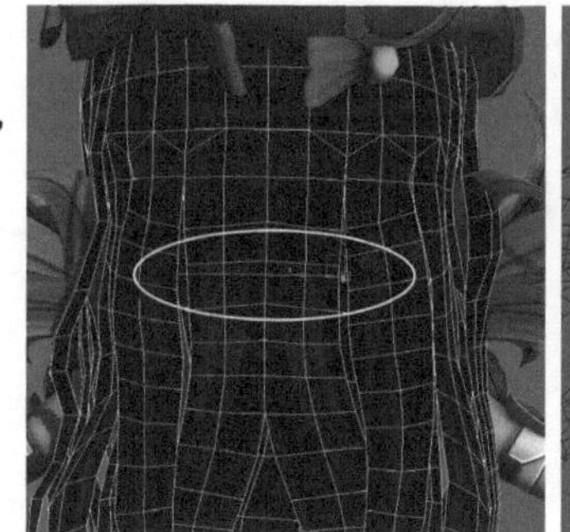

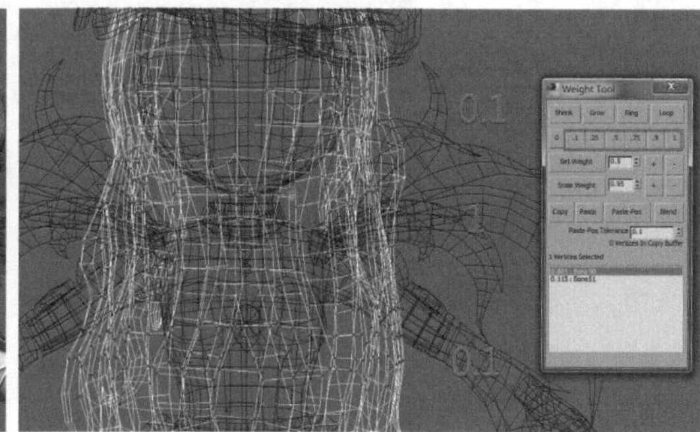

图4-74　调节后面头发根骨骼的权重值

（3）调节第二、三节骨骼的权重值。方法：在调节每节骨骼链接处权重的时候，要根据头发前面、后面及两侧的结构造型进行权重值的细节调整，以便在后续制作动画的时候能更好地表现头发柔软飘逸的动态造型，效果如图4-75所示。

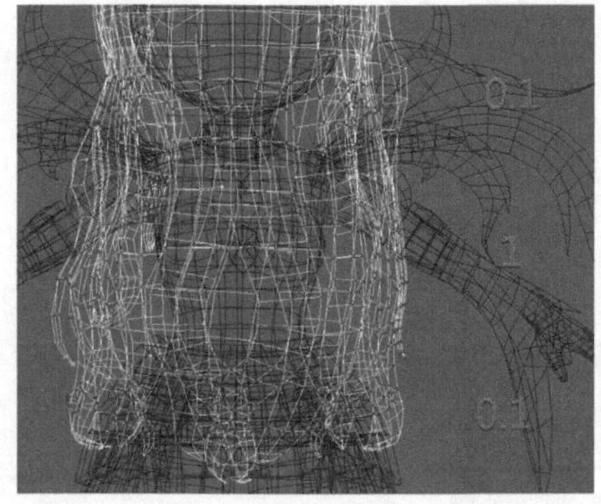

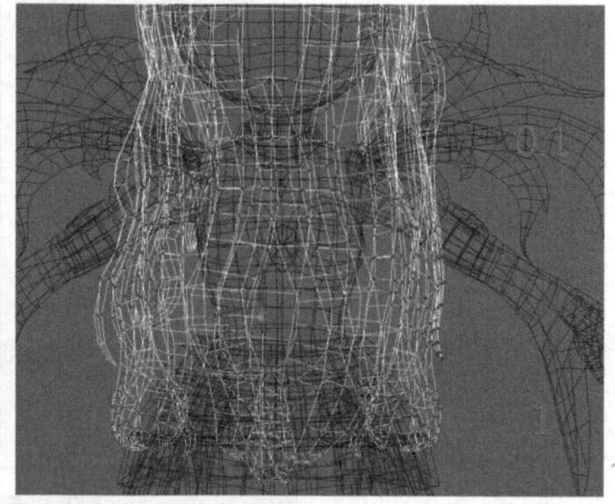

图4-75　调节第二、三节骨骼的权重值

（4）调节头发前面鬓角两边骨骼的权重值。方法：注意在设定鬓角权重值的时候，要拉开与头发部分权重值数值差距 。效果如图4-76所示。

图4-76　调节头发鬓角两边骨骼的权重值

（5）继续调节前面头发第二、三、四节骨骼的权重值。方法：此部分发丝的权重值可以与鬓角的权重值设置保持一致，效果如图4-77所示。

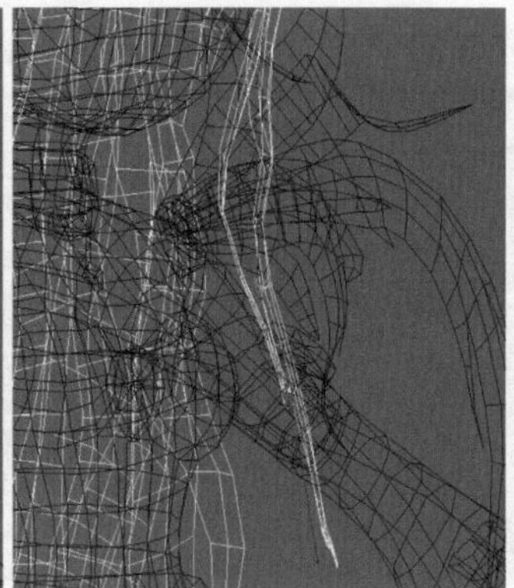
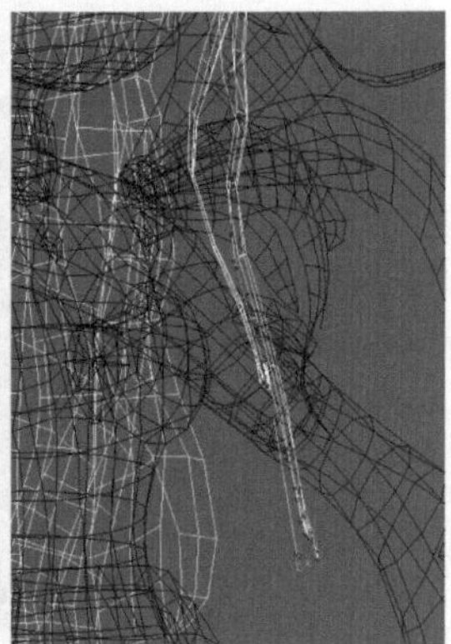

图4-77　调节前面头发的权重值

（6）调节右边头发的权重值。方法：选中右边头发的权重链接，运用权重工具，设置头发末端的调整点的权重值为1，再设置权重值末端向上递减（依次为：0.9、0.75、0.5、0.25、0.1），效果如图4-78所示。

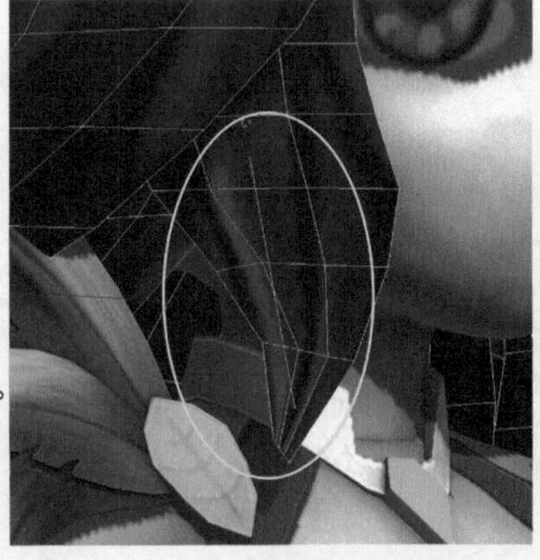
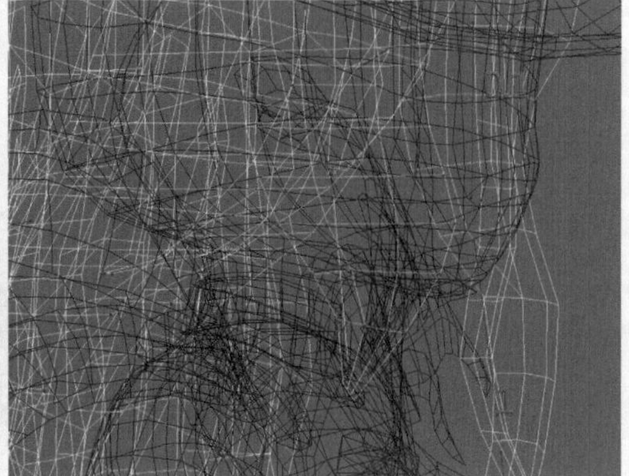

图4-78　调节前面头发的权重值

## 4.3.5 调节头部和帽子等权重

（1）参照身体设置权重值的方法，继续调整头部和帽子的权重值。方法：选中头部的权重链接，运用权重工具，设置头部和帽子的权重值为1，再调节权重值由头部向脖子、羽毛递减（依次为：0.75、0.5、0.25、0.1），效果如图4-79所示。

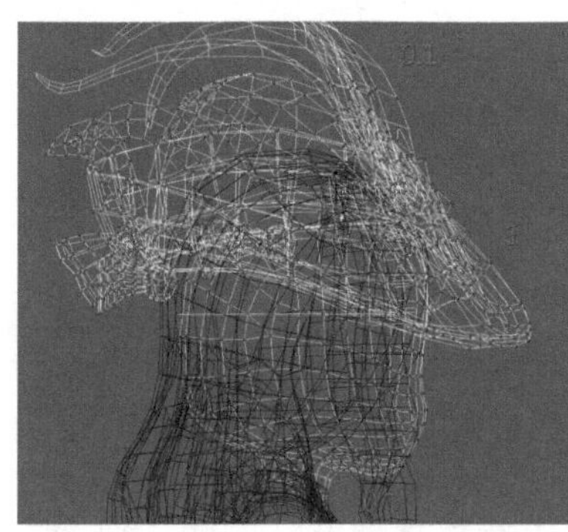

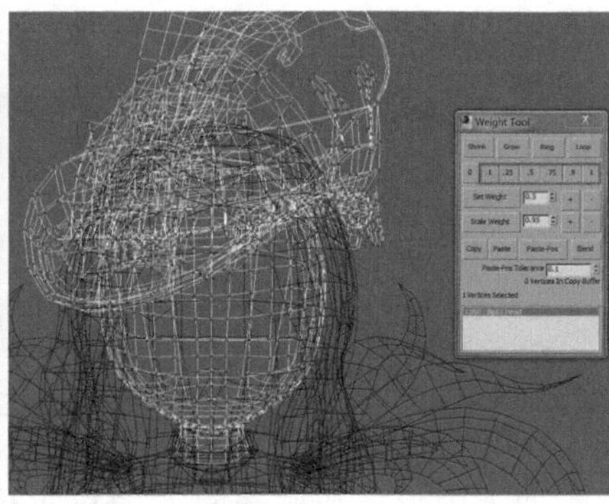

图4-79　调节头部的权重值

（2）调节脖子的权重值。方法：注意在调整脖子部分的权重的时候，要结合头部及肩部锁骨等部位的权重值，效果如图4-80所示。

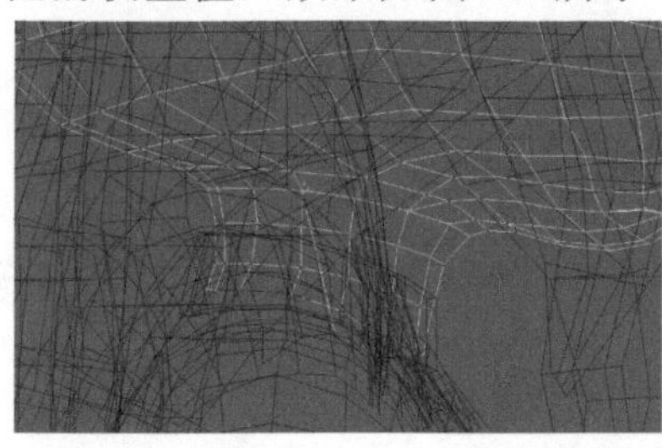

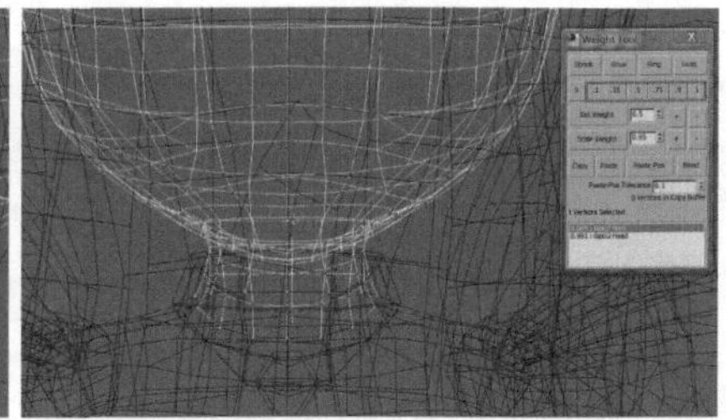

图4-80　调节脖子的权重值

（3）调节羽毛根骨骼的权重值。方法：参照前面设置权重值的流程及添加方法，激活羽毛的骨骼，对羽毛根骨骼的权重结合头发饰品的顶部的权重值进行细节调整。效果如图4-81所示。

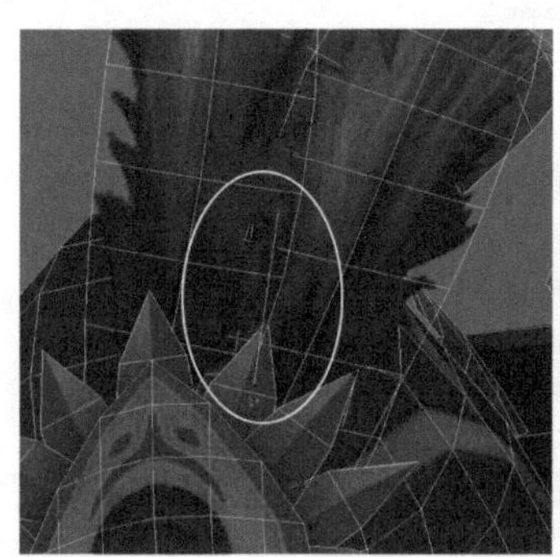

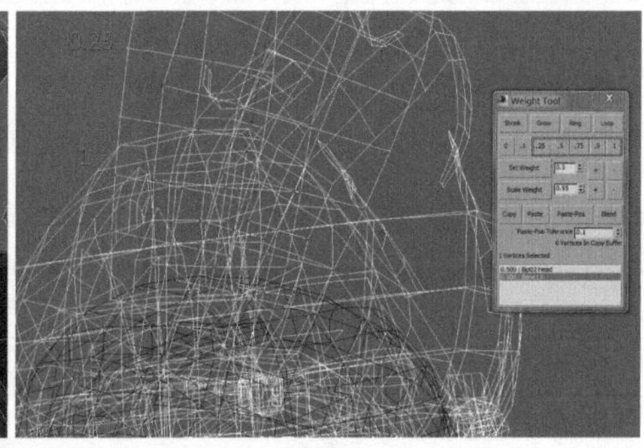

图4-81　调节羽毛根骨骼的权重值

（4）调节羽毛第二节骨骼的权重值。方法：在处理好羽毛根骨与头顶连接处的权重值的设定后，根据羽毛模型的结果造型变化，继续设置第二节骨骼的权重，效果如图4-82所示。

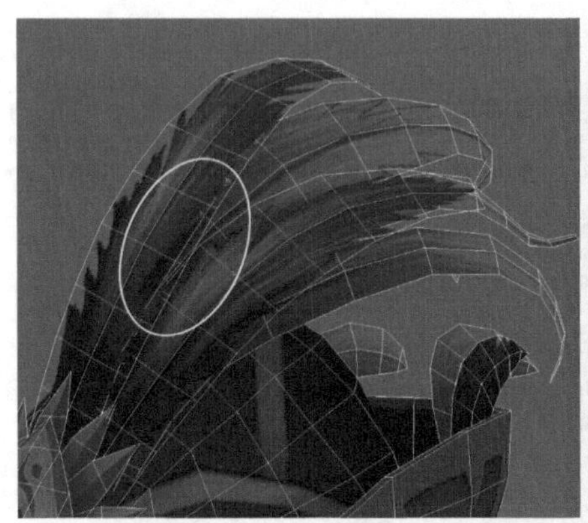
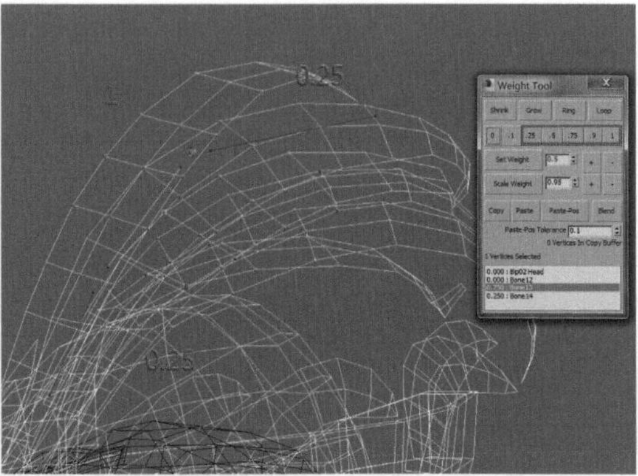


图4-82　调节羽毛第二节骨骼的权重值

（5）最后对羽毛的权重值结合头发的权重值进行整体调节。方法：羽毛末端骨骼的权重值设置为1。注意，每个羽毛数值要根据模型的结构进行合理的匹配，效果如图4-83所示。

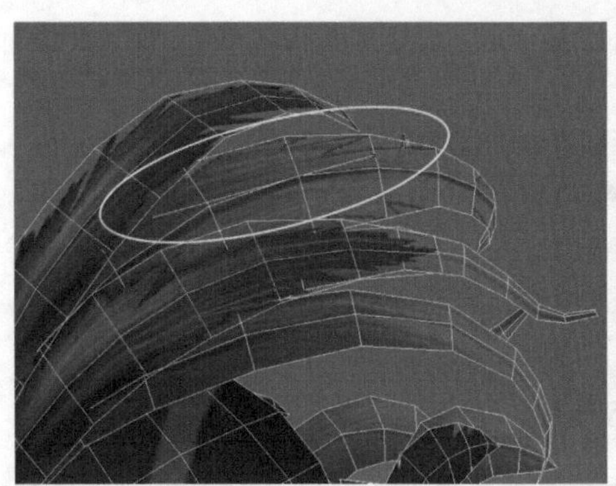
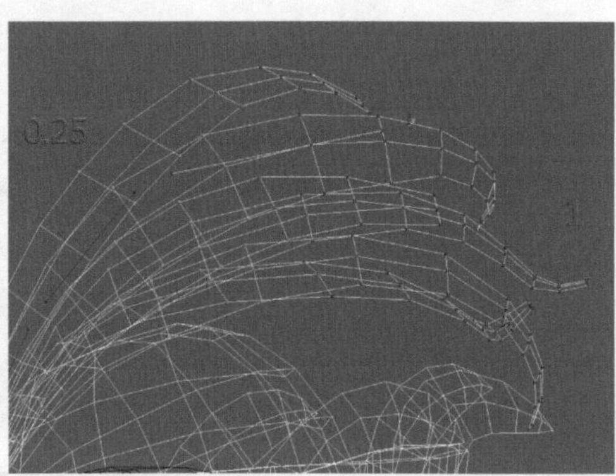


图4-83　调节羽毛末端骨骼的权重值

# 4.4 吟游诗人的动画制作

在完成吟游诗人整体的蒙皮之后，下面结合角色的个性特点完成对吟游诗人的动画制作，内容包括吟游诗人的战斗奔跑、战斗待机、普通攻击、特殊攻击的动画制作。

## 4.4.1 制作吟游诗人的战斗奔跑动画

吟游诗人作为法系职业，战斗奔跑属于角色特殊技能动作，与其他游戏角色的战斗或奔跑动作有本质的区别，也是表现角色个性特点的动作行为之一，本节就来学习战斗奔跑动作的制作方法。首先来看一下吟游诗人战斗奔跑动作图片序列，如图4-84所示。

图4-84　吟游诗人战斗奔跑序列图

（1）设置时间配置。方法：单击Auto Key（自动关键点）按钮，然后单击动画控制区中的 Time Configuration（时间配置）按钮，并在弹出的Time Configuration（时间配置）对话框中设置End Time（结束时间）为22，设置Speed（速度）模式为1x，单击OK按钮，即可将时间滑块长度设为22帧，如图4-85所示。

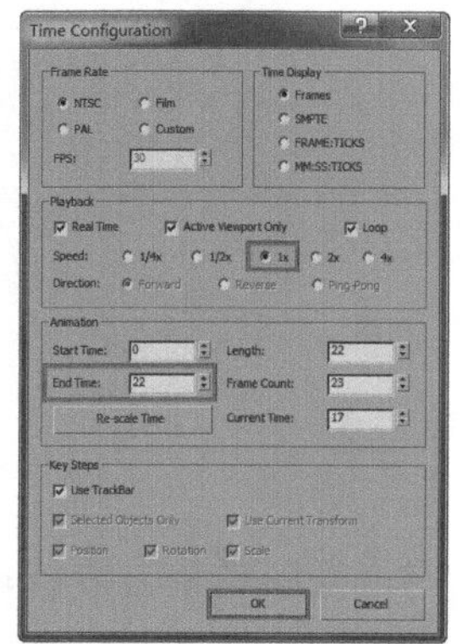

图4-85　设置时间配置

提示：在调节动画之前，必须为所有的骨骼打上关键帧，后面就可以通过自动关键帧进行动画信息的记录。

（2）调整吟游诗人的初始姿势。方法：拖动时间滑块到第0帧，使用 Select and Move（选择并移动）、 Select and Rotate（选择并旋转）工具分别调整吟游诗人质心、腿部、身体、头和手臂骨骼的位置和角度，使吟游诗人质心向上，绿色腿抬起向前，蓝色腿抬起向后，身体前倾，盆骨向左，腹部向右，左手微握向前，右手微握向后，如图4-86所示。

图4-86　吟游诗人奔跑中初始姿势

（3）为质心创建关键点。方法：进入 Motion（运动）面板，分别单击Track Selection（轨迹选择）卷展栏下的 Lock COM Keying（锁定COM关键帧）按钮、Body Horizontal（躯干水平）按钮、Body Vertical（躯干垂直）按钮和 Body Rotation（躯干旋转）按钮，锁定质心三个轨迹方向。然后单击 Set Key（设置关键点）按钮，为质心在第0帧创建关键点，如图4-87所示。

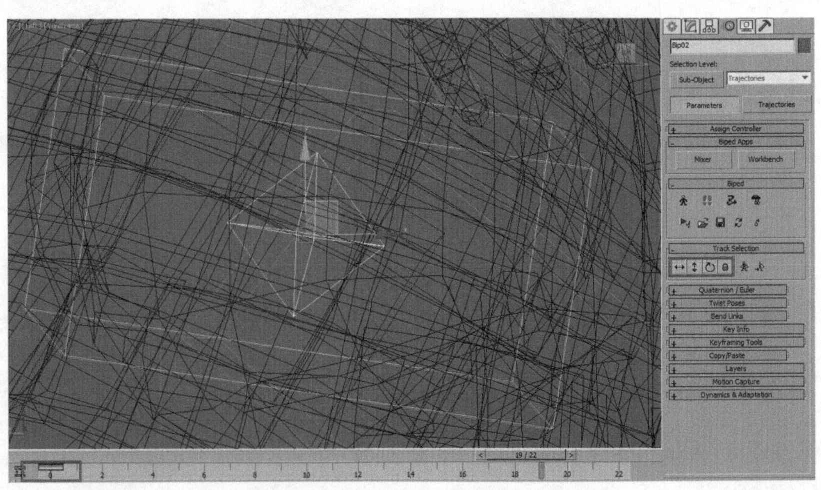

图4-87　为质心创建关键点

（4）复制姿势。方法：选中任意的Biped骨骼，进入 Motion（运动）面板 Cope/Paste（复制/粘贴）卷展栏，单击Pose（姿势）按钮，再单击 Create Collection（创建集合）和 Copy Pose（复制姿势）按钮。拖动时间滑块到第22帧，单击 Paste Pose（粘贴姿势）按钮，将第0帧骨骼姿势复制到第22帧，效果如图4-88所示。然后拖动时间滑块到第11帧，单击 Paste Pose Opposite（向对面粘贴姿势）按钮，效果如图4-89所示。

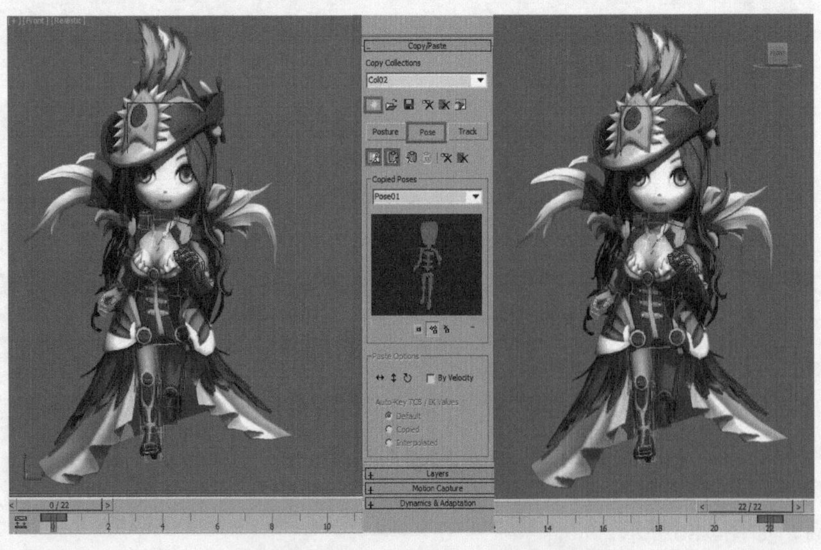

图4-88　将第0帧骨骼姿势复制到第22帧

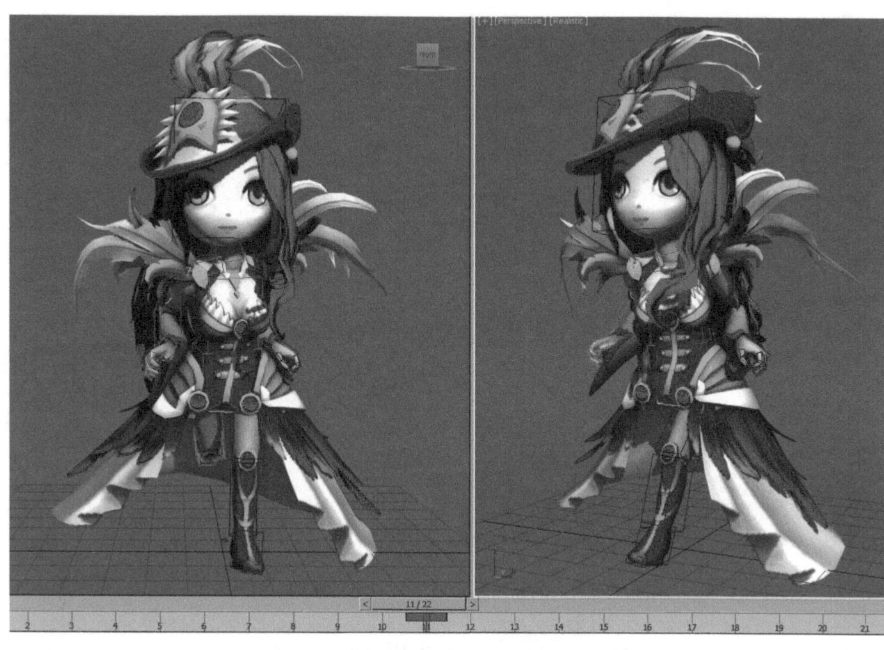

图4-89 将第0帧向对面复制到第11帧

（5）调整第11帧姿势。方法：使用 Select and Move（选择并移动）、 Select and Rotate（选择并旋转）工具调整吟游诗人绿色手臂向后，制作出吟游诗人跑步一只手摆动弧度很大、一只手摆动弧度很小的特点，然后根据运动的节奏左右循环摆动，如图4-90所示。

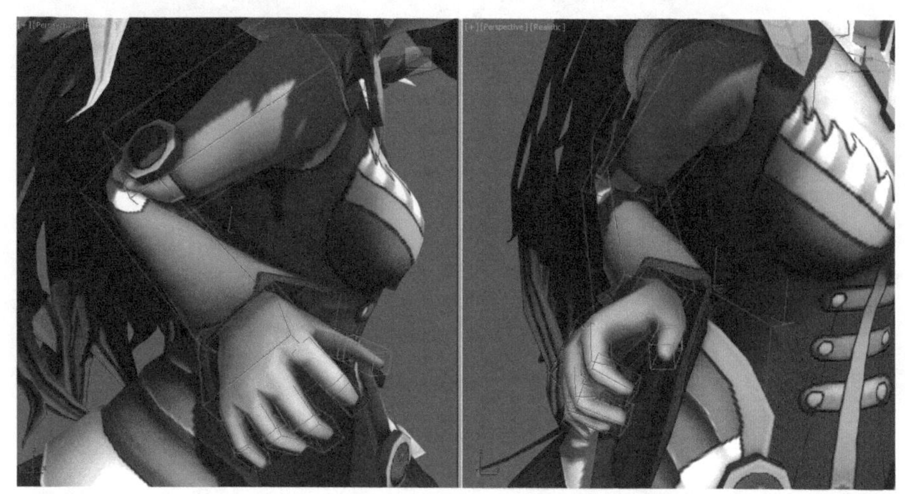

图4-90 调整吟游诗人在第11帧的姿势

（6）调整吟游诗人在第2帧的姿势。方法：拖动时间滑块到第2帧，使用 Select and Move（选择并移动）、 Select and Rotate（选择并旋转）工具调整吟游诗人质心向下、盆骨偏向蓝色脚方向、绿色脚掌踩地、蓝色脚掌抬起向后、头部微微抬起偏左的姿势，如图4-91所示。

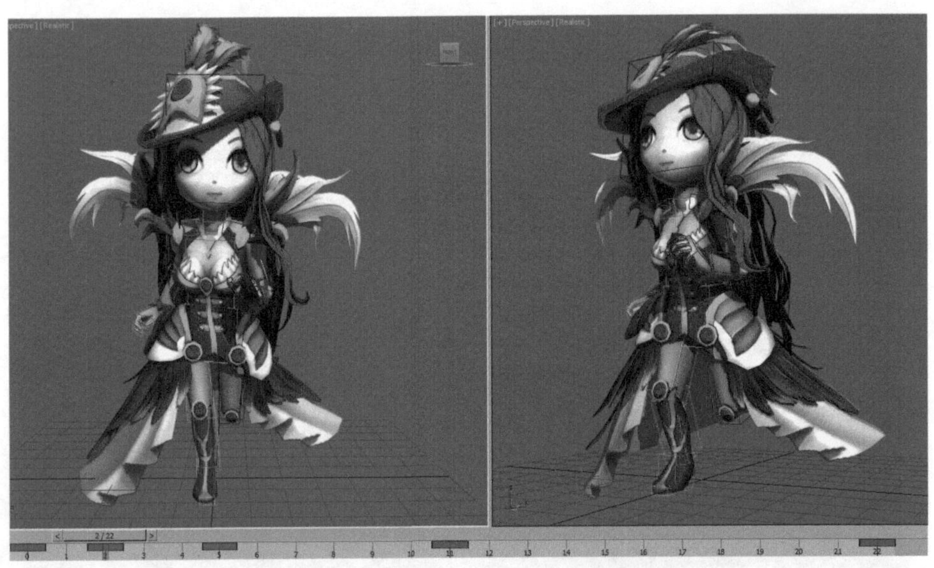

图4-91 吟游诗人在第2帧的踩地姿势

（7）复制诗人在第13帧的姿势。方法：参考第0帧的姿态复制到第11帧的过程，把第2帧的姿态向对面复制粘贴到第13帧，从而复制出吟游诗人的蓝色脚掌踩地姿势，如图4-92所示。

图4-92 吟游诗人在第13帧的姿势

（8）调整吟游诗人在第4帧的姿势。方法：拖动时间滑块到第4帧，使用 Select and Move（选择并移动）、Select and Rotate（选择并旋转）工具分别调整吟游诗人质心向下、绿色脚掌向后、蓝色脚掌向前、蓝色手掌微微向后、绿色手掌微微向前、腹部向右、盆骨向左、头部微微向上的姿势，从而制作出吟游诗人奔跑过程中身体处于最低位置的姿势，如图4-93所示。参考以上复制方法，将吟游诗人在第4帧的姿势向对面复制粘贴到第15帧，效果如图4-94所示。

图4-93 吟游诗人在第4帧的下蹲姿势

图4-94 复制出的第15帧姿势

（9）调整吟游诗人在第7帧的姿势。方法：拖动时间滑块到第7帧，使用 Select and Move（选择并移动）、 Select and Rotate（选择并旋转）工具分别调整吟游诗人质心向上、绿色脚掌向后踮起、蓝色脚掌向前、蓝色手掌微微向后、绿色手掌微微向前、腹部向左、盆骨向右、头部微微向上的姿势，如图4-95所示。参考以上复制方法，将吟游诗人在第7帧的姿势向对面复制粘贴到第18帧，并调节蓝色手臂向前的姿势，效果如图4-96所示。

图4-95 吟游诗人在第7帧的向上奔跑姿势

图4-96 复制出的第18帧姿势

（10）为踩地的脚掌设置滑动关键点。方法：拖动时间滑块到第2、4、7帧，选中绿色脚掌骨骼，然后单击Key Into（关键点信息）卷展栏下的 Set Sliding Key（设置滑动关键点）按钮，此时时间滑块上的帧点变成黄色。同理，将蓝色脚掌在第13、15、18帧设置成滑动关键帧，如图4-97所示。

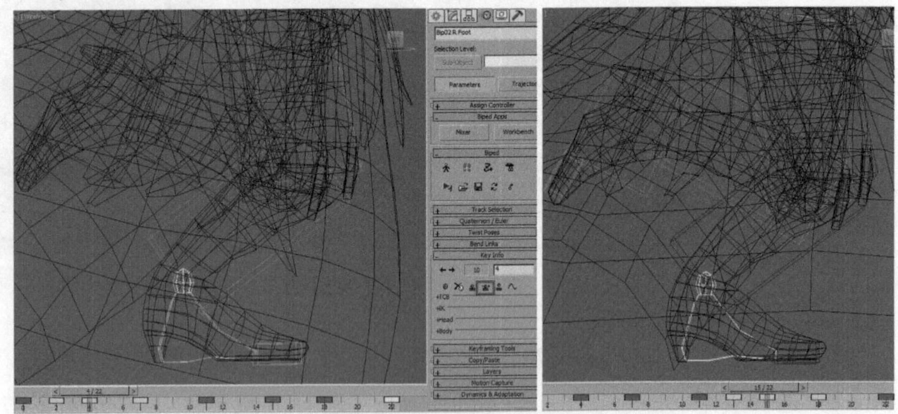

图4-97 将踩地的脚掌设置为滑动关键帧

（11）调节质心的动画。方法：切换到前视图，使用 Select and Move（选择并移动）工具调节吟游诗人质心在第4帧，质心向绿色脚掌偏向的姿势。拖动时间滑块到第15帧，调节质心向蓝色脚掌偏移的姿势。拖动时间滑块到第9、20帧，调节吟游诗人在奔跑中的最高帧，并对其他帧进行稍微调整。效果如图4-98所示。

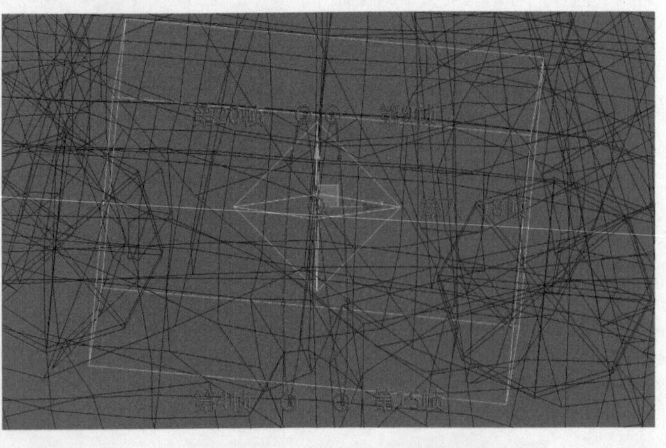

图4-98 调节质心的动画

（12）调节裙摆的动画。方法：拖动时间滑块到第0帧，使用 Select and Rotate（选择并旋转）工具调节右边裙摆的根骨骼向前、末端骨骼向后、左边根骨骼向后、末端骨骼向前，后面骨骼整体打开向左的姿势。选中所有骨骼，按住Shift键，拖动第0帧复制到第22帧，效果如图4-99所示。

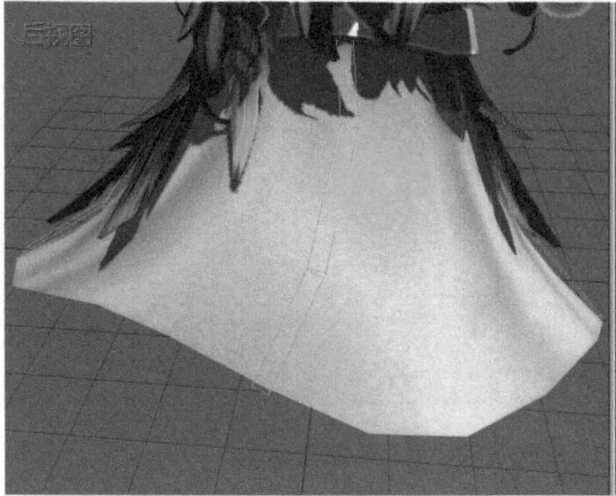

图4-99　裙摆的初始动画

（13）调节裙摆在第11帧的姿势。方法：拖动时间滑块到第11帧，使用 Select and Rotate（选择并旋转）工具调节右边裙摆的根骨骼向后、末端骨骼向前、左边根骨骼向前、末端骨骼向后，后面骨骼整体收拢向右的姿势，效果如图4-100所示。

图4-100　裙摆在第11帧的姿势

（14）调节裙摆的滞留动画。方法：拖动时间滑块到第6帧，使用 Select and Rotate（选择并旋转）工具调节右边裙摆的末端骨骼向前滞留、左边末端骨骼向后滞留、后面末端骨骼向左的姿势，效果如图4-101所示。再拖动时间滑块到第17帧，调节右边裙摆的末端骨骼向后滞留、左边末端骨骼向前滞留、后面末端骨骼向左的姿势，效果如图4-102所示。

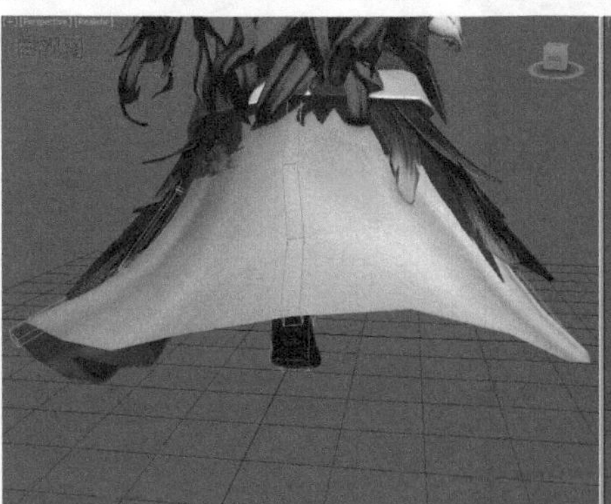

图4-101　裙摆在第6帧的滞留动画

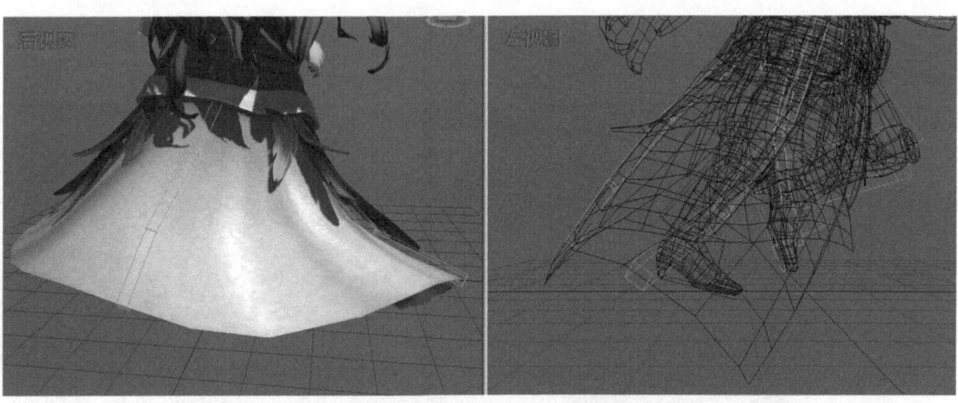


图4-102 裙摆在第17帧的滞留

（15）调节后面头发的初始姿势。方法：拖动时间滑块到第0帧，使用 Select and Rotate（选择并旋转）工具在后视图中调节后面头发根骨骼向左、末端骨骼向右的姿势。切换到左视图，调节根骨骼内收、末端骨骼向后飘的姿势。按住Shift键，拖动第0帧复制到第22帧，效果如图4-103所示。

图4-103 后面头发的初始姿势

（16）调节后面头发的运动姿势。方法：拖动时间滑块到第11帧，使用 Select and Rotate（选择并旋转）工具在后视图中调节后面头发根骨骼向右、末端骨骼向左的姿势。切换到左视图，调节根骨骼向后、末端骨骼内收的姿势，效果如图4-104所示。

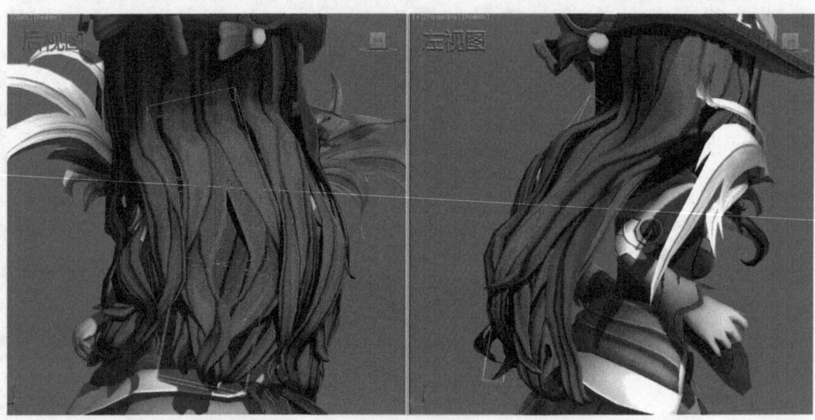


图4-104 后面头发的运动姿势

（17）调节头发的滞留动画。方法：拖动时间滑块到第6帧，使用 Select and Rotate（选择并旋转）工具在后视图中调节后面头发末端骨骼向左滞留的姿势。切换到左视图，调节末端骨骼向后滞留的姿势，效果如图4-105所示。拖动时间滑块到第16帧，在后视图中调节后面头发末端骨骼向右滞留的姿势。切换到左视图，调节末端骨骼向后滞留的姿势，效果如图4-106所示。

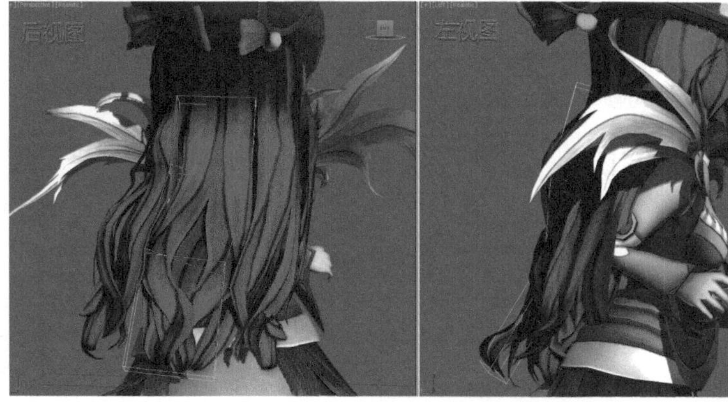


图4-105　调节头发在第6帧的滞留

图4-106　调节头发在第16帧的滞留

（18）调节前面头发的动画。方法：拖动时间滑块到第0帧，使用 Select and Rotate（选择并旋转）工具调节头发向后、向外的姿势，并将第0帧复制给第22帧。拖动时间滑块到第11帧，调节前面头发向前、向内收的姿势，效果如图4-107所示。

图4-107　前面头发的运动动画

（19）调节前面头发的滞留动画。方法：拖动时间滑块到第5帧，使用 Select and Rotate（选择并旋转）工具调节末端头发向后向外滞留的姿势。拖动时间滑块到第16帧，调节末端骨骼向前向内滞留的姿势，效果如图4-108所示。

图4-108 前面头发在第5、16帧的滞留动画

（20）调节帽子上羽毛的动画。方法：参照头发的运动调节方法，先在第0、11帧调节羽毛的运动动画，再在第5、17帧调节羽毛运动的滞留，单击播放按钮就能看到羽毛在运动时候的动态效果，对不流畅的部分进行细节的调整，效果如图4-109所示。

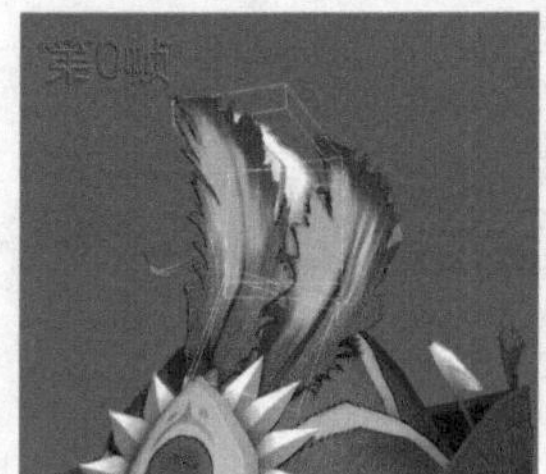

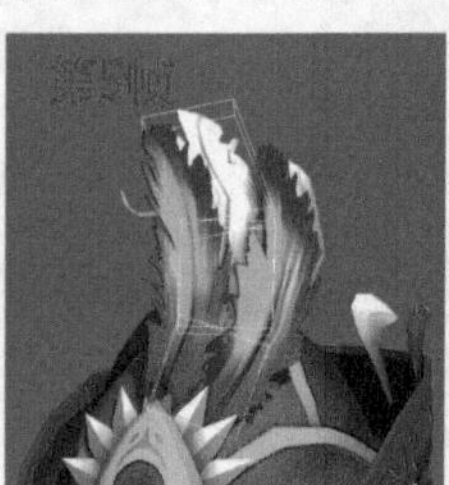

图4-109 调节帽子上羽毛的动画

（21）调节肩膀上羽毛的动画。方法：参照以上羽毛运动的调节方法，先在第0、11帧调节羽毛的前后运动动画，再在第5、16帧调节羽毛运动的滞留。按照前面的方式，播放动画并调整肩部羽毛的摆动效果，效果如图4-110所示。

图4-110 调节肩膀上羽毛的动画

提示：左边肩膀上的羽毛运动与右边的相反。为了保证动画的循环，要将第0帧复制到第22帧。

（22）调节袖子的动画。方法：使用 Select and Rotate（选择并旋转）工具调节左侧衣袖在第0、11帧的前后运动动画，在第5、16帧调节左侧袖子运动的滞留。右边同理，注意左右手在运动时动态的变化，效果如图4-111所示。

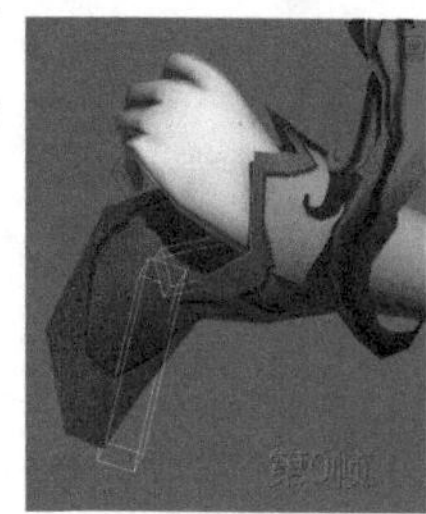
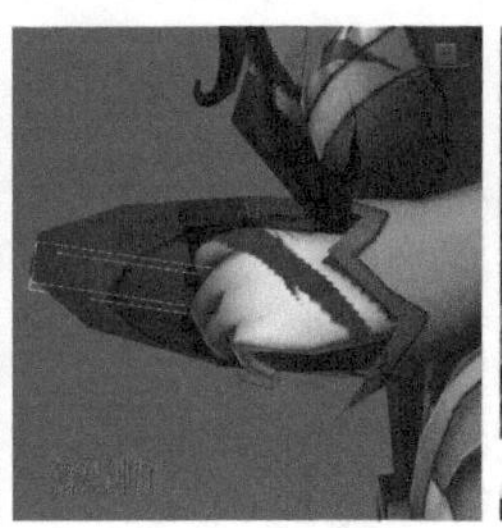

图4-111 调节袖子的动画

（22）单击 Playback（播放动画）按钮播放动画，此时可以看到吟游诗人奔跑的动作。在播放动画的时候，如发现穿帮或是运动不正确的地方，可以适当调整。

## 4.4.2 制作吟游诗人的战斗待机动画

本节学习吟游诗人的战斗待机动画的制作。因吟游诗人动作设计主要是以法术为主，更多的动态表现主要是手部运动轨迹的变化，因此在制作时主要是手部轮回旋转的动态变化。首先来看一下吟游诗人战斗待机动作图片序列，如图4-112所示。

图4-112 吟游诗人战斗待机序列图

（1）设置时间配置。方法：单击Auto Key（自动关键点）按钮，再单击动画控制区中的 Time Configuration（时间配置）按钮，然后在弹出的Time Configuration（时间配置）对话框中设置End Time（结束时间）为28，设置Speed（速度）模式为1x，单击OK按钮，从而将时间滑块长度设为28帧，如图4-113所示。

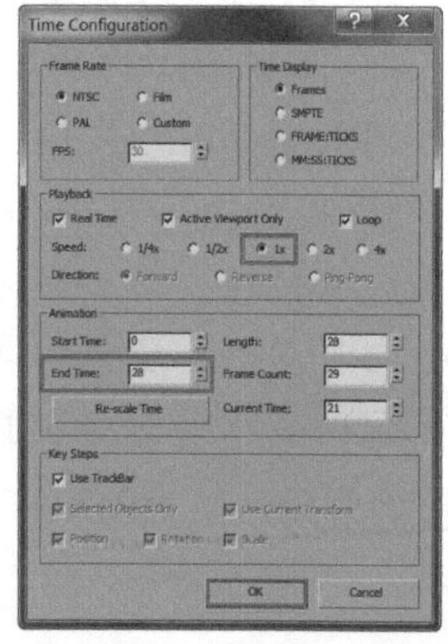


图4-113 设置时间配置

（2）调整吟游诗人战斗待机的初始帧。方法：拖动时间滑块到第0帧，使用 Select and Move（选择并移动）、 Select and Rotate（选择并旋转）工具调整吟游诗人的身体微微下蹲、质心偏向绿色脚方向、蓝色脚向后踮起、身体向左向后旋转、绿色手掌在下、蓝色手掌在上的战斗初始姿态，效果如图4-114所示。

图4-114 吟游诗人战斗待机的初始帧

（3）复制姿态到28帧。方法：框选所有的Biped骨骼，按住Shift键拖动第0帧复制到第28帧，效果如图4-115所示。

图4-115 复制姿态到28帧

（4）调整第14帧的质心。方法：拖动时间滑块到第14帧，选择质心，进入 Motion（运动）面板的Track Selection（轨迹选择）卷展栏，激活 Body Vertical（躯干垂直）按钮，再打开Key Info（关键点信息）卷展栏中的 Trajectories（轨迹）按钮，移动质心使质心向下向后，做出吟游诗人在第14帧呼吸时身体向左向后的姿势，效果如图4-116所示。

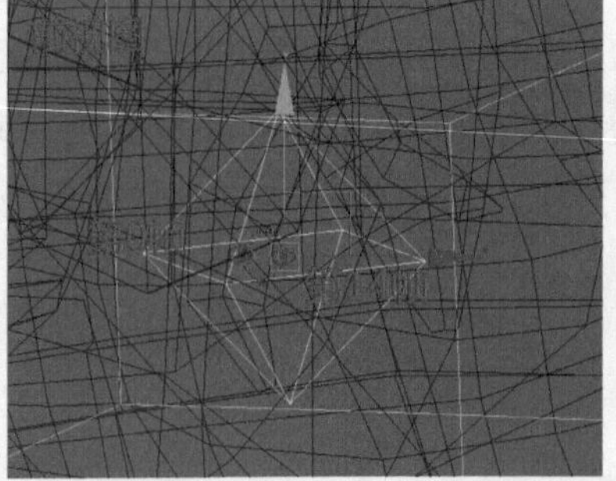

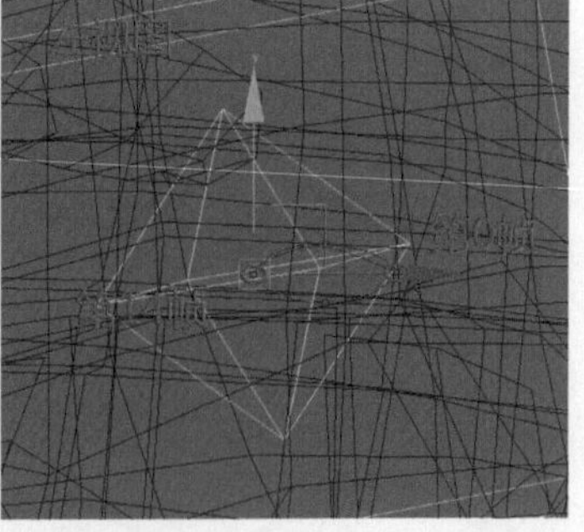

图4-116 调整第14帧的质心

(5) 调整身体在第14帧的姿势。方法：使用 Select and Move（选择并移动）、 Select and Rotate（选择并旋转）工具调整出吟游诗人的腰和胸腔向下旋转，头部微微向下、蓝色手掌向上的姿势。效果如图4-117所示。

图4-117 调整身体在第14帧的姿势

(6) 调节质心在第7、21帧的动画。方法：拖动时间滑块到第7帧，使用 Select and Move（选择并移动）工具调节质心向下的姿势；拖动时间滑块到第21帧，调节质心向上的姿势，使角色身体微微向前产生运动的姿态，效果如图4-118所示。

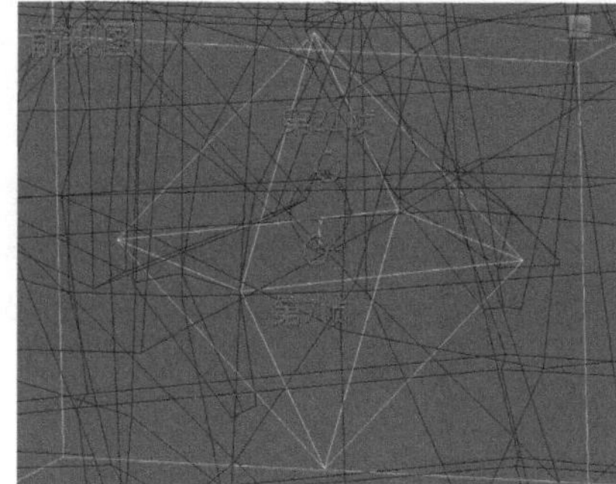
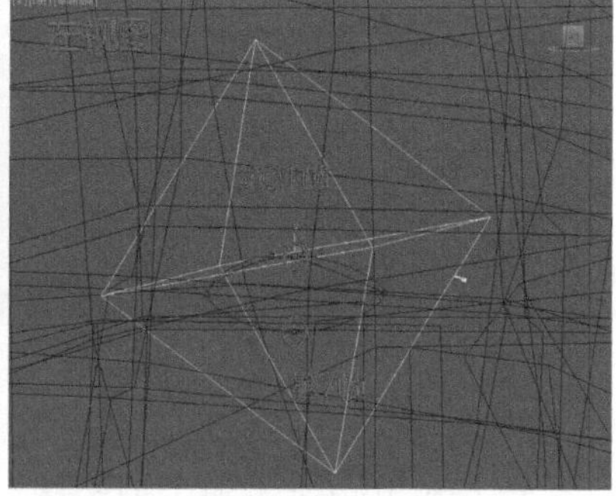

图4-118 调整质心在第7、21帧的姿势

(7) 调节裙摆的动画。方法：拖动时间滑块到第0帧，使用 Select and Rotate（选择并旋转）工具调节裙摆向前运动的姿势，效果如图4-119所示。框选所有骨骼，将第0帧复制到第28帧。拖动时间滑块到第14帧，调节裙摆向后的姿势，效果如图4-120所示。

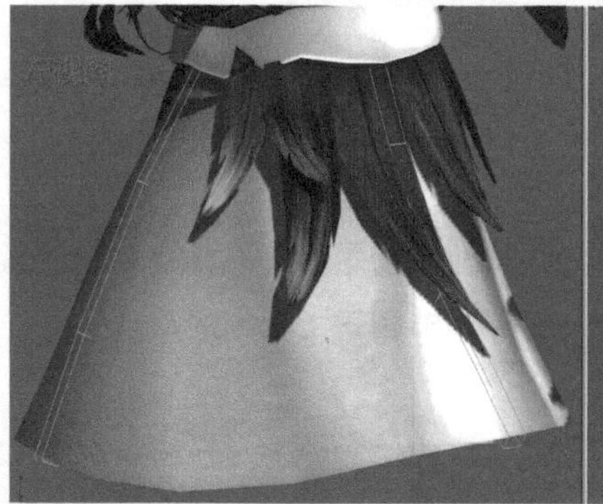

图4-119 裙摆向前摆动的初始动画

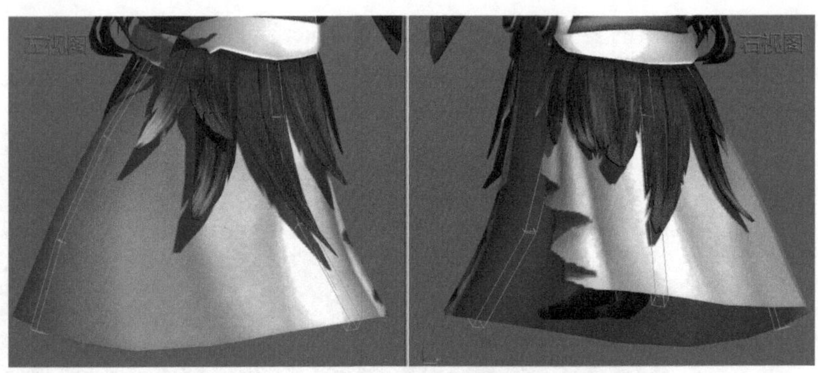

图4-120　裙摆向后摆动的运动动画

（8）调节裙摆的滞留。方法：拖动时间滑块到第7帧，使用 Select and Rotate（选择并旋转）工具，调节末端骨骼向前滞留的动画。拖动时间滑块到第20帧，调节末端骨骼向后滞留的姿势，使裙摆从上到下产生拖尾飘动的姿态，效果如图4-121所示。

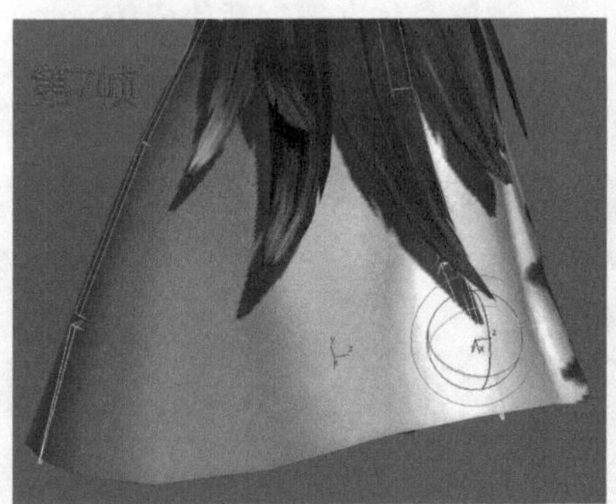

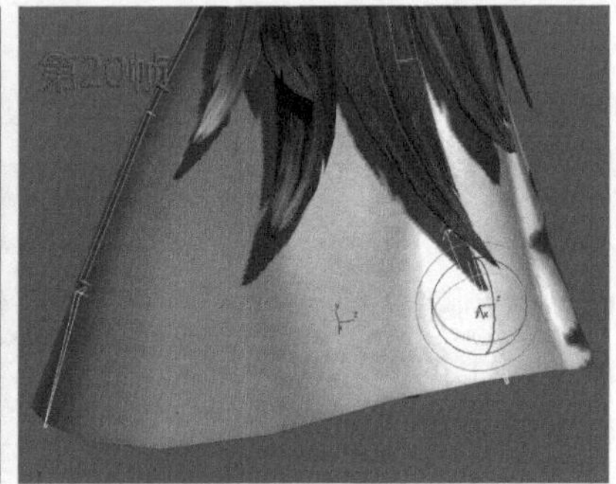

图4-121　裙摆的滞留动画

（9）调节帽子上羽毛的动画。方法：拖动时间滑块到第0帧，调节出羽毛向右的姿势，再将第0帧复制到第28帧；拖动时间滑块到第14帧，调节出羽毛向左的姿势；拖动时间滑块到第7帧，调节出羽毛向下的姿势；拖动时间滑块到第20帧，调节出羽毛向上的姿势。效果如图4-122所示。

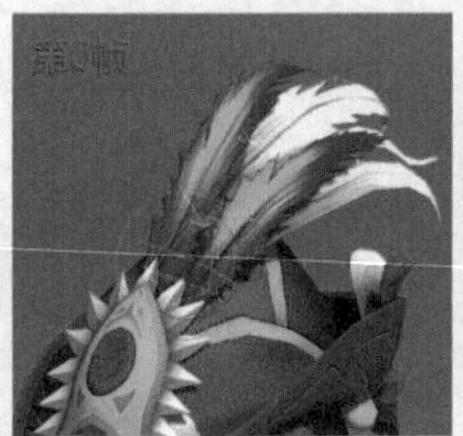

图4-122　调节帽子上羽毛的动画

提示：帽子上羽毛的动画是随着身体节奏的变化而运动，即身体向上，羽毛向下；身体向下，羽毛向上；身体向左，羽毛向右；身体向右，羽毛向左。

（10）单击 Playback（播放动画）按钮播放动画，此时可以看到吟游诗人战斗待机的动画。在播放动画的时候，如发现穿帮或是运动不正确的地方，可以适当调整。

## 4.4.3 制作吟游诗人的普通攻击动画

本节讲解吟游诗人的普通攻击动画的制作。结合战斗待机动作的表现技巧，吟游诗人的普通攻击动态集中在左手往外挥击的动作，整个动态的节奏相对物理职业攻击来说节奏比较缓慢、轻柔。首先来看一下吟游诗人普通攻击动作图片序列，如图4-123所示。

图4-123　吟游诗人普通攻击序列图

（1）设置时间配置。方法：按N键，单击Auto Key（自动关键点）按钮；再单击动画控制区中的 Time Configuration（时间配置）按钮，然后在弹出的Time Configuration（时间配置）对话框中设置End Time（结束时间）为40，设置Speed（速度）模式为1x，单击OK按钮，从而将时间滑块长度设为40帧，如图4-124所示。

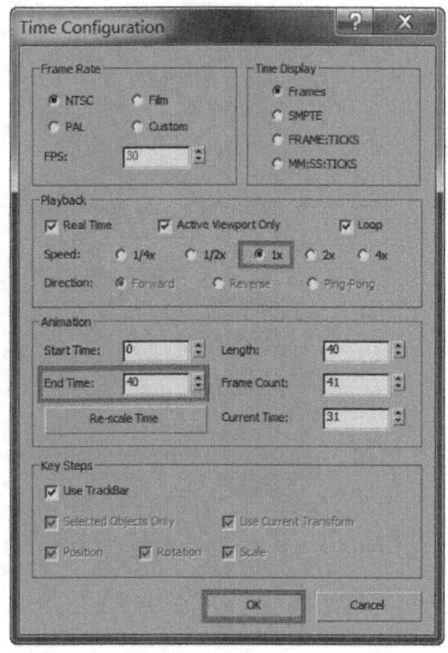


图4-124　设置时间配置

（2）调整攻击前的待机姿势。方法：拖动时间滑块到第0帧，使用 Select and Move（选择并移动）、 Select and Rotate（选择并旋转）工具调整出吟游诗人战斗前的待机姿势，具体可参考吟游诗人的战斗待机动画。再将第0帧的姿势复制到第40帧，效果如图4-125所示。

图4-125 调节攻击前的待机姿势

（3）调节吟游诗人攻击的初始蓄力姿势。方法：拖动时间滑块到第7帧，在前视图中，使用 Select and Move（选择并移动）、 Select and Rotate（选择并旋转）工具调整吟游诗人质心向左（蓝色腿方向）、盆骨/腹部/腰部/胸腔沿X轴向右边旋转、蓝色小腿微微向右边旋转、头稍微向右偏转的蓄力姿势。效果如图4-126所示。

图4-126 调节吟游诗人攻击的初始蓄力姿势

（4）加大蓄力动画。方法：拖动时间滑块到第17帧，在前视图中，使用 Select and Move（选择并移动）、 Select and Rotate（选择并旋转）工具调节吟游诗人质心稍微向右、盆骨/腹部/腰部/胸腔继续沿X轴向右边旋转、头部向左向下的蓄力的姿势。效果如图4-127所示。

图4-127　调节吟游诗人攻击蓄力的姿势

（5）调节吟游诗人手掌蓄力的动画。方法：拖动时间滑块到第7帧，使用 Select and Rotate（选择并旋转）工具调节蓝色手掌沿Z轴向上旋转的姿势；拖动时间滑块到第12帧，调节蓝色手掌向下向内的姿势。拖动时间滑块到第17帧，调节蓝色小臂内收、蓝色手掌内收的姿势。在第19帧，加大蓝色手臂的内收蓄力姿势。效果如图4-128所示。

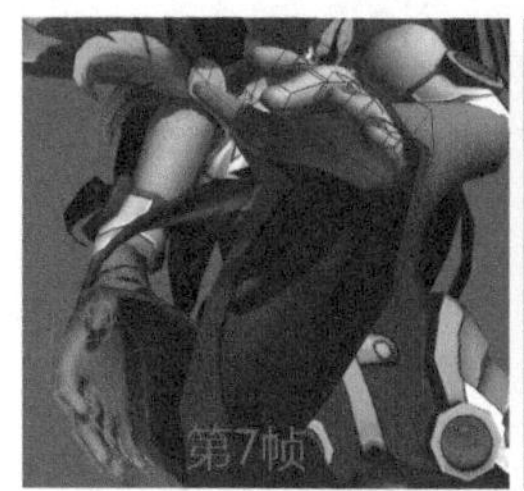

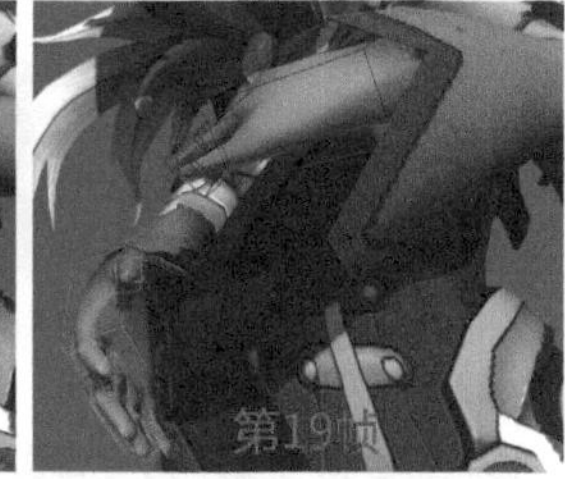


图4-128　吟游诗人手掌蓄力的姿势

（6）调节吟游诗人的攻击动画。方法：拖动时间滑块到第24帧，使用 Select and Move（选择并移动）、 Select and Rotate（选择并旋转）工具调节吟游诗人质心微微向左（蓝色）、盆骨向右、腹部/腰部/胸腔向左边旋转、头部向上、蓝色手臂向前的攻击姿势。效果如图4-129所示。

图4-129　吟游诗人的攻击姿势

（7）调节吟游诗人攻击回收的缓冲动画。方法：拨动时间滑块到第31帧，使用 Select and Move（选择并移动）、 Select and Rotate（选择并旋转）工具调节吟游诗人盆骨/腹部/腰部/胸腔继续沿X轴向左边旋转、手臂向左回收的姿势。效果如图4-130所示。

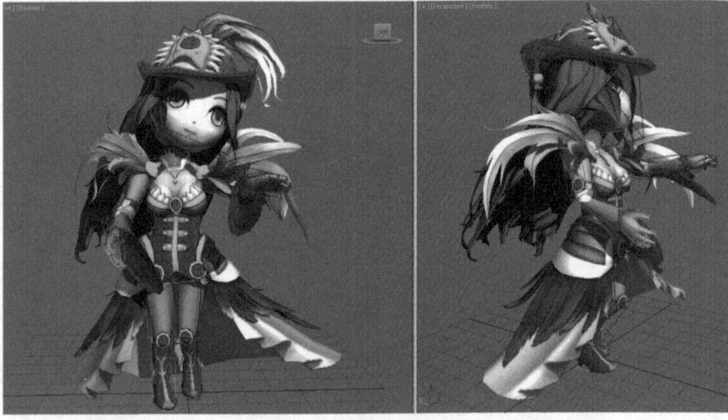

图4-130　吟游诗人攻击回收的缓冲姿势

（8）调节吟游诗人帽子上羽毛的动画。方法：使用 Select and Rotate（选择并旋转）工具，在第0帧调节羽毛向左的姿势，在第22帧调节羽毛向下、向左、向前的姿势，在第5、13帧调节羽毛向右滞留的姿势，在31帧调节羽毛向左滞留的姿势。效果如图4-131所示。

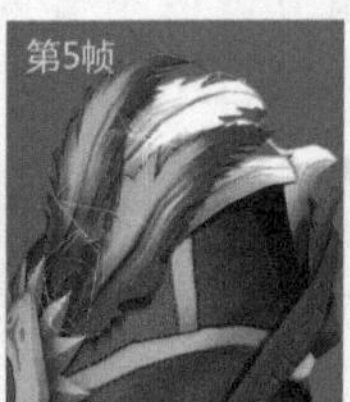

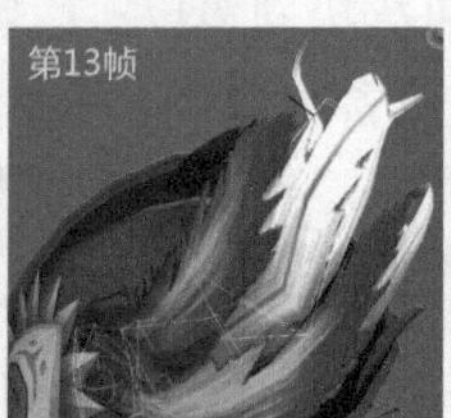

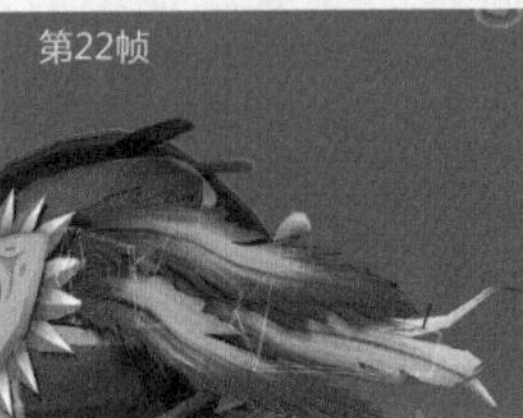

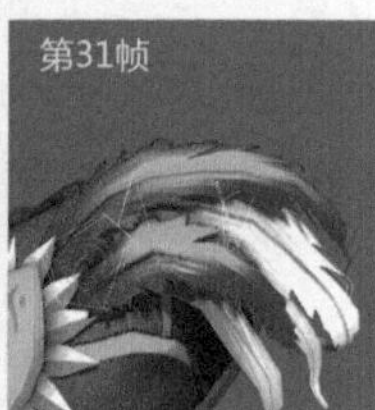


图4-131　吟游诗人帽子上羽毛的动画

（9）调节吟游诗人后面头发的动画。方法：使用 Select and Rotate（选择并旋转）工具，在第0帧调节头发向下的姿势，在第22帧调节头发向后、向左的姿势，在第5、13帧调节头发末端骨骼向右滞留的姿势，在31帧调节羽毛末端骨骼向左滞留的姿势。效果如图4-132所示。

图4-132　调节吟游诗人后面头发的动画

> 提示：参照以上方法调节前面头发、袖子和肩膀上的羽毛的动画，要注意左右肩膀上羽毛的动画运动相反。

（10）调节裙摆的动画。方法：使用 Select and Rotate（选择并旋转）工具，在第0帧调节裙摆自然下垂的弧度，并将第0帧复制到第40帧。在第9帧调节裙摆向右边飘动的姿势，在第24帧调节裙摆向左边飘动的姿势，在第31帧调节裙摆向左的滞留。效果如图4-133所示。

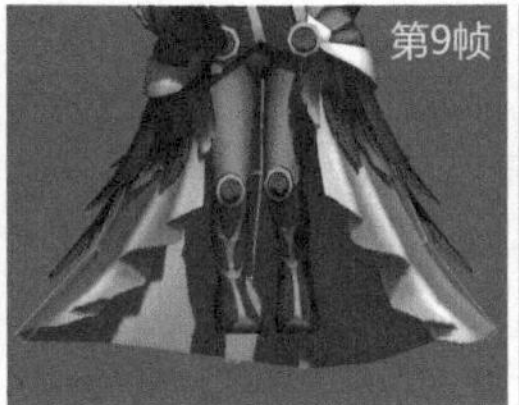

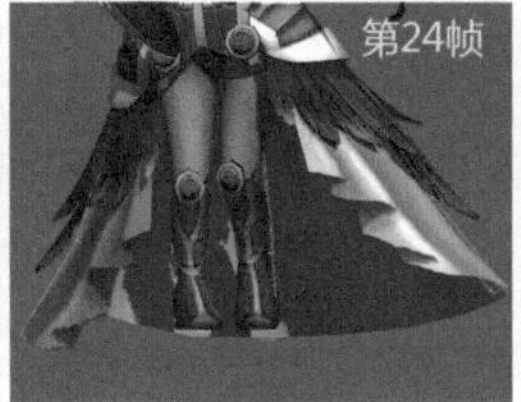

图4-133　调节裙摆的动画

## 4.4.4 制作吟游诗人的特殊攻击动画

本节重点讲解吟游诗人的特殊攻击动画的制作。吟游诗人属于法系职业，其特殊攻击也是角色个性特点的表现，是在游戏中区分其他各个职业攻击技能的属性特点。首先来看一下吟游诗人特殊攻击动作图片序列，如图4-134所示。

图4-134　吟游诗人特殊攻击序列图

（1）设置时间配置。方法：按下N键，单击Auto Key（自动关键点）按钮；单击动画控制区中的 Time Configuration（时间配置）按钮，然后在弹出的Time Configuration（时间配置）对话框中设置End Time（结束时间）为92，设置Speed（速度）模式为1x，单击OK按钮，从而将时间滑块长度设为92帧，如图4-135所示。

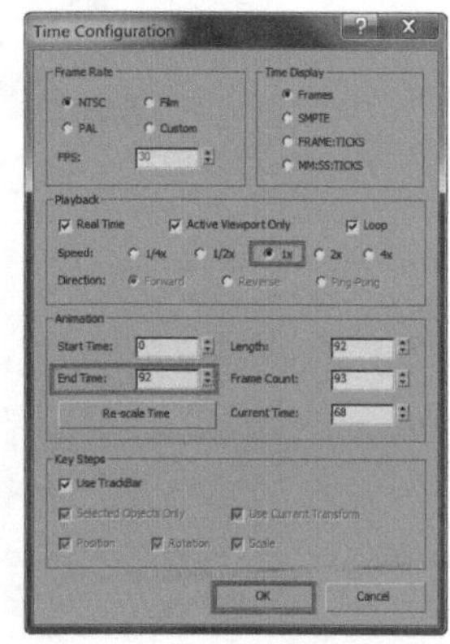


图4-135　设置时间配置

（2）调节攻击前的待机姿势。方法：拖动时间滑块到第0帧，使用 Select and Move（选择并移动）、 Select and Rotate（选择并旋转）工具调整出吟游诗人战斗前的待机姿势，具体可参考吟游诗人的战斗待机动画。再将第0帧的姿势复制到第92帧，效果如图4-136所示。

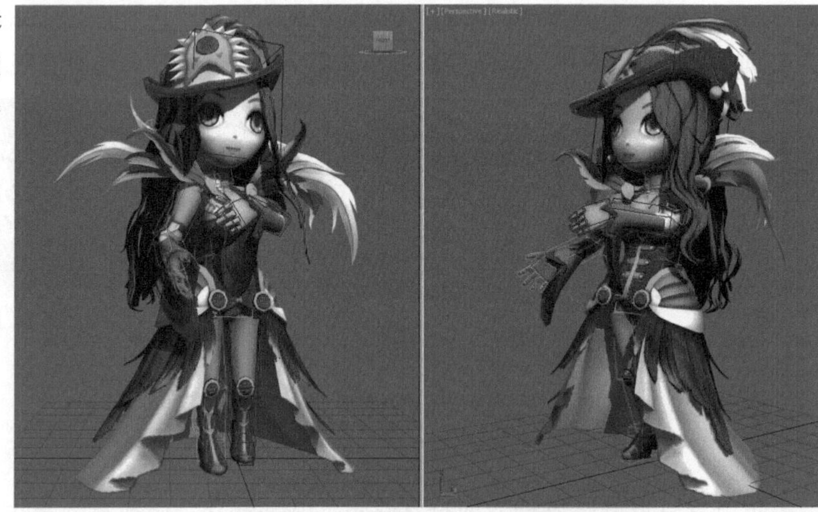

图4-136　调节攻击前的待机姿势

（3）调节吟游诗人攻击的聚灵姿势。方法：拖动时间滑块到第10帧，使用 Select and Move（选择并移动）、 Select and Rotate（选择并旋转）工具，在前视图中调整吟游诗人质心向右（绿色腿方向），效果如图4-137所示。再调节蓝色脚向后交叉在绿色脚后、绿色手向上、蓝色手臂向后、身体后仰、头部向上的姿势，效果如图4-138所示。

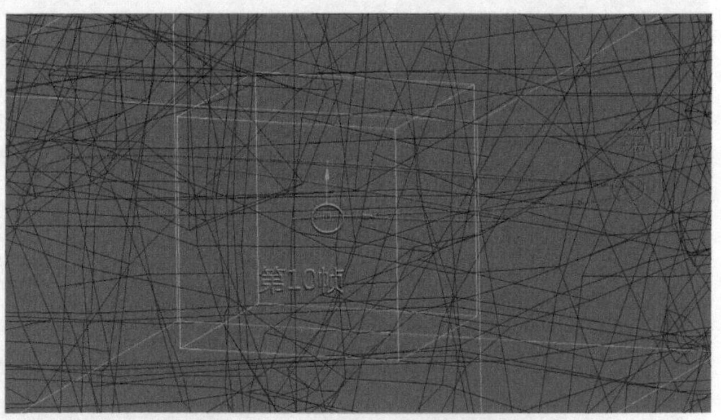


图4-137　调节质心的动画

图4-138　调节吟游诗人攻击的聚灵姿势

（4）调节角色蓄力的过渡姿势。方法：拖动时间滑块到第5帧，使用 Select and Move（选择并移动）、 Select and Rotate（选择并旋转）工具调整吟游诗人质心向右、蓝色脚抬起、绿色手上抬、蓝色手抬起向后的姿势。效果如图4-139所示。

图4-139　调节蓄力的过渡姿势

（5）调节聚灵的姿势。方法：拖动时间滑块到第25帧。在前视图中，使用 Select and Move（选择并移动）、 Select and Rotate（选择并旋转）工具调节吟游诗人盆骨、腹部、腰部和胸腔继续沿X轴向右边旋转、头部向前的姿势。效果如图4-140所示。

图4-140　调节吟游诗人聚灵的姿势

（6）调节聚灵蓄力的姿势。方法：拖动时间滑块到第35帧，使用 Select and Move（选择并移动）、 Select and Rotate（选择并旋转）工具调节吟游诗人盆骨/腹部/腰部/胸腔继续沿X轴向右边旋转、头部向右、手臂向后蓄力的姿势。效果如图4-141所示。

图4-141　调节吟游诗人聚灵蓄力的姿势

（7）调节身体向前聚灵的姿势。方法：拖动时间滑块到第47帧，使用 Select and Move（选择并移动）、 Select and Rotate（选择并旋转）工具，在前视图中，调节吟游诗人的质心向左，如图4-142所示；调节盆骨、腹部、腰部和胸腔继续沿X轴向左边旋转，手臂向前，头部向前的姿势，效果如图4-143所示。

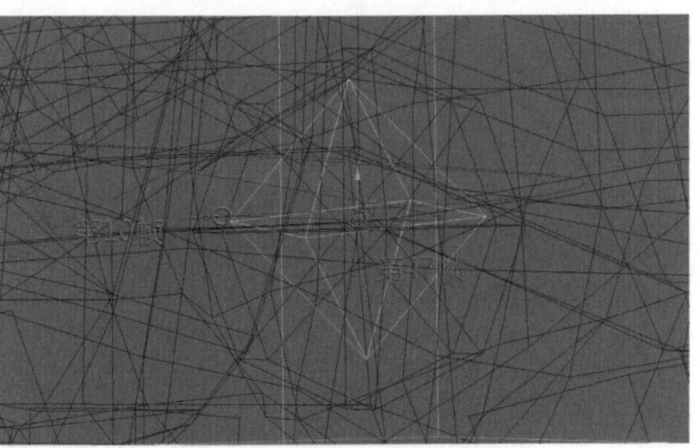

图4-142 调节质心的姿势

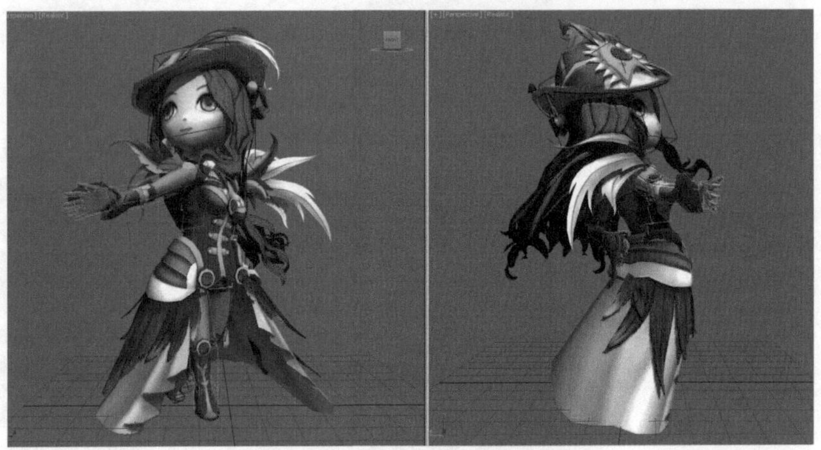

图4-143 身体向前聚灵的姿势

（8）调节吟游诗人聚灵回收的姿势。方法：拖动时间滑块到第55帧，使用 Select and Move（选择并移动）、 Select and Rotate（选择并旋转）工具，在前视图中调节质心向左、腰部和胸腔继续沿X轴向左边旋转、绿色手臂回收的姿势。效果如图4-144所示。

图4-144 手臂聚灵回收的姿势

（9）调节攻击的姿势。方法：拖动时间滑块到第70帧，使用 Select and Move（选择并移动）、 Select and Rotate（选择并旋转）工具，在前视图调节质心向右的姿势，效果如图4-145所示。再调节盆骨向右向上、腰和胸腔向右向下、头部向上、手臂向上的攻击姿势，效果如图4-146所示。

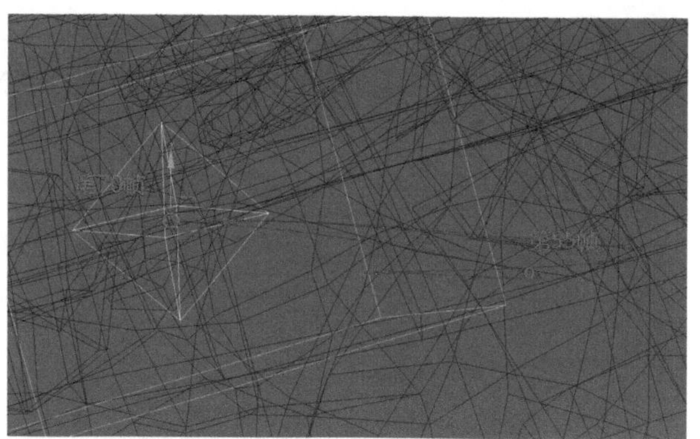

图4-145 调节质心向右的姿势

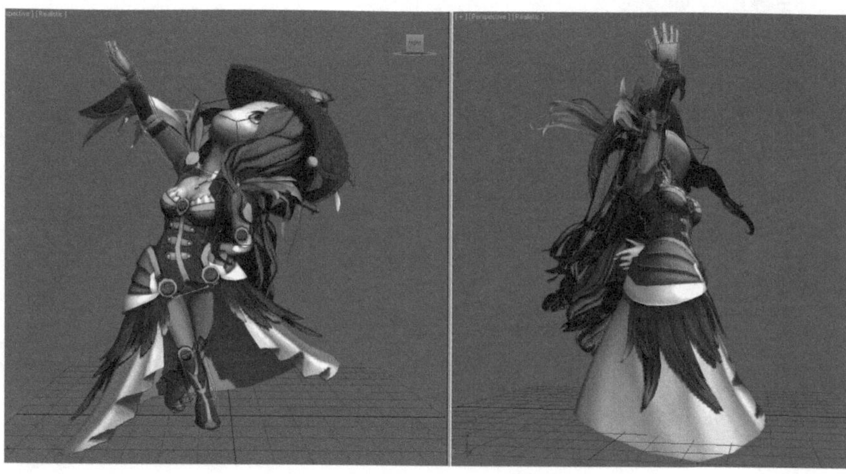

图4-146 吟游诗人攻击的姿势

（10）调节攻击回收的姿势。方法：拖动时间滑块到第75帧，使用 Select and Move（选择并移动）、 Select and Rotate（选择并旋转）工具，在前视图中，调节质心向下、绿色手臂向下攻击回收的姿势，效果如图4-147所示。

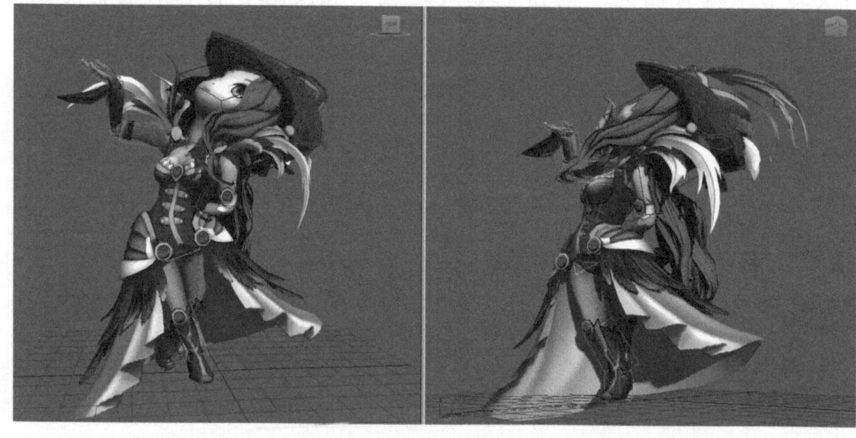

图4-147 吟游诗人攻击回收的姿势

（11）调节吟游诗人攻击回收的缓冲动画。方法：拖动时间滑块到第86帧，调节绿色手臂向下向前、蓝色手臂向前、腰部和胸腔继续沿X轴向左边旋转的姿势。注意，在调整手臂挥舞及旋转动作时，要结合角色头部、身体、羽毛及装备等的动态进行动态调节，效果如图4-148所示。

图4-148 攻击回收的缓冲姿势

（12）调节帽子上羽毛的动画。方法：使用 Select and Rotate（选择并旋转）工具，在第0帧调节羽毛向左的姿势，再将第0帧复制到第92帧。在第10帧调节羽毛向前的姿势，在第40帧调节羽毛向左的姿势，在第70帧调节羽毛向上的姿势，效果如图4-149所示。再拖动时间滑块到第5帧，调节末端骨骼向后滞留的姿势；在第27帧调节羽毛末端骨骼向右滞留的姿势，在第62帧调节末端骨骼向下滞留的姿势，在第80帧调节羽毛末端骨骼向下滞留的姿势，效果如图4-150所示。

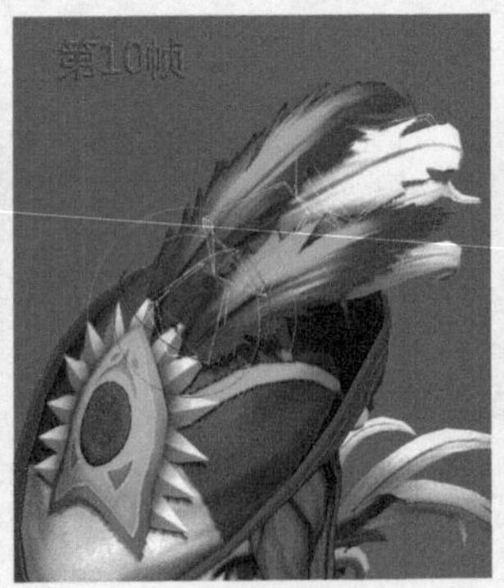

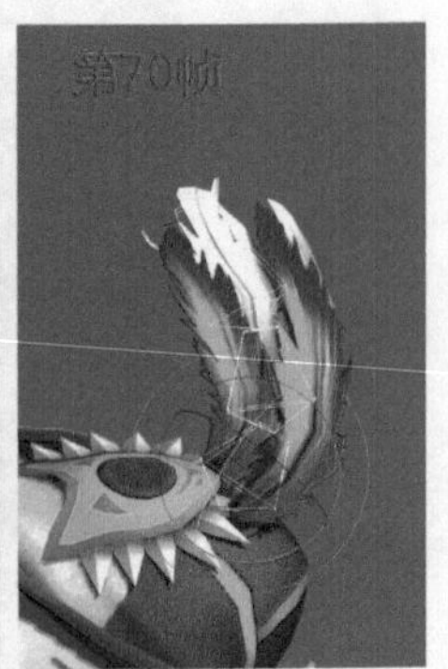


图4-149 调节羽毛的运动的关键帧

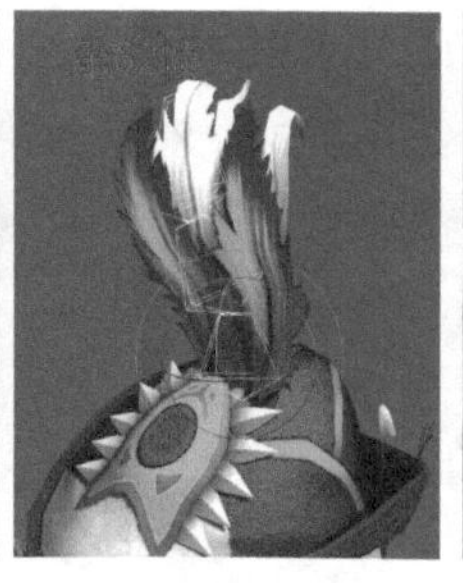
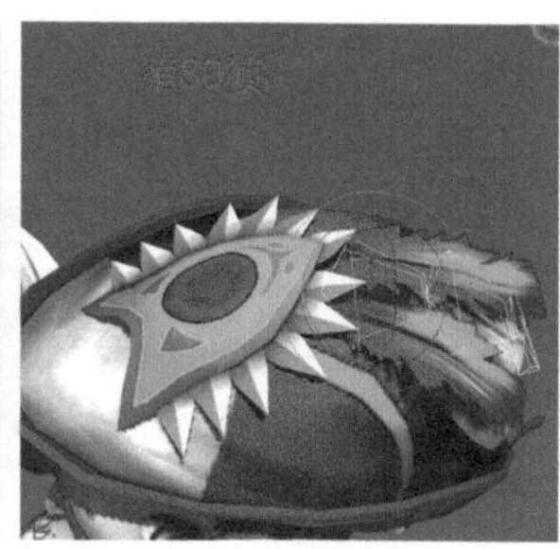

图4-150 调节羽毛的滞留动画

> 提示：滞留越大，羽毛越柔软，再根据帽子上羽毛的动画调节出肩膀上羽毛的动画。

（13）调节头发的动画。方法：使用 Select and Rotate（选择并旋转）工具，在第0帧调节头发向下的姿势，并将第0帧复制到第92帧。在第28帧调节头发向左的姿势，在第60帧调节头发向右的姿势，在第82帧调节头发向左的姿势，效果如图4-151所示。再拖动时间滑块到第12帧，调节头发末端骨骼向右滞留的姿势，在第44帧调节头发末端骨骼向左滞留的姿势，在第71帧调节头发末端骨骼向右滞留的姿势，效果如图4-152所示。

图4-151 调节头发的关键帧动画

图4-152 调节头发的滞留动画

（14）调节前面头发的动画。方法：参考后面头发的调节方法，调节出第0、36、66帧的主体关键帧运动，再调节出第16、51、81帧的滞留运动。效果如图4-153所示。

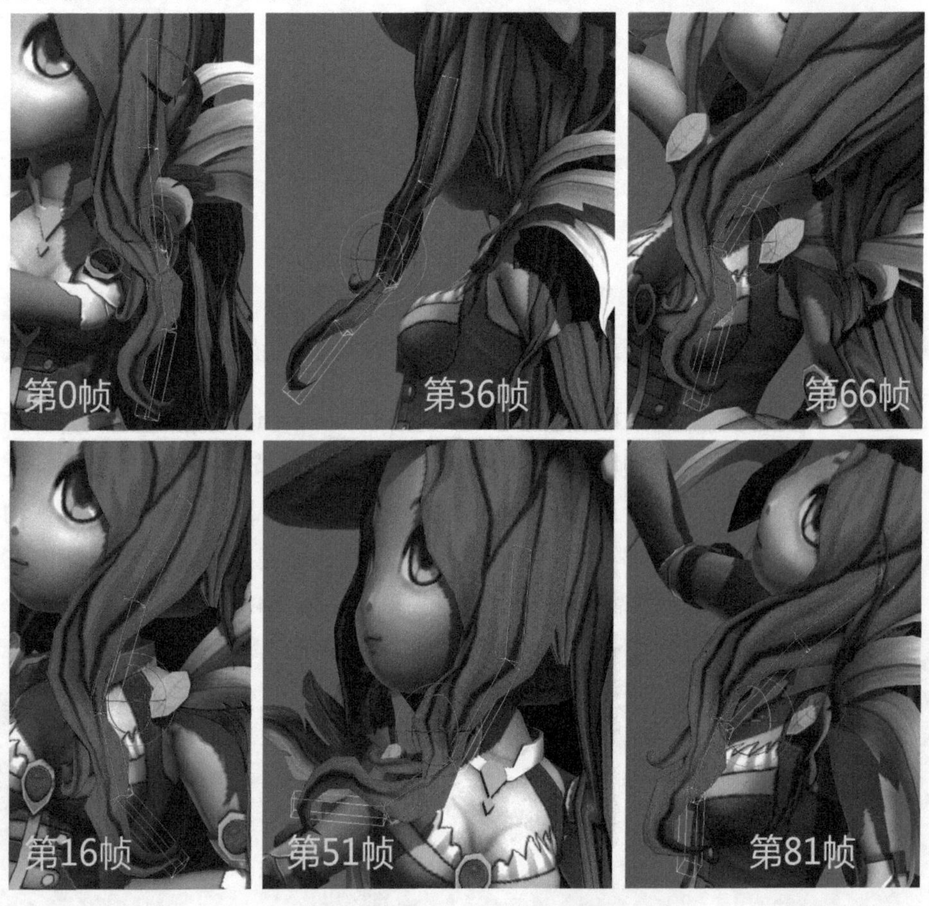


图4-153 前面头发的动画姿势

（15）调节裙摆的动画。方法：使用 Select and Rotate（选择并旋转）工具，在第0帧调节裙摆向下的姿势，并将第0帧复制到第92帧。在第25帧调节裙摆向右的姿势，在第35帧调节右边和后面裙摆骨骼向后、左边裙摆向前的姿势，在第47帧调节右边和后面裙摆骨骼向前、左边裙摆骨骼向后的姿势，在第62帧调节右边裙摆骨骼向前、左边向后打开的姿势，在第75帧，调节右边裙摆向后向下、左边裙摆向前向上的姿势，效果如图4-154所示。

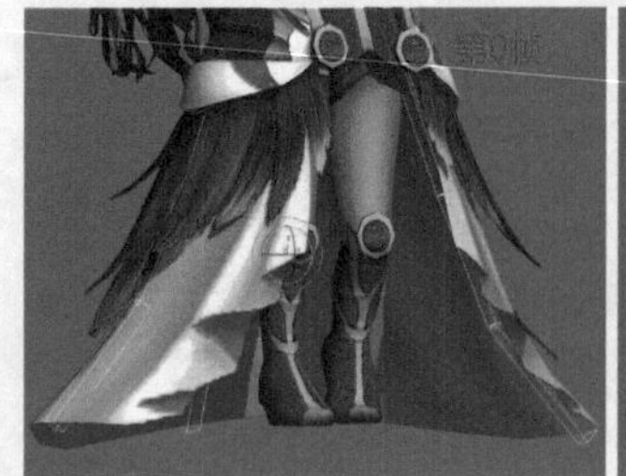


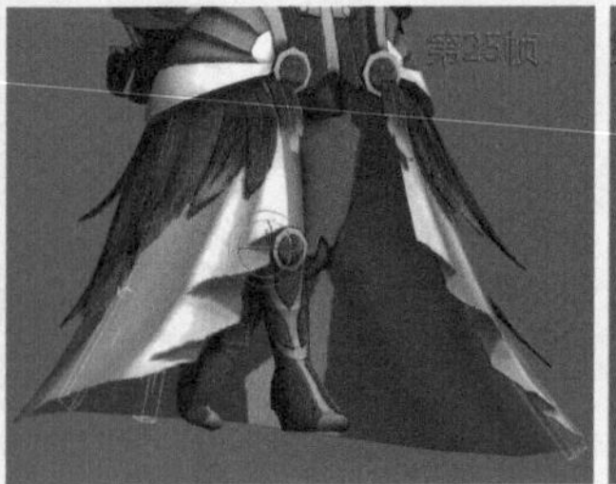


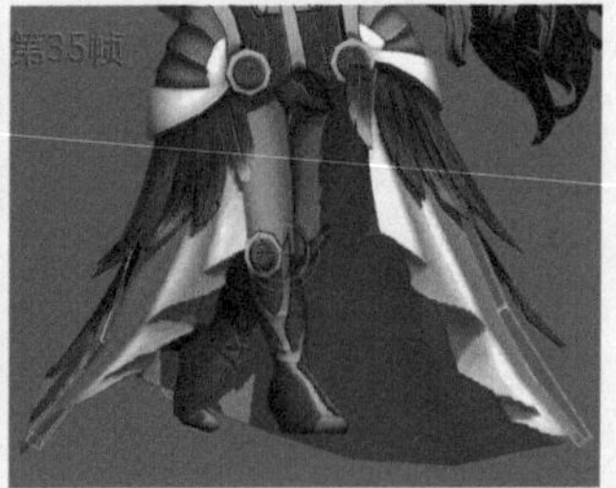


图4-154 调节裙摆的关键帧

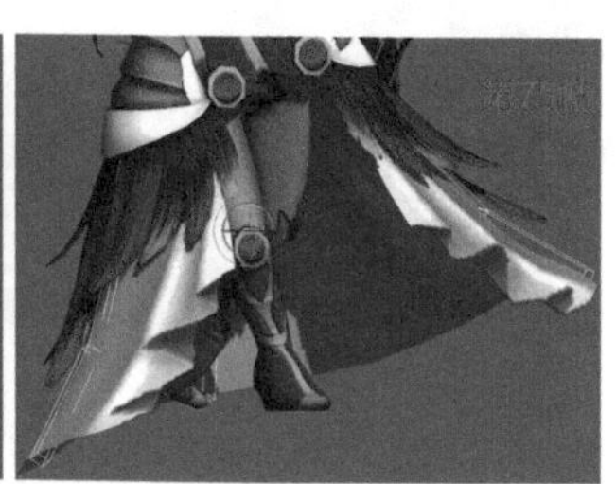

图4-154　调节裙摆的关键帧（续）

（16）再参考头发和羽毛滞留动画制作方法，为裙摆的末端骨骼调节出若干个滞留动画。单击 Playback（播放动画）按钮播放动画，此时可以看到吟游诗人特殊攻击的动作。在播放动画的时候，如发现穿帮或是运动不正确的地方，可以适当调整。

## 4.5 本章小结

本章通过讲解魔法师吟游诗人的动画设计及制作流程，重点讲解法系职业动画的创作技巧及动作设计思路。在整个讲解过程中，分别介绍了吟游诗人的骨骼创建、蒙皮设定及动作设计，重点介绍了吟游诗人的动作设计过程，引导读者学习使用3ds Max制作游戏动作的流程和规范。通过对本章内容的学习，读者需要掌握以下几个要领：

（1）掌握吟游诗人角色基础骨骼的创建。

（2）掌握吟游诗人角色的基础蒙皮及制作流程。

（3）了解法系角色在动画制作中的运动规律及制作技巧。

（4）掌握法系角色的动画制作技巧及应用。

## 4.6 本章练习

**操作题**

从光盘中任选一个法系角色，根据本章的动画制作技巧及流程，在临摹的基础上添加新的动作设计元素，创作成一个新的游戏动作设计。

# 第5章 Q版角色动画制作——冰法女巫

**元素法师——冰法女巫描述：**

冰法女巫用神秘的咒语摧毁敌人，她们强大的元素和秘术攻击绝对不是敌人所能够抵抗的。伤害就是法师的代名词，她们的优势是召唤、传送、魔法攻击范围广，如果想把怪物带入一个痛苦的世界，法师是个很好的选择。但法师防御弱、血少，装备主要以布料为主，一般适合远程攻击。由于法师出色的能力和数量的稀少，通常被期望成为军队的精神乃至实质上的领袖。

本章通过对游戏中冰法女巫的动画设计及制作流程，重点讲解冰法女巫动画的创作技巧及动作设计思路。

● **实践目标**

- **掌握冰法女巫模型的骨骼创建方法**
- **掌握冰法女巫模型的蒙皮设定**
- **了解冰法女巫的基本运动规律及动画制作的规范**
- **掌握冰法女巫的动画设计技巧制作流程**

● **实践重点**

- **掌握冰法女巫模型的骨骼创建方法**
- **掌握冰法女巫模型的蒙皮设定**
- **掌握冰法女巫的动画设计技巧**

本章通过对冰法女巫造型个性特点的进一步分析，讲解游戏中冰法女巫的奔跑、攻击等待、死亡以及三连击动作的制作方法，深入了解法系职业的动作制作要领以及在游戏产品中的运用。冰法女巫动作完成的动态画面截图效果如图5-1所示。

（a）冰法女巫的奔跑动画

（b）冰法女巫的攻击等待动画

（c）冰法女巫的死亡动画

（d）冰法女巫的三连击动画

图5-1 效果图

# 5.1 冰法女巫的骨骼创建

在创建冰法女巫骨骼时，是使用传统的CS骨骼、Bone骨骼和虚拟体相结合。冰法女巫身体骨骼创建分为冰法女巫骨骼创建前的准备、创建Character Studio骨骼、匹配骨骼到模型三部分内容。

## 5.1.1 创建前的准备

（1）隐藏冰法女巫的武器。方法：选中武器的模型，如图5-2中A所示。在前视图中单击鼠标右键，从弹出的快捷菜单中选择Hide Selection（隐藏选定对象）命令，如图5-2中B所示。完成冰法女巫的武器隐藏。

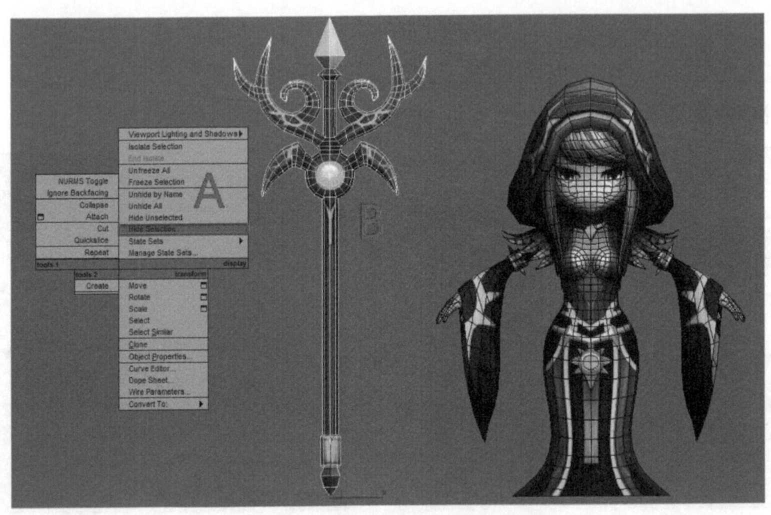

图5-2　隐藏冰法女巫的武器

（2）模型归零。方法：选中冰法女巫的模型，右击工具栏上的 Select and Move（选择并移动）按钮，在弹出的Move Transform Type-In（移动变化输入）面板中，将Absolute:World（绝对:世界）的坐标值设置为（X:0，Y:0，Z:0），如图5-3中A所示。此时可以看到场景中的冰法女巫位于坐标原点，如图5-3中B所示。

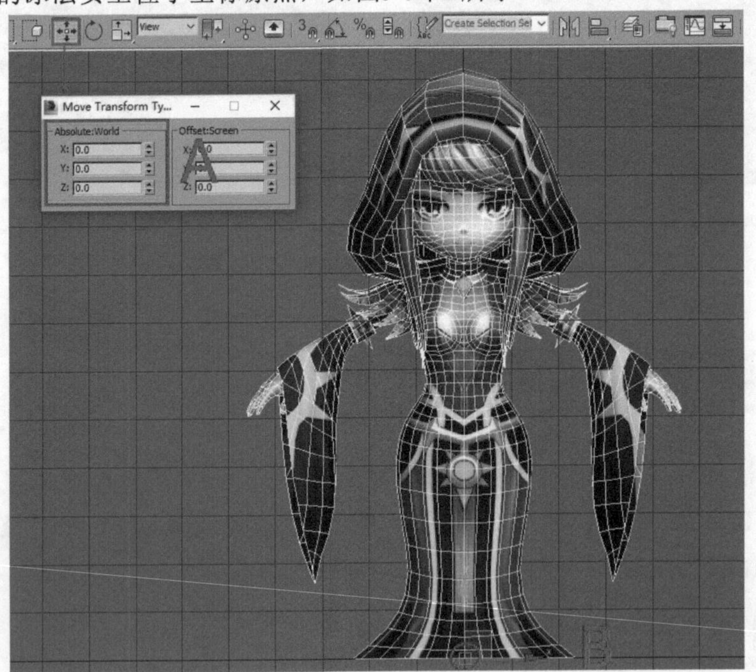

图5-3　模型归零

（3）过滤模型。方法：打开Selection Filter（选择过滤器）卷展栏，并选择Bone骨骼模式，如图5-4所示。这样在选择骨骼时，只能选中骨骼，而不会发生误选的情况。

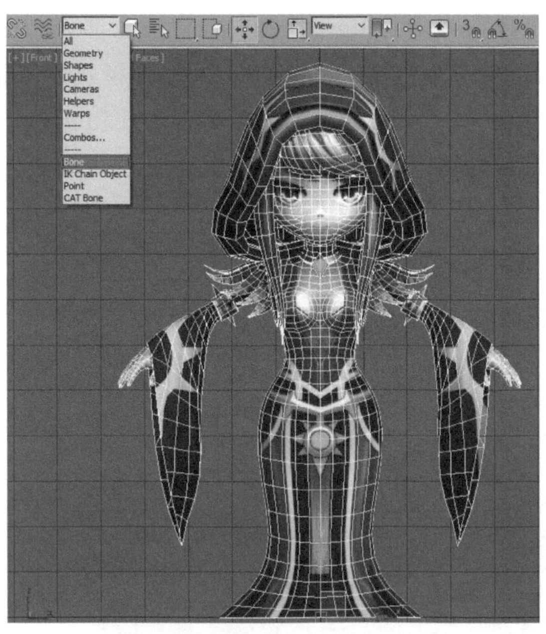


提示：在匹配冰法女巫的骨骼之前，一定要在骨骼模式下操作，以便在后面创建骨骼的过程中，冰法女巫的模型不会因为被误选而出现移动、变形等问题。

图5-4　过滤冰法女巫的模型

## 5.1.2 创建Character Studio骨骼

（1）创建Biped骨骼。方法：按F4键，进入线框显示模式。单击 Create（创建）面板下 Systems（系统）中Biped按钮，在前视图中法师模型原点位置拖出一个与模型等高的人类角色Biped骨骼，如图5-5所示。

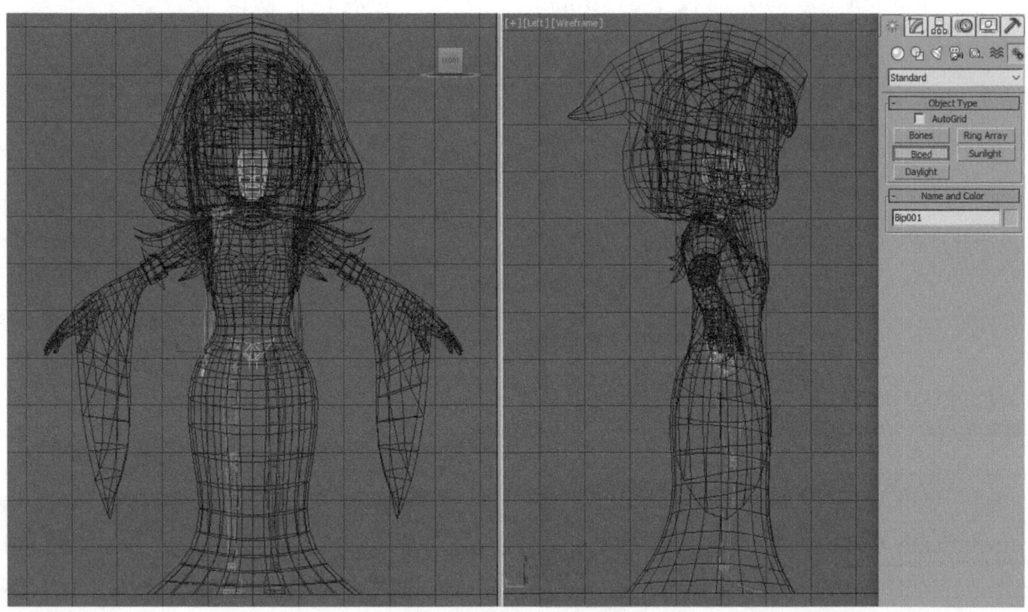


图5-5　创建Biped骨骼

（2）调整质心到模型中心。方法：选择人类角色Biped骨骼的任何一个部分，进入 Motion（运动）面板，打开Biped卷展栏，然后单击 Figure Mode（体形模式）按钮，激活并锁定控制器，如图5-6中A所示，从而选择了Biped骨骼的质心。使用 Select and Move（选择并移动）工具调整质心，如图5-6中B所示。接着设置质心的X、Y轴坐标为0，如图5-6中C所示。将质心的位置调整到模型中心。

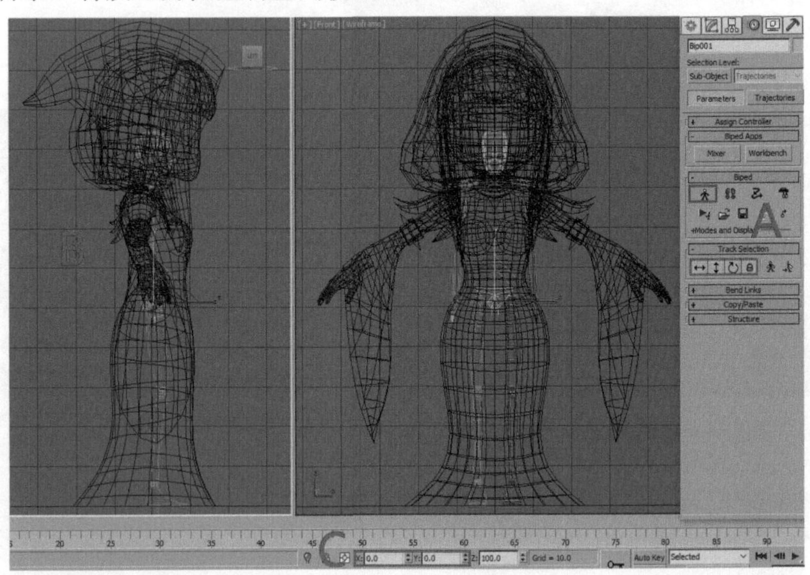

图5-6 匹配质心到模型中心

（3）修改Biped结构参数。方法：选中Biped骨骼的任何一个部分，再打开 Motion（运动）面板下的Structure（结构）卷展栏，修改Spine Links（脊椎链接）的结构参数为3，Fingers（手指）的结构参数为5，Finger Links（手指链接）的结构参数为2，Toe Links（脚趾链接）的参数为1，如图5-7所示。

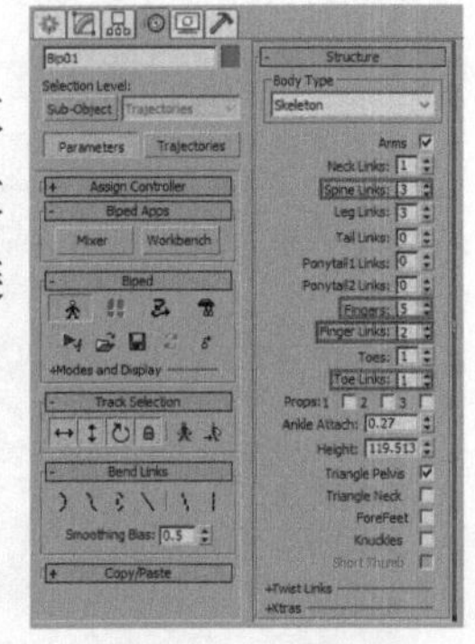

图5-7 修改Biped结构参数

## 5.1.3 匹配骨骼到模型

（1）匹配盆骨骨骼到模型。方法：选中盆骨骨骼，单击工具栏上的 Select and Uniform Scale（选择并均匀缩放）按钮，更改坐标系为Local（局部）。然后使用 Select and Rotate（选择并旋转）和 Select and Uniform Scale（选择并均匀缩放）工具在视图中调整臀部骨骼的位置和大小，使其与模型相匹配，效果如图5-8所示。

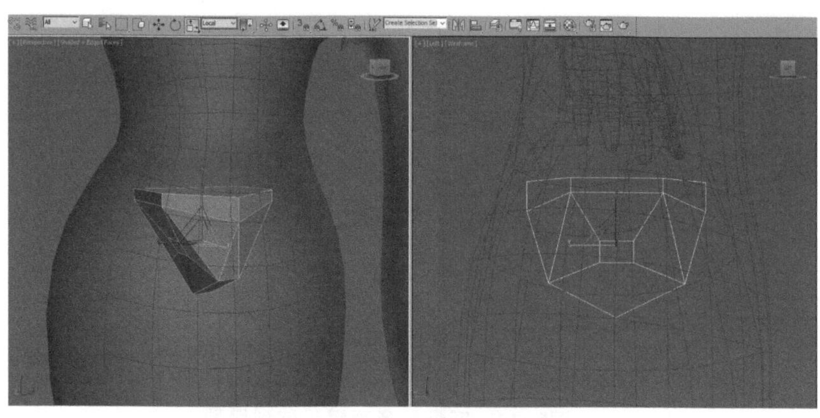

图5-8　匹配盆骨骨骼到模型

提示：为了便于观察，我们在这里隐藏了其他骨骼的显示。

（2）匹配脊椎骨骼到模型。方法：使用 Select and Rotate（选择并旋转）和 Select and Uniform Scale（选择并均匀缩放）工具在视图中调整脊椎骨骼与模型相匹配，效果如图5-9所示。

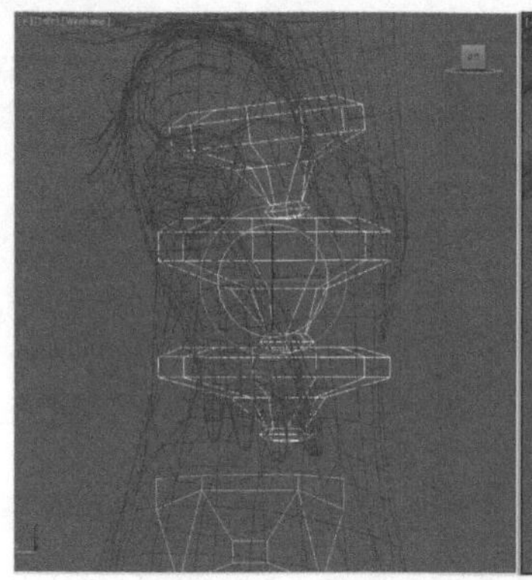

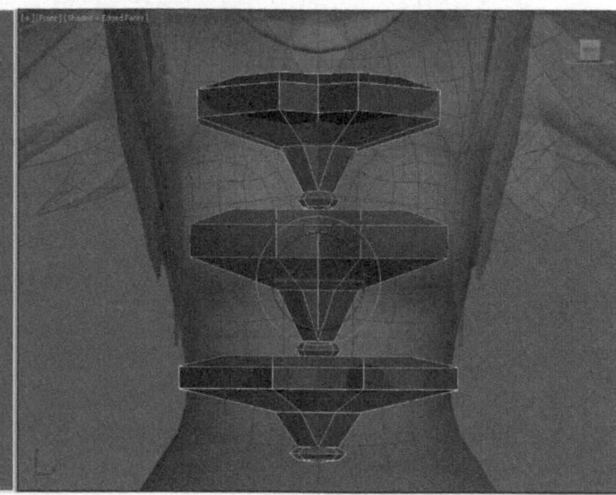

图5-9　匹配脊椎骨骼到模型

（3）匹配绿色手臂骨骼到模型。方法：选中绿色肩部骨骼，使用 Select and Rotate（选择并旋转）和 Select and Uniform Scale（选择并均匀缩放）工具在视图中调整肩部骨骼与模型相匹配，效果如图5-10所示。选中绿色肩臂骨骼，使用工具在视图中调整肩臂与模型相匹配。同理调整绿色肘臂与模型对齐，效果如图5-11所示。

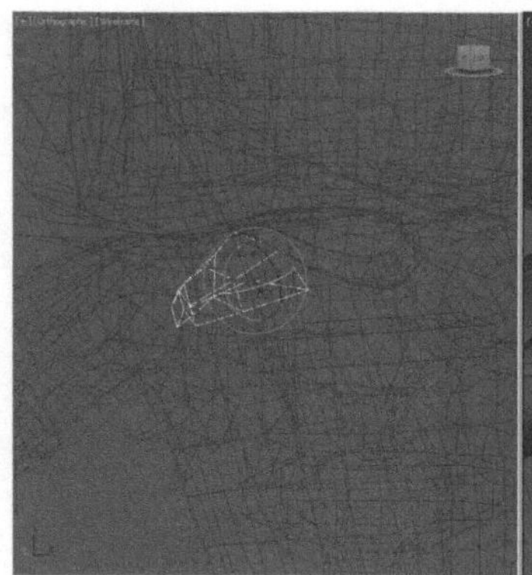

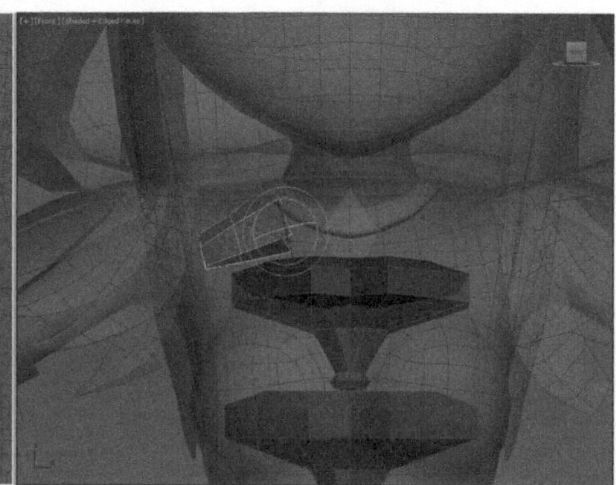

图5-10　匹配肩部骨骼到模型

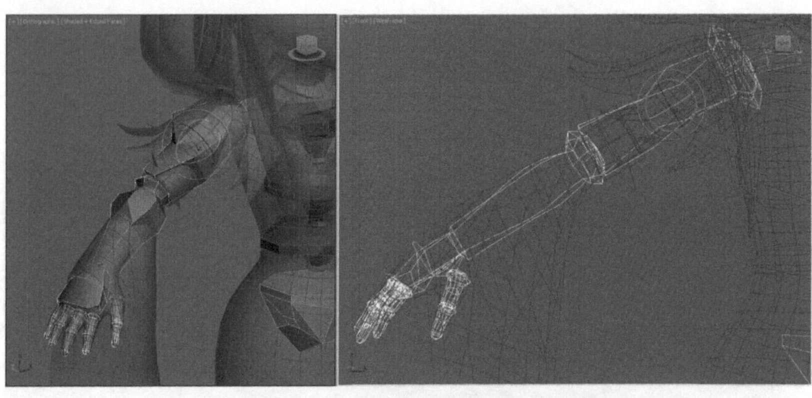

图5-11 匹配绿色手臂骨骼到模型

（4）匹配绿色手部骨骼到模型。方法：使用 Select and Rotate（选择并旋转）和 Select and Uniform Scale（选择并均匀缩放）工具在视图中调整手部骨骼与模型对齐，如图5-12所示。

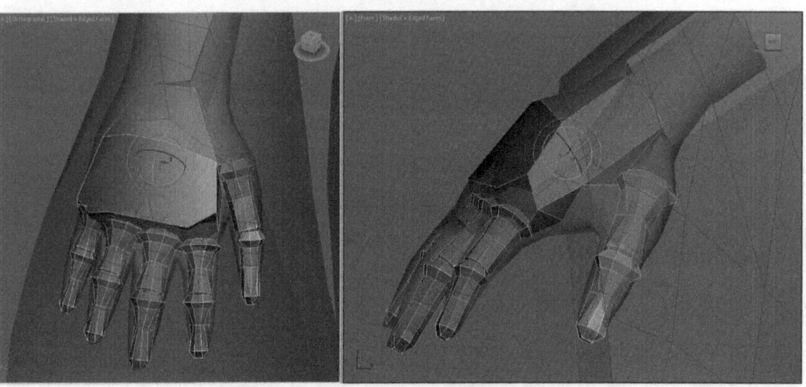

图5-12 匹配绿色手部骨骼到模型

提示：在匹配手部骨骼到模型时，应注意指节点的匹配，要做到骨骼节点与模型的手指节点匹配对齐。调整其他骨骼时，也要尽量对齐到模型节点。

（5）冰法女巫手臂模型是左右对称的，因此可以将绿色手臂骨骼的姿态复制给蓝色的手臂骨骼。方法：选中手臂骨骼，如图5-13中A所示。单击 Create Collection（创建集合）按钮创建集合，再单击 Copy Posture（复制姿态）按钮、 Paste Posture Opposite（向对面粘贴姿态）按钮，效果如图5-13中B所示。

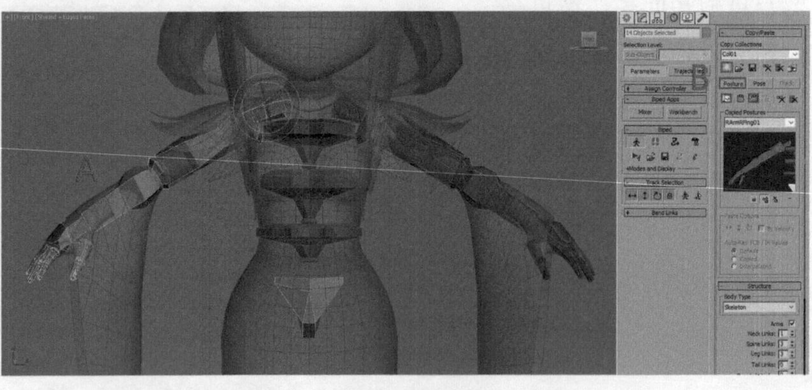


图5-13 复制手臂骨骼的信息

（6）颈部和头部的骨骼匹配。方法：选中颈部骨骼，使用 Select and Rotate（选择并旋转）和 Select and Uniform Scale（选择并均匀缩放）工具在视图中调整颈部骨骼，将与模型匹配对齐。选中头部骨骼，使用 Select and Rotate（选择并旋转）和 Select and Uniform Scale（选择并均匀缩放）工具在视图中调整头部骨骼与模型相匹配，效果如图5-14所示。

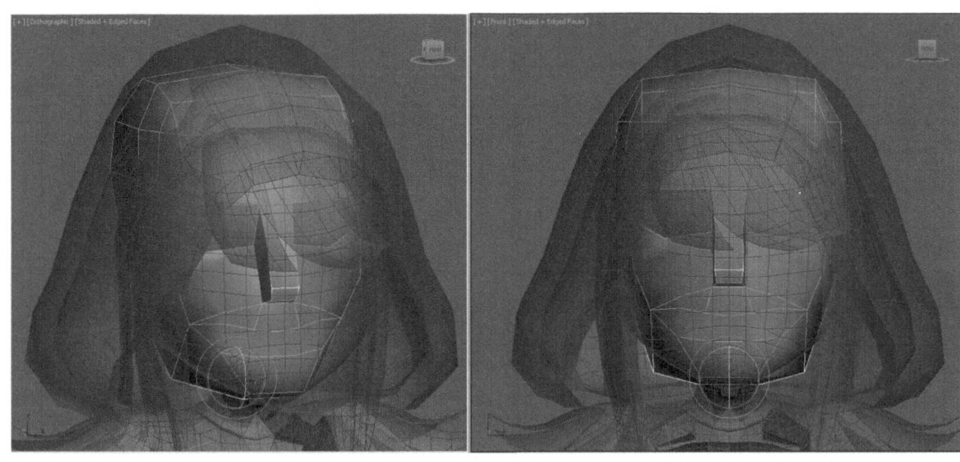

图5-14　匹配颈部和头部骨骼到模型

（7）匹配腿部骨骼到模型。方法：选中右腿骨骼，在视图中使用 Select and Rotate（选择并旋转）和 Select and Uniform Scale（选择并均匀缩放）工具将腿部骨骼与模型匹配对齐。虽然角色的腿部是裙子，没有实际的左右腿，但是在设置骨骼的时候还是要按照正常的人体骨骼进行设定，效果如图5-15所示。

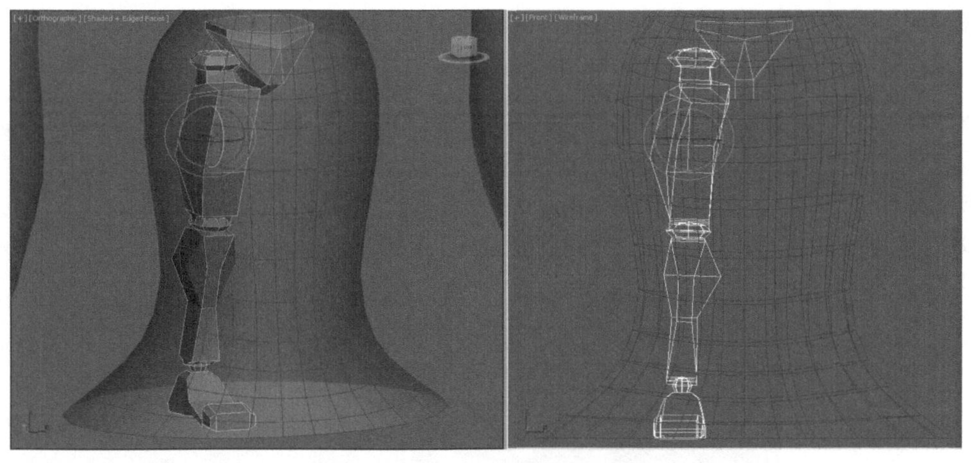

图5-15　匹配腿部骨骼到模型

（8）复制腿部骨骼姿态。方法：参照手臂向对面复制骨骼的方法，完成将绿色腿部骨骼的姿态复制给蓝色腿部骨骼。注意，在镜像复制时要以模型的轴心点作为对称中心点，效果如图5-16所示。

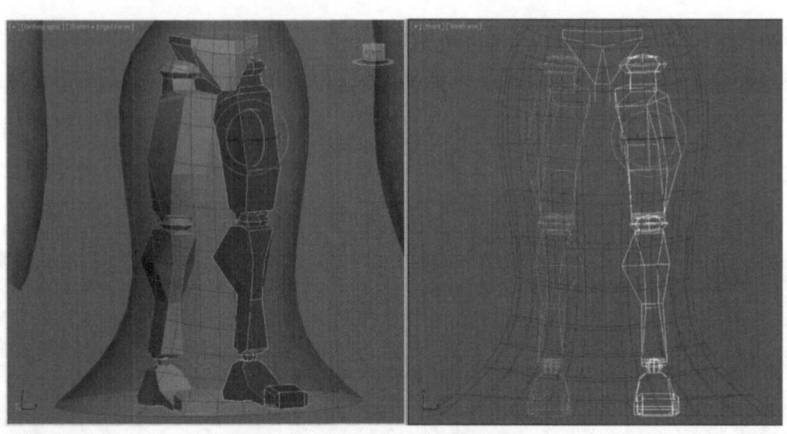

图5-16　复制腿部骨骼到另一边

# 5.2 冰法女巫的附属物品骨骼创建

根据冰法女巫模型结构造型的特点，在创建冰法女巫附属物品骨骼时，使用Bone骨骼和虚拟体。附属物品的骨骼创建分为创建头发骨骼、创建衣袖骨骼、骨骼的链接、创建武器模型的虚拟体及链接四部分内容。

## 5.2.1 创建头发骨骼

（1）创建前额发丝骨骼。方法：进入前视图，打开 Snaps Toggle（捕捉开关）工具，右击该按钮，弹出Grid and Snap Settings（栅格和捕捉设置）面板，面板上勾选Vertex（点）与Edge/Segment（边/段）复选框。单击 Create（创建）面板下 Systems（系统）中的Bones按钮，在前额发丝位置创建两节骨骼，右击鼠标结束创建，效果如图5-17所示。

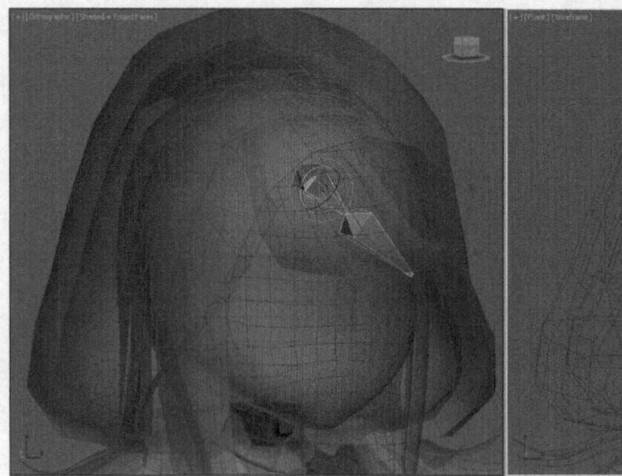

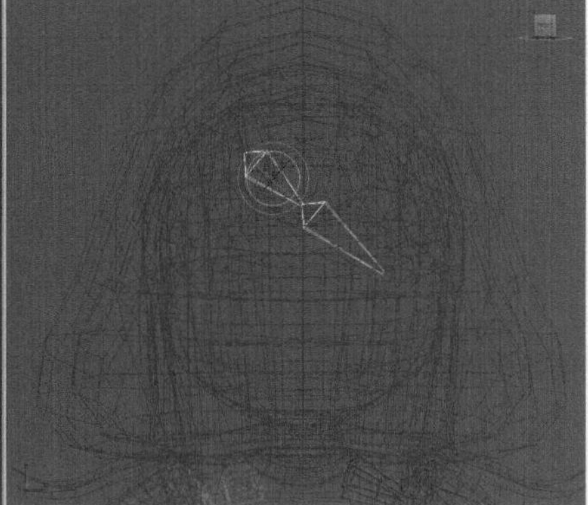

图5-17　创建前额发丝骨骼

提示：在拉出两节骨骼后，会自动生成一根末端骨骼，这时可保留、隐藏或删除。

（2）准确匹配骨骼到模型。方法：选中前额发丝根骨骼，执行Animation | Bone Tools菜单命令，如图5-18中A所示，打开Bone Tools（骨骼工具）面板。进入Fin Adjustment Tools（鳍调整工具）卷展栏的Bone Objects组，调整Bone骨骼的Width（宽度）、Height（高度）和Taper（锥化）参数，如图5-18中B所示。同理调整好其他骨骼的大小。

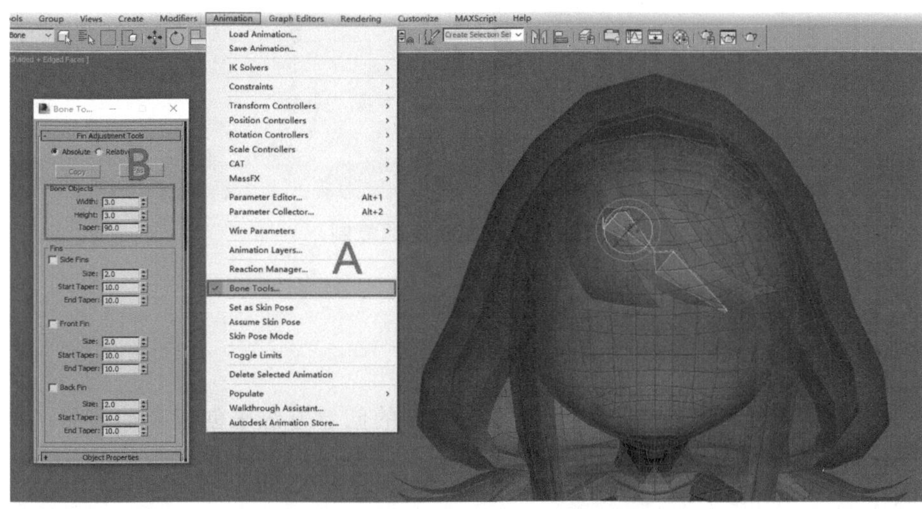


图5-18 使用Bone Tools面板调整骨骼大小

（3）创建头部左侧鬓角头发的骨骼。方法：参照前额发丝骨骼的创建方法创建两侧头发的骨骼，再将骨骼移动到准确位置，最后调整Bone骨骼的Width（宽度）、Height（高度）和Taper（锥化）参数，效果如图5-19所示。

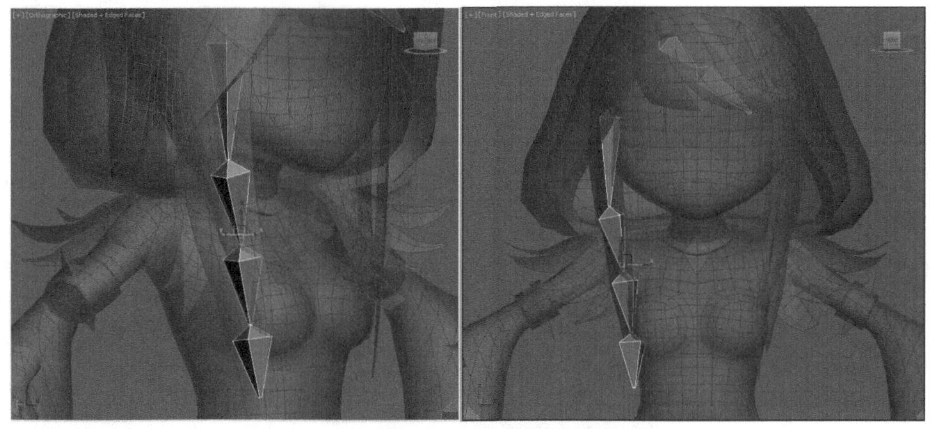

图5-19 创建头部两侧鬓角头发的骨骼

（4）右侧鬓角头发的复制。方法：首先选中左侧鬓角头发的骨骼，单击Bone Tools（骨骼工具）卷展栏下的Mirror（镜像）按钮，然后在弹出的Bone Mirror（骨骼镜像）对话框下的Mirror Axis（镜像轴）组下选中X单选按钮，如图5-20中A所示。此时视图中已经复制出以X轴为对称轴的骨骼，最后将其匹配到模型，效果如图5-20中B所示。

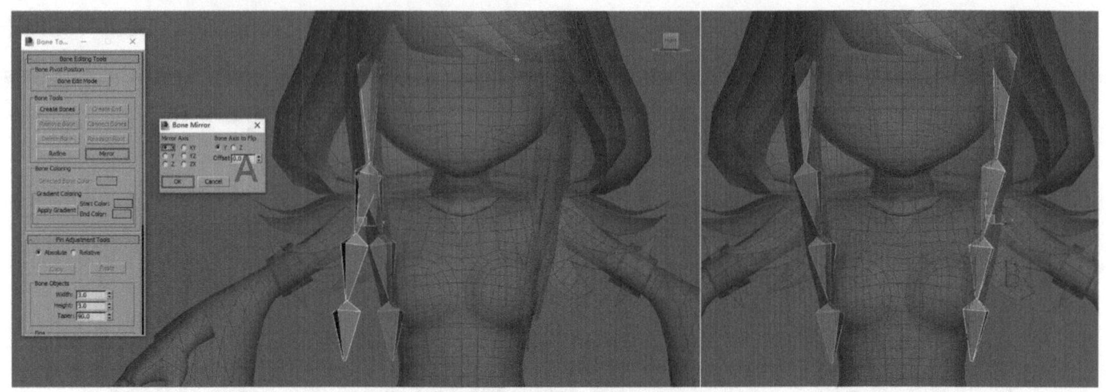

图5-20　右侧头发的复制

## 5.2.2 创建衣袖骨骼

（1）创建左侧衣袖骨骼。方法：参照上述骨骼的创建方法来创建衣袖骨骼，再将骨骼匹配到模型合适的位置，并调整Bone骨骼的Width（宽度）、Height（高度）和Taper（锥化）参数，效果如图5-21所示。

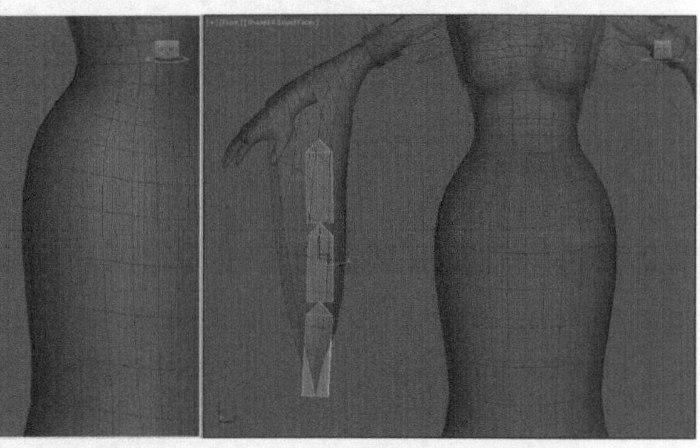

图5-21　创建左侧衣袖骨骼

（2）右侧衣袖骨骼的复制。方法：参考左侧头发的复制方法进行操作。选中左侧衣袖整根骨骼，单击Bone Tools（骨骼工具）卷展栏下的Mirror（镜像）按钮，在弹出的Bone Mirror（骨骼镜像）对话框下的Mirror Axis（镜像轴）栏中选中X。视图中复制出以X轴对称的骨骼。单击OK按钮，完成右侧衣袖骨骼的复制，并匹配到模型，效果如图5-22所示。

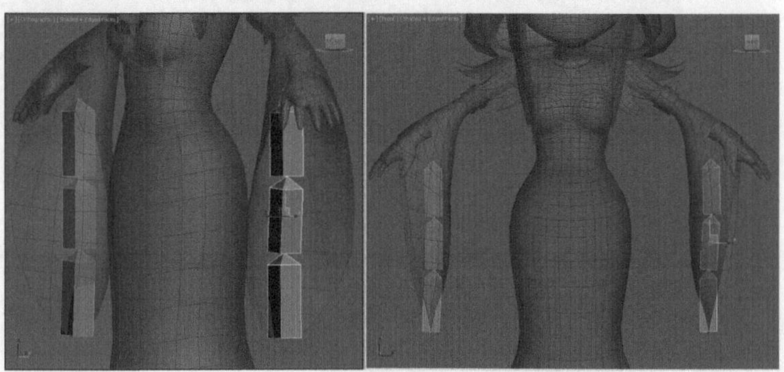

图5-22　右侧衣袖的骨骼复制

## 5.2.3 骨骼的链接

（1）头发的骨骼链接。方法：按住Ctrl键，依次选中头发的根骨骼，单击工具栏中的 Select and Link（选择并链接）按钮，然后按住鼠标左键拖动至头骨上，松开鼠标左键完成链接，如图5-23所示。

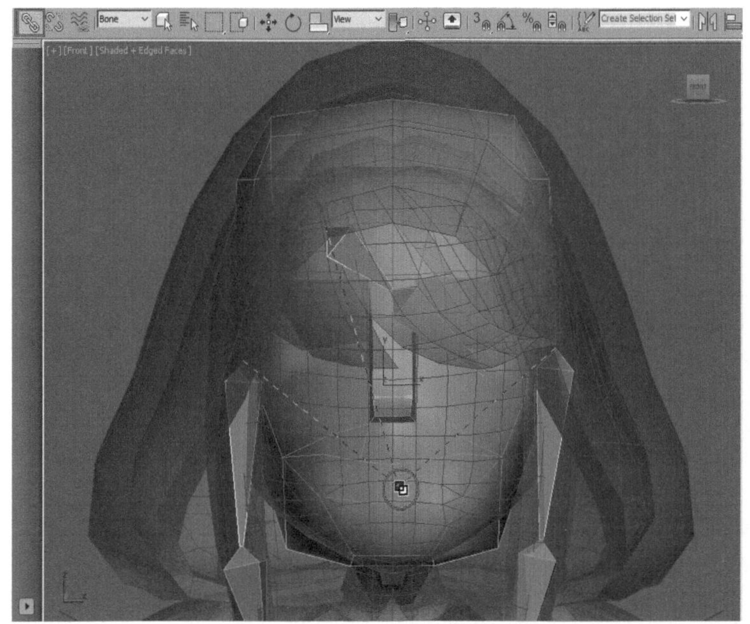

图5-23 头发的骨骼链接

（2）衣袖的骨骼链接。方法：选中衣袖骨骼，参考头发骨骼链接的方式，分别将左右衣袖骨骼链接到肘臂骨骼上。要注意左右手衣袖模型与骨骼的位置适配，如图5-24所示。

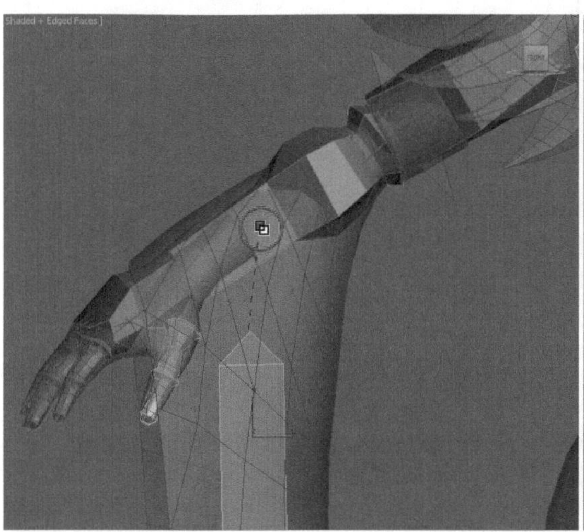

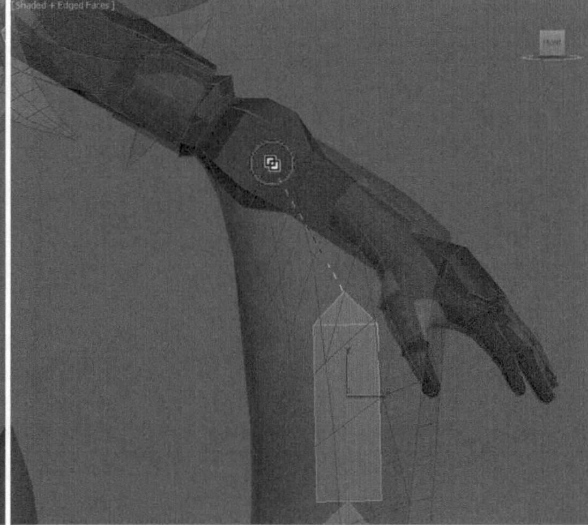

图5-24 衣袖的骨骼链接

## 5.2.4 创建武器模型的虚拟体及链接

（1）创建武器模型的虚拟体。方法：全部取消隐藏，打开Selection Filter（选择过滤器）卷展栏选择All（全部）模式，如图5-25中A所示。单击 Create（创建）面板下 Helpers（辅助对象）中Dummy（虚拟体）按钮，如图5-25中B所示，为武器创建虚拟体，如图5-25中C所示。

图5-25 创建武器模型的虚拟体

（2）虚拟体链接到武器模型。方法：选中武器模型，单击工具栏中的 Select and Link（选择并链接）按钮，然后按住鼠标左键拖动至虚拟体上，松开鼠标左键完成链接，如图5-26所示。

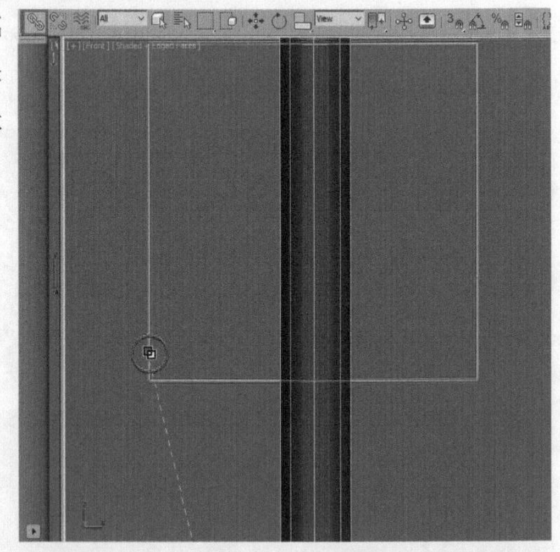


图5-26 虚拟体链接到武器模型

（3）武器链接到手掌。方法：选中武器的虚拟体，将其摆放在手掌的合适位置，参照上述链接方法，选中虚拟体链接给手掌，效果如图5-27所示。

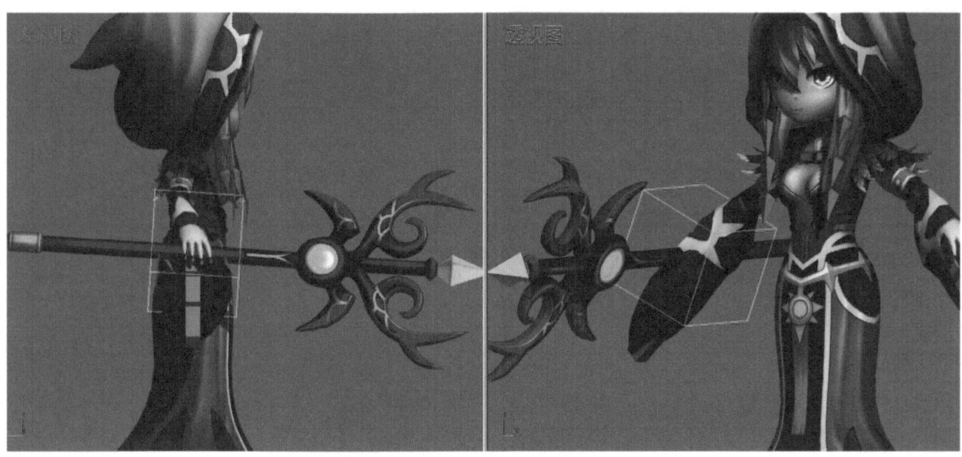

图5-27　武器链接到手掌

# 5.3 冰法女巫的蒙皮设定

本实例继续采用Skin蒙皮，这样可以自由地选择骨骼来进行蒙皮，调节权重也十分方便。特别是对布料、皮毛、头发等柔软的物件，Skin蒙皮更有优势。本节内容包括添加Skin（蒙皮）修改器、调节身体权重等两个部分。

## 5.3.1 添加蒙皮修改器

（1）为冰法女巫添加Skin修改器。方法：选中冰法女巫身体的模型，再打开Modify（修改）面板中的Modifier List（修改器列表）下拉菜单，并选择Skin（蒙皮）修改器，如图5-28所示。单击Add（添加）按钮，如图5-29中A所示。在弹出的Select Bones（选择骨骼）对话框中选择全部骨骼，单击Select（选择）按钮，如图5-29中B所示，将骨骼添加到蒙皮。

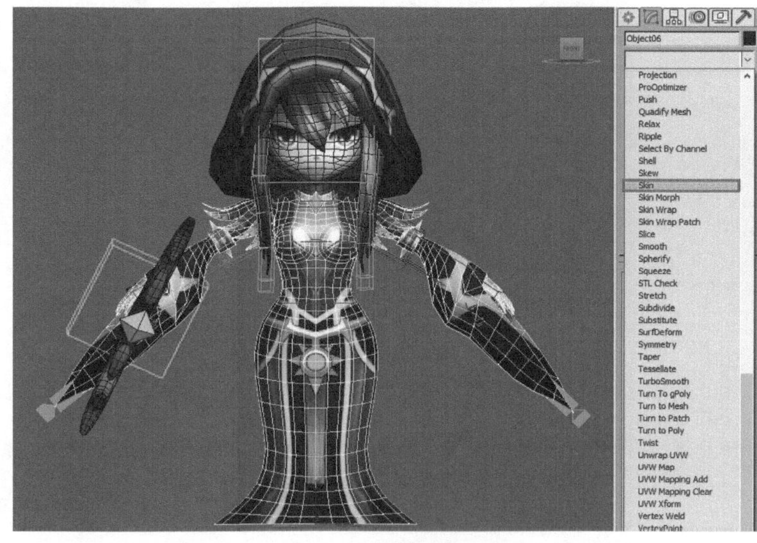

图5-28　为身体模型添加Skin修改器

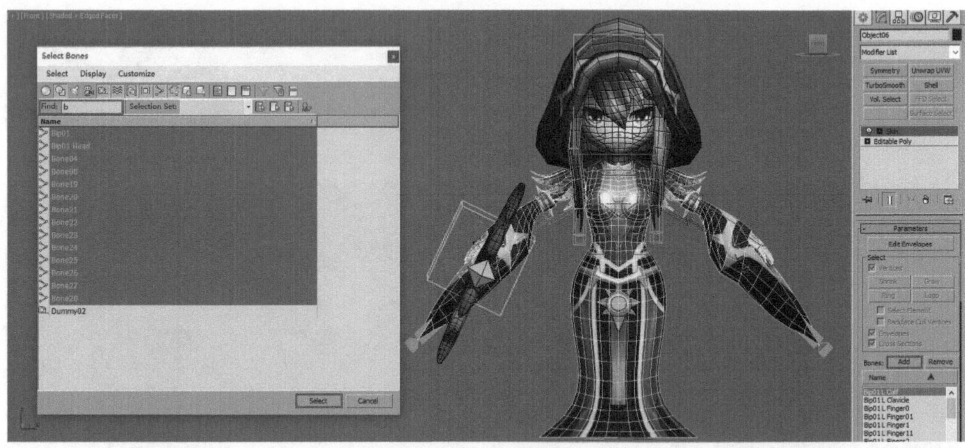

图5-29 添加所有骨骼

（2）添加完所有骨骼之后，要把对冰法女巫的动作不产生作用的骨骼移除，以便减少系统对骨骼数目的运算。方法：在Add（添加）列表中选择质心骨骼Bip01以及头部骨骼，单击Remove（移除）按钮移除质心及头部骨骼，如图5-30所示，这样使蒙皮的骨骼对象更加简洁。

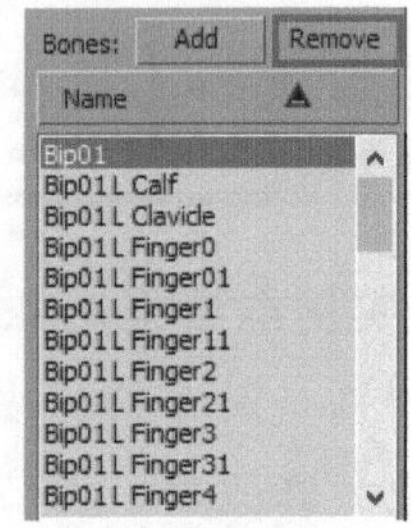


图5-30 移除质心

（3）为头部模型添加Skin修改器。方法：参考上述为身体模型添加Skin修改器的方法进行操作，如图5-31中A所示。并将头部与头发骨骼添加到修改器，如图5-31中B所示。

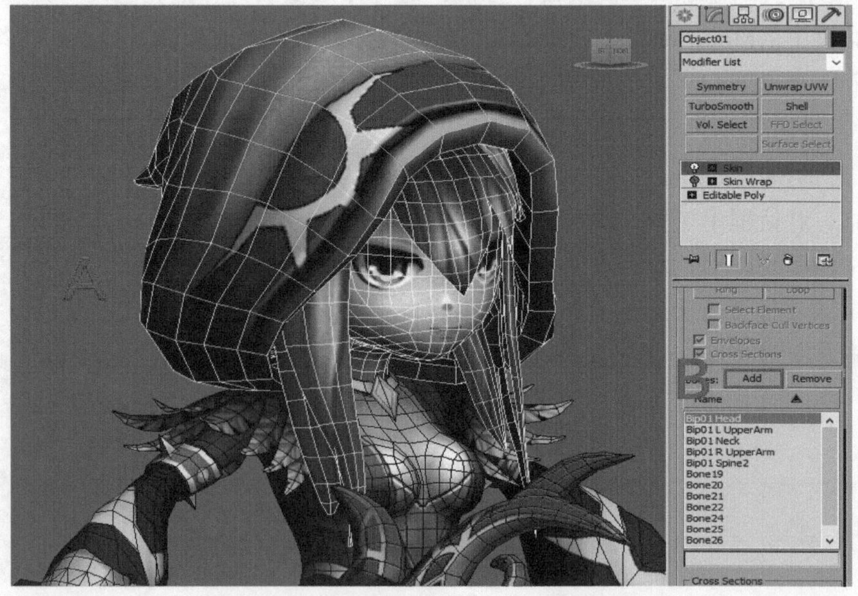


图5-31 为头部模型添加Skin修改器

## 5.3.2 调节身体权重

为骨骼指定Skin（蒙皮）修改器后，还不能调节冰法女巫的动作。因为这时骨骼对模型顶点的影响范围往往是不合理的，在调节时会使模型产生变形和拉伸。调节之前要先使用Edit Envelopes（编辑封套）功能将骨骼模型顶点的影响控制在合理范围内。

（1）为方便观察，先将骨骼隐藏。方法：双击质心，从而选中所有的骨骼，再右击鼠标，在弹出的快捷菜单中选择Hide Selection（隐藏选择）命令，隐藏所有骨骼，效果如图5-32所示。

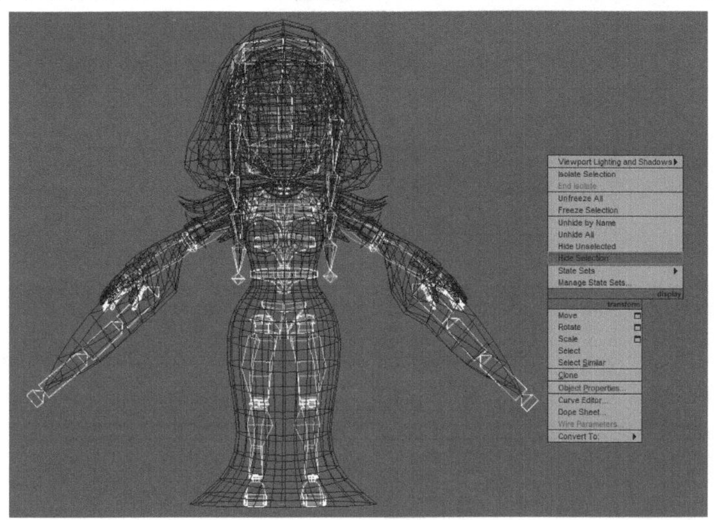


图5-32　隐藏骨骼

（2）激活权重。方法：选中冰法女巫身体的模型，激活Skin（蒙皮）修改器，激活Edit Envelopes（编辑封套）功能，勾选Vertices（顶点）复选框，如图5-33所示。再鼠标单击 Weight Tool（权重工具)按钮，如图5-34中A所示。在弹出的面板中编辑权重，如图5-34中B所示。

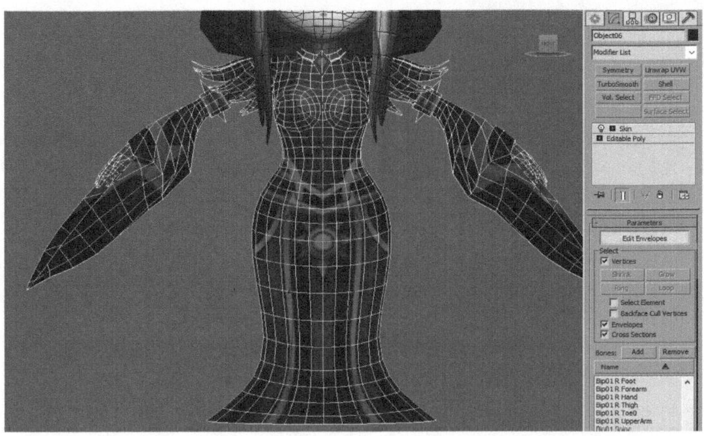


图5-33　激活编辑封套功能

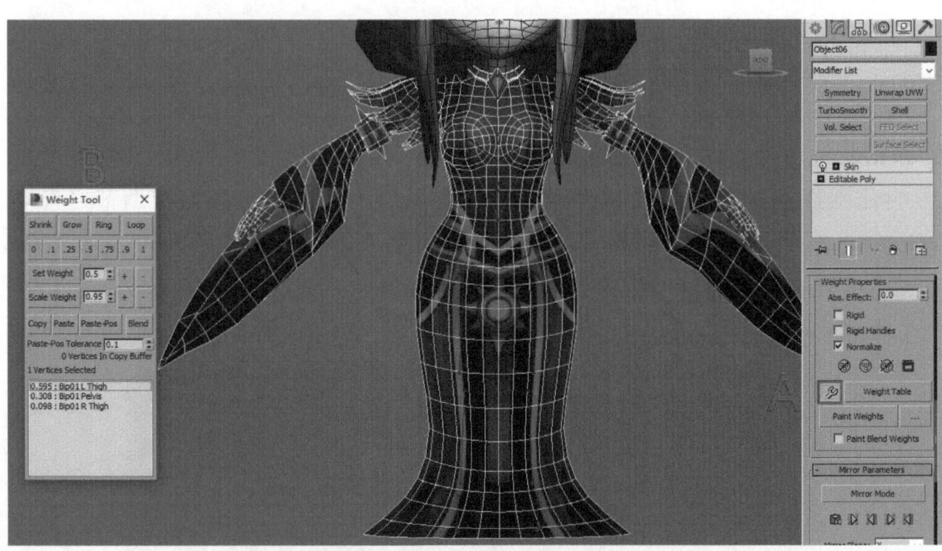


图5-34　打开权重工具面板

提示：在调节权重时，能看到权重点上的颜色变化，不同颜色代表着这个点受这节骨骼影响的权重值不同；红色的点受这节骨骼影响最大，权重值为1，蓝色点受这节骨骼的影响的权重值最小，白色的点则表示没有受这节骨骼的影响，权重值为0。

（3）调节头部的权重值。方法：激活头部模型的权重，选中头部的权重链接，再选中头部所有相关的点，设置权重值为1；选中头部与脖子相衔接的部分，设置其权重值为0.5左右，效果如图5-35所示。

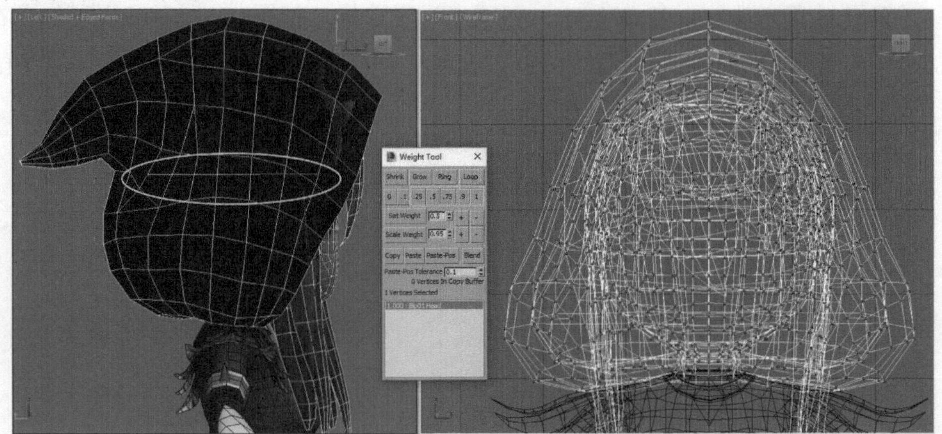


图5-35　调节头部的权重值

（4）调节颈部骨骼的权重值。方法：选中颈部骨骼的权重链接，设置其所在位置的权重值为1，与头部相衔接位置的权重值为0.5左右，效果如图5-36所示。

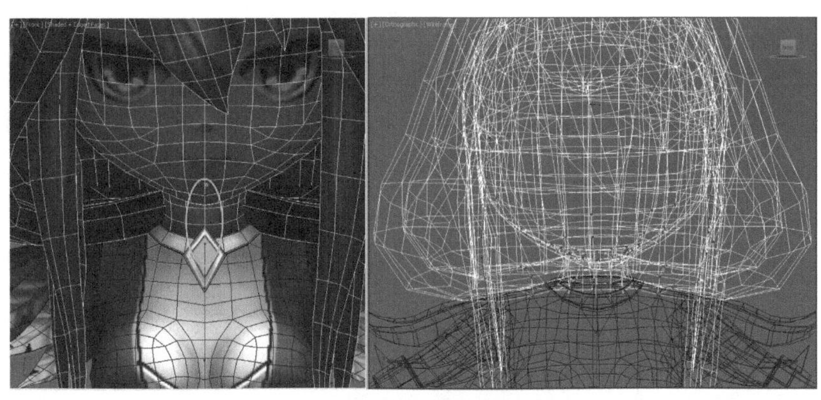

图5-36 调节颈部骨骼的权重值

（5）调节头发骨骼的权重值。方法：选中头发末端骨骼的权重链接，设置其所在位置的调整点的权重值为1，与第三节骨骼相衔接位置的调整点的权重值为0.5左右。选中第三节骨骼的权重链接，设置其所在位置的调整点的权重值为1，与第二骨骼相衔接位置的调整点的权重值为0.5左右。再选中第二节骨骼的权重链接，设置其所在位置的调整点的权重值为1，与根骨骼相衔接位置的调整点的权重值为0.5左右。最后选中根骨骼的权重链接，设置其与头部骨骼相衔接位置的调整点的权重值为0.5左右，如图5-37所示。同理，调节另一侧头发的权重。

图5-37 调节头发骨骼的权重值

（6）调节手部骨骼的权重值。方法：先激活身体的权重。选中食指的末端骨骼的权重链接，设置其所在位置的权重值为1，与第二根骨骼相衔接位置的权重值为0.5左右。选中第二根骨骼的权重链接，设置其所在位置的权重值为1，与末端骨骼和手掌骨骼相衔接位置的权重值为0.5左右。其他手指同理。最后选中手掌骨骼，设置其所在位置的权重值为1，与肘臂相衔接位置的权重值为0.5左右，如图5-38所示。

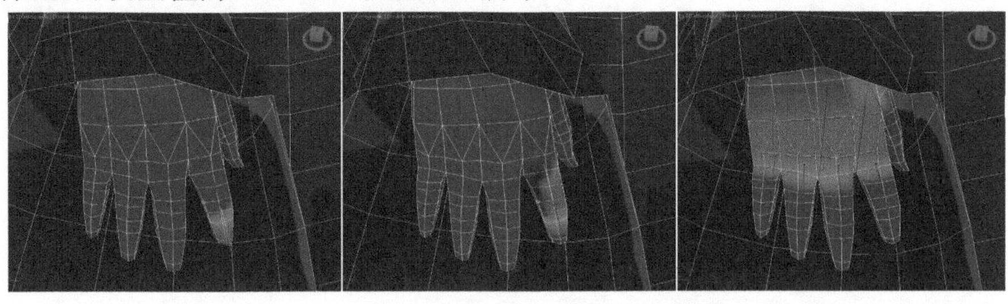

图5-38 调节手部骨骼的权重值

（7）调节手臂骨骼的权重值。方法：选中肘臂骨骼的权重链接，设置其所在位置的权重值为1，与手掌骨骼和肩臂骨骼相衔接位置的权重值为0.5左右，如图5-39所示。再选中肩臂骨骼的权重链接，设置其所在位置的权重值为1，与肘臂骨骼和肩部骨骼相衔接位置的权重值为0.5左右，如图5-40所示。最后选中肩部骨骼的权重链接，设置其所在位置的权重值为1，与邻近骨骼相衔接位置的权重值为0.5左右，如图5-41所示。

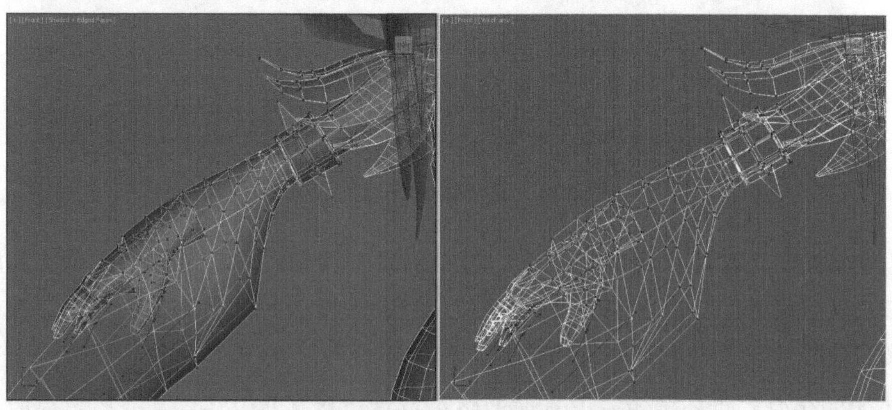

图5-39　调节肘臂骨骼的权重值

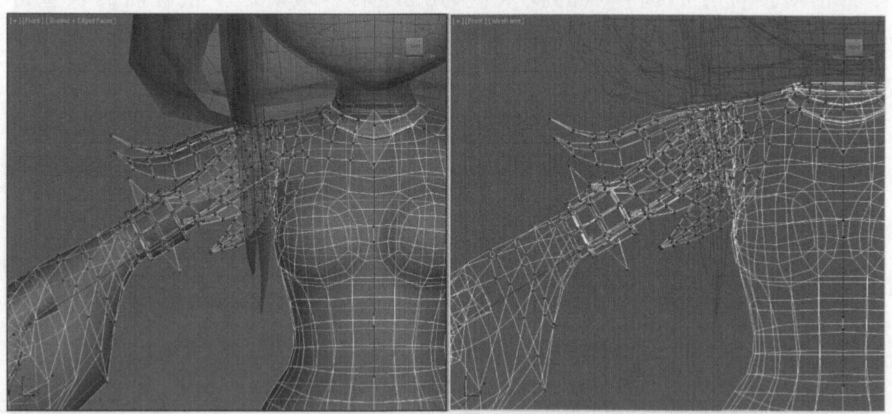

图5-40　调节肩臂骨骼的权重值

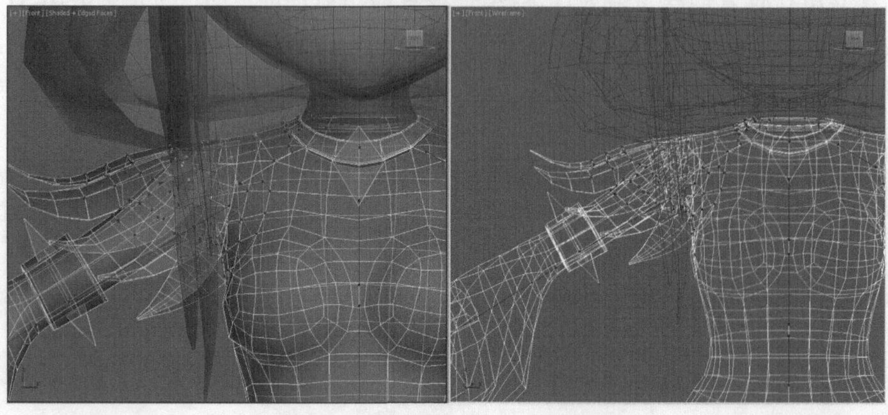

图5-41　调节肩部骨骼的权重值

（8）调节腿部骨骼的权重值。方法：选中小腿骨骼的权重链接，设置其所在位置的权重值为1，与邻近骨骼相衔接位置的权重值为0.5左右，如图5-42所示。再选中大腿骨骼的权重链接，设置其所在位置的权重值为1，与邻近骨骼相衔接位置的权重值为0.5左右，如图5-43所示。同理调节另一腿部骨骼的权重。

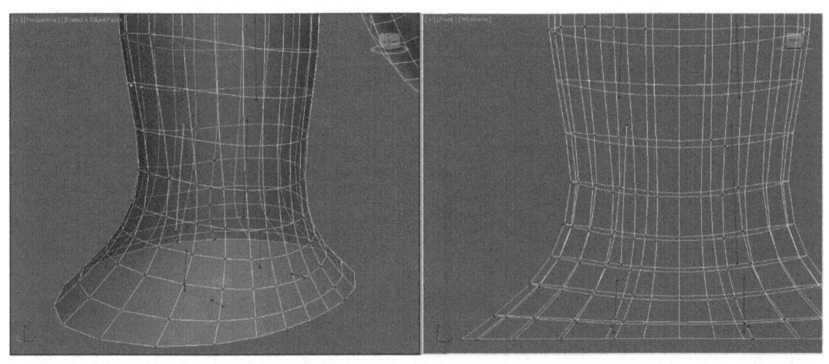

图5-42 调节小腿腿部骨骼的权重值

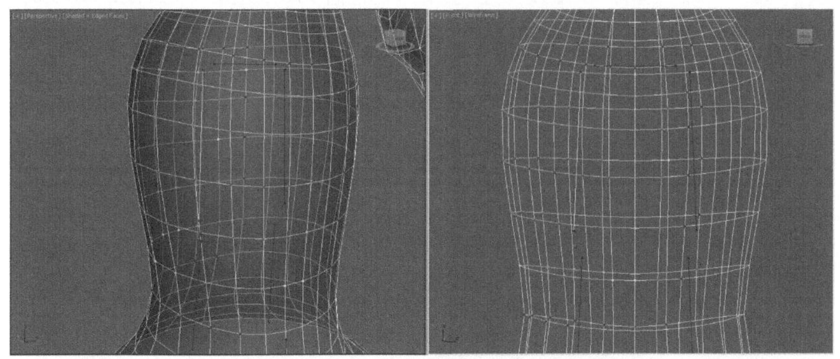

图5-43 调节大腿腿部骨骼的权重值

（9）调节臀部骨骼的权重值。方法：选中臀部骨骼的权重链接，设置其所在位置的权重值为1，与邻近骨骼相衔接位置的权重值为0.5左右。臀部是角色上半身及下半身的链接点，也是动画运动节奏及运动幅度最大的部位，因此要细致调整好臀部权重与其他部位的权重值，如图5-44所示。

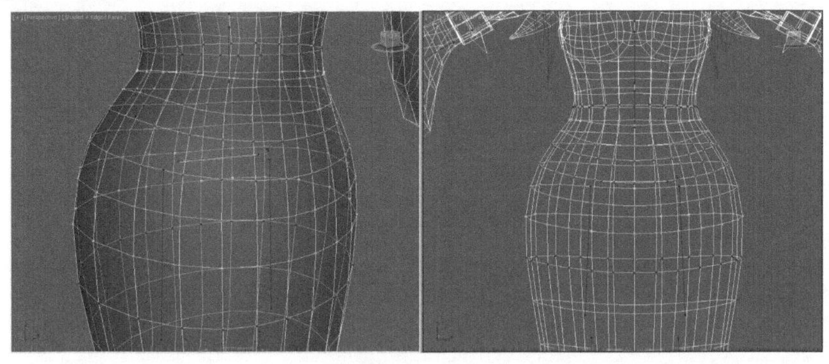

图5-44 调节臀部骨骼的权重值

（10）调节腹部骨骼的权重值。方法：选中腹部骨骼的权重链接，设置其所在位置的权重值为1，与臀部骨骼和腰部骨骼相衔接位置的权重值为0.5左右，如图5-45所示。

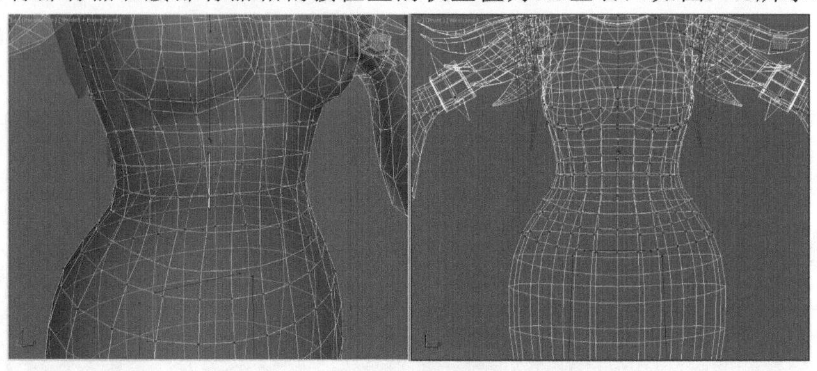

图5-45　调节腹部骨骼的权重值

（11）调节腰部骨骼的权重值。方法：选中腰部骨骼的权重链接，设置其所在位置的权重值为1，与腹部骨骼和胸腔骨骼相衔接位置的权重值为0.5左右，如图5-46所示。

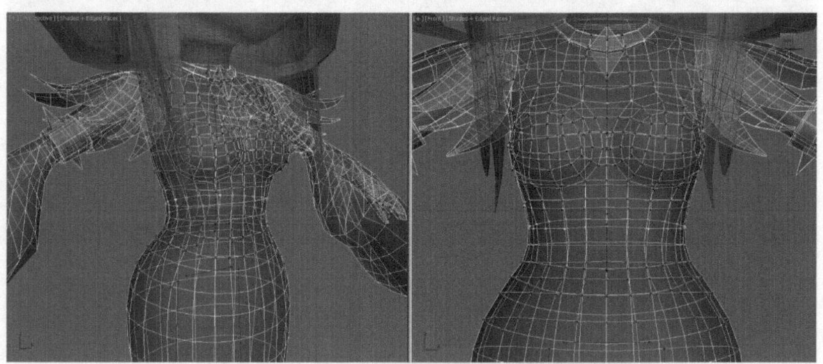

图5-46　调节腰部骨骼的权重值

（12）调节胸腔骨骼的权重值。方法：选中胸腔骨骼的权重链接，设置其所在位置的权重值为1，在与颈部、肩部、腹部及身体附属装备等骨骼相衔接位置的权重值为0.5左右，通过移动、旋转等工具检测各个部分衔接部位的权重值的合理性，如图5-47所示。

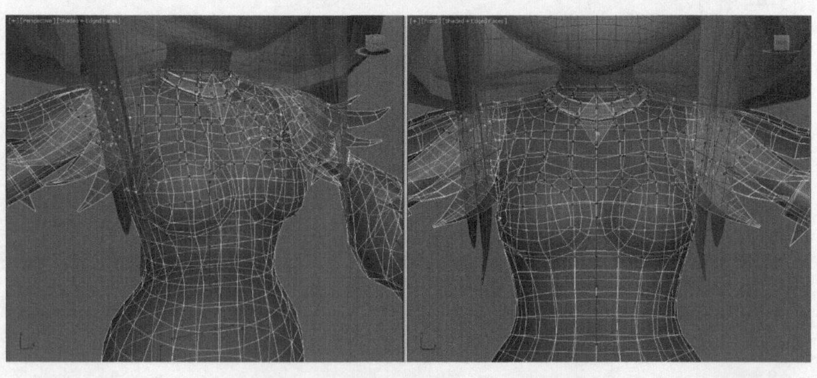

图5-47　调节胸腔骨骼的权重值

# 5.4 冰法女巫的动画制作

本章根据冰法女巫在游戏产品中的定位，结合冰法女巫的人物造型特点为角色进行动作的设计。冰法女巫动作主要包括奔跑、攻击等待、死亡以及三连击。

## 5.4.1 制作冰法女巫的奔跑动画

奔跑动作在很多角色动作设计中最能表现角色个性特色。冰法女巫属于法系职业，奔跑动作更多表现在裙摆及衣袖的摆动。法系的柔、运动的节奏、速度及运动的方式与其他职业有本质的区分，本节就来学习奔跑动作的制作方法。首先来看一下冰法女巫奔跑动作的序列，如图5-48所示。



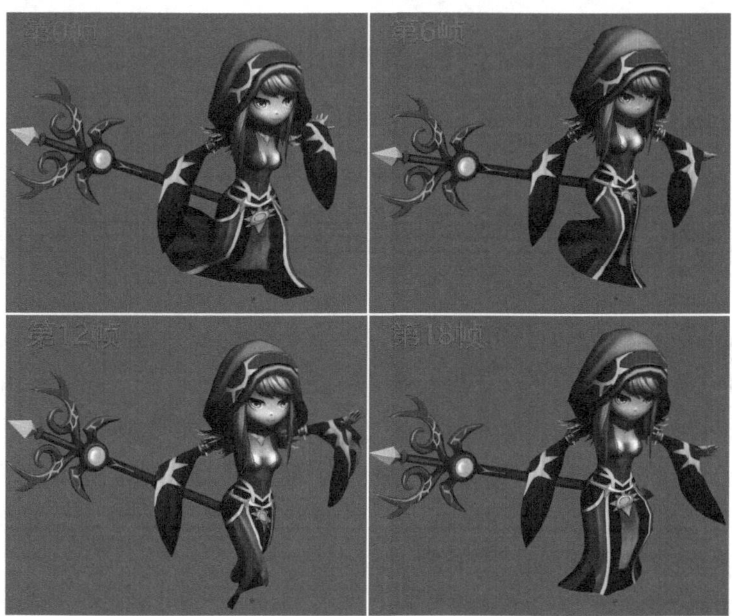


**图5-48 冰法女巫奔跑动作的序列帧**

（1）设置时间配置。方法：单击动画控制区中的 Time Configuration（时间配置）按钮，在弹出的对话框中设置End Time（结束时间）为24，设置Speed（速度）模式为1x。单击OK按钮，如图5-49所示，从而将时间滑块长度设为24帧。

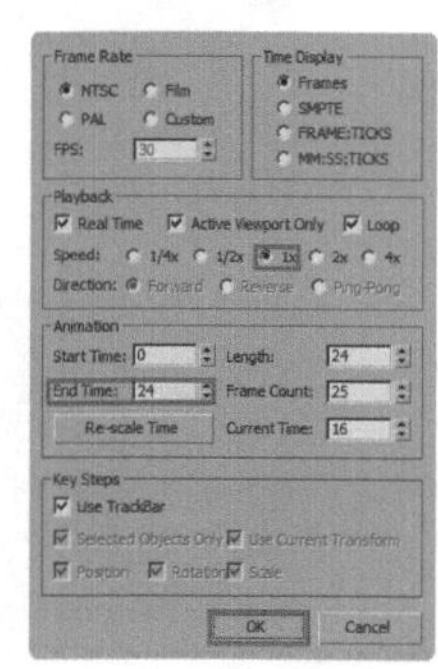


**图5-49 设置时间配置**

（2）调整冰法女巫的初始姿势。方法：拖动时间滑块到第0帧，再使用 Select and Move（选择并移动）和 Select and Rotate（选择并旋转）工具调整冰法女巫骨骼的位置和角度，使冰法女巫质心向上，调整到跑步之前的初始状态，效果如图5-50所示。

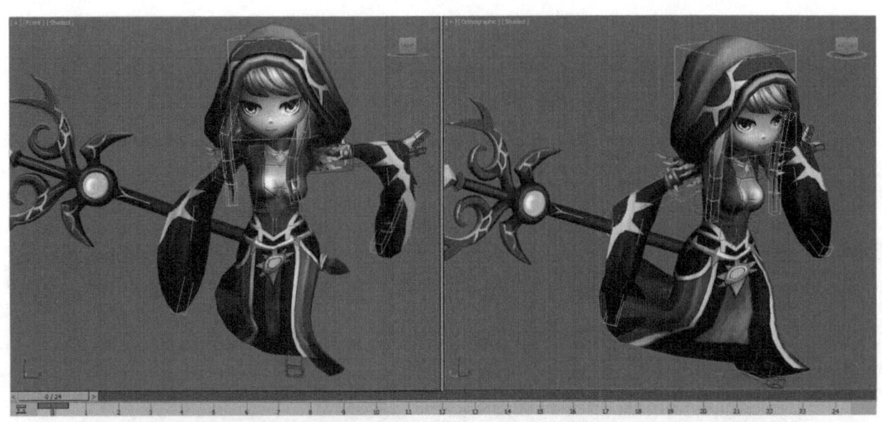

图5-50 冰法女巫奔跑动作的初始姿势

提示：①只有在脚掌是滑动关键帧的模式下移动质心，身体才不会全部移动，所以在需调整质心的关键帧上，要为脚掌打上滑动关键帧。②调整武器运动时直接选择武器模型即可调整武器姿势。

（3）复制姿态。方法：选中任意的Biped骨骼，进入 Motion（运动）面板的Cope/Paste（复制/粘贴）卷展栏，单击Pose（姿势）按钮、再单击 Create Collection（创建集合）按钮和 Copy Pose（复制姿势）按钮。拖动时间滑块到第24帧，单击 Paste Pose（粘贴姿势）按钮，将第0帧骨骼姿势复制到第24帧，效果如图5-51所示。拖动时间滑块到第12帧，单击 Paste Pose Opposite（向对面粘贴姿势）按钮，向对面复制姿态到第24帧，效果如图5-52所示。

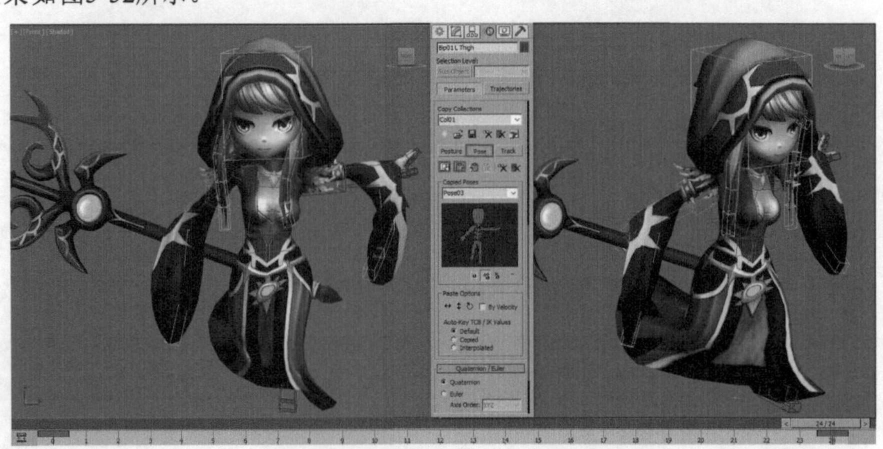

图5-51 复制姿态到第24帧

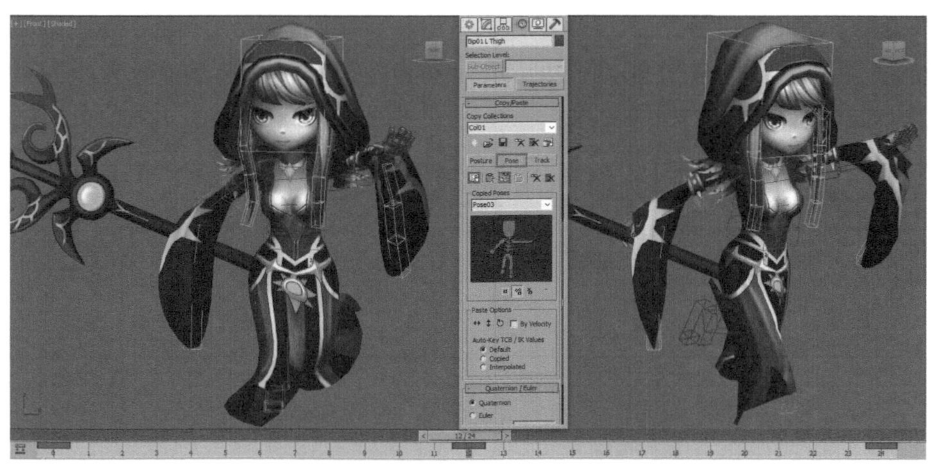

图5-52　向对面复制姿态到第12帧

（4）调整冰法女巫在第12帧的姿势。方法：将时间滑块拖动到第12帧，使用 Select and Rotate（选择并旋转）工具调整冰法女巫的骨骼，制作出冰法女巫在奔跑时右手拿武器的运动弧度较小、左手摆动弧度较大的姿势，效果如图5-53所示。

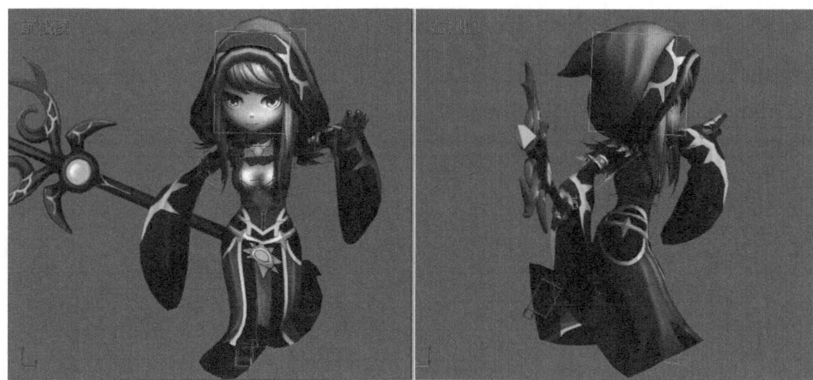

图5-53　调整第12帧姿势

（5）调整冰法女巫在第3帧的姿势。方法：将时间滑块拖动到第3帧，使用 Select and Move（选择并移动）和 Select and Rotate（选择并旋转）工具调整冰法女巫骨骼的位置和角度，制作出质心向下、左脚完全落地的姿势，效果如图5-54所示。

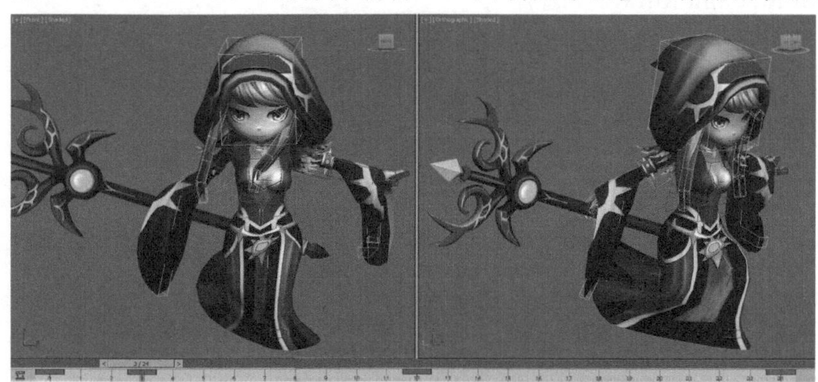

图5-54　调整冰法女巫在第3帧的姿势

（6）调整冰法女巫在第6帧的姿势。方法：将时间滑块拖动到第6帧，使用 Select and Move（选择并移动）和 Select and Rotate（选择并旋转）工具调整冰法女巫骨骼的位置和角度，制作出冰法女巫质心向上、欲迈向下一步的姿势，效果如图5-55所示。

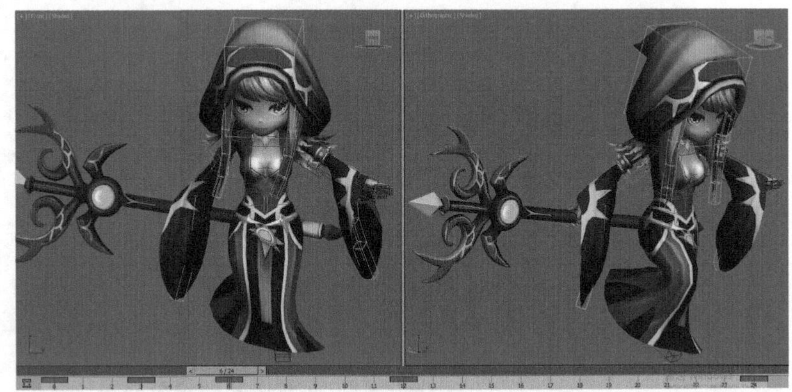

图5-55 调整冰法女巫在第6帧的姿势

（7）调整冰法女巫在第15帧的姿势。方法：将时间滑块拖动到第15帧，使用 Select and Move（选择并移动）和 Select and Rotate（选择并旋转）工具调整冰法女巫手部骨骼的位置和角度，效果如图5-56所示。

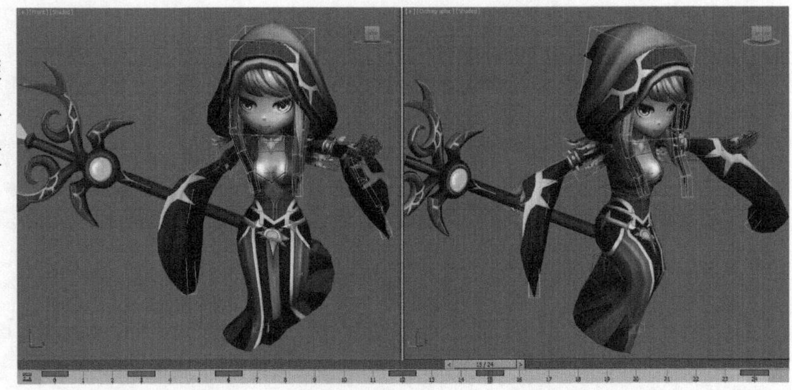

图5-56 冰法女巫在第15帧的过渡帧

（8）调整冰法女巫在第18帧的姿势。方法：使用 Select and Move（选择并移动）和 Select and Rotate（选择并旋转）工具调整法师手部骨骼的位置和角度，如图5-57所示。

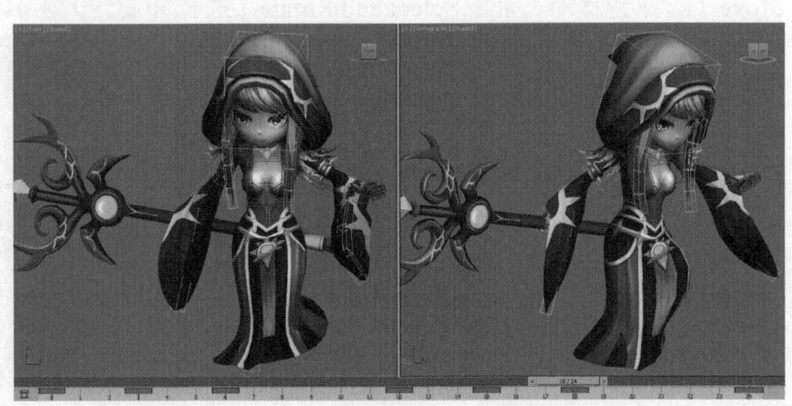

图5-57 调整冰法女巫在第18帧的姿势

(9) 调整冰法女巫质心的运动姿势。方法：使用 Select and Move（选择并移动）和 Select and Rotate（选择并旋转）工具调整法师质心的位置和角度，制作出反映法师在奔跑时质心上下起伏的运动曲线，如图5-58所示。

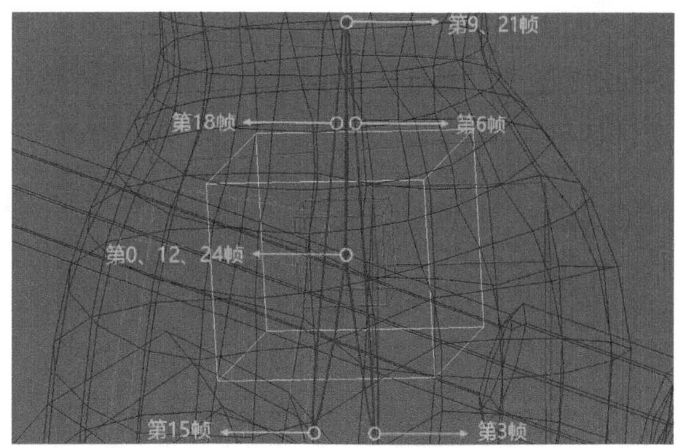


图5-58 质心的轨迹

(10) 调整冰法女巫头部的运动姿势。方法：使用 Select and Rotate（选择并旋转）工具调整头部骨骼第6、18帧的角度，制作出法师奔跑时头部的运动姿势，效果如图5-59所示。

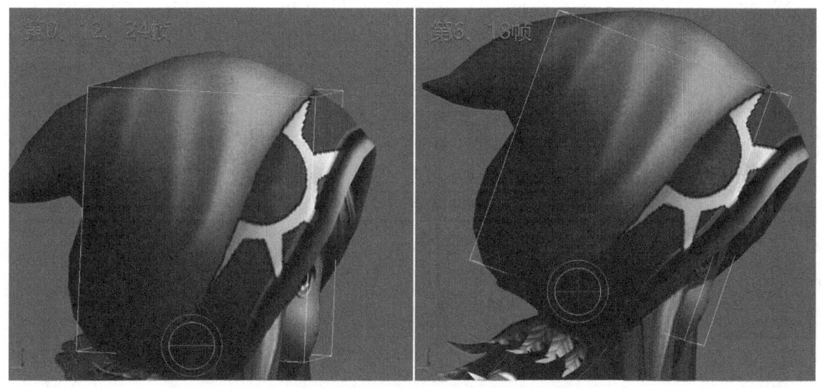


图5-59 冰法女巫头部的运动姿势

(11) 调整冰法女巫右手的运动姿势。方法：选中右侧手部骨骼，使用 Select and Rotate（选择并旋转）工具调整手部骨骼在第6、18帧的角度，制作出法师在奔跑时右手受身体以及武器的重力影响而向下压的运动姿势，效果如图5-60所示。

图5-60 冰法女巫右手的运动姿势

（12）调整冰法女巫左手的运动姿势。方法：选中左手手部骨骼，使用 Select and Rotate（选择并旋转）工具调整手部骨骼的角度，制作出法师在奔跑时左手的运动姿势，可通过拖动时间滑块调整左右手在运动状态的姿态变化，效果如图5-61所示。

图5-61　冰法女巫左手的运动姿势

（13）调整冰法女巫腿部的运动姿势。方法：使用 Select and Move（选择并移动）和 Select and Rotate（选择并旋转）工具调整腿部骨骼的位置和角度，改变法师在奔跑时腿部的运动姿势，处理跑步时左右腿部的交错及与脚部之间的节奏变化，效果如图5-62所示。

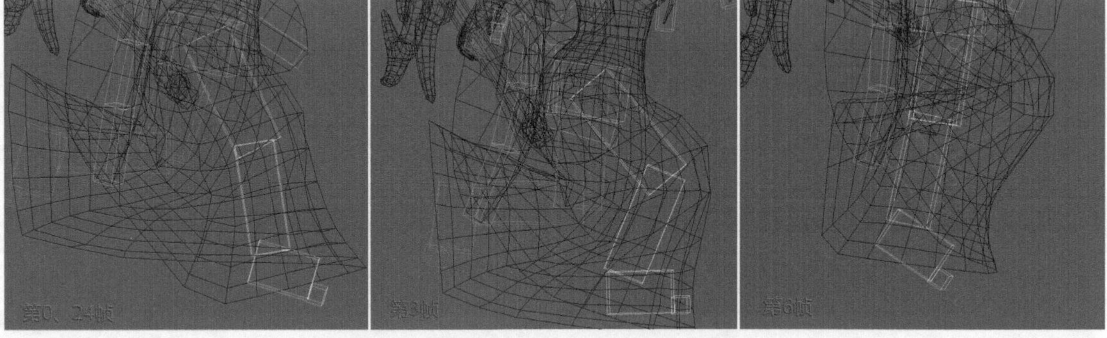


图5-62　冰法女巫腿部的运动姿势

提示：分别将第0、3、6帧向对面复制粘贴到对应的第12、15、18帧。

（14）调整冰法女巫胸部的运动姿势。方法：选中脊椎骨骼，使用 Select and Rotate（选择并旋转）工具调整胸部骨骼的角度，逐帧制作出法师在奔跑时胸部的运动，效果如图5-63所示。

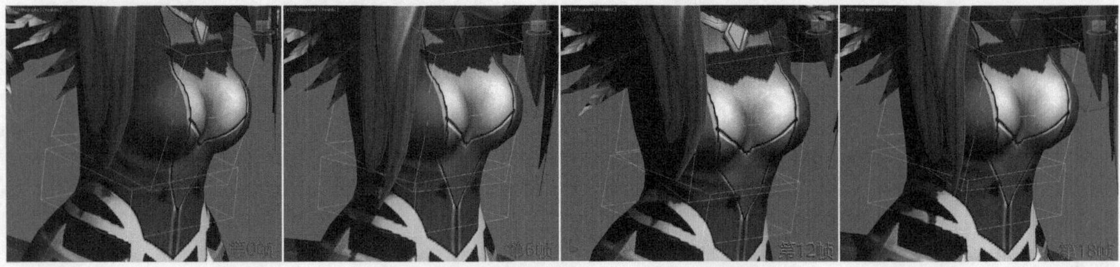


图5-63　冰法女巫胸部的运动姿势

（15）使用Spring（飘带）插件为头发和衣袖调节姿势。方法：选中头发除根骨骼以外的所有骨骼，打开Spring（飘带）插件面板，设置Spring参数为0.3，Loops参数为3，单击Bone按钮，如图5-64所示。此时，飘带插件开始为选中的骨骼进行运算，并循环三次。

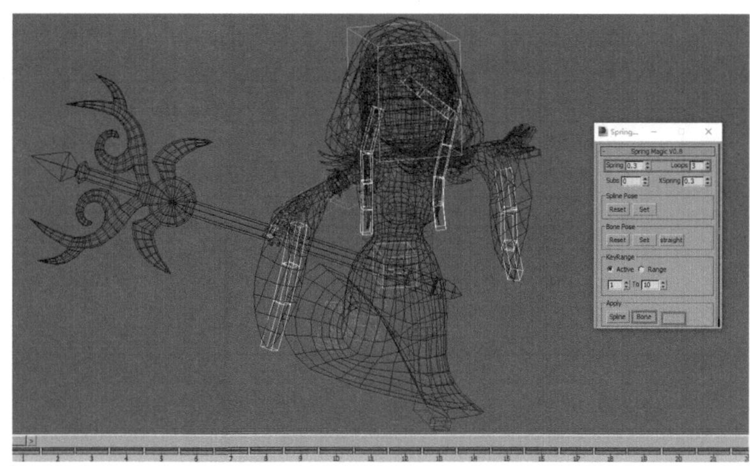

图5-64 为头发和衣袖调节姿势

（16）单击Playback（播放动画）按钮播放动画，此时可以看到冰法女巫的奔跑动作。在播放动画时，如发现幅度过大或有抖动等不流畅的地方，可适当加以调整。

## 5.4.2 制作冰法女巫的攻击等待动画

冰法女巫的攻击等待动作是法系释放技能之前的蓄力动作，整个角色的动态造型比较优雅、柔软。本节将通过冰法女巫攻击等待的制作过程，讲解法系职业的战斗等待状态的运动姿势。首先来看一下法师攻击等待动作的主要序列图，如图5-65所示。

图5-65 冰法女巫攻击等待动作的序列图

（1）设置时间配置。方法：单击动画控制区中的Time Configuration（时间配置）按钮，在弹出的对话框中设置End Time（结束时间）为20，设置Speed（速度）模式为1x。单击OK按钮，结束设置，如图5-66所示。

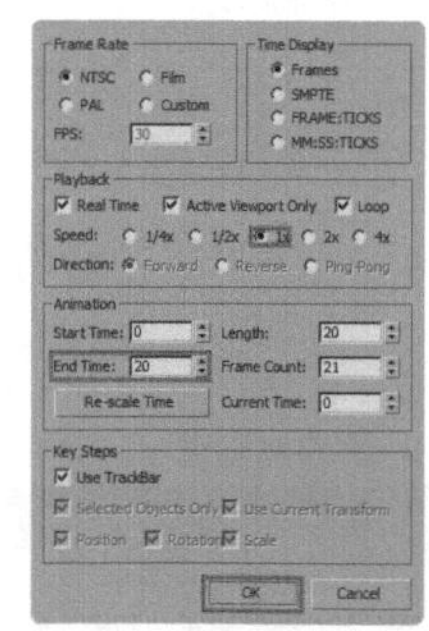

图5-66 设置时间配置

（2）调整冰法女巫的初始帧。方法：将时间滑块拖动到第0帧，使用 Select and Move（选择并移动）和 Select and Rotate（选择并旋转）工具调整冰法女巫的质心向下、双手微微张开并向后，效果如图5-67所示。

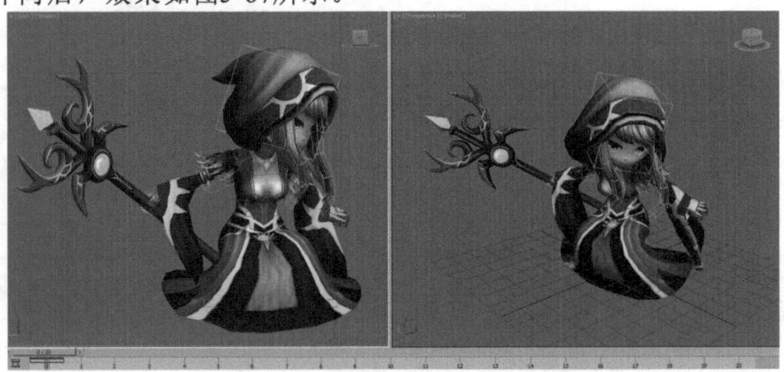

图5-67 设置冰法女巫的初始帧

（3）调整冰法女巫在第10帧的姿势。方法：将时间滑块拖动到第10帧，使用 Select and Move（选择并移动）和 Select and Rotate（选择并旋转）工具调整冰法女巫的质心向前、身体前倾，效果如图5-68所示。

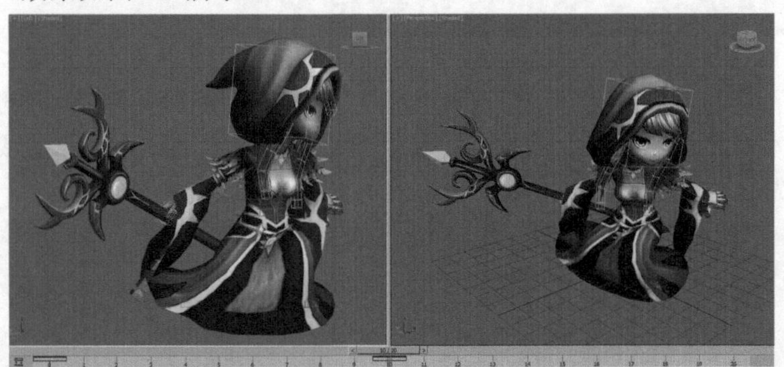

图5-68 设置冰法女巫在第10帧的姿势

（4）调整冰法女巫质心的运动姿势。方法：选中质心，使用 Select and Move（选择并移动）和 Select and Rotate（选择并旋转）工具调整冰法女巫质心的位置和角度，制作出法师在攻击等待时质心的前后运动，如图5-69所示。

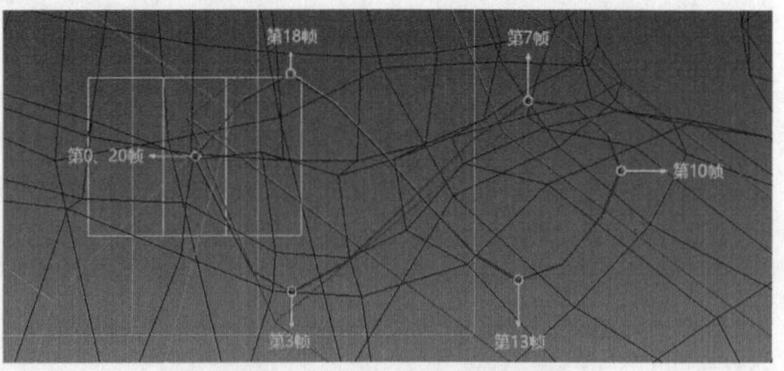


图5-69 质心的运动轨迹

提示：在冰法女巫的攻击等待中，腿部是没有运动的，因此在调整质心前，先将脚掌设置成滑动关键帧。

（5）调整冰法女巫胸部的运动姿势。方法：选中脊椎骨骼，使用 Select and Rotate（选择并旋转）工具调整冰法女巫胸部骨骼的角度，制作出法师在攻击等待时胸部的运动姿势，效果如图5-70所示。

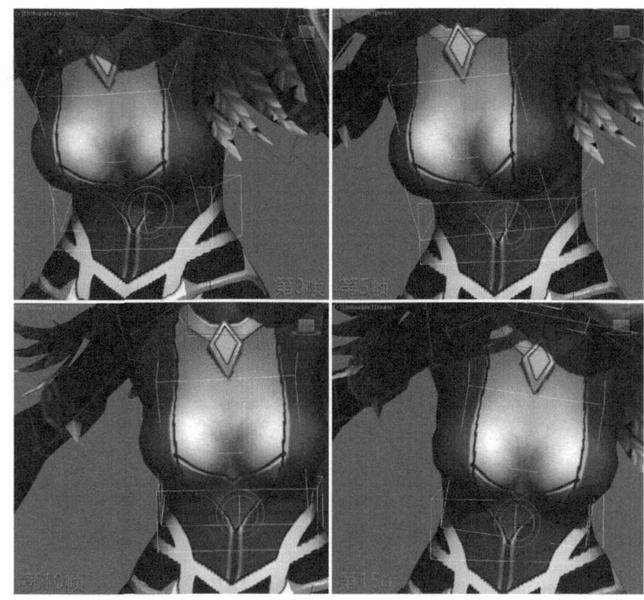

图5-70　冰法女巫胸部运动的运动姿势

（6）调整冰法女巫头部的运动姿势。方法：选中头部骨骼，使用 Select and Rotate（选择并旋转）工具调整头部骨骼的角度，制作出法师在等待时头部的运动姿势，效果如图5-71所示。

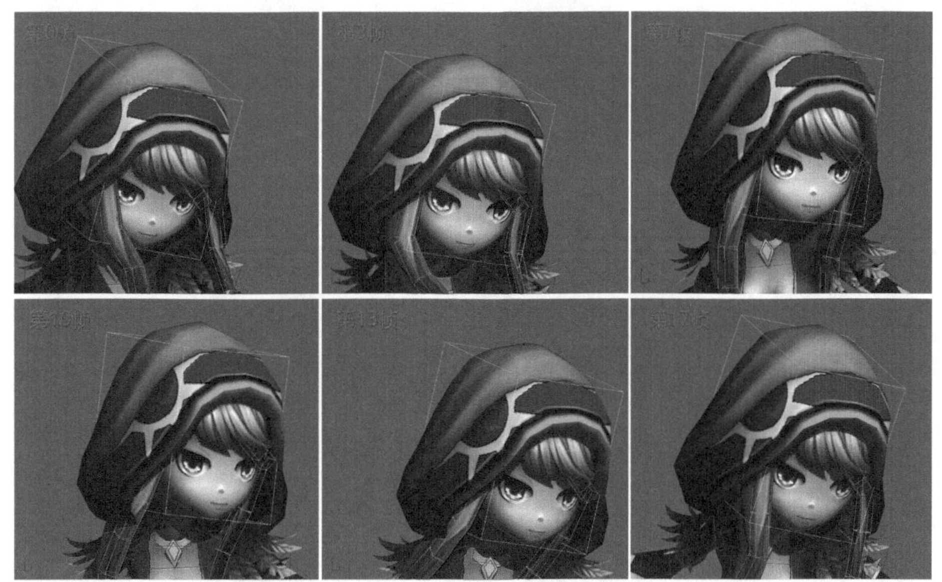

图5-71　冰法女巫头部的运动姿势

（7）调整冰法女巫右手的运动姿势。方法：选中右手手部骨骼，使用 Select and Move（选择并移动）和 Select and Rotate（选择并旋转）工具调整手部骨骼的位置和角度，制作出法师在等待时右手的运动姿势，效果如图5-72所示。

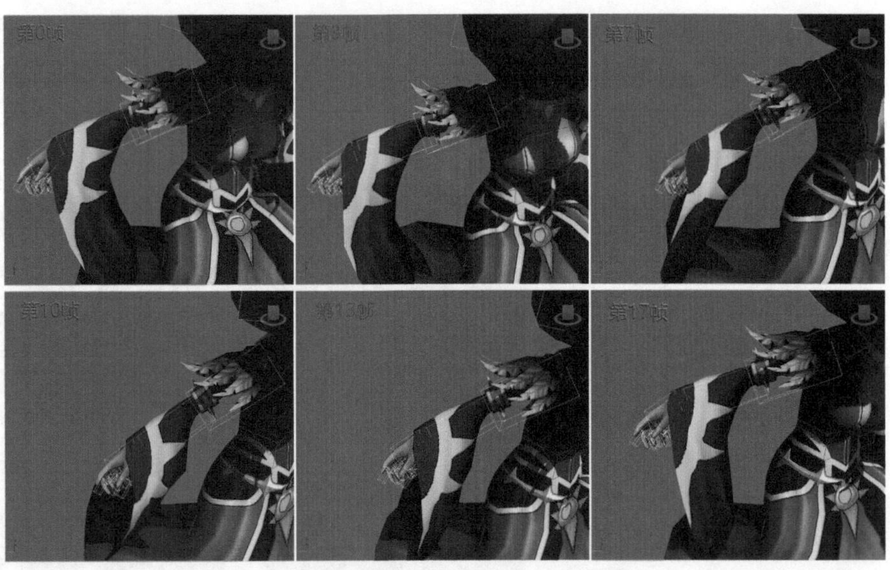


图5-72　冰法女巫右手的运动姿势

（8）调整冰法女巫左手的运动姿势。方法：选中左手手部骨骼，使用 Select and Move（选择并移动）和 Select and Rotate（选择并旋转）工具调整手部骨骼的位置的角度，制作出法师在等待时左手的运动姿势，效果如图5-73所示。

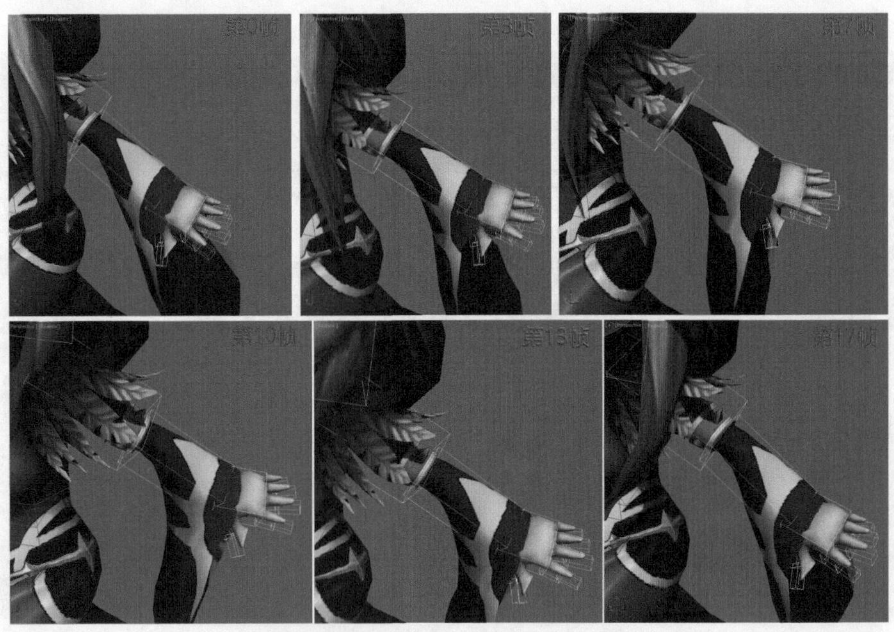


图5-73　冰法女巫左手的运动姿势

（9）参照冰法女巫奔跑的飘带插件运用方法，使用Spring（飘带）插件为头发和衣袖调整姿势。最后单击 Playback（播放动画）按钮播放动画，此时可以看到冰法女巫的攻击等待动作。在播放动画时，如发现幅度过大或有抖动等不流畅的地方，可适当加以调整。

## 5.4.3 制作冰法女巫的死亡动画

死亡动作在游戏角色动画表现中应用非常广泛，法系职业受击死亡的动作相对比较轻柔，运动的动态姿势也比较多样，倒地时身体及肢体的动态比较平稳。本节主要学习冰法女巫死亡动画的制作方法。首先来看一下冰法女巫死亡动作的主要序列图，如图5-74所示。

图5-74 冰法女巫死亡动画的主要序列图

（1）设置时间配置。方法：单击动画控制区的 Time Configuration（时间配置）按钮，在弹出的Time Configuration（时间配置）对话框中设置End Time（结束时间）为30，设置Speed（速度）模式为1x，单击OK（确定）按钮，如图5-75所示。从而将时间滑块长度设为30帧。

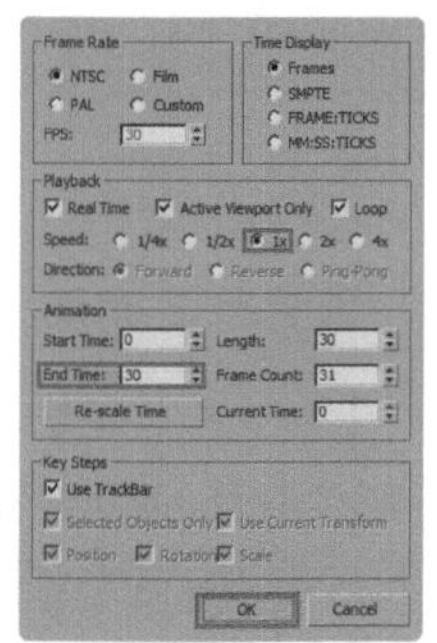

图5-75 设置时间配置

（2）调整冰法女巫的初始帧。方法：将时间滑块拖动到第0帧，使用 Select and Move（选择并移动）和 Select and Rotate（选择并旋转）工具调整冰法女巫的质心稍稍向下、手臂呈张开的姿势，效果如图5-76所示。

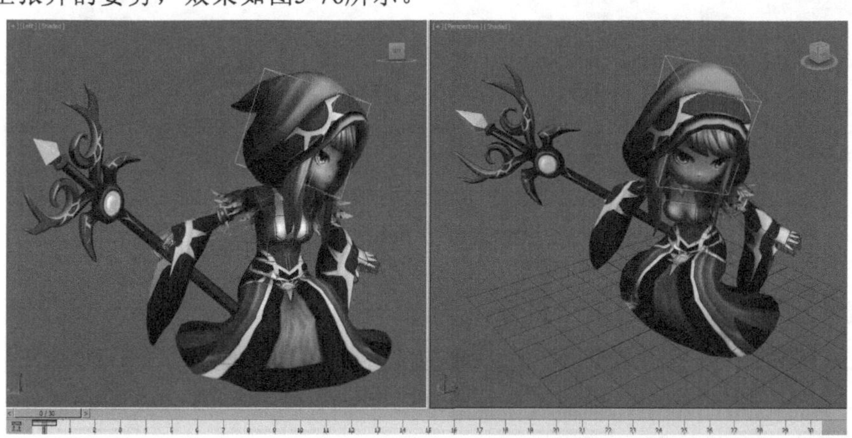

图5-76 冰法女巫初始帧的姿势

（3）调整冰法女巫在第7帧的姿势。方法：将滑动关键帧拖动到第7帧，使用 Select and Move（选择并移动）和 Select and Rotate（选择并旋转）工具调整身体向后顺时针旋转一定角度，使得身体稍微向侧面弯曲，同时身体重心略微向后倾斜，效果如图5-77所示。

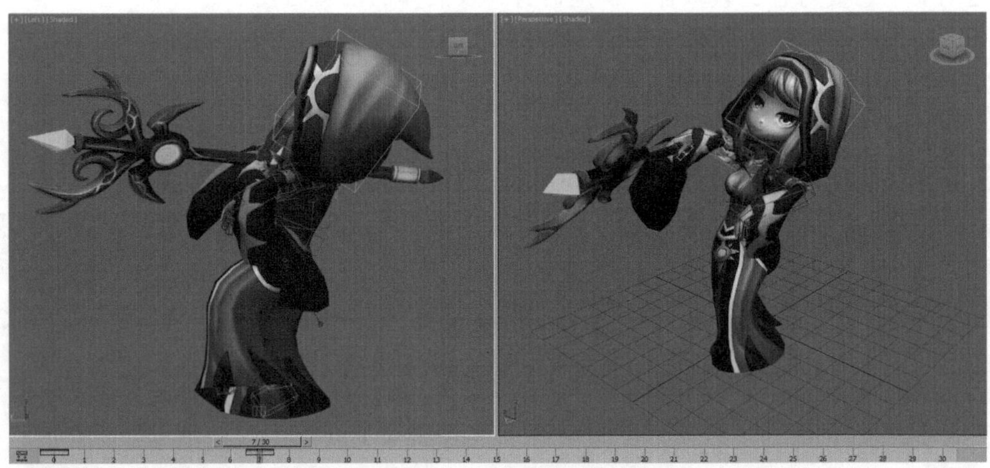

图5-77　冰法女巫在第7帧的姿势

（4）调整冰法女巫在第30帧的姿势。方法：使用 Select and Move（选择并移动）和 Select and Rotate（选择并旋转）工具调整冰法女巫骨骼的位置和角度，身体向后侧转，由上到下整个身体部分倒在地面，制作出法师死亡到地的姿势，效果如图5-78所示。

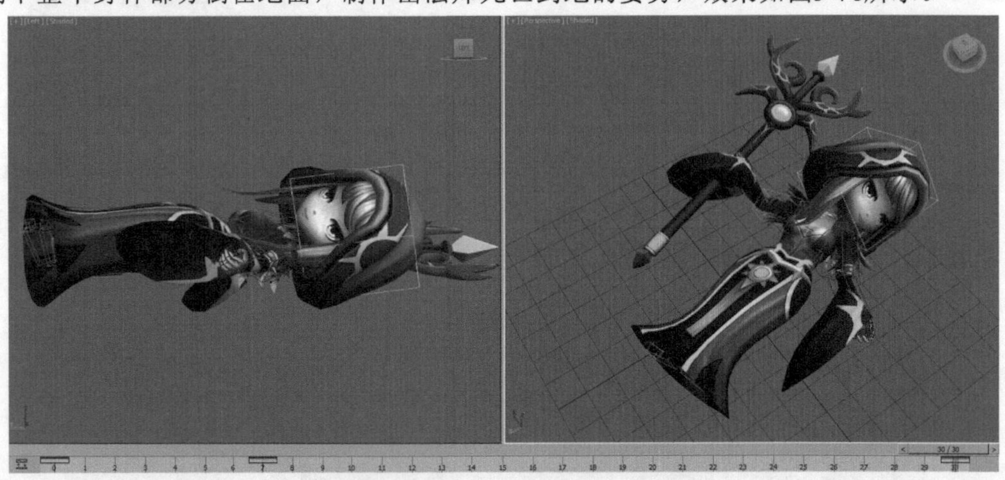

图5-78　调整冰法女巫在第30帧的姿势

（5）调整冰法女巫质心的运动姿势。方法：使用 Select and Move（选择并移动）和 Select and Rotate（选择并旋转）工具调整质心的位置和角度，制作出法师在死亡过程中盆骨的运动姿势，角色死亡之后整个身体会稍微弯曲，头部、身体及四肢都处于一种比较自然放松的状态，效果如图5-79所示。

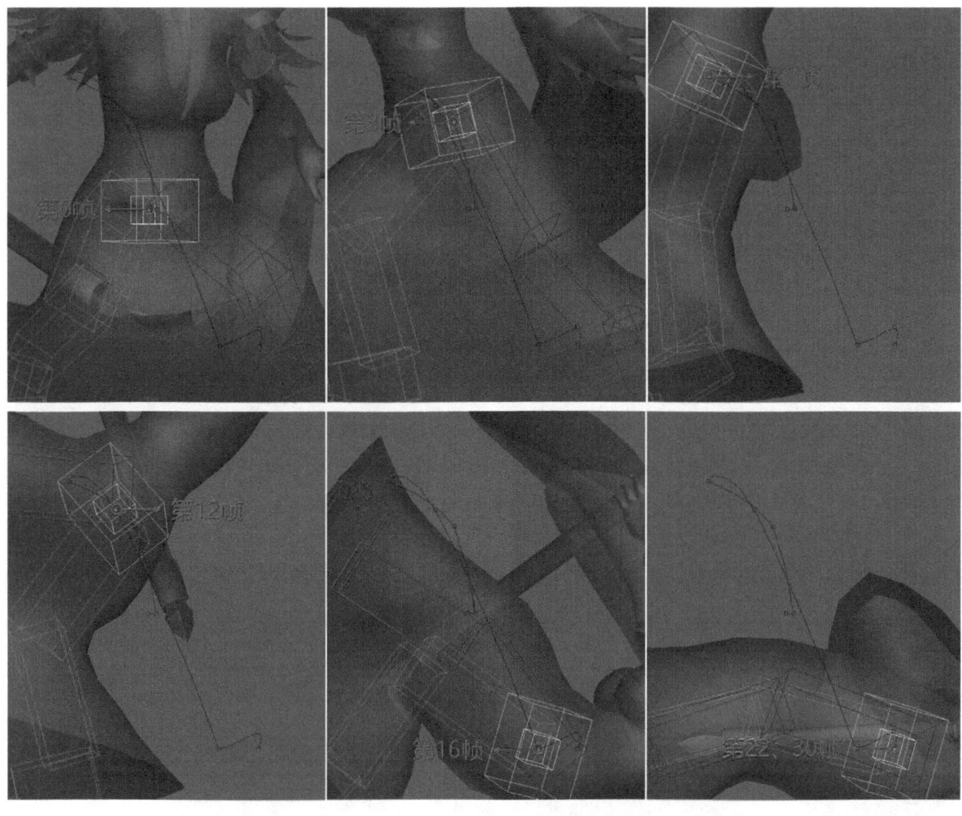


图5-79　冰法女巫质心在左视图下的运动姿势

（6）调整冰法女巫腿部的运动姿势。方法：使用 Select and Move（选择并移动）和 Select and Rotate（选择并旋转）工具调整腿部骨骼的位置和角度，制作出法师在死亡过程中腿部的运动姿势。注意，死亡之后，左右腿部属于自然的弯曲收缩状态，效果如图5-80所示。

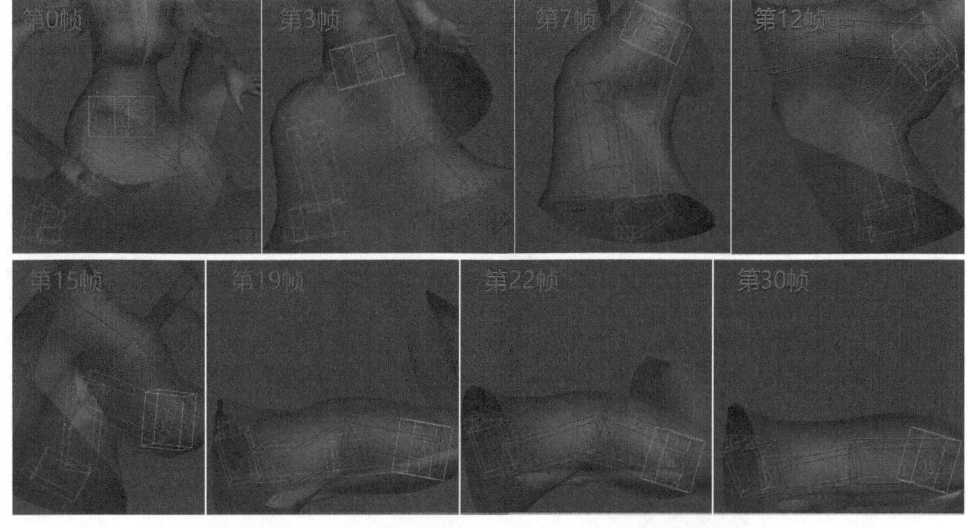


图5-80　冰法女巫腿部在左视图下的运动姿势

（7）调整冰法女巫手部的运动姿势。方法：使用 Select and Move（选择并移动）和 Select and Rotate（选择并旋转）工具调整手部骨骼的位置和角度，制作出法师在死亡过程中手部的运动姿势。死亡之后，左右手也是处于一种自然放松的状态，效果如图5-81所示。

图5-81　冰法女巫手部在透视图下的运动姿势

（8）调整冰法女巫头部的运动姿势。方法：使用 Select and Rotate（选择并旋转）工具调整头部骨骼的角度，制作出法师在死亡过程中头部的运动姿势。在制作死亡动画过程中，头部在不同关键帧的动态造型变化是整个动画节奏中摆动幅度最明显且突出的部分，效果如图5-82所示。

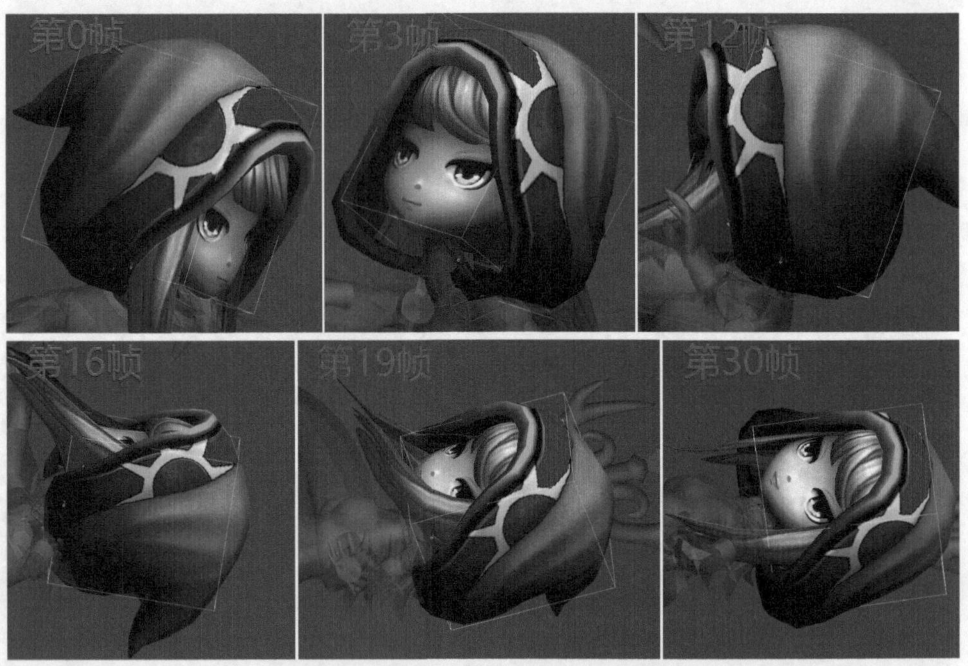


图5-82　冰法女巫头部的运动姿势

（9）参照冰法女巫奔跑的飘带插件运用方法，使用Spring（飘带）插件为头发以及衣袖调整姿势。最后单击 Playback（播放动画）按钮播放动画，此时可以看到冰法女巫的死亡动作。在播放动画时，如发现幅度过大或有抖动等不流畅的地方，可适当加以调整。

## 5.4.4 制作冰法女巫的三连击动画

三连击特色技能攻击动作根据不同角色的造型特点有所区分，法系职业的三连击主要根据武器的造型及运动的轨迹而释放不同技能的法术攻击，本节就来学习冰法女巫三连击动画的制作方法。首先来看一下冰法女巫攻击动作的主要序列图，如图5-83所示。

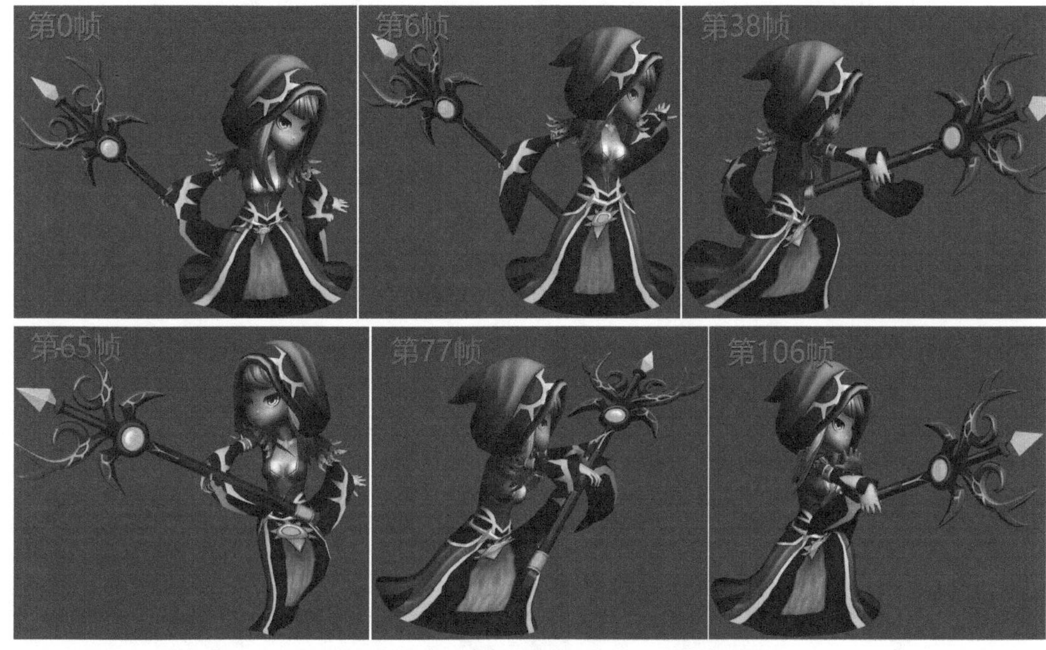


图5-83 冰法女巫三连击动画的主要序列图

（1）设置时间配置。方法：单击动画控制区的 Time Configuration（时间配置）按钮，在弹出的Time Configuration（时间配置）对话框中设置End Time（结束时间）为128，设置Speed（速度）模式为1x，单击OK按钮，如图5-84所示。从而将时间滑块长度设为128帧。

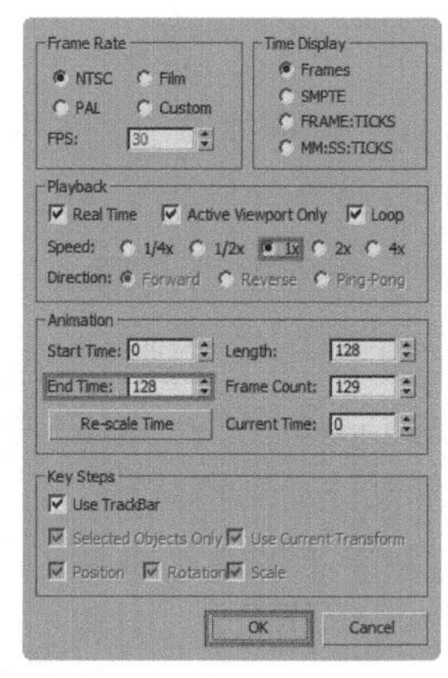


图5-84 设置时间配置

（2）调整冰法女巫的初始帧。方法：将时间滑块拨动到第0帧，使用 Select and Move（选择并移动）和 Select and Rotate（选择并旋转）工具调整冰法女巫的质心稍稍向下、手臂呈张开、上半身稍微向前弯曲形成向前攻击的动态造型，效果如图5-85所示。

图5-85 冰法女巫初始帧的姿势

（3）调整冰法女巫在第3帧的姿势。方法：将时间滑块拖动到第3帧，使用 Select and Move（选择并移动）和 Select and Rotate（选择并旋转）工具调整法师的质心靠后、身体向右侧稍稍旋转，制作出法师第一击蓄力的姿势，整个身体的节奏随着左手手臂在身体前面挥动而产生攻击的姿态，效果如图5-86所示。

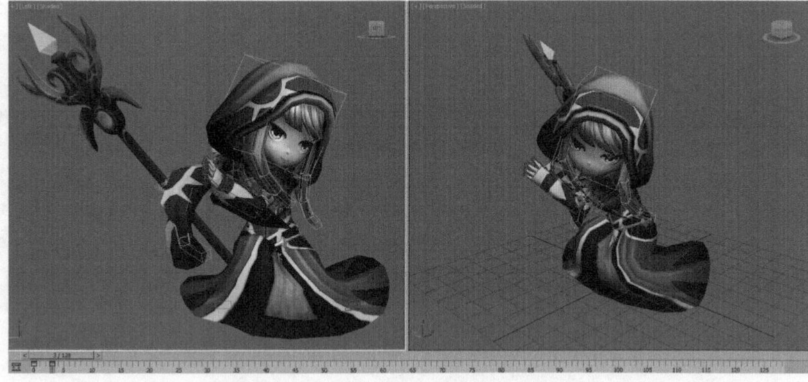

图5-86 冰法女巫在第3帧的姿势

（4）调整冰法女巫在第6帧的姿势。方法：将时间滑块拖动到第6帧，使用 Select and Move（选择并移动）和 Select and Rotate（选择并旋转）工具调整法师的质心向上、左手张开、身体微微前倾，制作出法师摆动手部的姿势，效果如图5-87所示。再选中所有Biped骨骼，将第6帧复制拖动到第10帧，将第0帧复制拖动到第14帧，使得左手手臂顺着身体从右到左进行快速的挥击，同时身体及裙摆等根据惯性动态产生关联运动。

图5-87 冰法女巫在第6帧的姿势

（5）调整冰法女巫在第18帧的姿势。方法：将时间滑块拖动到第18帧，使用 Select and Move（选择并移动）和 Select and Rotate（选择并旋转）工具法师调整质心向下、身体稍稍向前倾，制作出法师攻击前的准备动作，头部、肩部及裙摆会根据手臂的攻击动作产生相应的运动节奏及角度的变化，效果如图5-88所示。

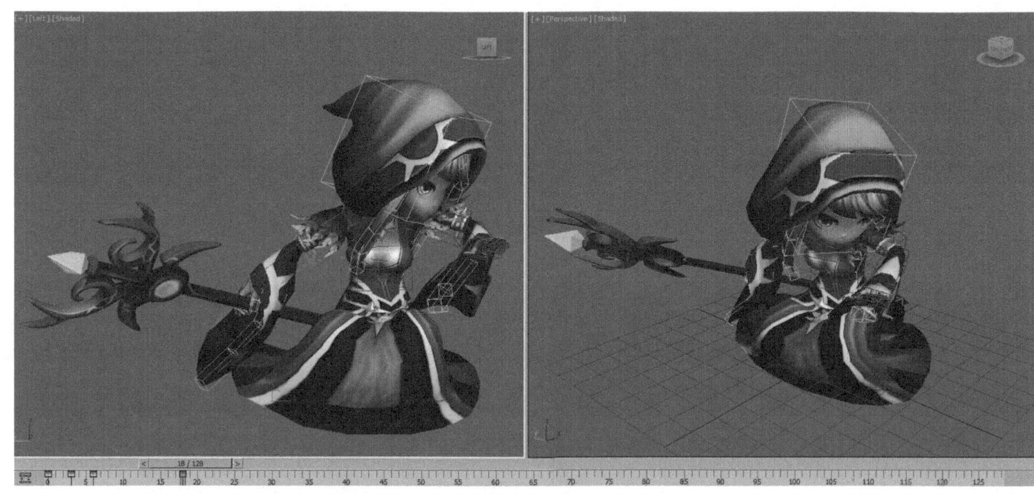

图5-88　冰法女巫在第18帧的姿势

（6）调整冰法女巫在第24帧的姿势。方法：将时间滑块拖动到第24帧，使用 Select and Move（选择并移动）和 Select and Rotate（选择并旋转）工具调整法师质心向上、右手举起武器、左腿向前跨半步，制作出法师抛掷武器的准备动作，效果如图5-89所示。

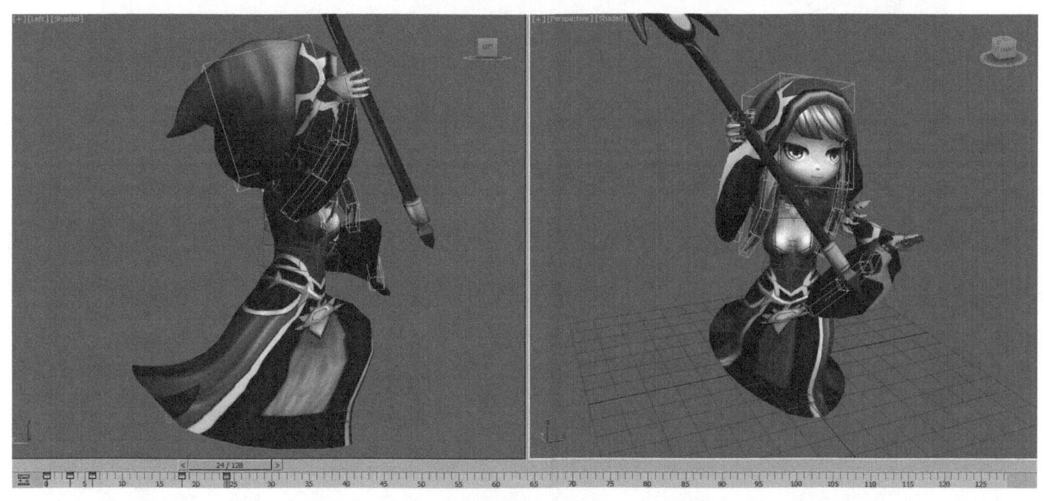

图5-89　冰法女巫在第24帧的姿势

（7）调整被抛掷武器的运动姿势。方法：选中武器的虚拟体，使用 Select and Move（选择并移动）和 Select and Rotate（选择并旋转）工具调整武器的位置和角度，制作出武器抛掷的一系列动作，效果如图5-90所示。

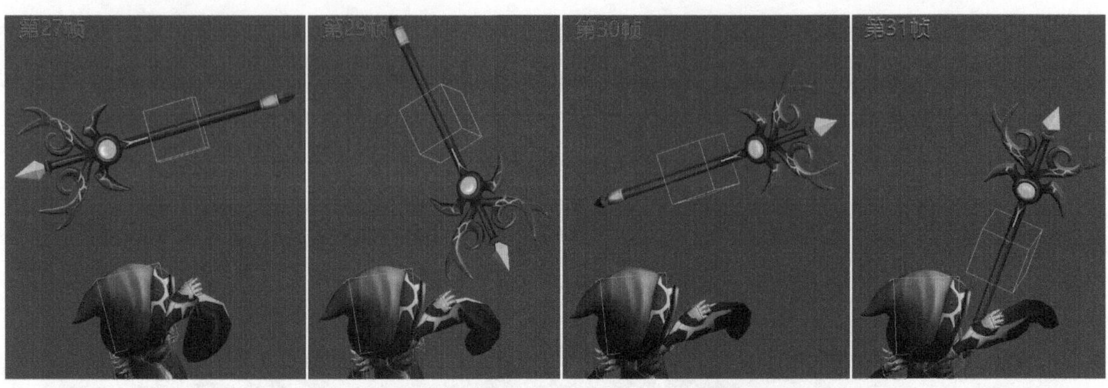


图5-90　被抛掷武器的运动姿势

> 提示：调整武器姿势前后都要各设置一个关键帧。

（8）调整冰法女巫第一击的运动姿势。方法：使用 Select and Move（选择并移动）和 Select and Rotate（选择并旋转）工具调整法师骨骼的位置和角度，制作出法师第一击的一系列动作，效果如图5-91所示。第一击攻击完毕，法师在第56帧回到初始状态。

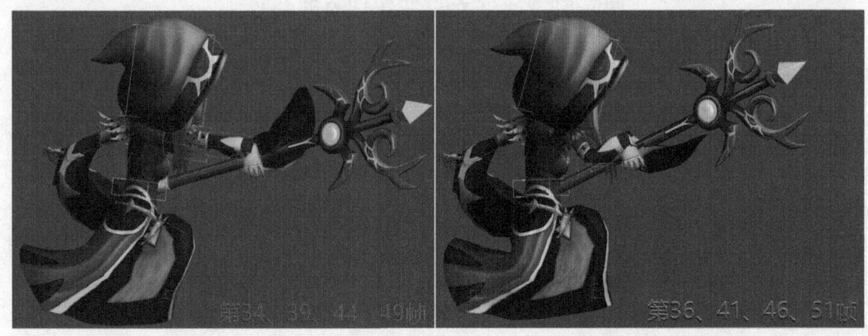


图5-91　冰法女巫第一击的运动姿势

（9）调整冰法女巫旋转的运动姿势。方法：使用 Select and Move（选择并移动）和 Select and Rotate（选择并旋转）工具调整法师骨骼的位置和角度，制作出法师的一系列旋转动作，效果如图5-92所示。

图5-92　冰法女巫在前视图中旋转的运动姿势

图5-92　冰法女巫在前视图中旋转的运动姿势（续）

（10）调整冰法女巫第二击的攻击运动。方法：使用 Select and Move（选择并移动）和 Select and Rotate（选择并旋转）工具调整法师骨骼的位置和角度，制作出法师第二击的一系列攻击动作，效果如图5-93所示。第二击攻击完毕，法师在第94帧回到初始状态，并复制拖动到第100帧。

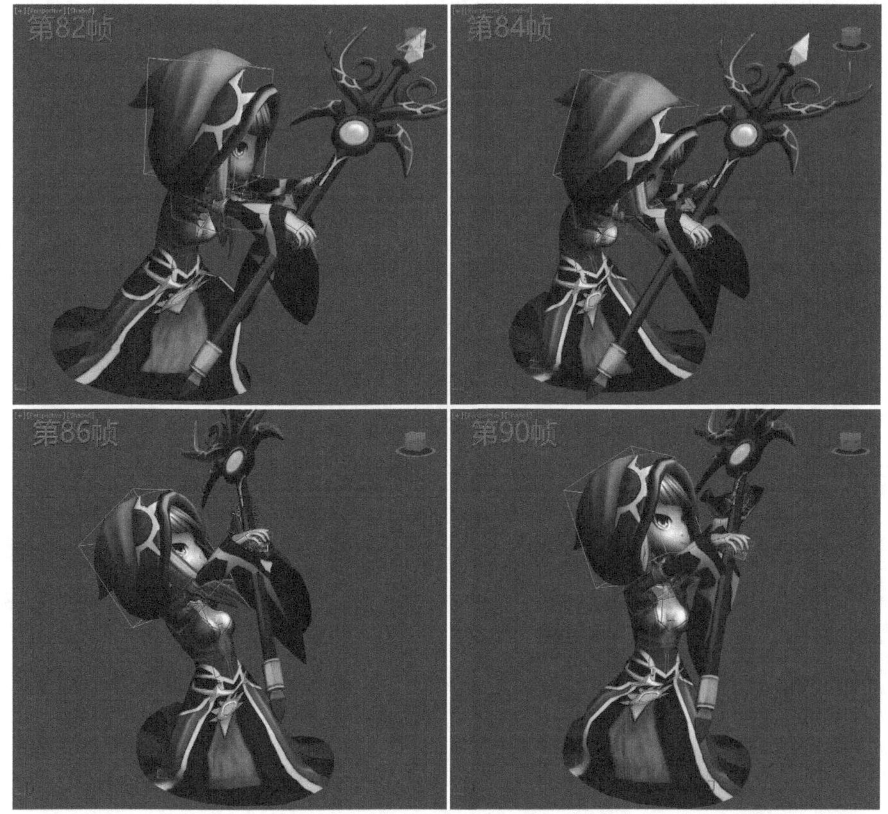


图5-93　冰法女巫第二击的攻击动作

（11）调整冰法女巫在第103帧的姿势。方法：使用 Select and Move（选择并移动）和 Select and Rotate（选择并旋转）工具调整法师骨骼的位置和角度，制作出法师第三击的蓄力姿势，效果如图5-94所示。

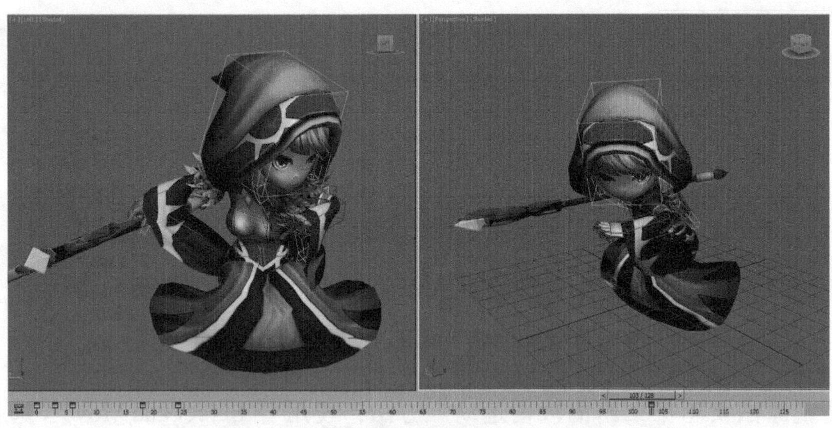

图5-94　冰法女巫在第103帧的姿势

（12）调整冰法女巫在第106帧的姿势。方法：使用 Select and Move（选择并移动）和 Select and Rotate（选择并旋转）工具调整法师骨骼的位置和角度，制作出法师第三击的攻击姿势，效果如图5-95所示。最后选中所有骨骼，将第106帧的姿势复制拖动到第122帧。

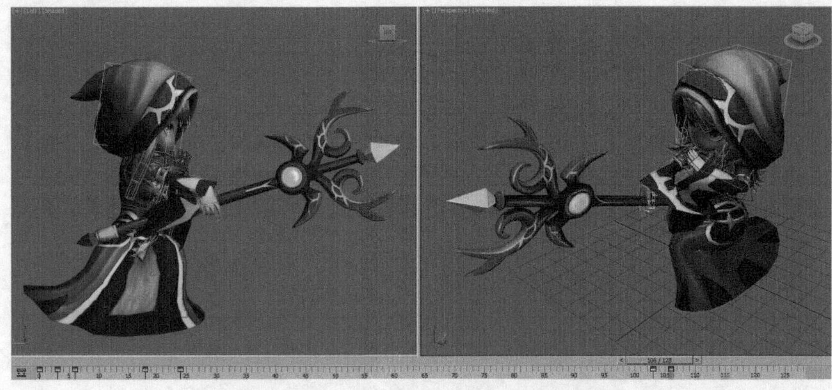

图5-95　冰法女巫在第106帧的姿势

（13）调整武器飞出的姿势。方法：使用 Select and Move（选择并移动）和 Select and Rotate（选择并旋转）工具调整武器的位置和角度，制作出法师在第三击中武器的运动，效果如图5-96所示。第三击攻击完毕，法师在第128帧回到初始状态。

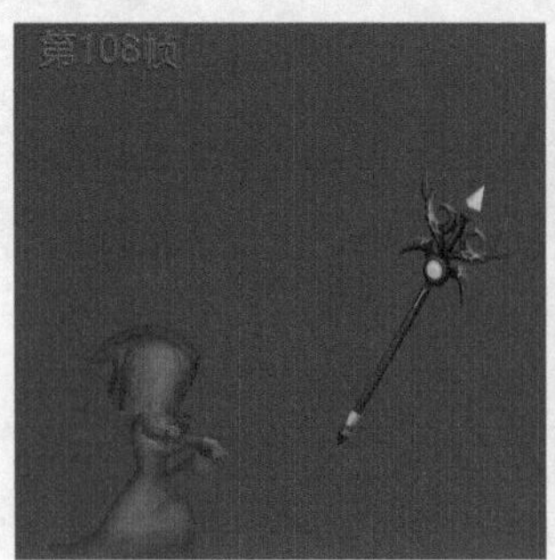


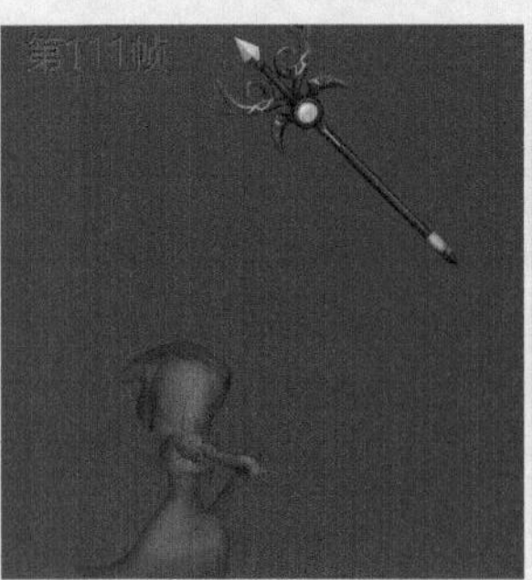


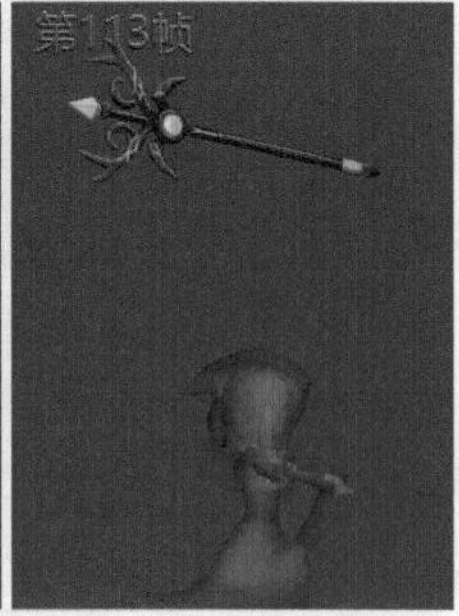


图5-96　武器的运动

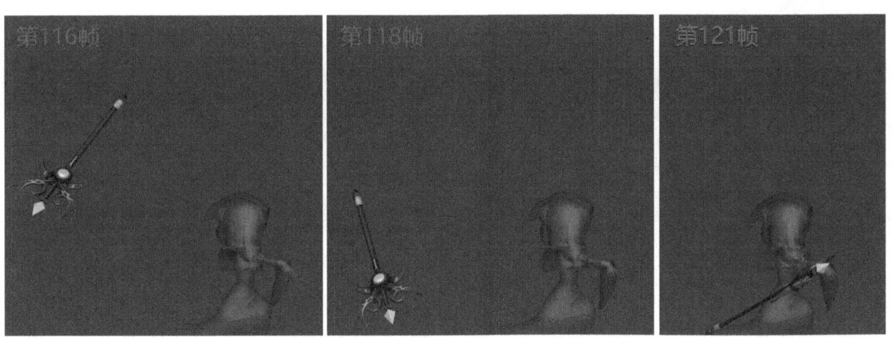


图5-96 武器的运动（续）

（14）参照冰法女巫奔跑的飘带插件运用方法，使用Spring（飘带）插件为头发以及衣袖调整姿势。最后单击 Playback（播放动画）按钮播放动画，此时可以看到冰法女巫的三连击动作。在播放动画时，如发现幅度过大或有抖动等不流畅的地方，可适当加以调整。

## 5.5 本章小结

本章通过冰法女巫的动画制作流程，详细讲解人物的动作设计思路和技巧。在整个讲解过程中，分别介绍冰法女巫的骨骼创建、蒙皮设定及动作设计，重点讲解了人物的动态设计过程，并演示了冰法女巫奔跑、攻击等待、死亡以及三连击的动画制作技巧。通过对本章内容的学习，读者需要掌握以下几个要领：

（1）掌握冰法女巫的骨骼创建技巧及应用。

（2）掌握人物的蒙皮设定技法。

（3）了解人物的基本运动规律。

（4）重点掌握法系角色的动画制作技巧。

## 5.6 本章练习

**操作题**

打开光盘提供的角色模型，进行攻击或法术技能动作的设计。或利用本章知识继续为冰法女巫进行新动画设计，为其制作普通攻击动画及休闲待机动作。

# 第6章 Q版角色动画制作——人类战士与陆行鸟

**人类战士与陆行鸟描述：**

战士属于物理属性的职业，经常使用剑盾、斧及刀等武器，擅长近身格斗，具有强大的防御力，可以使用剑、盾守卫他们的同盟。这些神圣的战士们都配备有铠甲，战士可以对抗最厉害的敌人。在团队作战的时候，战士是整个队伍的灵魂，有丰富的指挥能力及作战能力，借助着队友的治疗、祝福、伤害及其他辅助，他们在团队战斗中能发挥最大的作用。战士也是法系等职业克星。

本章在动画整体设计上属于组合动画，由战士和坐骑——陆行鸟两个独立的角色组合在一起互动，陆行鸟基本特征为细长的脖子以及宽大的。有两条细长的、善于奔跑的腿，常作为骑乘用。战士的动画设计重点是与陆行鸟坐骑的动作。通过战士与坐骑组合动作的制作技巧及制作规范，更深入地掌握人类战士与陆行鸟动画的创作技巧及动作设计思路。

**● 实践目标**

- 掌握人类战士模型与陆行鸟模型的骨骼创建方法
- 掌握人类战士模型与陆行鸟模型的蒙皮设定
- 了解人类战士与陆行鸟的基本运动规律
- 掌握人类战士与陆行鸟的动画制作方法
- 掌握人类战士与陆行鸟的交互动画制作技巧

**● 实践重点**

- 掌握人类战士模型与陆行鸟模型的骨骼创建方法
- 掌握人类战士模型与陆行鸟模型的蒙皮设定
- 掌握人类战士与陆行鸟的动画制作方法
- 掌握人类战士与陆行鸟的交互动画制作技巧

本章通过讲解人类战士的咆哮、普通攻击和特殊攻击的制作技巧及制作规范，以及人类战士与陆行鸟的组合待机与行走的制作技巧及规范流程，由浅入深讲解人类战士的动作制作要领以及战士与坐骑之间的动作融合。动态画面截图效果如图6-1所示。

(a) 人类战士咆哮动画

(b) 人类战士普通攻击动画

(c) 人类战士特殊攻击动画

(d) 人类战士与陆行鸟的行走动画

(e) 人类战士与陆行鸟的待机动画

**图6-1 效果图**

# 6.1 人类战士的骨骼创建

根据人类战士职业特点，运用CS骨骼作为战士基础骨骼、Bone骨骼作为附属物件和虚拟体相结合制作原理，为人类战士进行骨骼的创建。人类战士身体骨骼创建分为人类战士骨骼创建前的准备、创建Character Studio骨骼、匹配骨骼到模型三部分内容。

## 6.1.1 创建前的准备

（1）激活人类战士的模型，分离剑和盾，隐藏人类战士的武器。方法：选中武器的模型，如图6-2中A所示。在前视图中右击鼠标，从弹出的快捷菜单中选择Hide Selection（隐藏选定对象）命令，如图6-2中B所示，完成人类战士的武器隐藏。

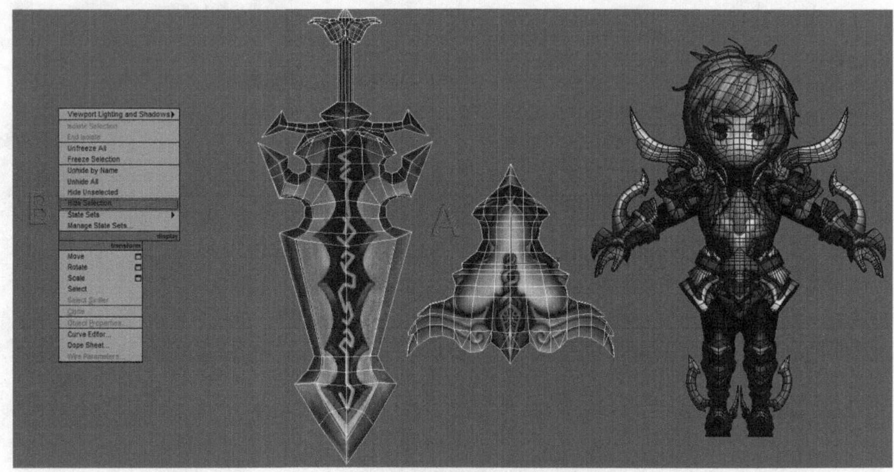


图6-2 隐藏人类战士的武器

（2）模型归零。方法：选中人类战士的模型，右击工具栏上 Select and Move（选择并移动）按钮，在弹出的Move Transform Type-In（移动变化输入）界面中，将Absolute:World（绝对:世界）的坐标值设置为（X:0，Y:0，Z:0），如图6-3中A所示。此时可以看到场景中的人类战士位于坐标原点，如图6-3中B所示。

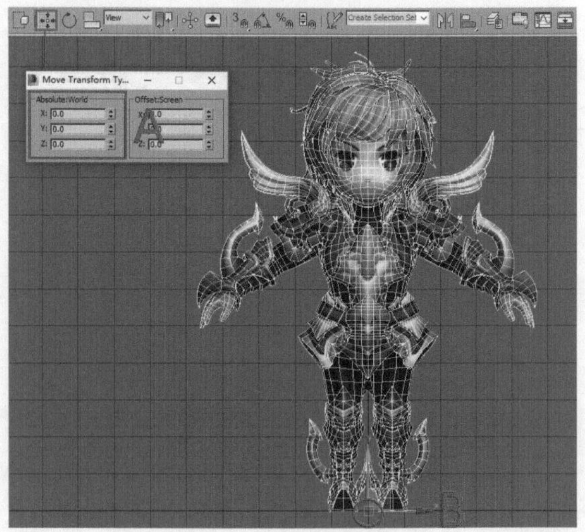


图6-3 模型归零

（3）过滤模型。方法：打开Selection Filter（选择过滤器）卷展栏，选择Bone（骨骼）模式，如图6-4所示。从而在选择骨骼时，只会选中骨骼，而不会发生误选的情况。

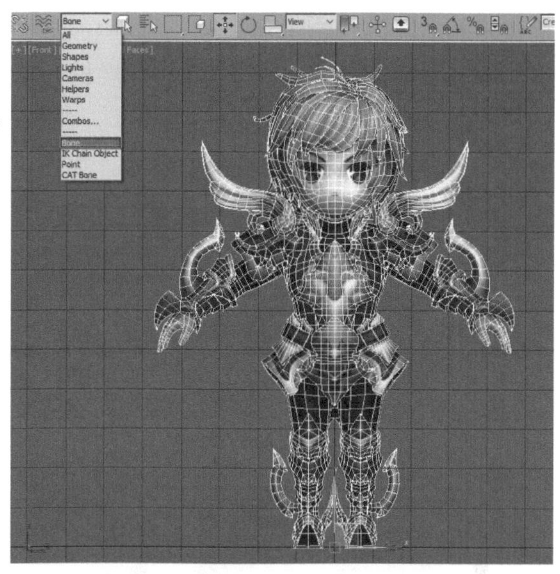

图6-4 过滤人类战士的模型

提示：在匹配人类战士的骨骼之前，一定要在骨骼模式下操作，以便在后面创建骨骼的过程中，人类战士的模型不会因为被误选而出现移动、变形等问题。

## 6.1.2 创建Character Studio骨骼

（1）创建Biped骨骼。方法：按F4键，进入线框显示模式。单击 Create（创建）面板下 Systems（系统）中Biped按钮，在前视图中拖出一个与模型等高的人类角色Biped骨骼，如图6-5所示。

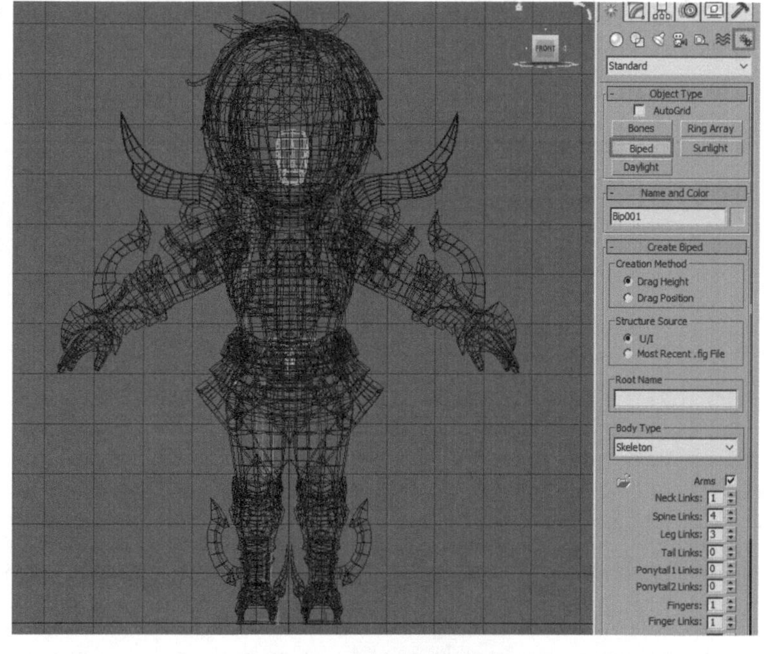


图6-5 创建Biped骨骼

（2）调整质心到模型中心。方法：选中人类角色Biped骨骼的任何一个部分，进入 Motion（运动）面板，打开Biped卷展栏，然后单击 Figure Mode（体形模式）按钮，激活并锁定控制器，如图6-6中A所示，从而选择了Biped骨骼的质心。使用 Select and Move（选择并移动）工具调整质心，如图6-6中B所示。接着设置质心的X、Y轴坐标为0，如图6-6中C所示，将质心的位置调整到模型中心。

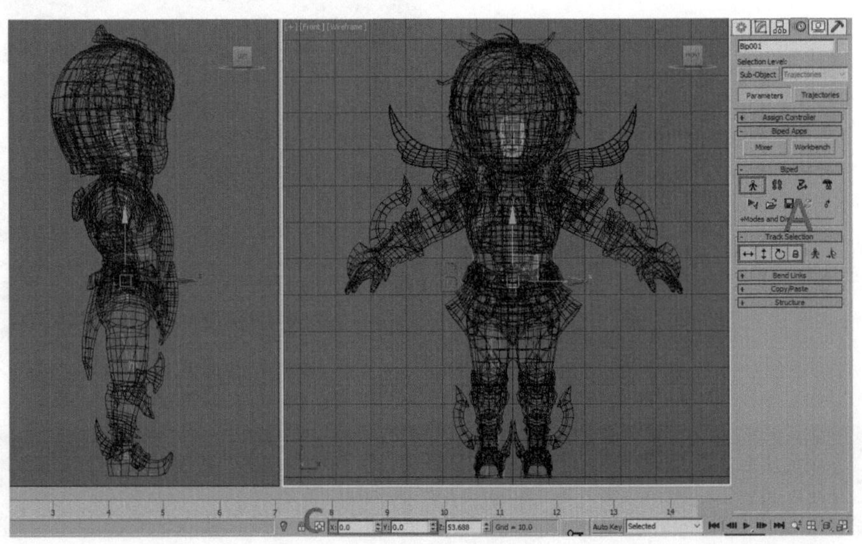

图6-6　匹配质心到模型中心

（3）修改Biped结构参数。方法：选中刚刚创建的Biped骨骼的任何一个部分，再打开 Motion（运动）面板下的Structure（结构）卷展栏，修改Spine Links（脊椎链接）的结构参数为3，Fingers（手指）的结构参数为5，Fingers Links（手指链接）的结构参数为2，Toe Links（脚趾链接）的参数为1，如图6-7所示。

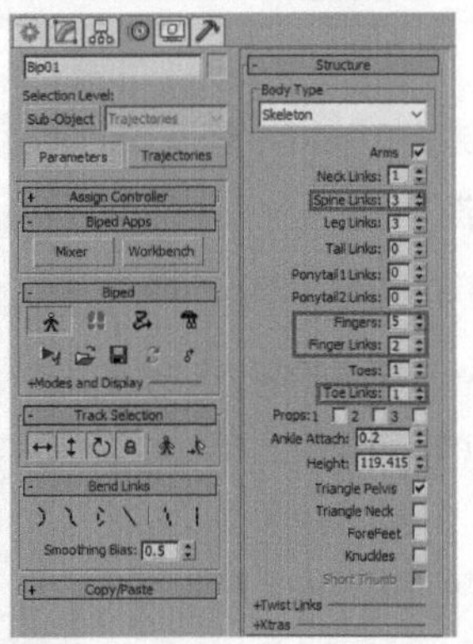

图6-7　修改Biped结构参数

## 6.1.3 匹配骨骼到模型

（1）匹配盆骨骨骼到模型。方法：选中盆骨骨骼，单击工具栏上 (Select and Uniform Scale（选择并均匀缩放）按钮，更改坐标系为Local（局部）。然后使用 Select and Rotate（选择并旋转）和 Select and Uniform Scale（选择并均匀缩放）工具在前视图或左视图中调整盆骨骨骼的位置和大小，与模型相匹配，效果如图6-8所示。

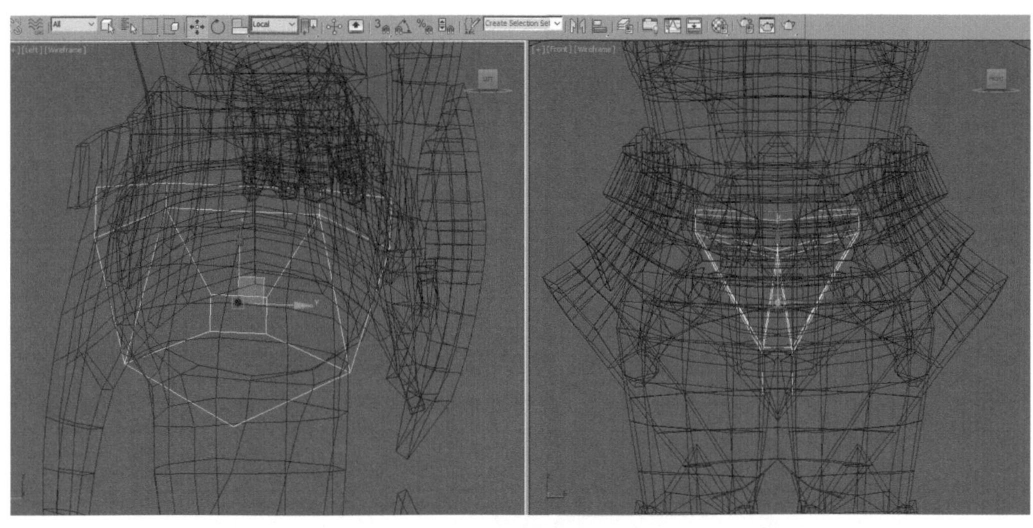

图6-8 匹配盆骨骨骼到模型

提示：为了便于观察，在这里隐藏了其他骨骼的显示。

（2）匹配脊椎骨骼到模型。方法：使用 Select and Rotate（选择并旋转）和 Select and Uniform Scale（选择并均匀缩放）工具在前视图和左视图中调整脊椎骨骼与模型相匹配，效果如图6-9所示。

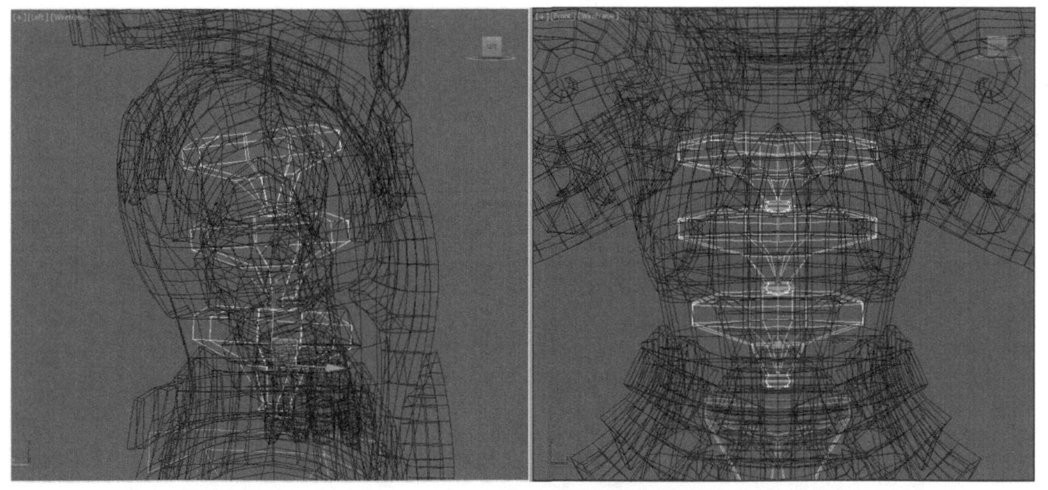

图6-9 匹配脊椎骨骼到模型

（3）匹配绿色手臂骨骼到模型。方法：选中绿色肩部骨骼，使用 Select and Rotate（选择并旋转）和 Select and Uniform Scale（选择并均匀缩放）工具在前视图或左视图中调整肩部骨骼与模型相匹配，效果如图6-10所示。选中绿色肩臂骨骼，使用工具在前视图或左视图中调整肩臂与模型相匹配。同理调整绿色肘臂与模型对齐，效果如图6-11所示。

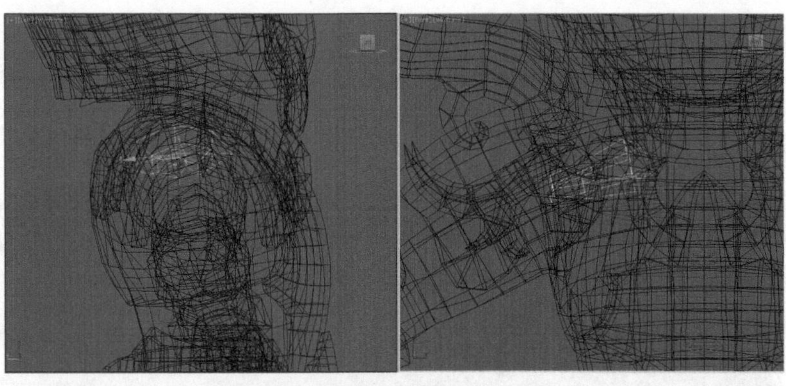

图6-10 匹配肩部骨骼到模型

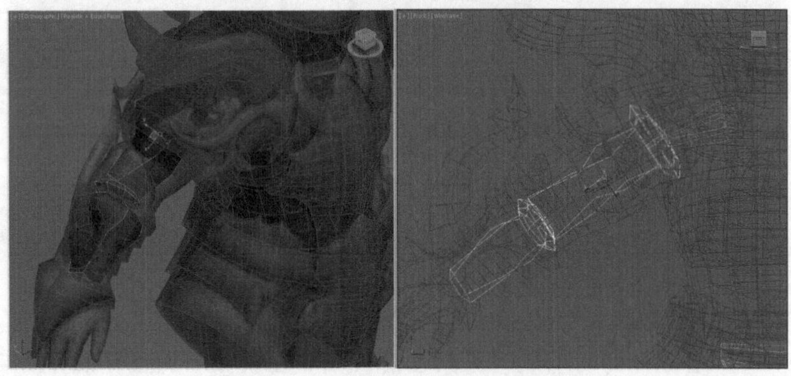

图6-11 匹配绿色手臂骨骼到模型

（4）匹配绿色手部骨骼到模型。方法：选中绿色手部骨骼，使用 Select and Rotate（选择并旋转）和 Select and Uniform Scale（选择并均匀缩放）工具在前视图或左视图中调整手部骨骼与模型对齐，注意指关节骨骼要与模型的结构布线互相统一，如图6-12所示。

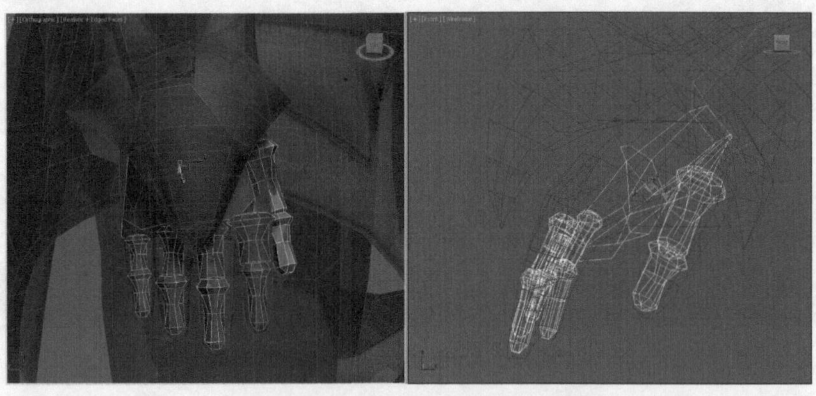

图6-12 匹配绿色手部骨骼到模型

提示：在匹配手部骨骼到模型时，应注意指节点的匹配，要做到骨骼节点与模型的手指节点匹配对齐。调整其他骨骼时，也要尽量对齐到模型节点。

（5）人类战士手臂模型是左右对称的，因此可以把匹配到模型的绿色手臂骨骼的姿态复制给蓝色的手臂骨骼。方法：选中手臂骨骼，如图6-13中A所示。单击 Create Collection（创建集合）按钮创建集合，再单击 Copy Posture（复制姿态）按钮和 Paste Posture Opposite（向对面粘贴姿态）按钮，效果如图6-13中B所示。

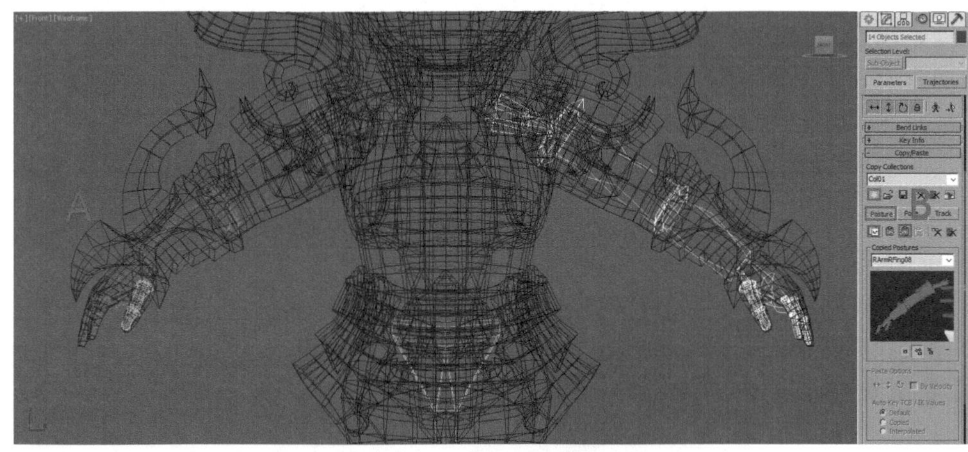


图6-13　复制手臂骨骼的信息

（6）颈部和头部的骨骼匹配。方法：选中颈部骨骼，使用 Select and Rotate（选择并旋转）和 Select and Uniform Scale（选择并均匀缩放）工具在前视图或左视图中调整颈部骨骼，把颈部骨骼与模型匹配对齐。接下来选中头部骨骼，使用 Select and Rotate（选择并旋转）和 Select and Uniform Scale（选择并均匀缩放）工具在前视图或左视图中调整头部骨骼与模型相匹配，效果如图6-14所示。

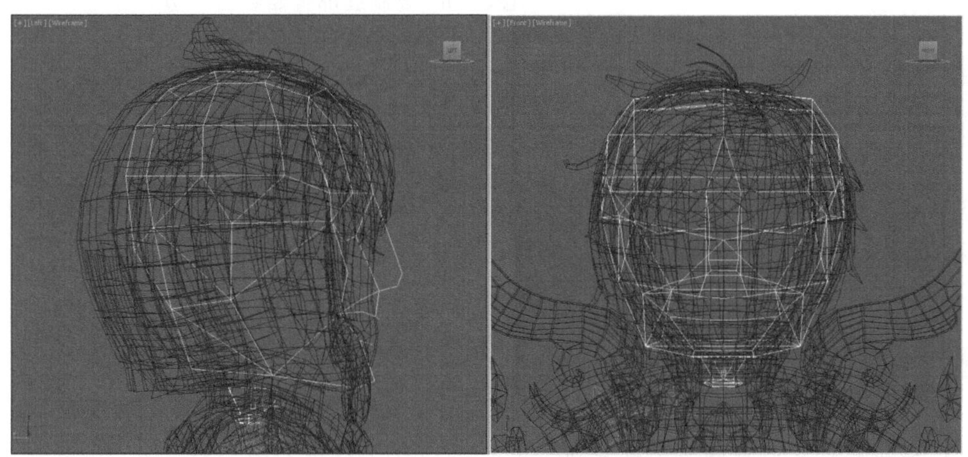

图6-14　匹配颈部和头部骨骼到模型

（7）匹配腿部骨骼到模型。方法：选中右腿骨骼，在前视图或左视图中使用 Select and Rotate（选择并旋转）和 Select and Uniform Scale（选择并均匀缩放）工具将腿部骨骼与模型匹配对齐，然后在前视图和侧视图对模型及骨骼进行细节的对位，效果如图6-15所示。

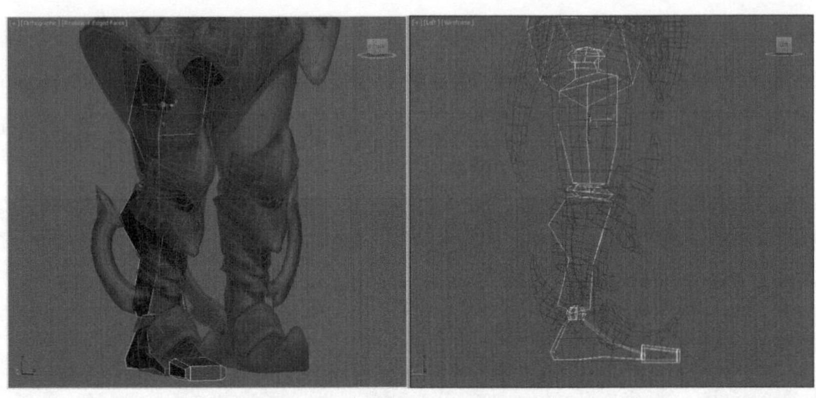

图6-15　匹配腿部骨骼到模型

（8）在完成右腿股骨设定的基础上，以模型轴心点为镜像坐标，复制到左腿腿部骨骼姿态。方法：参照手臂向对面复制骨骼的方法，完成将绿色腿部骨骼的姿态复制给蓝色腿部骨骼，特别注意膝关节骨骼与模型准确对位，效果如图6-16所示。

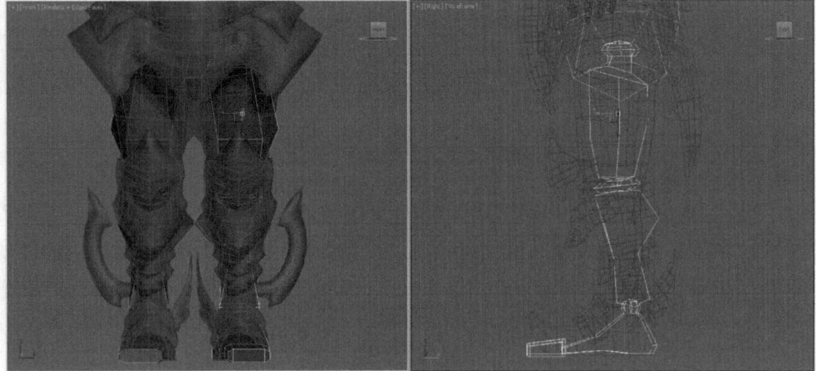

图6-16　复制腿部骨骼到另一边

# 6.2 人类战士的附属物品骨骼创建

在创建人类战士附属物品骨骼时，使用Bone骨骼和虚拟体。附属物品的骨骼创建分为创建头发骨骼、创建铠甲骨骼、骨骼的链接、创建武器模型的虚拟体四部分内容。

## 6.2.1 创建头发骨骼

（1）创建前额头发骨骼。方法：进入前视图，单击鼠标左键打开 Snaps Toggle（捕捉开关）工具，右击鼠标，弹出Grid and Snap Settings（栅格和捕捉设置）面板，在此面板上勾选Vertex（点）与Edge/Segment（边/段）复选框，如图6-17中A所示。单击 Create（创建）面板下 Systems（系统）中的Bones按钮，在前额头发位置创建三节骨骼，右击鼠标结束创建，效果如图6-17中B所示。

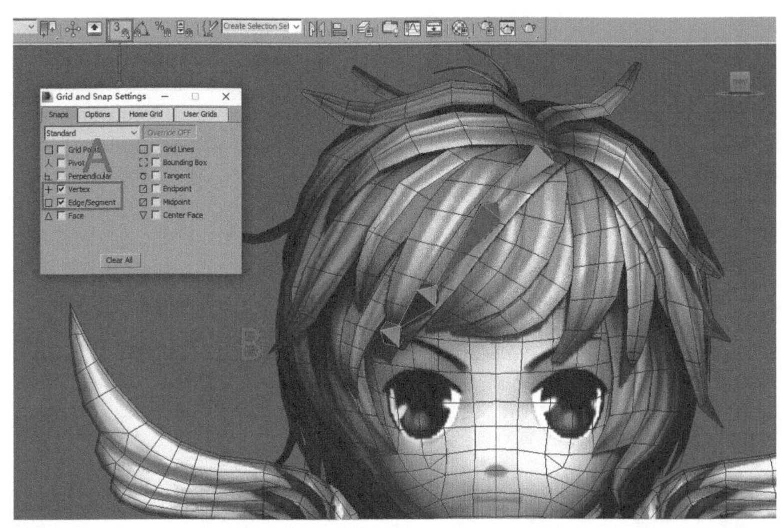

图6-17 创建前额头发骨骼

提示：在拉出三节骨骼后，会自动生成一根末端骨骼，这时可保留、隐藏或删除。

（2）准确匹配骨骼到模型。方法：选中前额头发根骨骼，执行Animation | Bone Tools菜单命令，如图6-18中A所示，打开Bone Tools（骨骼工具）面板，进入Fin Adjustment Tools（鳍调整工具）卷展栏的Bone Objects组，调整Bone骨骼的宽度、高度和锥化参数，如图6-18中B所示。同理调整好其他骨骼的大小。

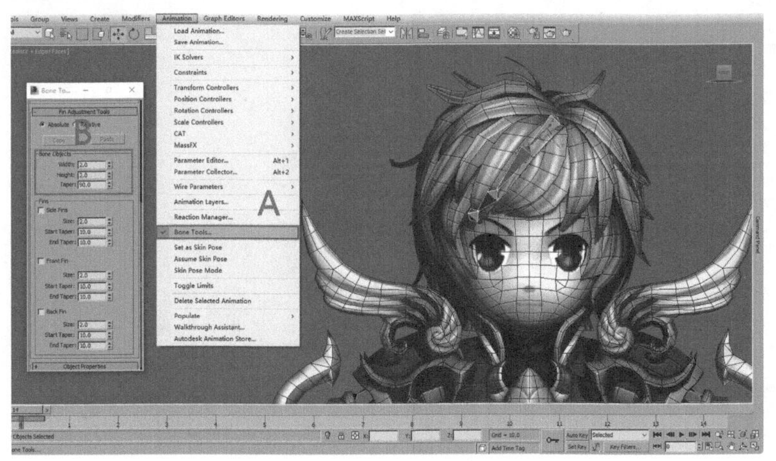

图6-18 使用Bone Tools面板调整骨骼大小

（3）创建头部顶端头发的骨骼。方法：参照上述为刘海创建骨骼的方法创建头顶头发骨骼。切换到前视图，单击Bones按钮，在头顶头发位置创建三节骨骼，右击鼠标结束创建。将骨骼移动到准确位置，然后调整Bone骨骼的宽度、高度和锥化的参数，如图6-19所示。

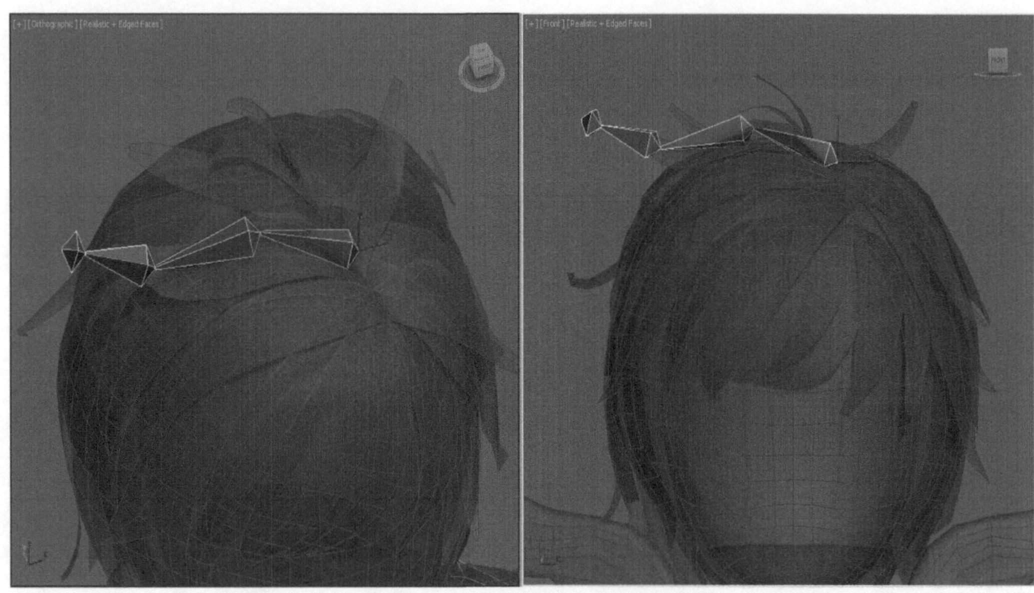

图6-19 创建头部顶端头发的骨骼

（4）创建头部两侧头发的骨骼。方法：参照前额头发骨骼的创建方法创建两侧头发的骨骼，再将骨骼移动到准确位置，最后调整Bone骨骼的宽度、高度和锥化的参数，效果如图6-20所示。

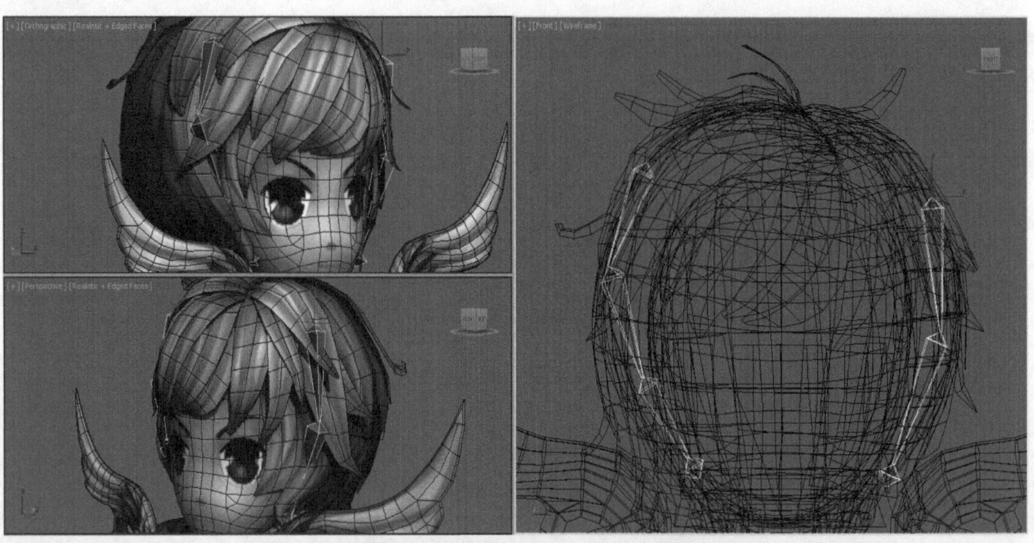

图6-20 创建头部两侧头发的骨骼

提示：激活Bone Edit Mode（骨骼编辑模式）后，不能使用 Select and Rotate（选择并旋转）工具调整骨骼，不然会造成骨骼断链。同时，调整骨骼的大小时，也必须退出Bone Edit Mode（骨骼编辑模式）。

## 6.2.2 创建铠甲骨骼

（1）激活肩部盔甲的装备模型，使肩部盔甲从身体分离出来，点击Bone创建右边肩甲骨骼。方法：参照上述骨骼的创建方法来创建肩甲骨骼。将骨骼移动到合适位置，再调整Bone骨骼的宽度、高度和锥化的参数，效果如图6-21所示。

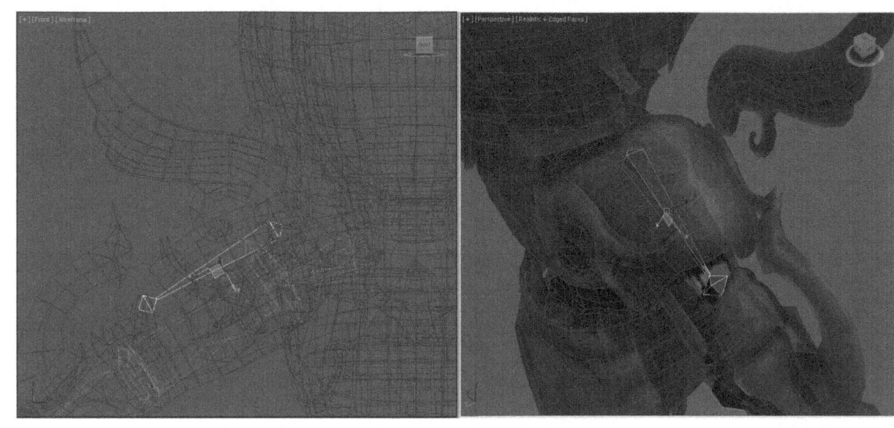

图6-21　创建右边肩甲骨骼

（2）在完成右肩的模型设置后，接下来分解左边肩甲盔甲，同时以轴心为对称轴对左肩骨骼进行复制。方法：双击右边肩甲的根骨骼，从而选中整根骨骼，单击Bone Tools（骨骼工具）卷展栏下的Mirror（镜像）按钮，然后在弹出的Bone Mirror（骨骼镜像）对话框的Mirror Axis（镜像轴）栏选中X单选按钮，如图6-22中A所示。此时视图中已经复制出以X轴对称的骨骼，如图6-22中B所示。单击OK按钮，完成左边肩甲骨骼的复制。

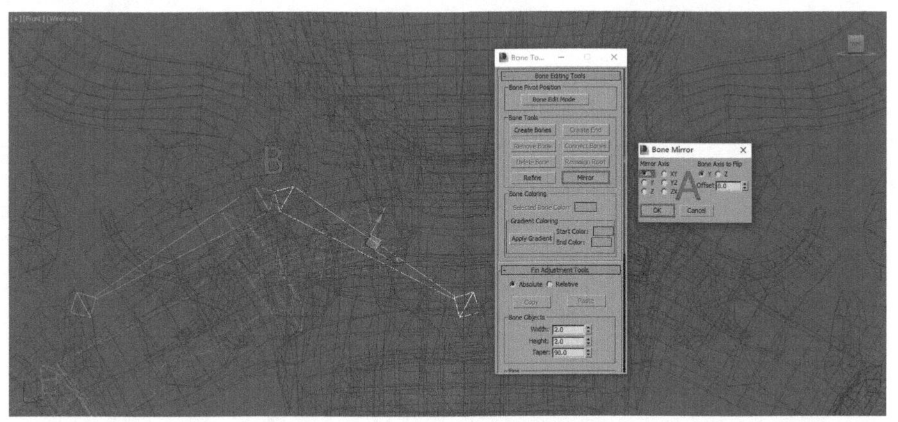


图6-22　左边肩甲的骨骼复制

（3）匹配复制的骨骼到模型。方法：在工具栏中选择View（视图）选项，如图6-23中A所示。再使用 Select and Move（选择并移动）工具在前视图中调整骨骼的位置，使复制的骨骼和左边肩甲模型匹配对齐，效果如图6-23中B所示。

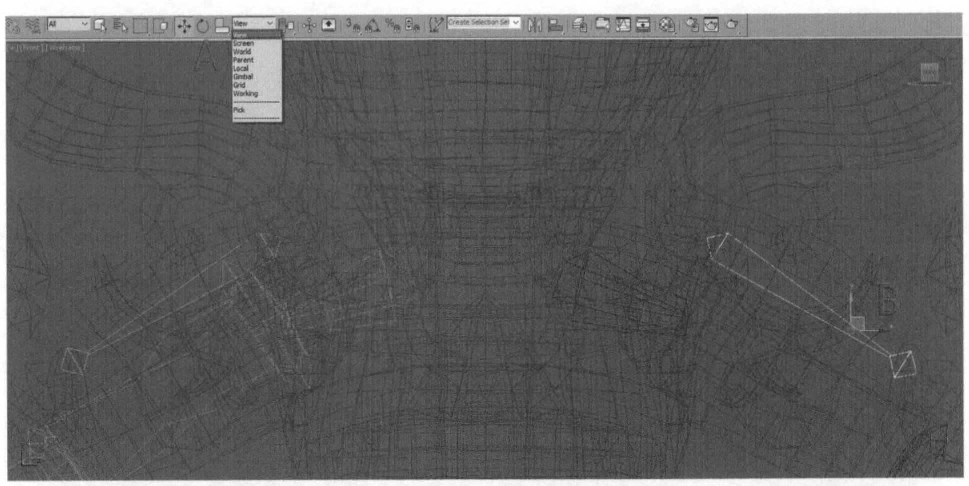

图6-23　匹配复制的骨骼到模型

## 6.2.3 骨骼的链接

（1）头发的骨骼链接。方法：按住Ctrl键，依次选中头发的根骨骼，再单击工具栏中的 Select and Link（选择并链接）按钮，然后按住鼠标左键拖动至头骨上，松开鼠标左键完成链接，如图6-24所示。

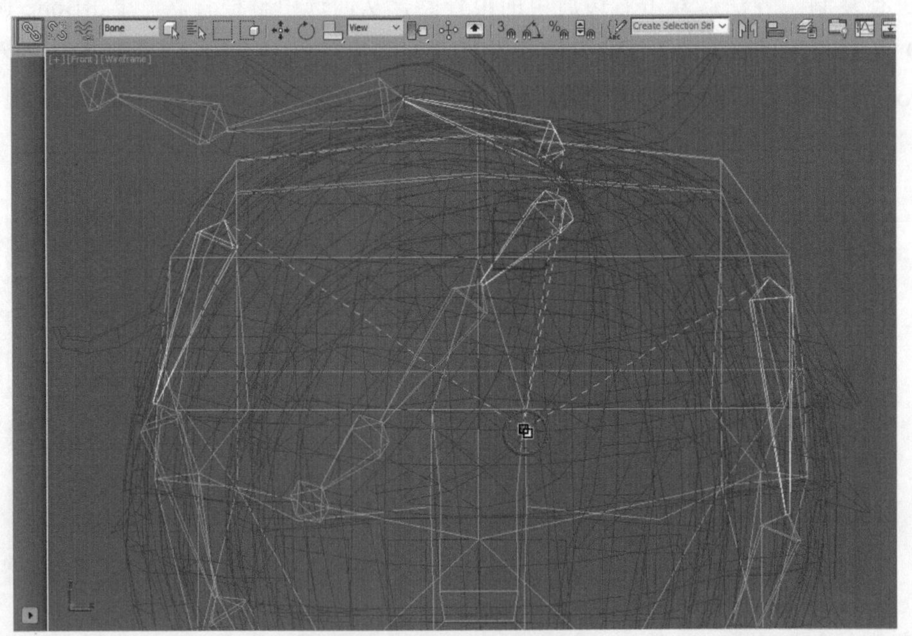

图6-24　头发的骨骼链接

（2）肩甲的骨骼链接。方法：选中肩甲骨骼，参考上述头发骨骼链接的方式，将肩甲骨骼链接到肩臂骨骼上，注意骨骼点的位置要与模型布线结构进行适配，如图6-25所示。

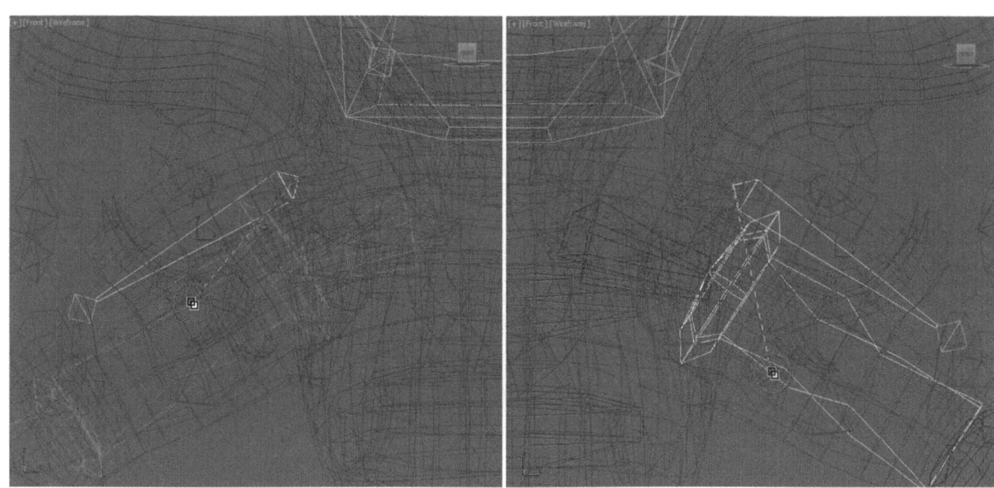

图6-25　肩甲的骨骼链接

## 6.2.4 创建武器模型的虚拟体

（1）创建武器模型的虚拟体。方法：全部取消隐藏，打开Selection Filter（选择过滤器）下拉菜单，选择All（全部）模式，如图6-26中A所示。单击 Create（创建）面板下 Helpers（辅助对象）中的Dummy（虚拟体）按钮，如图6-26中B所示，为剑和盾牌分别创建两个虚拟体，如图6-26中C所示。

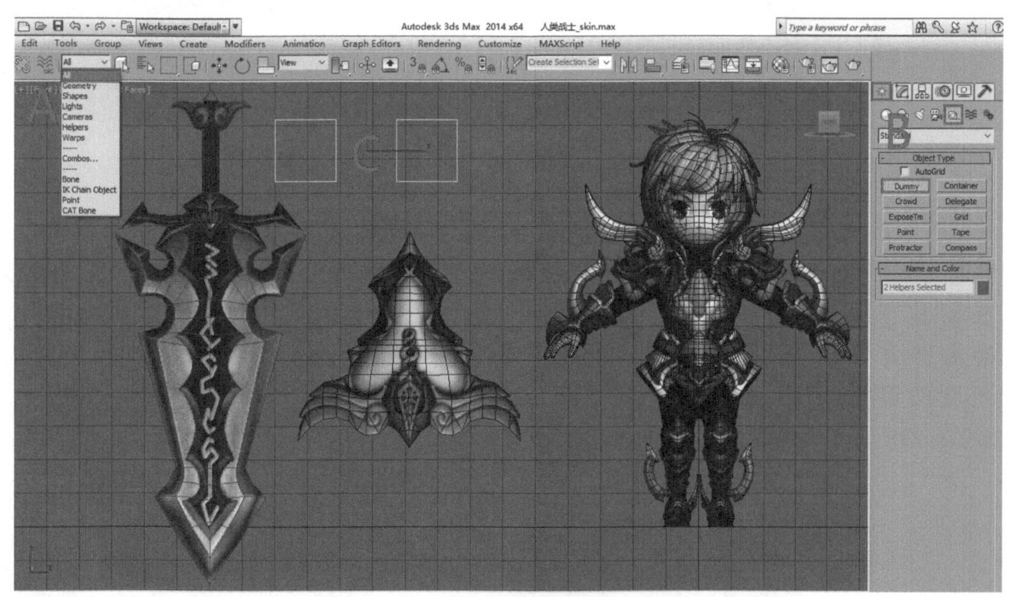


图6-26　创建武器模型的虚拟体

（2）匹配虚拟体到武器。方法：选中一个虚拟体移动到剑柄位置，再将另一个虚拟体移动到盾牌的挽手位置，效果如图6-27所示。

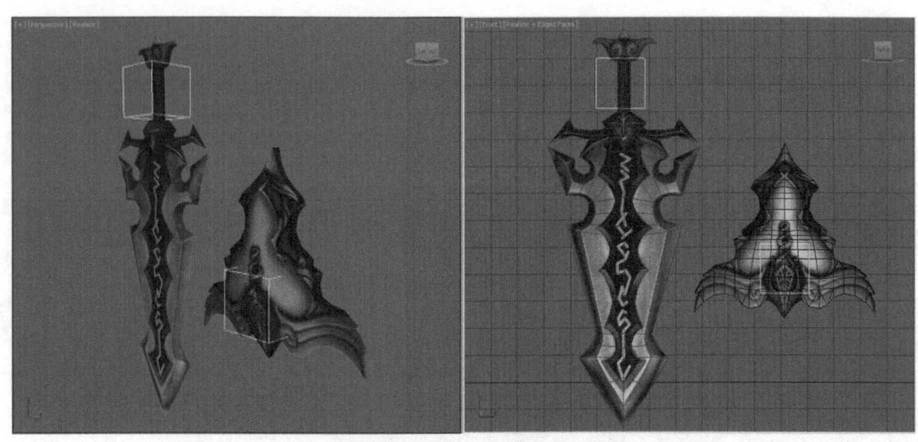

图6-27　匹配虚拟体到武器

（3）虚拟体链接到武器模型。方法：选中武器模型，单击工具栏中的 Select and Link（选择并链接）按钮，然后按住鼠标左键拖动至虚拟体上，松开鼠标完成链接，如图6-28所示。

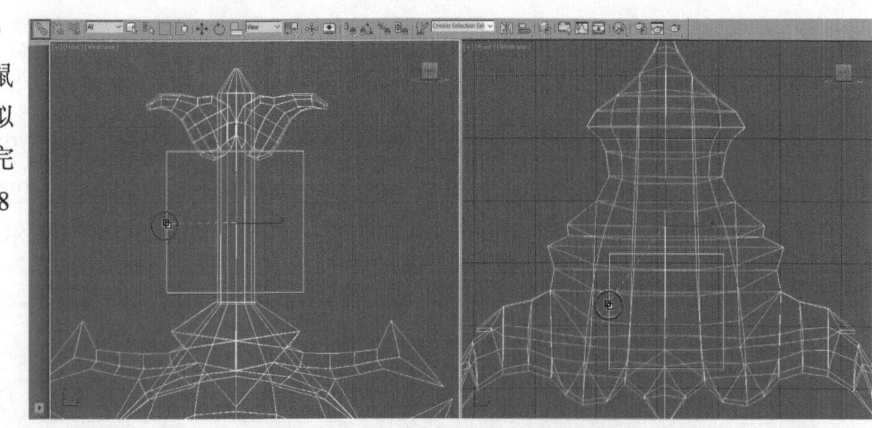

图6-28　虚拟体链接到武器模型

（4）武器链接到手掌。方法：分别选中剑和盾牌的虚拟体，将其摆放在手掌的合适位置。参照上述链接方法，选中虚拟体并分别链接给手掌。在链接好虚拟体之后，分别对右手拿武器及左手持盾动态姿势进行位置及角度的调整，效果如图6-29所示。

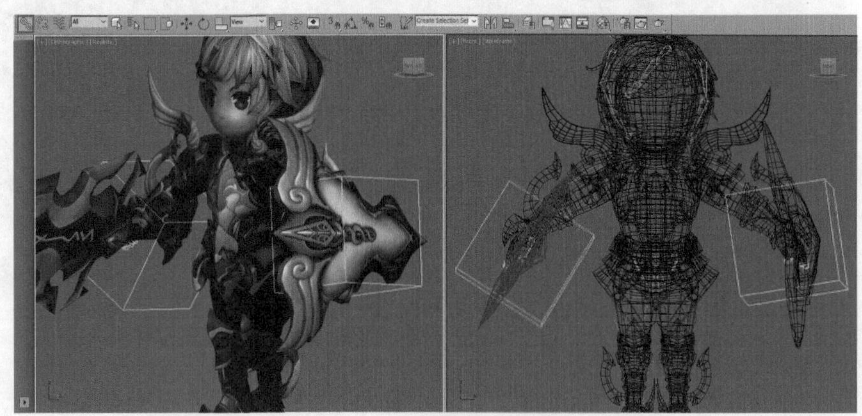

图6-29　武器链接到手掌

# 6.3 人类战士的蒙皮设定

战士模型结构造型模块比较清晰，后续制作的动作相对比较干脆利索，因此对战士的采用Skin蒙皮，这样可以根据战士的体型及装备等造型自由选择骨骼来进行蒙皮。本节内容包括添加Skin（蒙皮）修改器、调节身体权重等两个部分。

## 6.3.1 添加蒙皮修改器

（1）结合前面角色蒙皮的基本流程，把角色及武器、盾牌等的附属装备进行分离，隐藏武器模型。方法：选中武器模型，单击鼠标右键，在弹出的快捷菜单中选择Hide Selection（隐藏选择）命令，如图6-30中A所示，完成武器的隐藏，效果如图6-30中B所示。

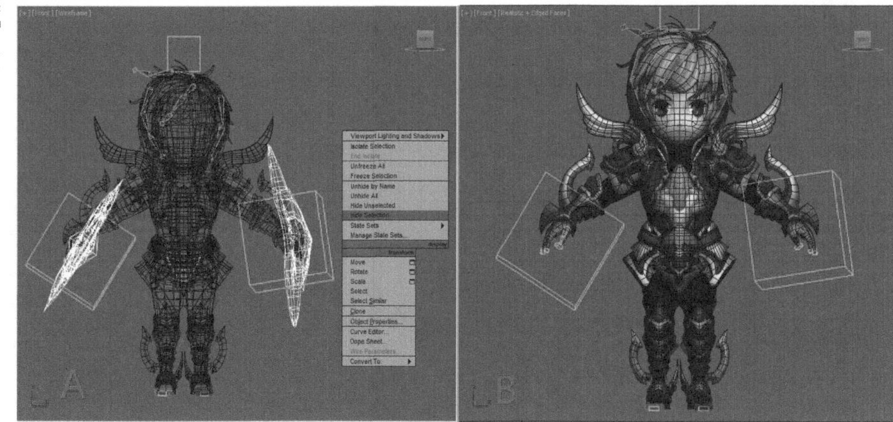


图6-30　隐藏武器模型

（2）为了对战士身体进行蒙皮的设定，在此对武器及盾牌的虚拟体进行隐藏，关闭虚拟体显示。方法：进入 Display（显示）面板，勾选Helpers（辅助对象）一栏，如图6-31中A所示。从而隐藏虚拟体，效果如图6-31中B所示。

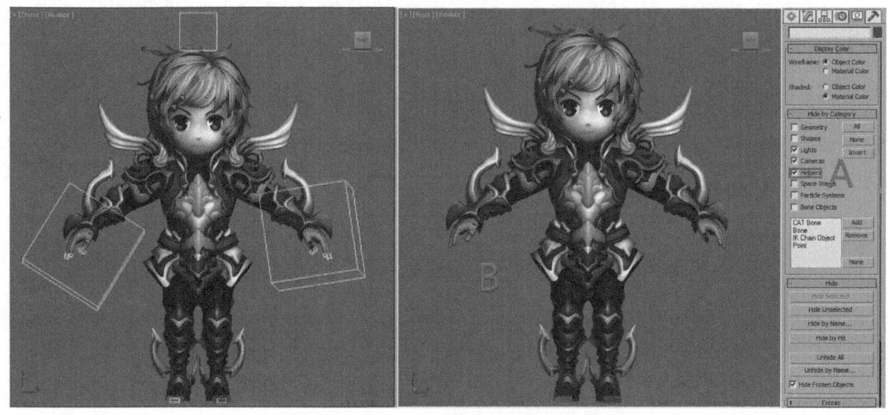


图6-31　关闭虚拟体显示

（3）为人类战士添加Skin修改器。方法：选中人类战士模型，打开 Modify（修改）面板中的Modifier List（修改器列表）下拉菜单，选择Skin（蒙皮）修改器，如图6-32所示。单击Add（添加）按钮，如图6-33中A所示。在弹出的Select Bones（选择骨骼）对话框中选择全部骨骼，再单击Select（选择）按钮，如图6-33中B所示，将骨骼添加到蒙皮。

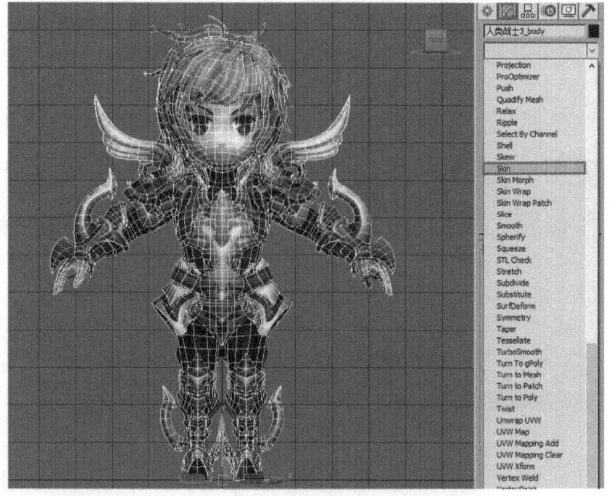

图6-32　为模型添加Skin修改器

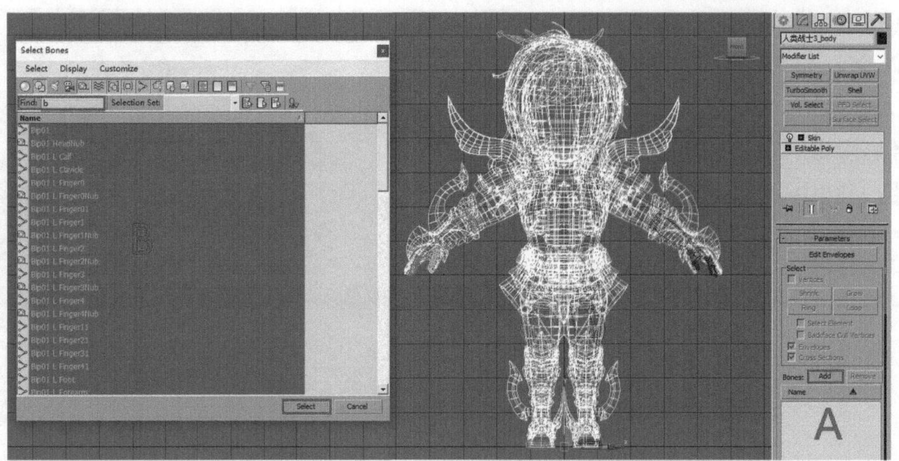

图6-33　添加所有骨骼

（4）添加完所有骨骼之后，要把对人类战士动作不产生作用的骨骼移除，以便减少系统对骨骼数目的运算。方法：在Add（添加）列表中选择质心骨骼Bip01，单击Remove（移除）按钮移除质心，如图6-34所示，这样使蒙皮的骨骼对象更加简洁。

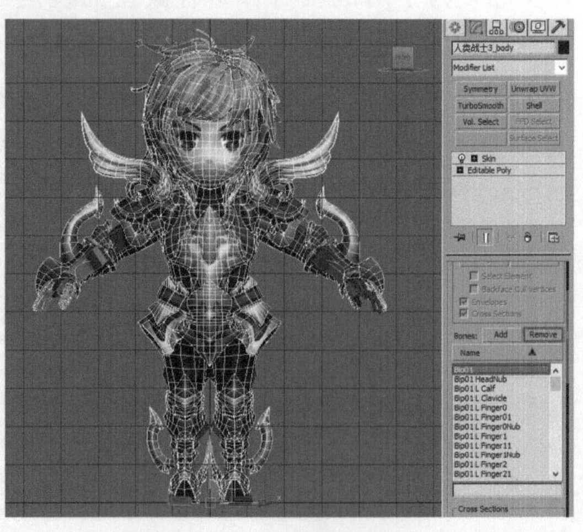

图6-34　移除质心

## 6.3.2 调节身体权重

为骨骼指定Skin（蒙皮）修改器后，还不能调节人类战士的动作。这时骨骼对模型顶点的影响范围往往是不合理的，在调节动作时会使模型产生变形和拉伸。因此在调节之前，要先使用Edit Envelopes（编辑封套）功能将骨骼对模型顶点的影响控制在合理范围内。

（1）为方便观察，先将骨骼隐藏。方法：双击质心，从而选中所有的骨骼，再单击鼠标右键，在弹出的快捷菜单中选择Hide Selection（隐藏选择）命令，隐藏所有骨骼，效果如图6-35所示。

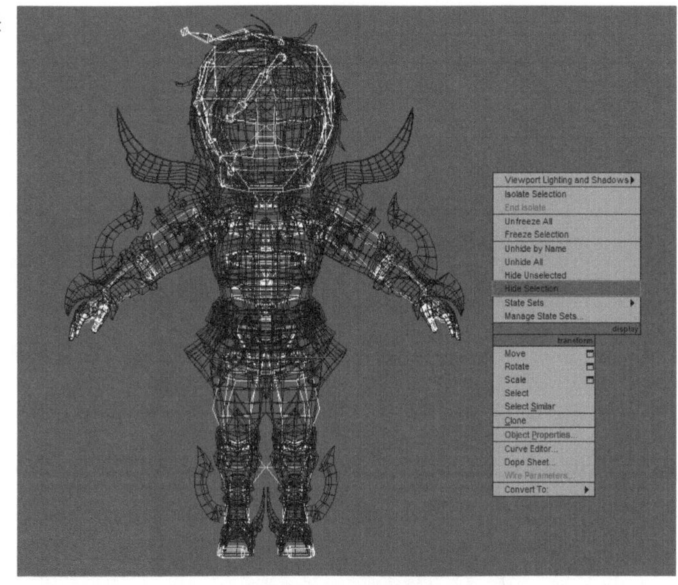


图6-35 隐藏骨骼

（2）激活权重。方法：选中人类战士身体模型，激活Skin（蒙皮）修改器，再激活Edit Envelopes（编辑封套）功能，勾选Vertices（顶点）复选框，如图6-36所示。单击 Weight tool（权重工具）按钮，如图6-37中A所示。在弹出的面板中编辑权重，如图6-37中B所示。

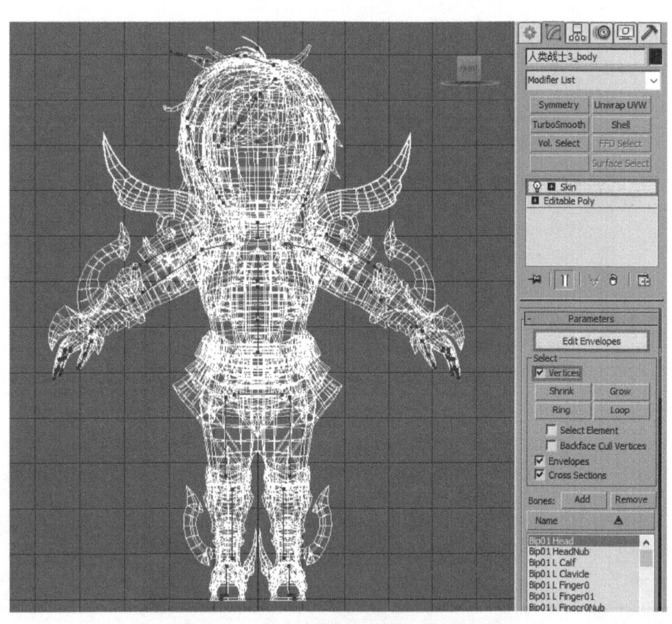


图6-36 激活编辑封套功能

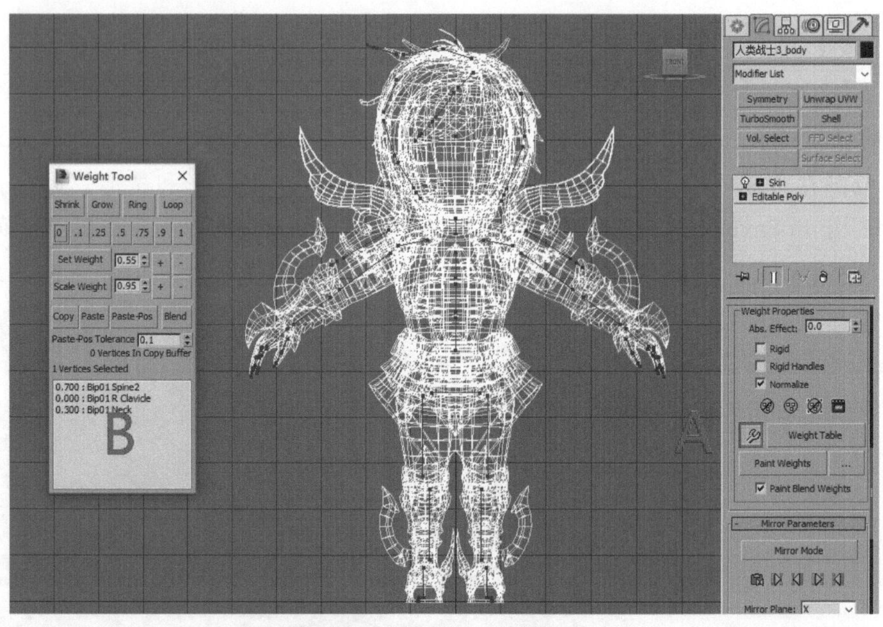


图6-37　打开权重工具面板

（3）关闭封套显示功能。方法：选中头部权重链接，打开 Display（显示）卷展栏，勾选Show No Envelopes（不显示封套）复选框，如图6-38中A所示，从而关闭封套显示。这样在设置权重值的时候，能更精确地设置数值，效果如图6-38中B所示。

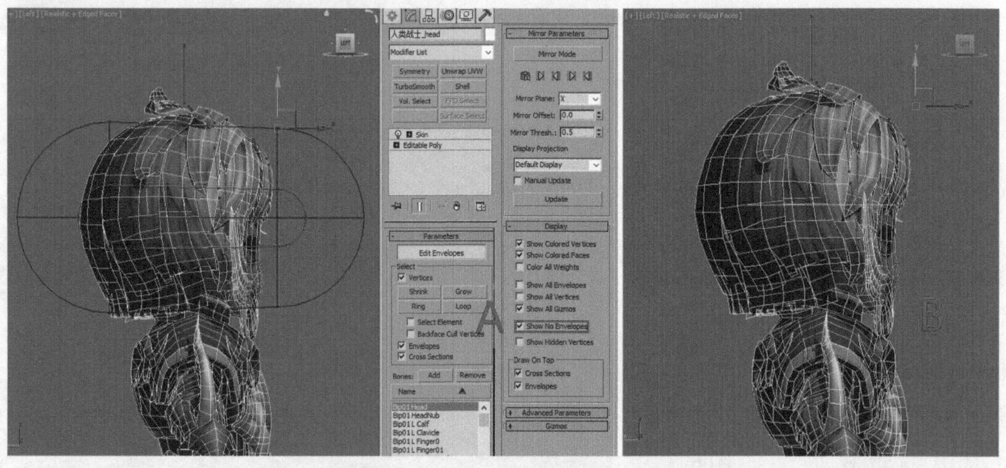


图6-38　关闭封套显示功能

提示：在调节权重时，可以看到权重点上的颜色变化，不同颜色代表着这个点受这节骨骼影响的权重值不同；红色的点受这节骨骼的影响的权重值最大为1；蓝色点受这节骨骼的影响的权重值最小；白色的点则表示没有受这节骨骼的影响，权重值为0。

（4）调节头部的权重值。方法：选中头部的权重链接，再选中头部所有相关的点，设置权重值为1，选中头部与脖子相衔接的部分，设置其权重值为0.5左右；选中颈部的权重链接，设置其所在位置的权重值为1，与邻近骨骼相衔接位置的权重值为0.5左右，如图6-39所示。

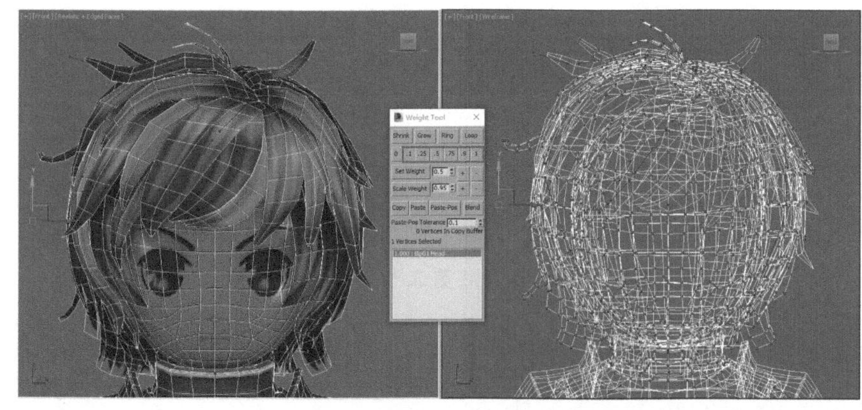

图6-39 调节头部的权重值

提示：骨骼的权重值减法运算如下：为头部和脖子相衔接的地方赋予权重值时，首先选中头部骨骼的权重链接，设置与脖子相衔接的点权重值为1；再选中脖子的权重链接，设置与头部相衔接的点为0.5，结果显示头部和脖子在它们相衔接的调整点的权重值均为0.5。

（5）调节刘海的权重值。方法：选中刘海末端骨骼的权重链接，设置其所在位置的调整点的权重值为1，与第二节骨骼相衔接位置的调整点的权重值为0.5左右，效果如图6-40所示。再选中第二节骨骼的权重链接，设置其所在位置的调整点的权重值为1，与根骨骼相衔接位置的调整点的权重值为0.5左右，如图6-41所示。最后选中根骨骼的权重链接，设置其与头部骨骼相衔接位置的调整点的权重值为0.5左右，如图6-42所示。

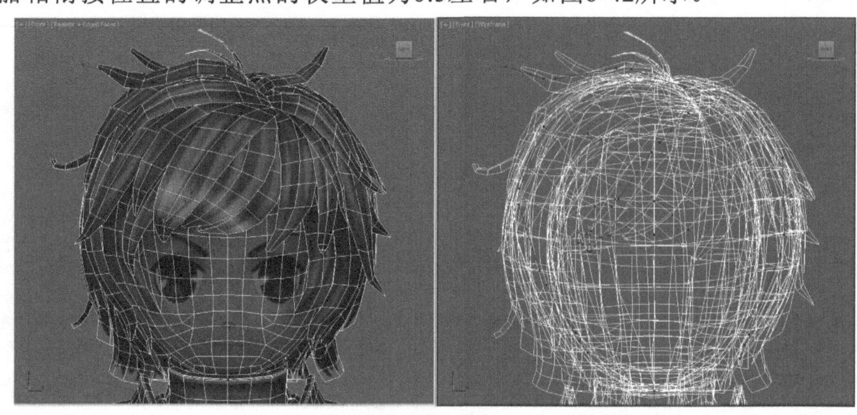

图6-40 调节刘海末端骨骼的权重值

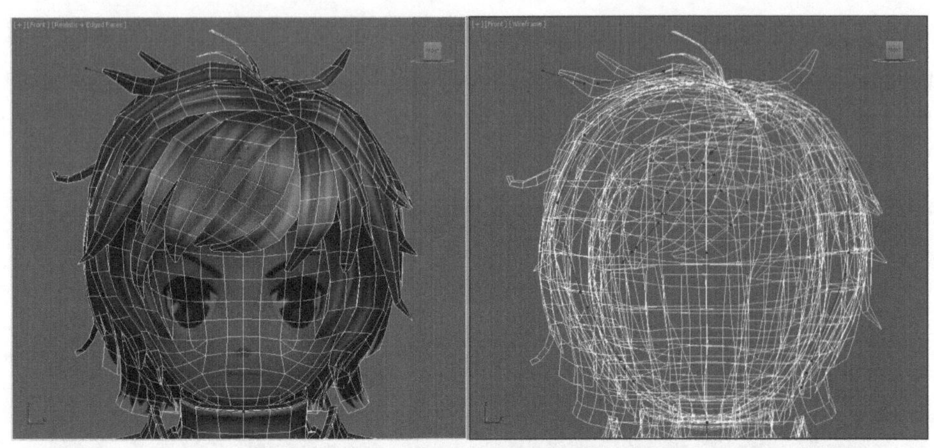

图6-41　调节刘海第二节骨骼的权重值

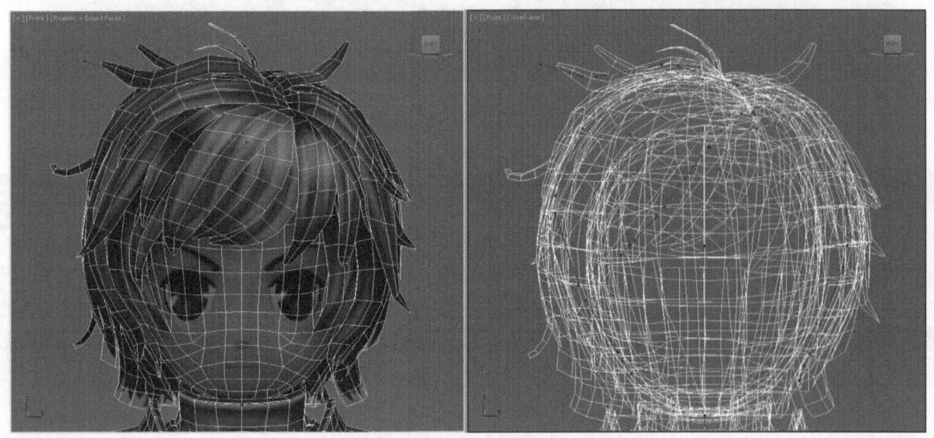

图6-42　调节刘海根骨骼的权重值

（6）调节顶端头发骨骼的权重值。方法：选中末端骨骼的权重链接，设置其所在位置的权重值为1；再选中第二根骨骼的权重链接，设置其所在位置的权重值为1，与末端骨骼相衔接的位置的权重值为0.5左右；选中根骨骼的权重链接，设置其所在位置的权重值为1，与邻近骨骼相衔接位置的权重值为0.5左右。效果如图6-43所示。

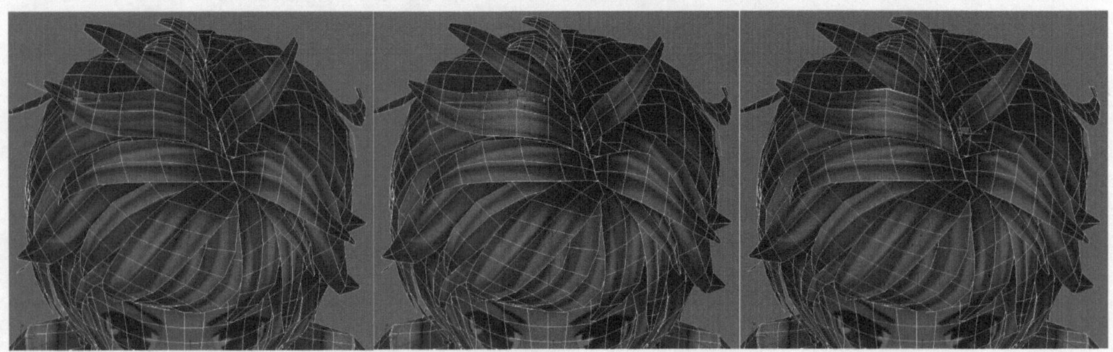

图6-43　调节顶端头发骨骼的权重值

（7）调节右侧头发骨骼的权重值。方法：参照上述调节权重的方法，为右侧头发设置权重值，此部分也是基于头部运动在左右两侧增加细节头发的飘动效果，效果如图6-44所示。

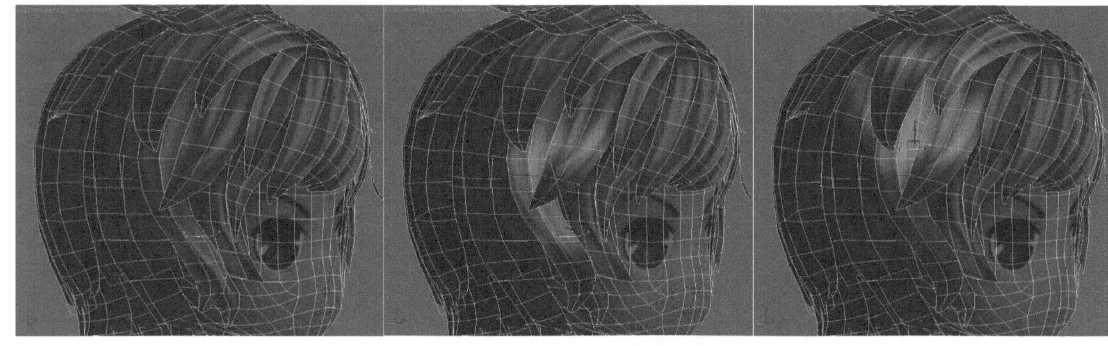

图6-44 调节右侧头发骨骼的权重值

（8）调节左侧头发骨骼的权重值。方法：参照上述调节权重的方法，为左侧头发设置权重，注意处理好与头发其他部分之间的整体权重，与右侧适度匹配，效果如图6-45所示。

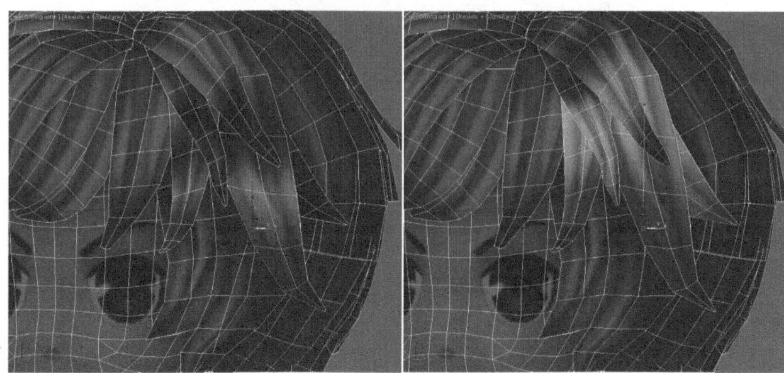

图6-45 调节左侧头发骨骼的权重值

（9）调节手部骨骼的权重值。方法：先选中食指末端骨骼的权重链接，设置其所在位置的权重值为1，与第二根骨骼相衔接位置的权重值为0.5左右。再选中第二根骨骼的权重链接，设置其所在位置的权重值为1，与末端骨骼和手掌骨骼相衔接位置的权重值为0.5左右。其他手指同理。最后选中手掌骨骼，设置其所在位置的权重值为1，与肘臂相衔接位置的权重值为0.5左右，如图6-46所示。

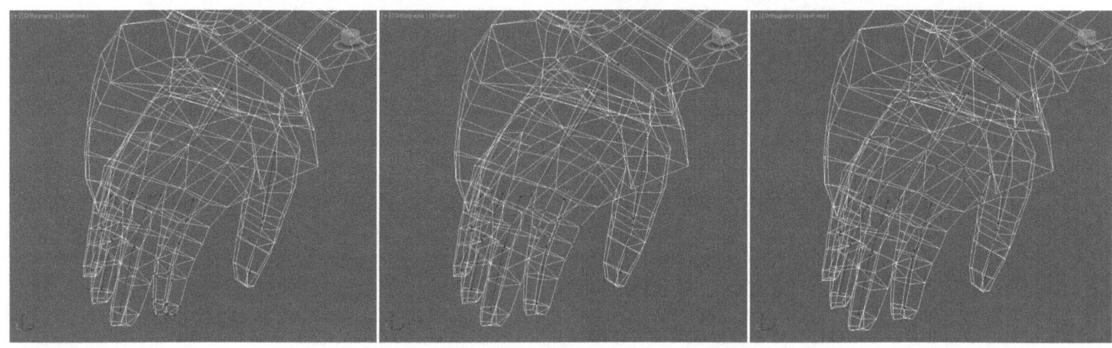

图6-46 调节手部骨骼的权重值

（10）调节手臂骨骼的权重值。方法：先选中肘臂骨骼的权重链接，设置其所在位置的权重值为1，与手掌骨骼和肩臂骨骼相衔接位置的权重值为0.5左右，如图6-47所示。再选中肩臂骨骼的权重链接，设置其所在位置的权重值为1，与肘臂骨骼和肩部骨骼相衔接位置的权重值为0.5左右，如图6-48所示。最后选中肩部骨骼的权重链接，设置其所在位置的权重值为1，与邻近骨骼相衔接位置的权重值为0.5左右，如图6-49所示。

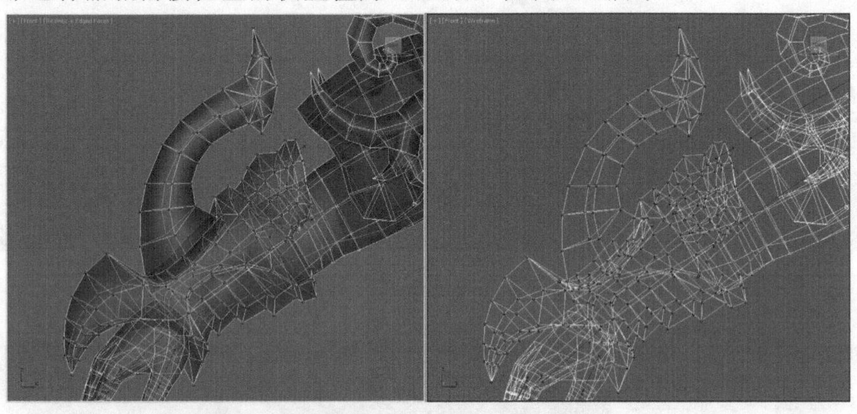

图6-47　调节肘臂骨骼的权重值

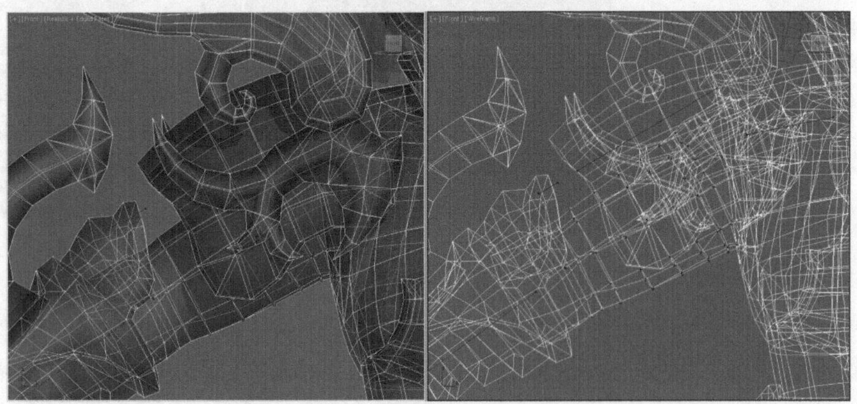

图6-48　调节肩臂骨骼的权重值

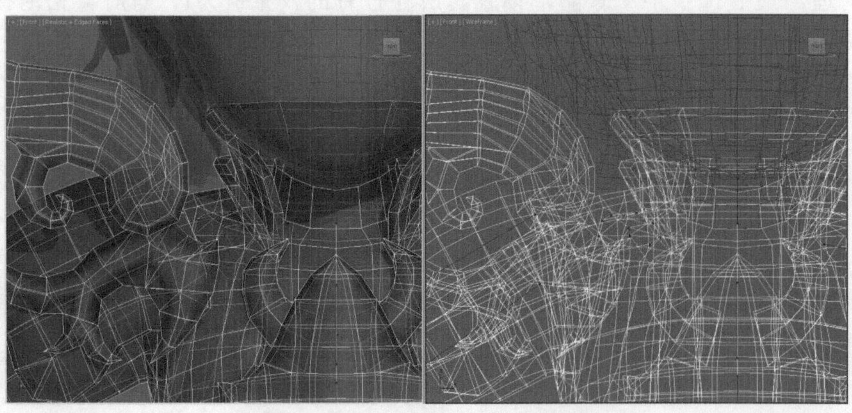

图6-49　调节肩部骨骼的权重值

（11）调节脚部骨骼的权重值。方法：首先选中脚尖骨骼的权重链接，设置其所在位置的权重值为1，与脚跟骨骼相衔接位置的权重值为0.5左右，如图6-50所示。再选中脚跟骨骼的权重链接，设置其所在位置的权重值为1，与脚尖骨骼和小腿骨骼相衔接位置的权重值为0.5左右，如图6-51所示。

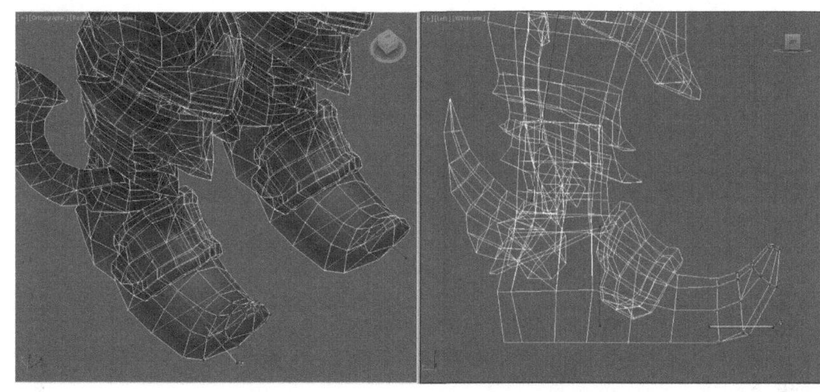

图6-50 调节脚尖骨骼的权重值

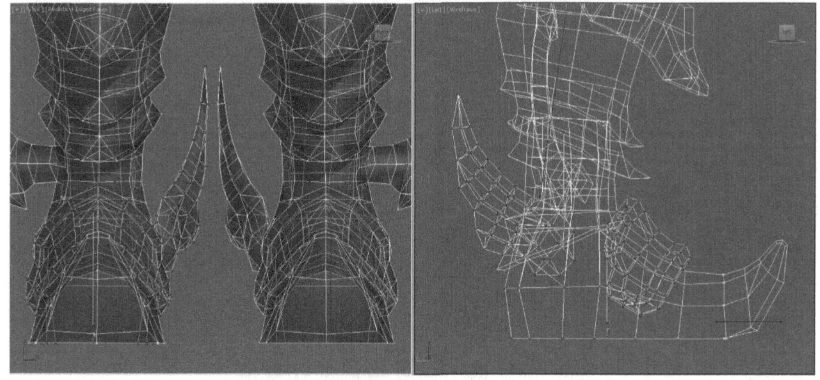

图6-51 调节脚跟骨骼的权重值

（12）调节腿部骨骼的权重值。方法：先选中小腿骨骼的权重链接，设置其所在位置的权重值为1，与脚跟骨骼和大腿骨骼相衔接位置的权重值为0.5左右，如图6-52所示。再选中大腿骨骼的权重链接，设置其所在位置的权重值为1，与小腿骨骼和盆骨骨骼相衔接位置的权重值为0.5左右，如图6-53所示。

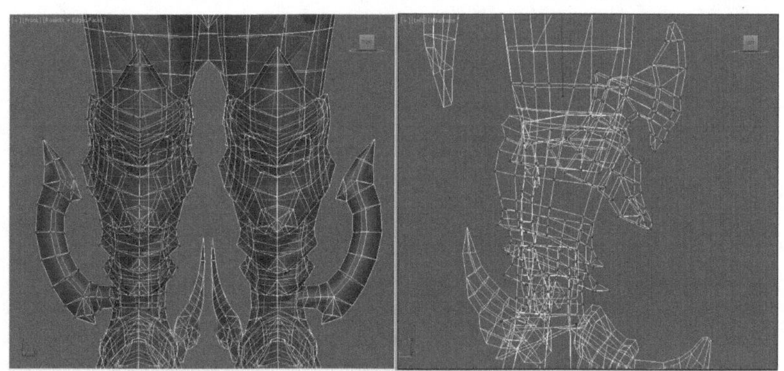

图6-52 调节小腿腿部骨骼的权重值

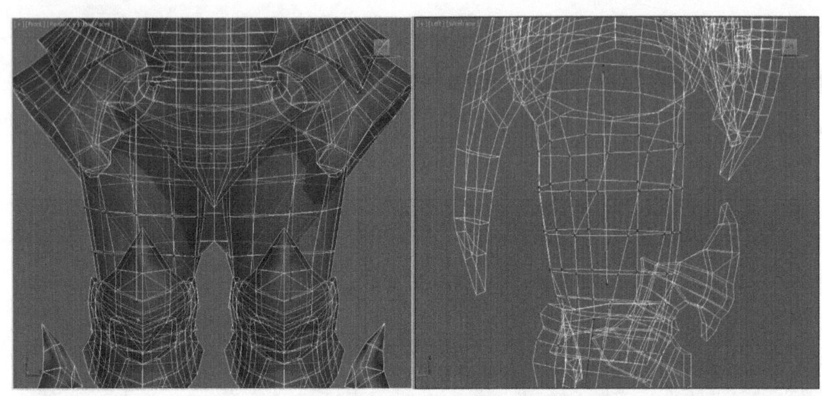

图6-53　调节大腿腿部骨骼的权重值

（13）调节盆骨骨骼的权重值。方法：选中盆骨骨骼的权重链接，设置其所在位置的权重值为1，与邻近骨骼相衔接位置的权重值为0.5左右。注意，腿部及腰部权重值根据模型的布线适当做调节，如图6-54所示。

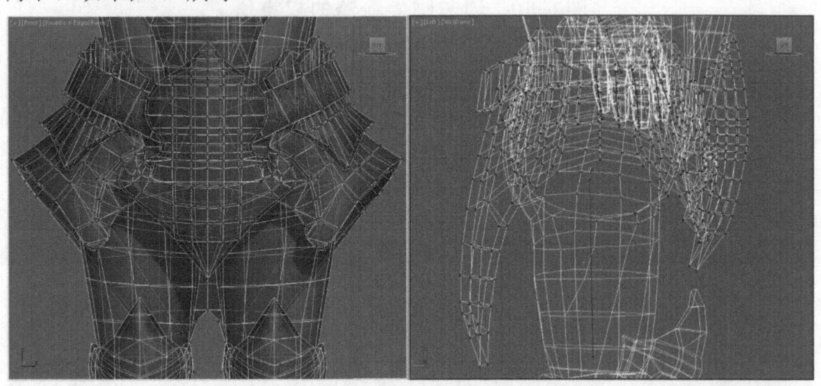

图6-54　调节盆骨骨骼的权重值

（14）调节腹部骨骼的权重值。方法：选中腹部骨骼的权重链接，设置其所在位置的权重值为1，与盆骨骨骼和腰部骨骼相衔接位置的权重值为0.5左右，通过旋转腹部骨骼来观察权重值是否适配合理，如图6-55所示。

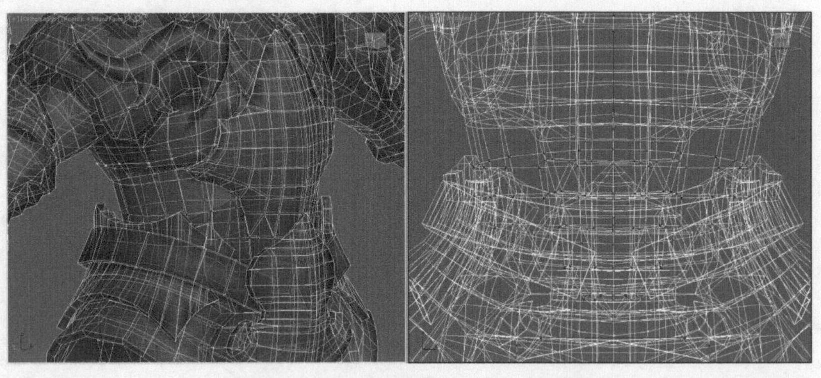

图6-55　调节腹部骨骼的权重值

（15）调节腰部骨骼的权重值。方法：选中腰部骨骼的权重链接，设置其所在位置的权重值为1，与腹部骨骼和胸腔骨骼相衔接位置的权重值为0.5左右，如图6-56所示。

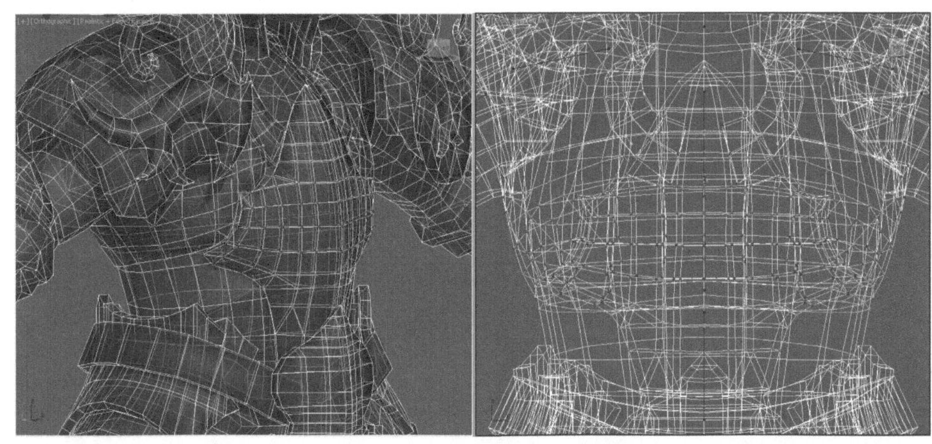

图6-56 调节腰部骨骼的权重值

（16）调节胸腔骨骼的权重值。方法：选中胸腔骨骼的权重链接，设置其所在位置的权重值为1，与邻近骨骼相衔接位置的权重值为0.5左右。胸部装备也是附属在胸部骨骼的位置，因此在分配权重值的时候，要根据身体及胸部装备造型进行权重值的数值匹配，如图6-57所示。

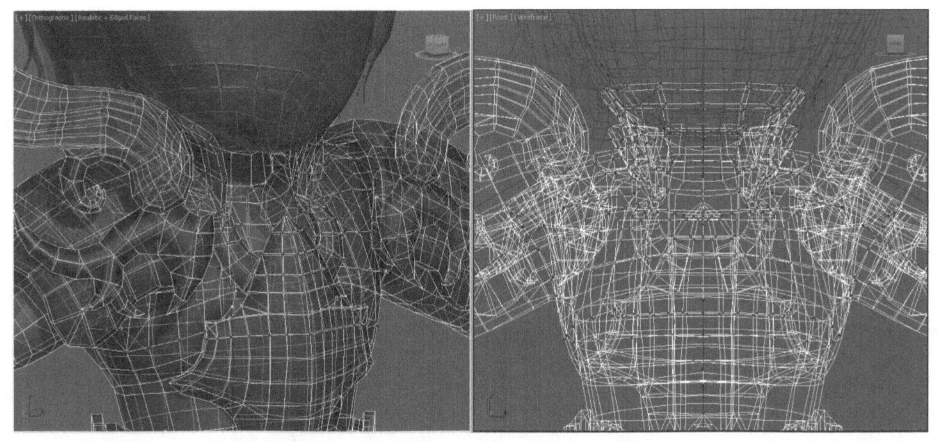

图6-57 调节胸腔骨骼的权重值

## 6.4 人类战士的动画制作

战士职业定位上属于物理属性职业，具有强壮的体魄及浑厚的力量，攻击及运动的节奏具有很强的爆发力，而且战士在很多产品设计中都是核心主角。作为重点刻画及表现的主体。本节主要讲解人类战士的动画制作，内容包括人类战士的咆哮、普通攻击以及特殊攻击动画的制作。

## 6.4.1 制作人类战士的咆哮动画

本节学习人类战士的咆哮动画制作。咆哮是战士特有技能之一，也是进入战斗技能之前积攒怒气的一种战斗状态，与后续攻击动作是融合在一起。本节就来重点学习咆哮动作的制作方法。首先来看一下人类战士咆哮动作的序列图，如图6-58所示。

图6-58 人类战士咆哮动作的序列图

（1）设置关键帧。方法：按H键，打开Select From Scene（从场景中选择)对话框，再次选择所有的Biped骨骼，如图6-59中A所示。单击OK按钮，选中所有Biped骨骼。接着打开 Motion（运动）面板下Biped卷展栏，关闭 Figure Mode（体形模式），最后单击Key Info（关键点信息）卷展栏下的 Set Key（设置关键点）按钮，如图6-59中B所示。为Biped骨骼在第0帧创建关键帧，如图6-59中C所示。再选中所有Bone骨骼，如图6-60中A所示，并按K键为Bone骨骼在第0帧创建关键帧，如图6-60中B所示。

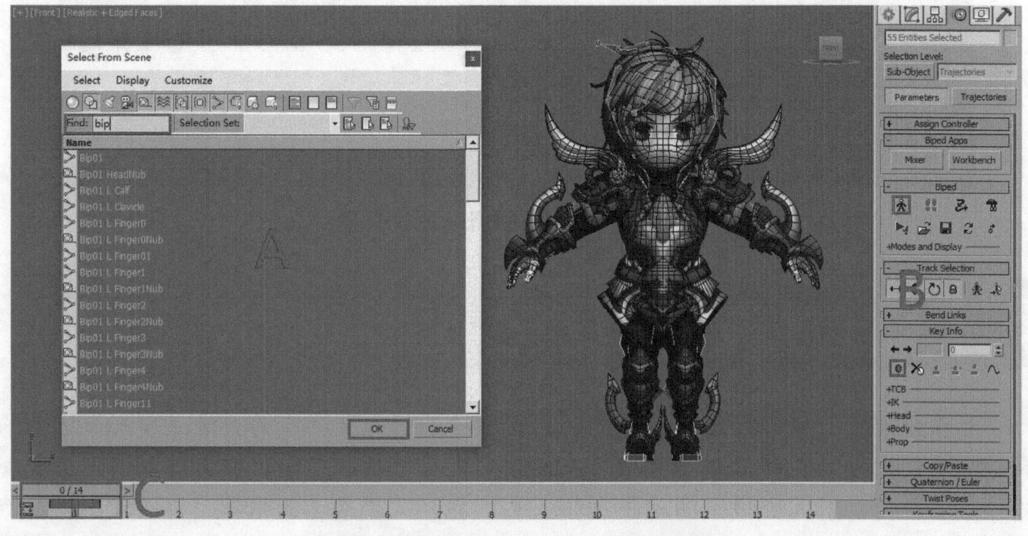

图6-59 为Biped骨骼创建关键帧

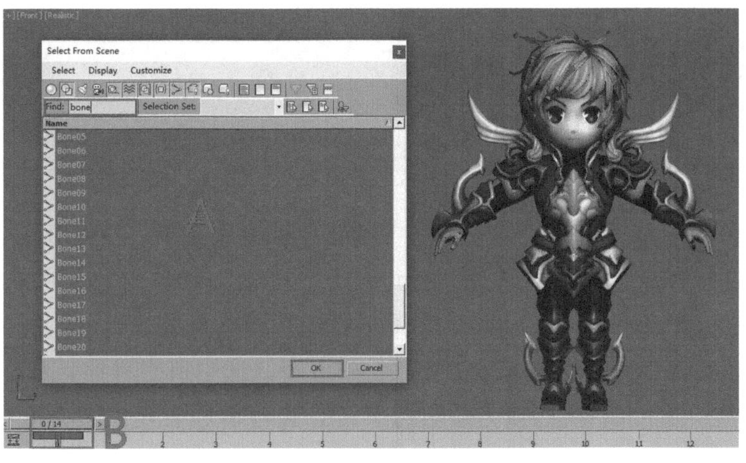

图6-60　为Bone骨骼创建关键帧

（2）设置时间配置。方法：单击动画控制区中的Time Configuration（时间配置）按钮，在弹出的对话框中设置End Time（结束时间）为32，设置Speed（速度）模式为1x，单击OK按钮，如图6-61所示，从而将时间滑块长度设为32帧。每一个动作在产品制作中都有特殊的帧数要求，也能更好地控制图片资源包大小。

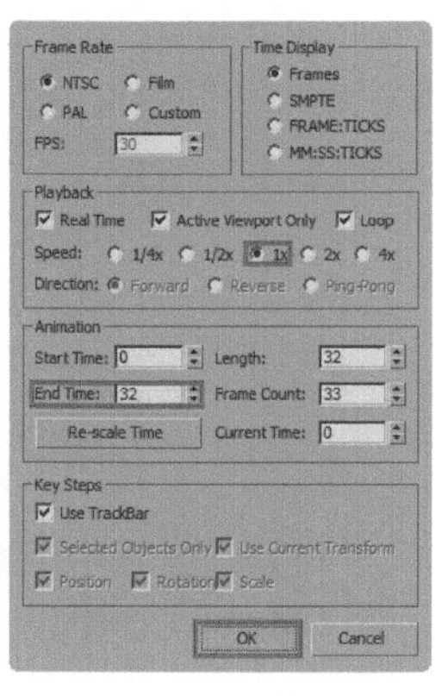

图6-61　设置时间配置

（3）调整人类战士的初始姿势。方法：拨动时间滑块到第0帧，使用 Select and Move（选择并移动）和 Select and Rotate（选择并旋转）工具分别调整人类战士的质心、腿部、身体、头和手臂骨骼的位置和角度，使人类战士质心向下，呈下蹲姿势；右手拿武器，左手拿盾牌，表现出防御的动作，效果如图6-62所示。

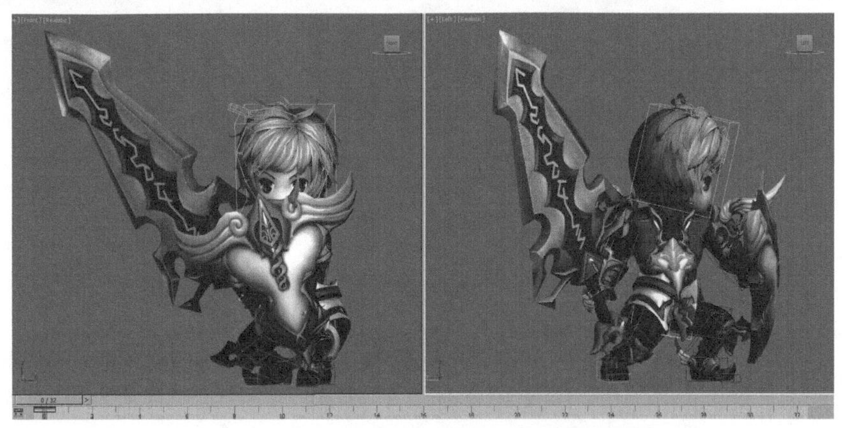

图6-62　人类战士咆哮动作的初始姿势

> 提示：①只有在脚掌是滑动关键帧的模式下，移动质心时身体才不会全部移动，所以在需要调整质心的关键帧上，为脚掌打上滑动关键帧。②改变武器运动时直接选择武器模型即可调整武器姿势。

（4）调整人类战士的蓄力姿势。方法：拖动时间滑块到第4帧，单击Key Info（关键点信息）卷展栏下的 Trajectories（轨迹）按钮，显示骨骼运动轨迹。使用 Select and Move（选择并移动）和 Select and Rotate（选择并旋转）调整人类战士骨骼的位置和角度，制作出人类战士咆哮前蓄力的姿势，效果如图6-63所示。选中所有骨骼，按住Shift键将第4帧复制拖动到第9帧，最后调整第9帧为质心向下蹲、腰弯曲、表现出蓄力欲爆发的姿势，效果如图6-64所示。

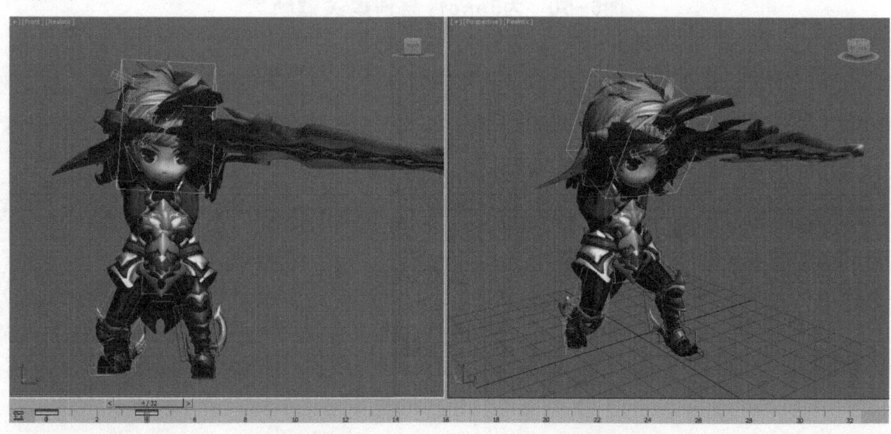

图6-63　人类战士在第4帧的姿势

图6-64　人类战士在第9帧的姿势

（5）调整人类战士在第12帧的姿势。方法：使用 Select and Move（选择并移动）和 Select and Rotate（选择并旋转）工具调整人类战士骨骼的位置和角度，制作出双臂张开、身体向后仰的姿势，效果如图6-65所示。

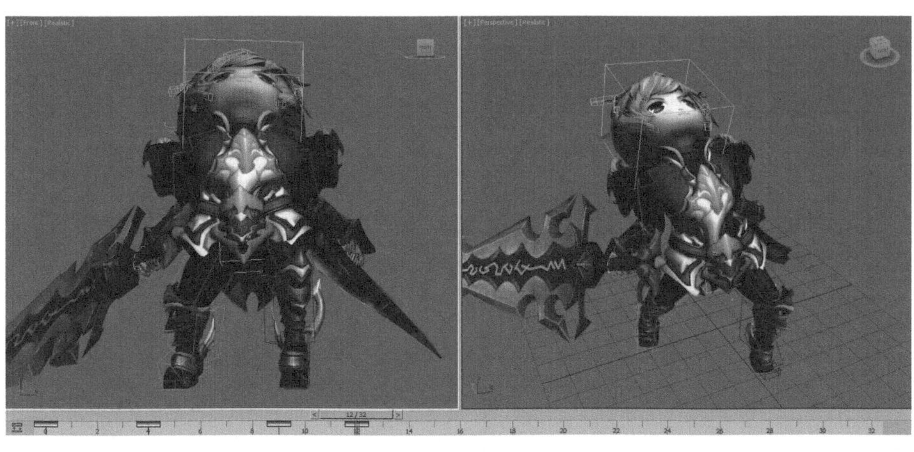

图6-65 调整人类战士在第12帧的姿势

（6）调整人类战士在第27帧的姿势。方法：使用 Select and Move（选择并移动）和 Select and Rotate（选择并旋转）工具调整人类战士骨骼的位置和角度，制作出咆哮完毕回到初始状态的过渡帧，效果如图6-66所示。

图6-66 调整人类战士在第27帧的姿势

（7）调整人类战士在第9~12帧之间的过渡帧。方法：首先将时间滑块拖动到第10帧，使用 Select and Move（选择并移动）和 Select and Rotate（选择并旋转）工具调整人类战士手部骨骼的位置和角度，制作出手部比身体快一拍的效果，如图6-67所示。再将时间滑块拖动到第11帧，使用工具调整人类战士的脊椎骨骼稍稍向后仰，制作出上半身比下半身快半拍的效果，如图6-68所示。

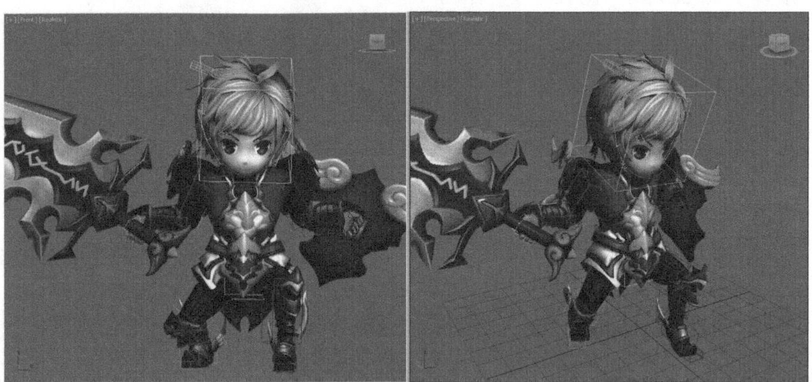

图6-67 人类战士在第10帧的过渡帧

图6-68　人类战士在第11帧的过渡帧

（8）调整人类战士手部在第18帧的姿势。方法：使用 Select and Move（选择并移动）和 Select and Rotate（选择并旋转）工具调整手部骨骼的位置和角度，制作出手部舒展到极限的姿势，如图6-69所示。

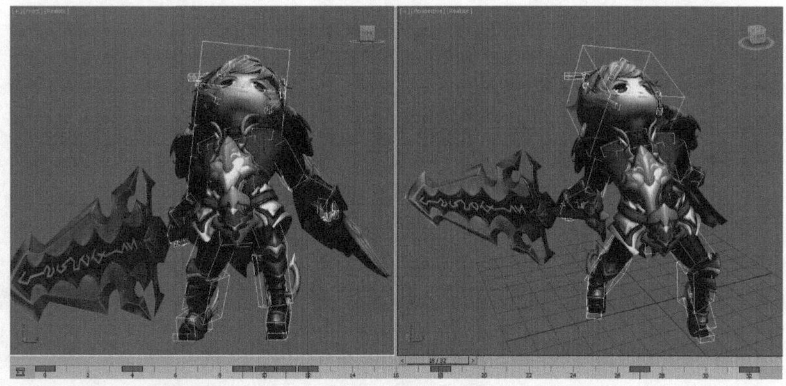
图6-69　调整人类战士手部在第18帧的姿势

（9）调整人类战士在第20帧的过渡姿势。方法：首先选中腿部，使用 Select and Move（选择并移动）和 Select and Rotate（选择并旋转）工具调整腿部稍稍向内收，绿色脚跟向上踮起，头部也稍稍向后仰，效果如图6-70所示。

图6-70　调整人类战士在第20帧的过渡姿势

提示：人类战士在咆哮完毕后要回到起始帧，因此要按住Shift键将时间滑块上的第1帧复制拖动到最后一帧。

（10）单击 Playback（播放动画）按钮播放动画，此时可以看到人类战士的咆哮动作。在播放动画时，如发现幅度过大或有抖动等不流畅的地方，可适当加以调整。

## 6.4.2 制作人类战士的普通攻击动画

在很多职业动作设计中，是根据武器技能的设计需求来进行攻击技能的实施。战士属于防御性的物理属性职业，能攻能防，为典型的力量型攻击职业，本节学习人类战士普通攻击中上挑和下砍的基本攻击动作的制作技巧及规范流程。首先来看一下人类战士普通攻击动作的主要序列图，如图6-71所示。

图6-71 人类战士普通攻击动作的序列图

> 提示：调整动画之前，参照为人类战士咆哮动画打关键帧的方式，为其普通攻击打上关键帧。

（1）设置时间配置。方法：单击动画控制区中的 Time Configuration（时间配置）按钮，并在弹出的对话框中设置End Time（结束时间）为14，设置Speed（速度）模式为1x。单击OK按钮结束设置，如图6-72所示。

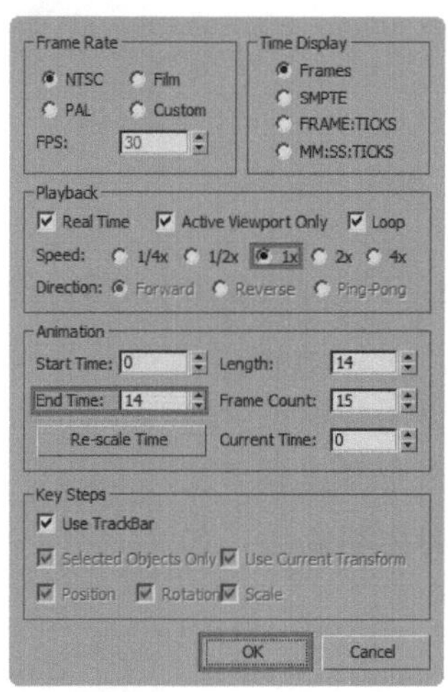


图6-72 设置时间配置

（2）调整人类战士的初始帧。方法：将时间滑块拖动到第0帧，使用 Select and Move（选择并移动）和 Select and Rotate（选择并旋转）工具调整人类战士的质心向下、左手拿盾牌在前、右手拿剑在后、制作出防御姿势，效果如图6-73所示。

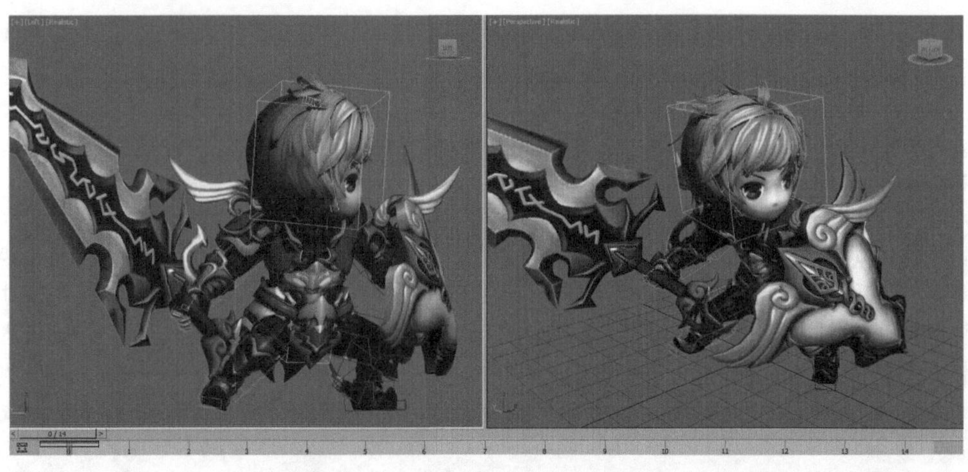

图6-73 设置人类战士的初始帧

（3）调整人类战士在第5帧的姿势。方法：将时间滑块拖动到第5帧，使用 Select and Move（选择并移动）和 Select and Rotate（选择并旋转）工具调整人类战士的质心稍稍向后、右手向后扬起，制作出蓄力的姿势，效果如图6-74所示。

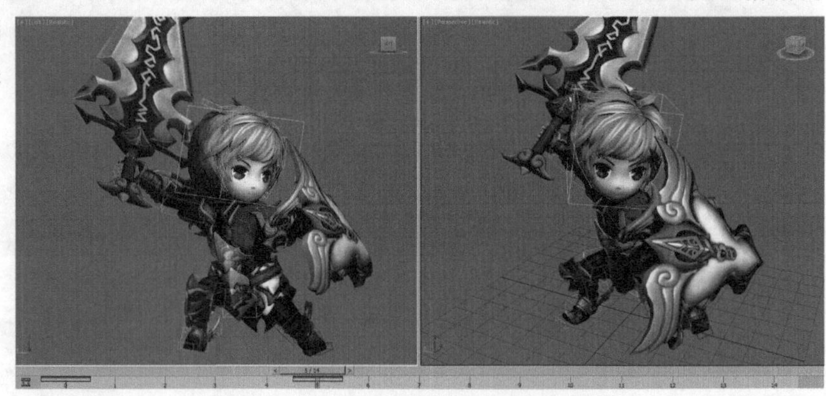

图6-74 设置人类战士在第5帧的姿势

（4）调整人类战士在第6帧的姿势。方法：使用 Select and Move（选择并移动）和 Select and Rotate（选择并旋转）工具调整人类战士的质心向前并向右偏移，制作出人类战士发力的效果，注意要从各个角度调整手部及腿部的运动姿态，如图6-75所示。

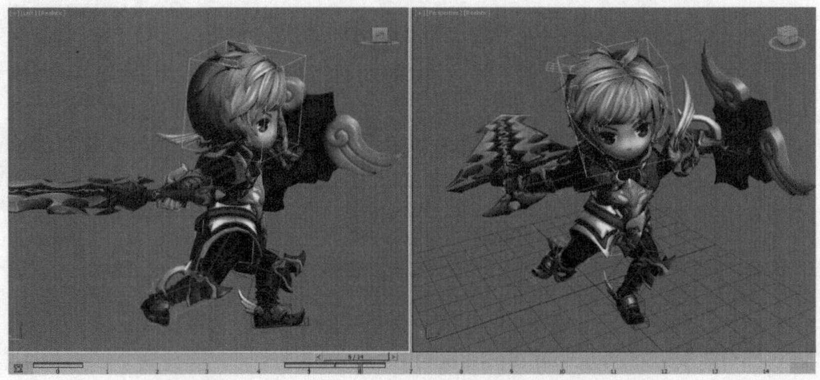

图6-75 设置人类战士在第6帧的姿势

（5）调整人类战士在第10帧的姿势。方法：使用 Select and Move（选择并移动）和 Select and Rotate（选择并旋转）工具调整人类战士的身体向后仰，制作出上挑的攻击动作和挥击武器向左上方运动轨迹的变化，并通过播放观察运动的节奏，效果如图6-76所示。

图6-76 设置人类战士在第10帧的姿势

（6）调整人类战士在第13帧的姿势。方法：使用 Select and Move（选择并移动）和 Select and Rotate（选择并旋转）工具调整人类战士骨骼的位置和角度，制作出收势的过渡姿势。同时身体由于受到下砍运动惯性动作的影响，整个身体的节奏及动态都会产生比较明显的收与放的动态变化，效果如图6-77所示。

图6-77 设置人类战士在第13帧的姿势

（7）调整人类战士在第14帧的姿势。方法：使用 Select and Move（选择并移动）和 Select and Rotate（选择并旋转）工具调整人类战士骨骼的位置和角度，制作出攻击完毕收势的姿势，效果如图6-78所示。

图6-78　设置人类战士在第14帧的姿势

（8）人类战士普通攻击动作主要表现在右手。在挥动武器时右手既要跟随身体，又要考虑到自身重力的问题，重点在于调整右手运动的细节及运动轨迹。而武器的运动轨迹作为战士攻击动作的主体，身体其他部位都会跟着运动的节奏产生相对应的动态变化，所以需反复调试头部、肩部、腿部等的运动角度及运动速度，效果如图6-79所示。

图6-79　人类战士右手的运动规律

（9）单击 Playback（播放动画）按钮播放动画，此时可以看到人类战士的普通攻击动作。在播放动画时，如发现幅度过大或有抖动等不流畅的地方，可适当加以调整。

## 6.4.3 制作人类战士的特殊攻击动画

特殊攻击是最能体现角色个性特征的技能动作行为方式。每个职业都具有其独特的技能，特别是物理及法系职业，在特殊技能表现上有很大的差别。在人类战士的特殊攻击中，包含抛掷武器、旋转及腾空出击等一系列动作。首先来看一下人类战士特殊攻击动作的主要序列图，如图6-80所示。

图6-80 人类战士特殊攻击动画的主要序列图

(1) 设置时间配置。方法：在第0帧为骨骼设置关键帧，单击动画控制区的 Time Configuration（时间配置）按钮，在弹出的Time Configuration（时间配置）对话框中设置End Time（结束时间）为88，设置Speed（速度）模式为1x，单击OK 按钮，如图6-81所示，从而将时间滑块长度设为88帧。

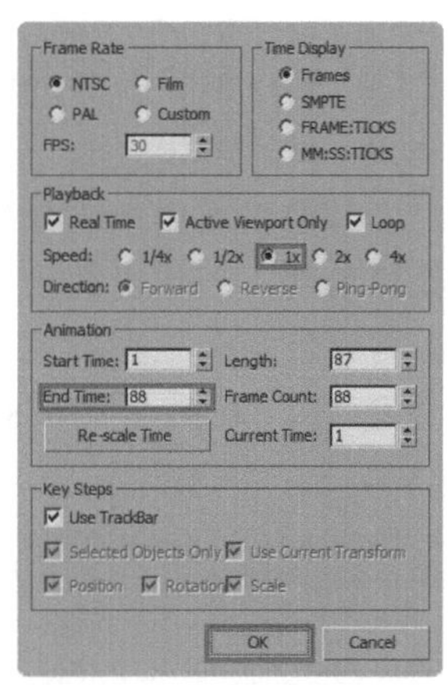


图6-81 设置时间配置

（2）调整人类战士的初始帧。方法：将时间滑块拖动到第0帧，使用 Select and Move（选择并移动）和 Select and Rotate（选择并旋转）工具调整人类战士的质心稍微向下、左手拿盾牌在前、右手拿剑指在后方、制作出攻击准备姿势，效果如图6-82所示。

图6-82 人类战士初始帧的姿势

（3）调整人类战士在第3帧和第7帧的过渡姿势。方法：首先将时间滑块拖动到第7帧，使用工具调整身体向右侧旋转。再将时间滑块拖动到第3帧，制作出右手手臂向身体后方稍微旋转、手掌张开的姿势，效果如图6-83所示。

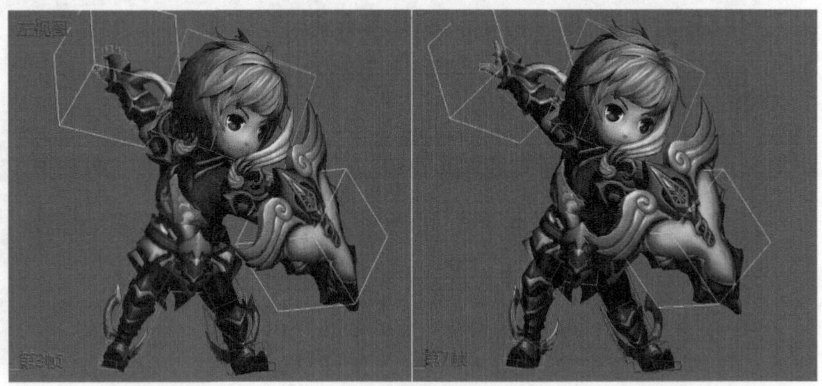


图6-83 人类战士在第3帧和第7帧的过渡姿势

（4）调整人类战士在第10帧的姿势。方法：使用 Select and Move（选择并移动）和 Select and Rotate（选择并旋转）工具调整人类战士骨骼的位置和角度，制作出战士身体向右侧旋转、向上挥舞武器的战斗姿势，效果如图6-84所示。

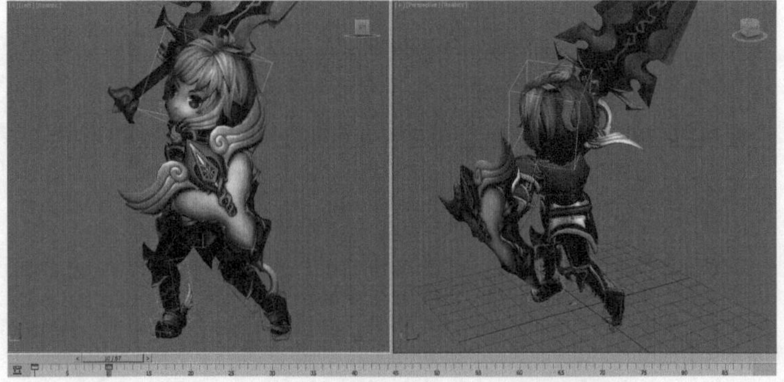

图6-84 调整人类战士在第10帧的姿势

（5）调整武器被抛掷的姿势。方法：使用 Select and Move（选择并移动）和 Select and Rotate（选择并旋转）工具调整武器模型的位置和角度，制作出武器的运动轨迹，注意武器抛起及回收状态的变化，效果如图6-85所示。

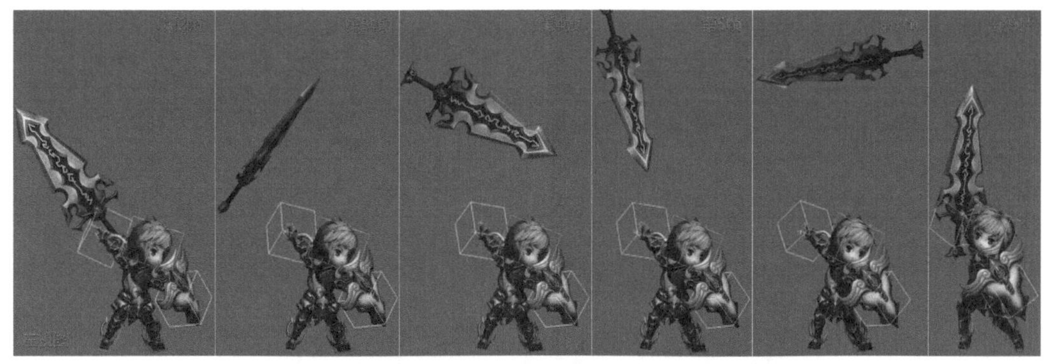

图6-85 武器被抛掷的序列图

（6）人类战士旋转前的蓄力。方法：使用 Select and Move（选择并移动）和 Select and Rotate（选择并旋转）工具调整人类战士在第14、17、19帧的姿势，以身体轴心作为支点顺时针旋转两圈，同时保持往前冲刺姿态，效果如图6-86所示。

图6-86 人类战士旋转前的蓄力

（7）调整人类战士的旋转。方法：使用 Select and Move（选择并移动）和 Select and Rotate（选择并旋转）工具调整人类战士骨骼的位置和角度，每隔5帧左右自身旋转一周（即360°），姿势保持不变，效果如图6-87所示。

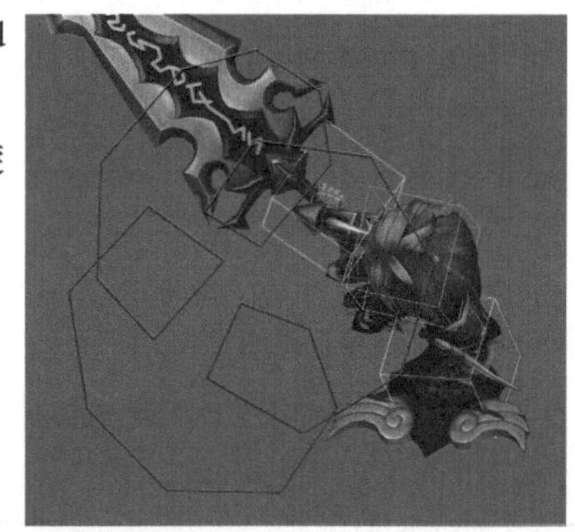

图6-87 人类战士旋转的位移

提示：旋转动作完毕后，在第45帧处为所有骨胳设置关键帧。

（8）调整人类战士旋转与腾空之间的过渡帧。方法：首先将时间滑块拖动到第49帧，使用 Select and Move（选择并移动）和 Select and Rotate（选择并旋转）工具调整人类战士的质心向下呈蹲姿，制作出腾空前蓄力的姿势，效果如图6-88所示。再将时间滑块拖动到第52帧，使用工具调整战士骨骼的位置和角度，制作出战士从腾空到出击的过渡帧，效果如图6-89所示。

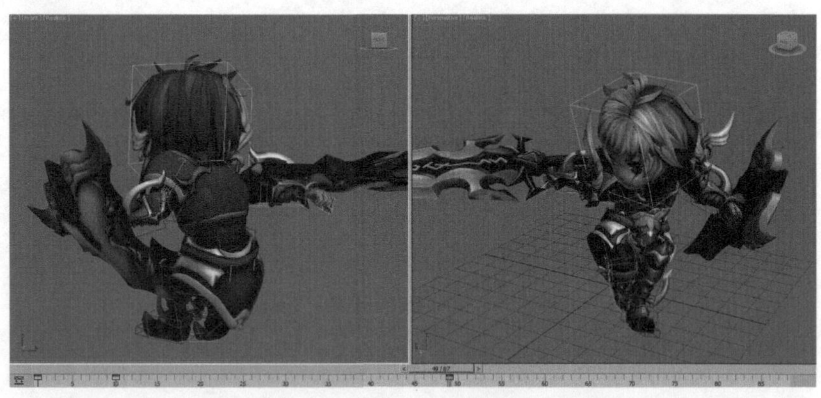

图6-88　人类战士在第49帧的姿势

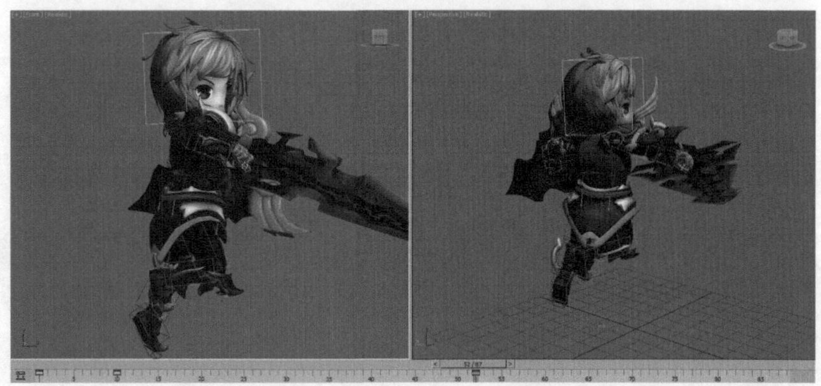

图6-89　人类战士在第52帧的姿势

（9）调整人类战士在第55、60帧的姿势。方法：将时间滑块拖动到第55帧，使用 Select and Move（选择并移动）和 Select and Rotate（选择并旋转）工具调整战士骨骼的位置和角度，制作出战士做好蓄力的姿势，效果如图6-90所示。将时间滑块拨动到第60帧，使用工具调整战士骨骼的位置和角度，制作出战士出击前的蓄力姿势，效果如图6-91所示。

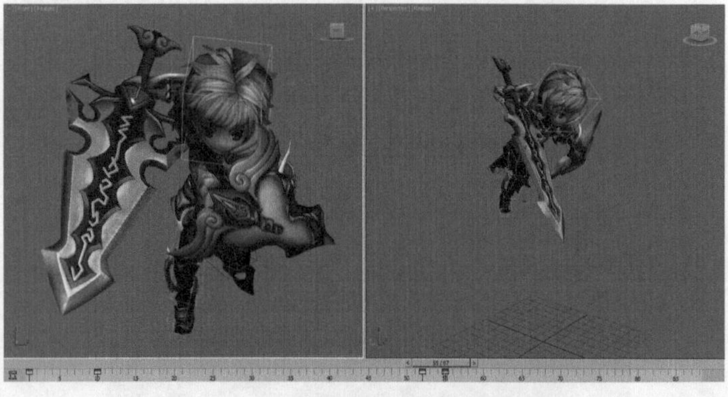

图6-90　人类战士在第55帧的姿势

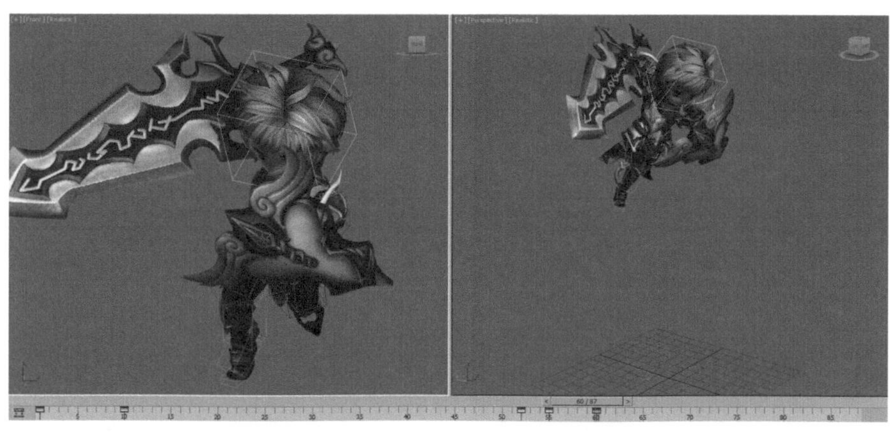

图6-91　人类战士在第60帧的姿势

（10）调整人类战士在第63帧的姿势。方法：将时间滑块拖动到第63帧，使用 Select and Move（选择并移动）和 Select and Rotate（选择并旋转）工具调整战士骨骼的位置和角度，制作出战士腾空出击的姿势，效果如图6-92所示。

图6-92　人类战士的腾空出击

（11）调整人类战士在第71帧的姿势。方法：将时间滑块拖动到第71帧，使用 Select and Move（选择并移动）和 Select and Rotate（选择并旋转）工具调整战士骨骼的位置和角度，制作出战士落地前拾剑姿势，要注意左右手攻击状态与身体动态的变化，效果如图6-93所示。

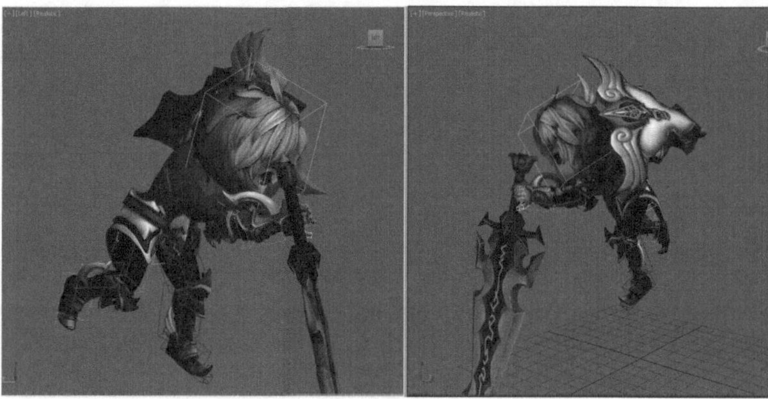

图6-93　人类战士在第71帧的姿势

（12）调整腾空出击的武器的运动。方法：选中武器模型，使用 Select and Move（选择并移动）和 Select and Rotate（选择并旋转）工具调整武器模型的位置和角度，制作出攻击前右手向前挥击劈砍、同时身体随着攻击的动势产生旋转、位移等变化，效果如图6-94所示。

图6-94　腾空出击的武器的运动

（13）调整人类战士落地的姿势。方法：分别拖动时间滑块到第73~88帧，使用 Select and Move（选择并移动）和 Select and Rotate（选择并旋转）工具调整战士骨骼的位置和角度，制作出落地后受到缓冲力的影响、向下蹲又被弹起的姿势，效果如图6-95所示。

图6-95　人类战士落地的姿势

（14）单击 Playback（播放动画）按钮播放动画，此时可以看到人类战士的特殊攻击动作。在播放动画时，如发现幅度过大或有抖动等不流畅的地方，可适当加以调整。

# 6.5 陆行鸟的骨骼创建

接下来为战士的坐骑——陆行鸟进行骨骼的搭建及设定。在创建陆行鸟骨骼时，使用传统的CS骨骼、Bone骨骼相结合。陆行鸟骨骼创建分为创建前的准备、创建Character Studio骨骼、匹配骨骼到模型三部分内容。

## 6.5.1 创建前的准备

（1）结合前面设置骨骼的制作思路，对陆行鸟所有顶点信息进行重置，同时使模型坐标信息归零。方法：选中陆行鸟的模型，右击工具栏上的 Select and Move（选择并移动）按钮，在弹出的Move Transform Type-In（移动变化输入）界面中，将Absolute:World（绝对:世界）的坐标值设置为（X:0，Y:0，Z:0），如图6-96中A所示。此时可以看到场景中的陆行鸟位于坐标原点，如图6-96中B所示。

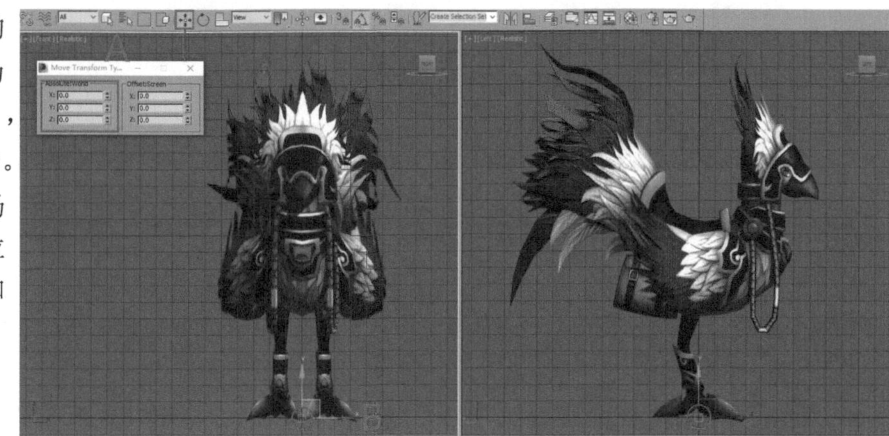

图6-96 模型归零

（2）过滤模型。方法：打开Selection Filter（选择过滤器）下拉菜单，选择Bone骨骼模式，如图6-97所示。这样在选择骨骼时，只会选中骨骼，而不会发生误选的情况。

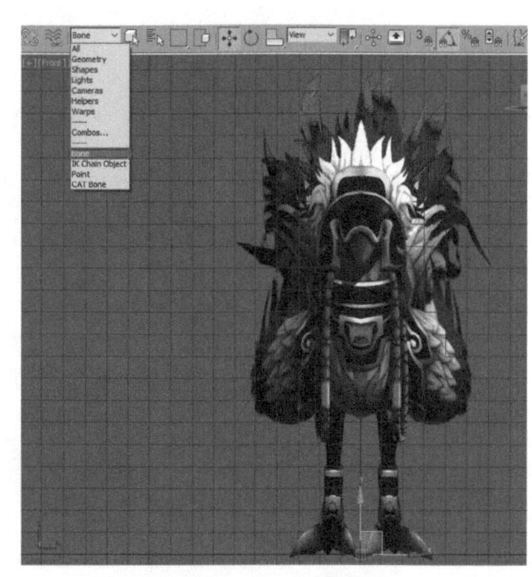

图6-97 过滤模型

## 6.5.2 创建Character Studio骨骼

（1）为陆行鸟坐骑创建Biped骨骼。方法：按捷F4键，进入线框显示模式。单击 Create（创建）面板下 Systems（系统）中的Biped按钮，在前视图中拖出一个与陆行鸟模型等高的人类角色Biped，骨骼参数以默认的设置为主，如图6-98所示。

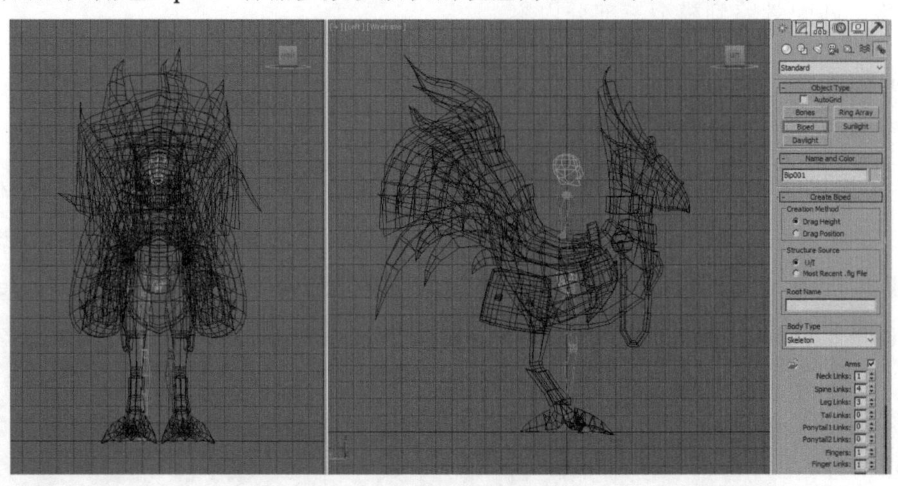

图6-98 创建Biped骨骼

（2）调整质心到模型中心。方法：选择人类角色Biped骨骼的任何一个部分，进入 Motion（运动）面板，再打开Biped卷展栏，然后单击 Figure Mode（体形模式）按钮，激活并锁定控制器，如图6-99中A所示，从而选择了Biped骨骼的质心。使用 Select and Move（选择并移动）工具调整质心，如图6-99中B所示。接着设置质心的X、Y轴坐标为0，如图6-99中C所示，将质心的位置调整到模型中心。

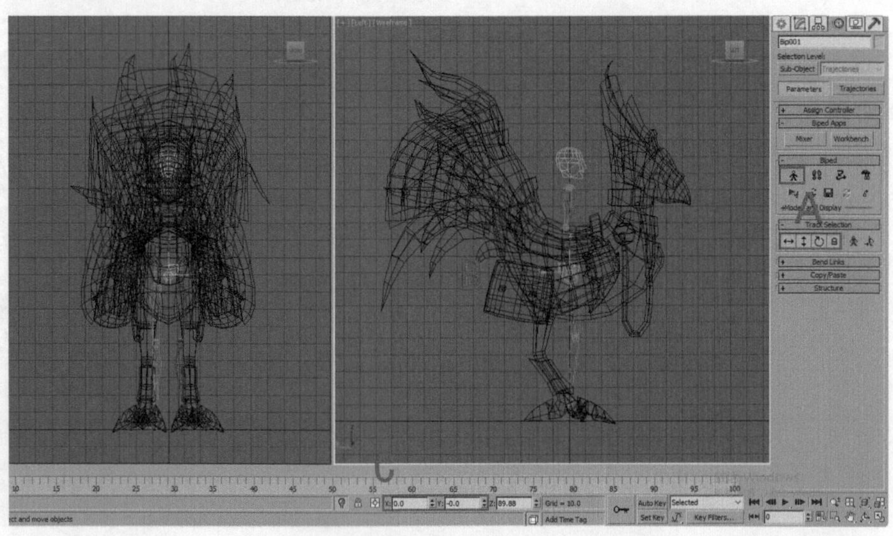

图6-99 调整质心到模型中心

（3）修改Biped结构参数。方法：选中刚刚创建的Biped骨骼的任何一个部分，打开 Motion（运动）面板下的Structure（结构）卷展栏，修改Neck Links（颈部链接）的结构参数为2，Spine Links（脊椎链接）的结构参数为2，Leg Links（腿部链接）的结构参数为4，Toes（脚趾）的结构参数为3，Toe Links（脚趾链接）的结构参数为1，如图6-100所示。

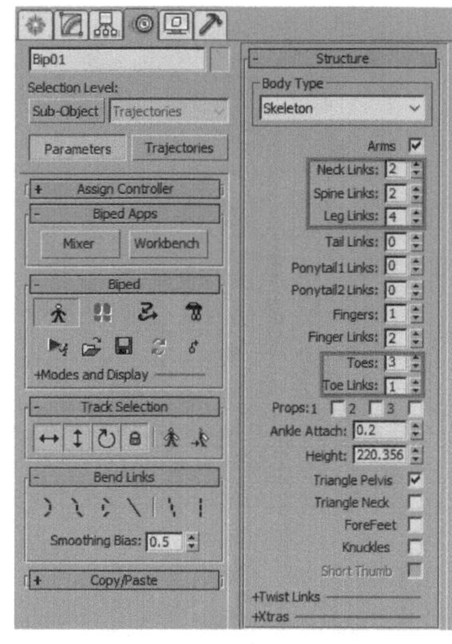

图6-100　修改Biped结构参数

## 6.5.3 匹配骨骼到模型

（1）匹配盆骨骨骼到模型。方法：选中盆骨骨骼，单击工具栏上的 Select and Uniform Scale（选择并均匀缩放）按钮，并更改坐标系为Local（局部），然后使用 Select and Rotate（选择并旋转）和 Select and Uniform Scale（选择并均匀缩放）工具在前视图或左视图中调整盆骨骨骼的大小，与模型相匹配，效果如图6-101所示。

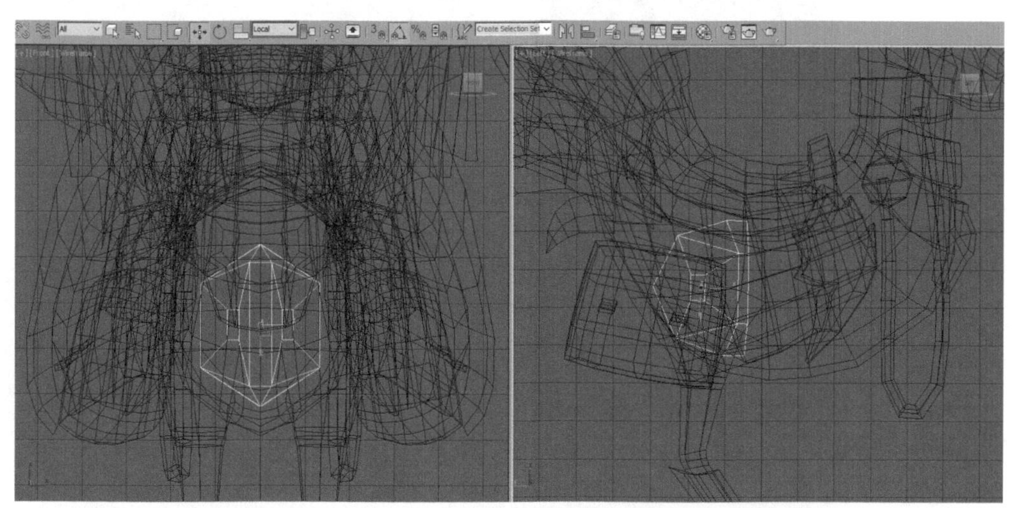

图6-101　匹配盆骨骨骼到模型

（2）匹配脊椎骨骼到模型。方法：使用 Select and Rotate（选择并旋转）和 Select and Uniform Scale（选择并均匀缩放）工具在前视图或左视图中调整脊椎骨骼与模型相匹配，效果如图6-102所示。

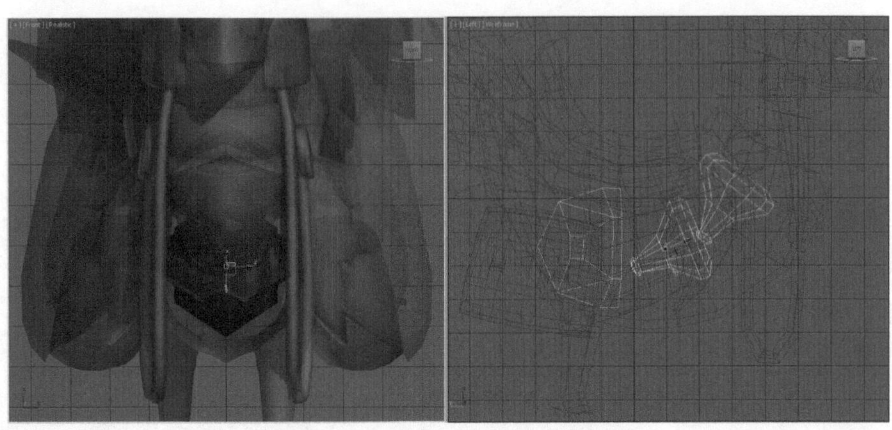

图6-102　匹配脊椎骨骼到模型

（3）匹配脖子骨骼到模型。方法：选中颈部骨骼，使用 Select and Rotate（选择并旋转）和 Select and Uniform Scale（选择并均匀缩放）工具在前视图或左视图中调整颈部骨骼，将颈部骨骼与模型匹配，效果如图6-103所示。

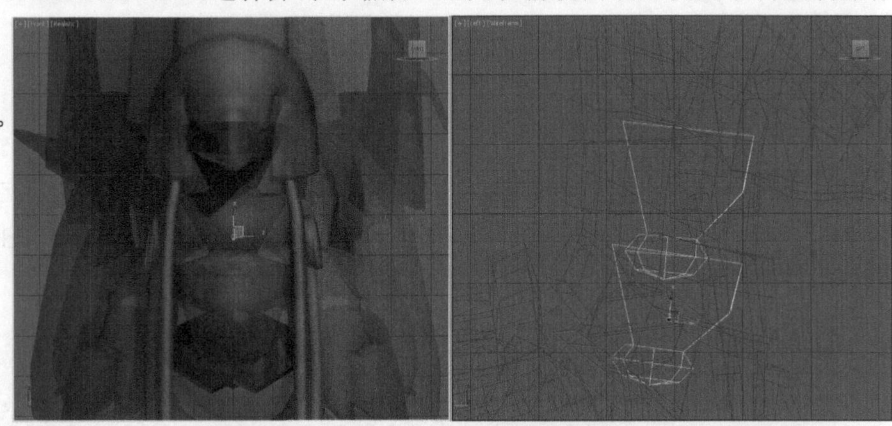

图6-103　匹配脖子骨骼到模型

（4）匹配头部骨骼到模型。方法：选中头部骨骼，再使用 Select and Rotate（选择并旋转）和 Select and Uniform Scale（选择并均匀缩放）工具在前视图或左视图中调整头部骨骼与模型匹配，效果如图6-104所示。

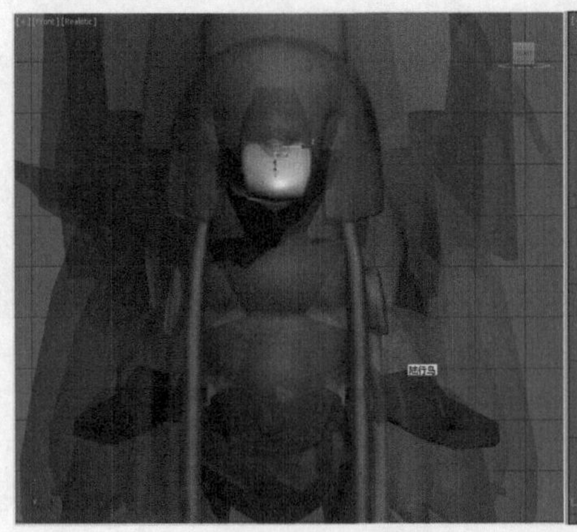

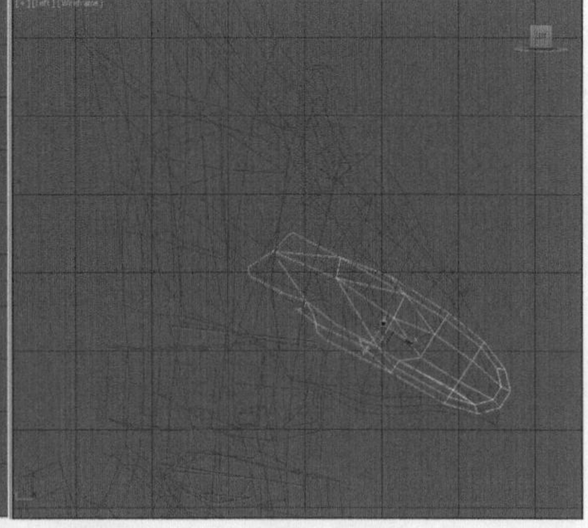

图6-104　匹配头部骨骼到模型

（5）匹配腿部骨骼到模型。方法：选中右腿腿部骨骼，在前视图或左视图中使用Select and Rotate（选择并旋转）和Select and Uniform Scale（选择并均匀缩放）工具将腿部骨骼与模型匹配，注意关节部位模型与骨骼节点一定要匹配合理，效果如图6-105所示。

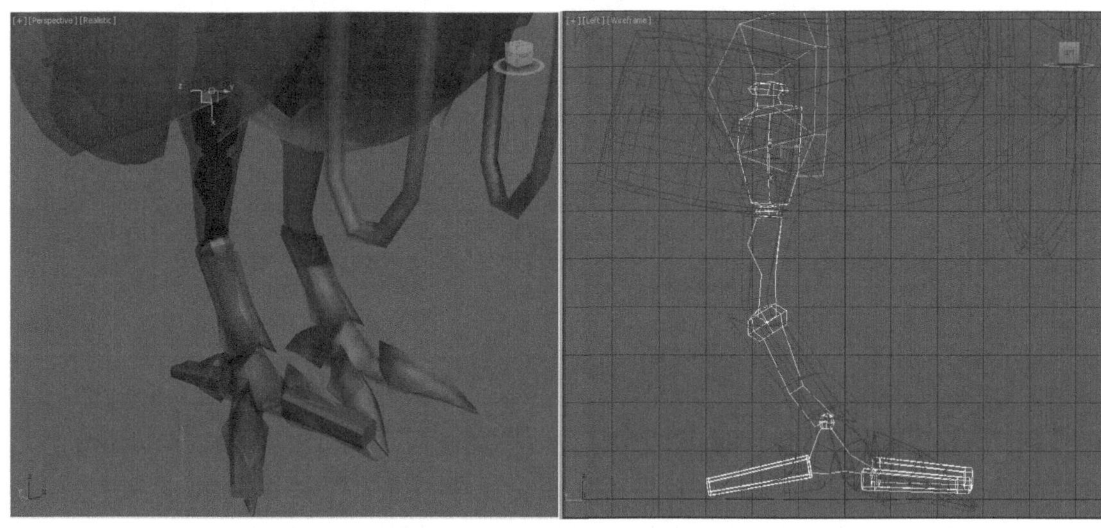

图6-105　匹配腿部骨骼到模型

（6）复制右腿腿部骨骼到左腿骨骼。方法：选中整个腿部骨骼，先单击Create Collection（创建集合）按钮创建集合，再单击Copy Posture（复制姿态）按钮和Paste Posture Opposite（向对面粘贴姿态）按钮，完成复制，效果如图6-106所示。

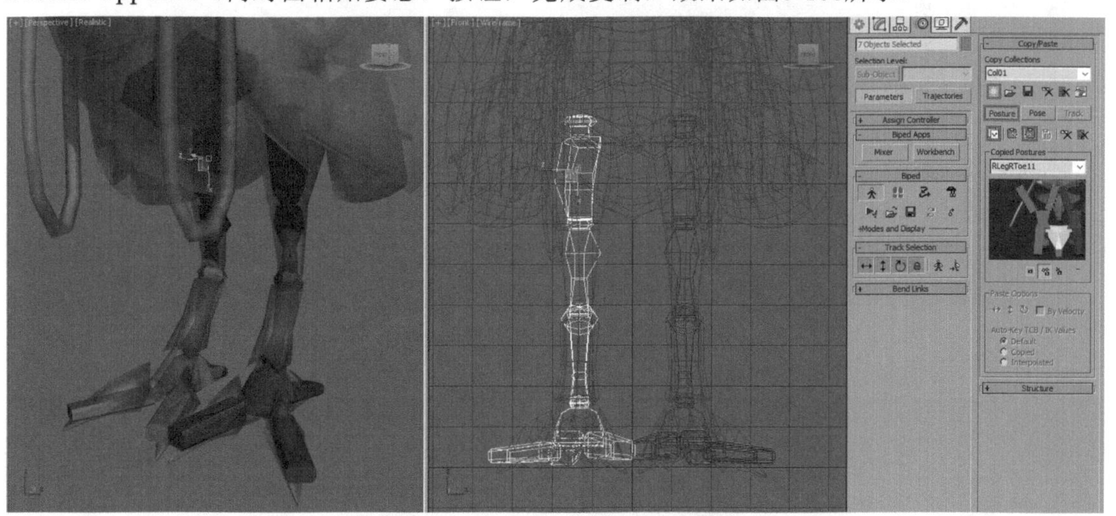

图6-106　复制腿部骨骼的信息

（7）匹配右侧肩膀骨骼到模型。方法：选中肩部骨骼，在前视图或左视图中使用Select and Rotate（选择并旋转）和Select and Uniform Scale（选择并均匀缩放）工具将肩部骨骼与模型匹配，效果如图6-107所示。

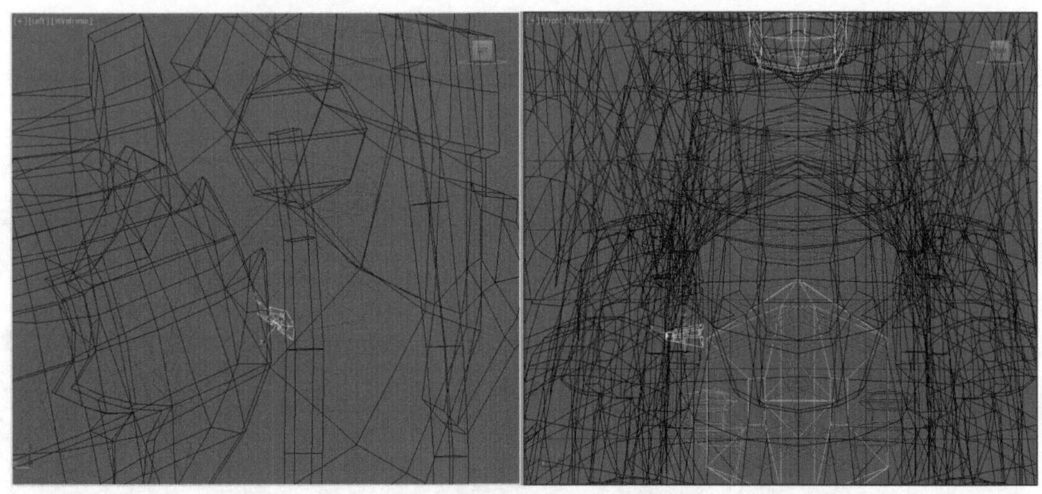

图6-107　匹配肩膀骨骼到模型

（8）匹配右侧翅膀骨骼到模型。方法：选中右侧肩臂骨骼，在前视图或左视图中使用 Select and Rotate（选择并旋转）和 Select and Uniform Scale（选择并均匀缩放）工具将肩臂骨骼与翅膀模型匹配，调整骨骼大小，尽量与模型进行匹配，效果如图6-108所示。

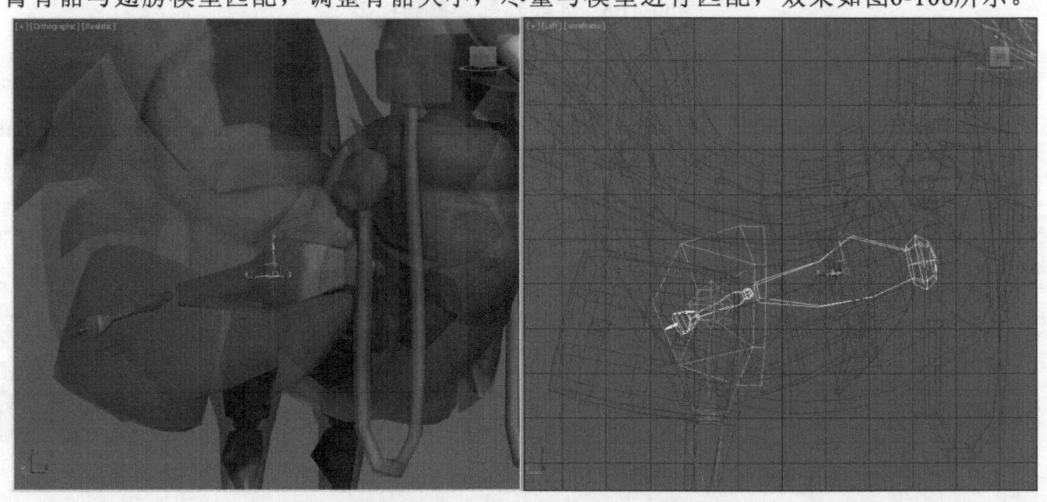

图6-108　匹配翅膀骨骼到模型

提示：由于Biped骨骼属于标准的人体角色的结构，与陆行鸟模型的身体结构有差异，例如肘臂和手部骨骼没起任何作用的，为方便观察，可以隐藏不起作用的骨骼。

（9）复制翅膀骨骼的信息。方法：选中肩部和肩臂骨骼，单击 Copy Posture（复制姿态）按钮，再单击 Paste Posture Opposite（向对面粘贴姿态）按钮，完成复制，效果如图6-109所示。

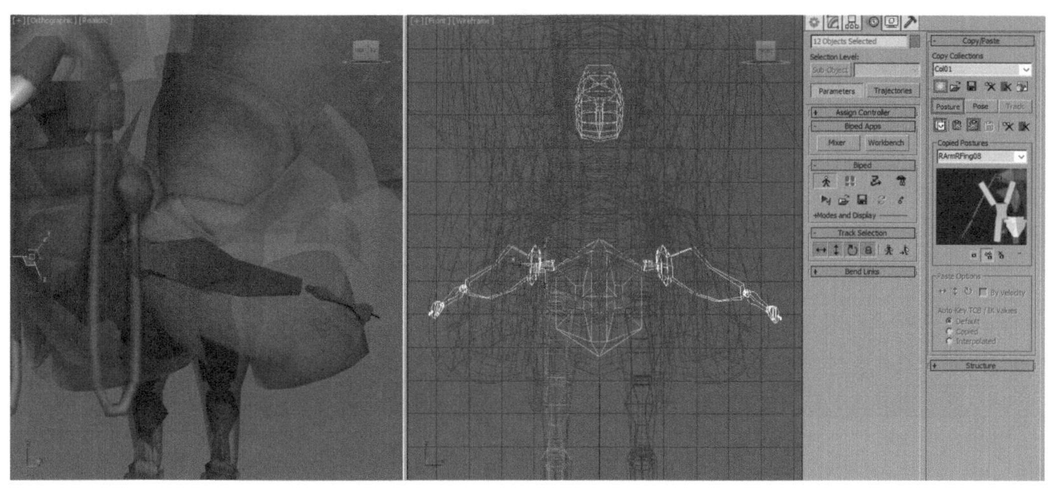

图6-109　复制翅膀骨骼的信息

# 6.6 陆行鸟的附属物品骨骼创建

这里用Bone骨骼来创建陆行鸟的附属物品骨骼。附属物品骨骼创建分为创建头顶羽毛和尾部羽毛骨骼、创建缰绳骨骼、创建背包骨骼及骨骼的链接四部分内容。

## 6.6.1 创建头顶羽毛和尾部羽毛骨骼

（1）创建头顶羽毛骨骼。方法：进入左视图，单击 Create（创建）面板下 Systems（系统）中的Bones按钮，在头顶羽毛位置创建两节骨骼，右击鼠标结束创建，最后删掉自动生成的末端骨骼，效果如图6-110所示。

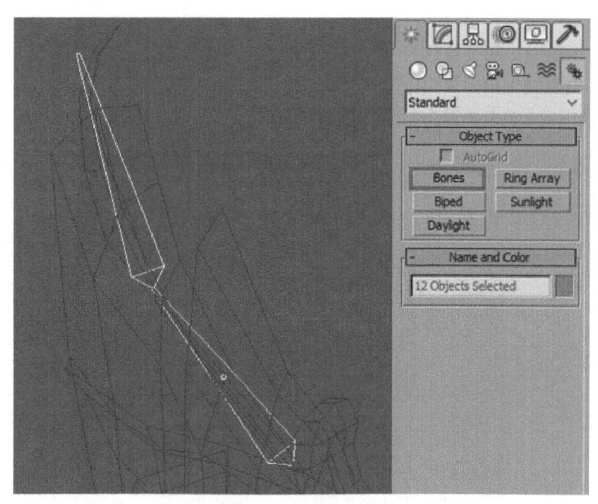


图6-110　创建头顶羽毛骨骼

（2）匹配头顶羽毛骨骼到模型。方法：选中羽毛的骨骼，打开Bone Tools（骨骼工具）面板，进入Fin Adjustment Tools（鳍调整工具）卷展栏的Bone Objects栏，调整Bone骨骼的宽度、高度和锥化参数，效果如图6-111所示。同理，调整好其他Bone骨骼的大小。

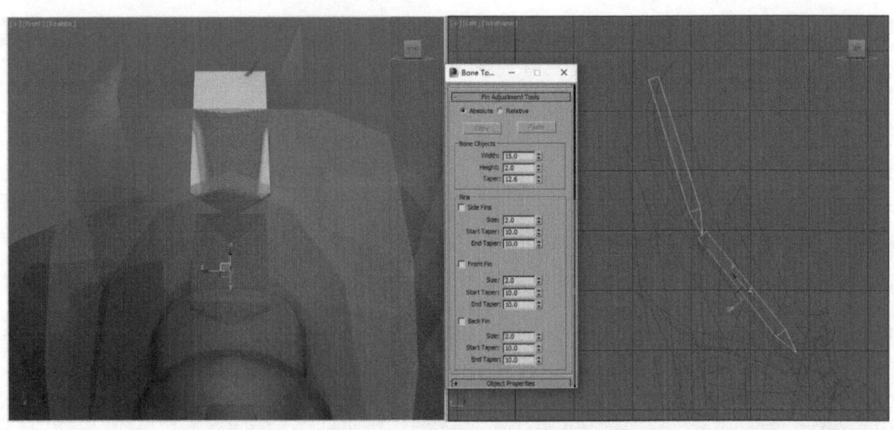

图6-111　匹配骨骼到模型

（3）创建尾部骨骼。方法：在左视图创建三节骨骼，再删掉自动生成的末端骨骼，效果如图6-112所示。

图6-112　尾部骨骼的创建

（4）匹配尾部骨骼到模型。方法：选中尾部骨骼，调整Bone骨骼的宽度、高度和锥化参数。为了保证在后续制作动画的时候尾部的动作更顺畅、协调，此处共创建3节骨骼作为尾部骨骼的基础，效果如图6-113所示。

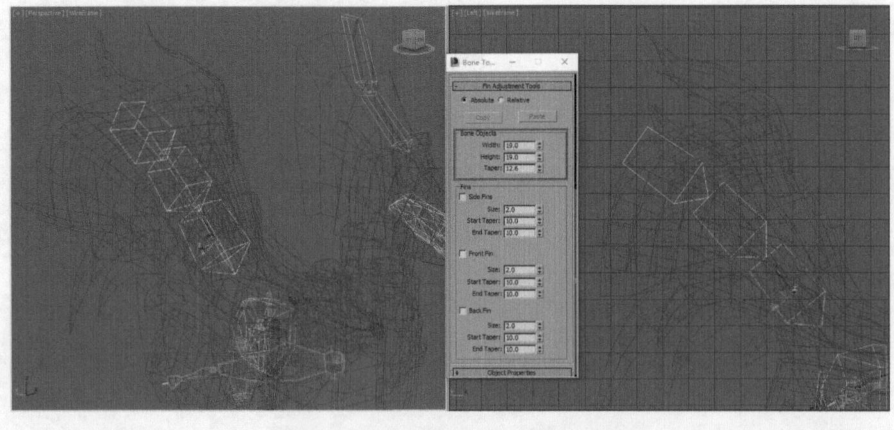

图6-113　匹配尾部骨骼到模型

（5）创建尾羽骨骼。方法：为丰富尾部羽毛飘动的效果，在尾部骨骼的下方添加尾部羽毛的附属骨骼，在左视图中为尾羽创建三节骨骼，删掉自动生成的末端骨骼，效果如图6-114所示。

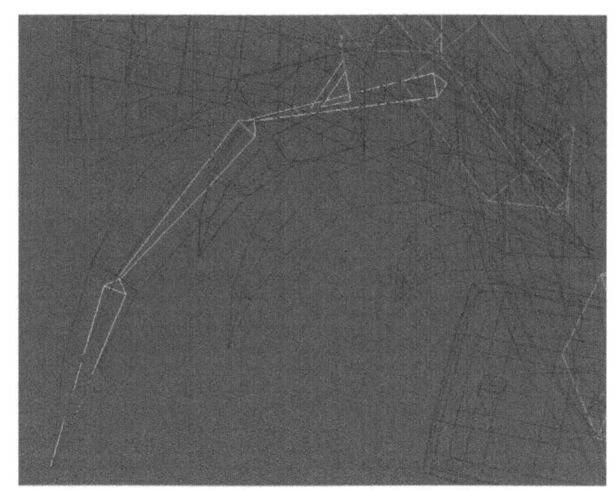

图6-114　创建尾羽骨骼

（6）匹配右侧尾羽骨骼到模型。方法：创建完毕的尾羽骨骼处于模型的中间，使用 Select and Move（选择并移动）和 Select and Rotate（选择并旋转）工具调整根骨骼的位置和角度，与模型匹配对齐。再在Bone Tools（骨骼工具）面板中调整Bone骨骼的宽度、高度和锥化参数，效果如图6-115所示。

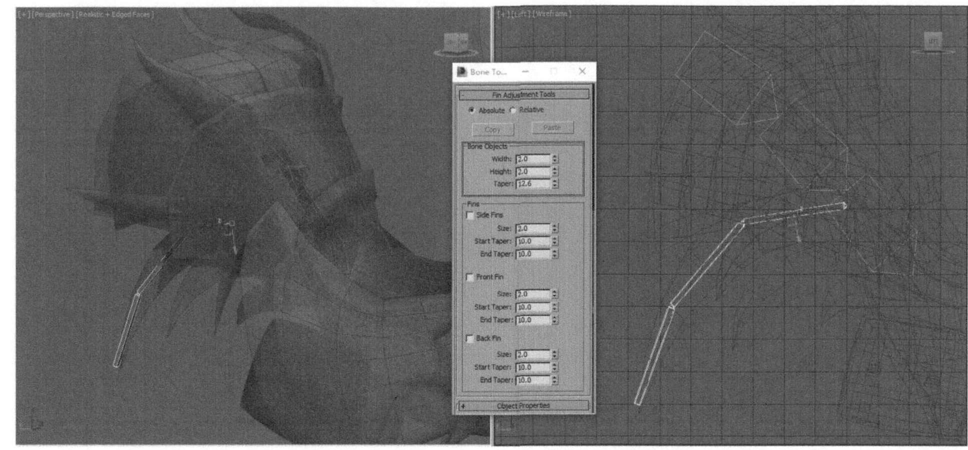

图6-115　匹配右侧尾羽骨骼到模型

> 提示：在激活Bone Edit Mode（骨骼编辑模式）时，不能使用 Select and Rotate（选择并旋转）工具调整骨骼，不然会造成骨骼断链。同时，调整骨骼的大小时，也必须退出Bone Edit Mode（骨骼编辑模式）。

（7）左侧尾羽骨骼的复制。方法：双击右侧尾羽的根骨骼，从而选中整个骨骼，再单击Bone Tools（骨骼工具）面板中的Mirror（镜像）按钮，然后在弹出的Bone Mirror（骨骼镜像）对话框下的Mirror Axis（镜像轴）栏中选中X单选按钮，如图6-116中A所示，此时视图中已经复制出以X轴为对称轴的骨骼，如图6-116中B所示。再单击击OK按钮，完成左侧尾羽骨骼的复制。

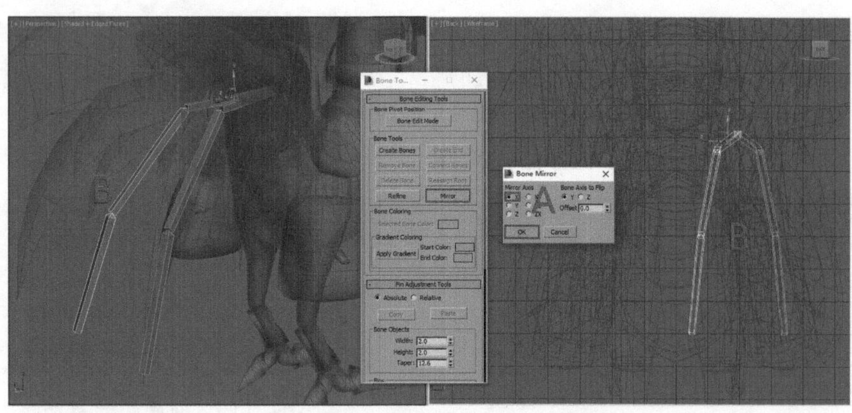
图6-116　左侧尾羽骨骼的复制

（8）匹配复制的骨骼到模型。方法：在工具栏中选择View（视图）选项，再使用 Select and Move（选择并移动）工具调整骨骼的位置，使骨骼与左侧尾羽模型匹配，效果如图6-117所示。

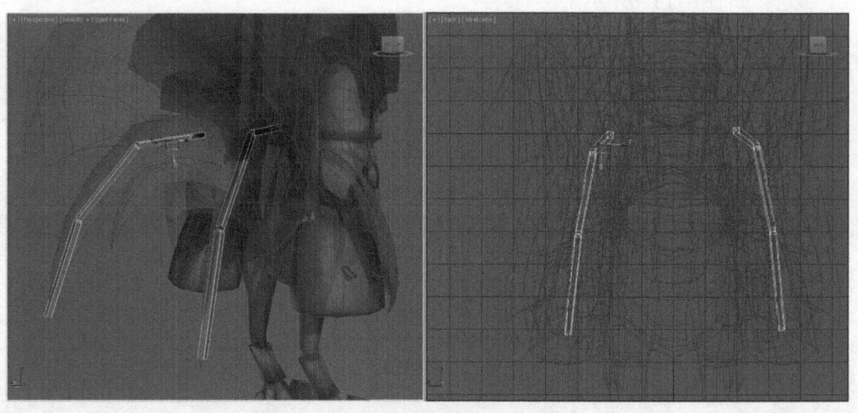
图6-117　匹配复制的骨骼到模型

## 6.6.2 创建缰绳骨骼

（1）根据陆行鸟坐骑模型结构特点，为右侧缰绳创建基础骨骼。方法：在左视图中激活缰绳模型，根据模型的结构创建三节骨骼，并删掉自动生成的末端骨骼，效果如图6-118所示。

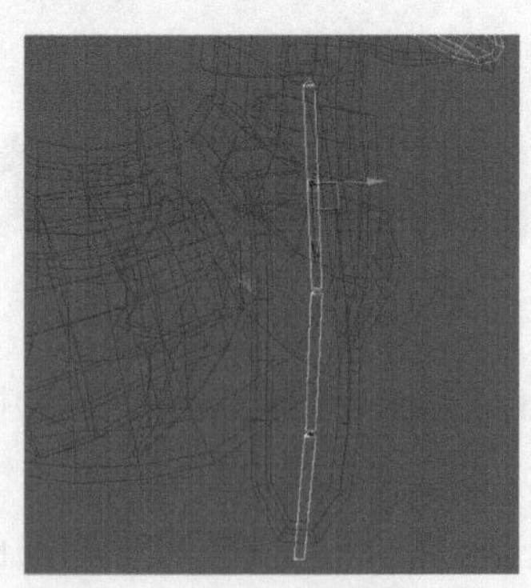
图6-118　创建右侧缰绳的骨骼

（2）按照同样的制作思路，给右侧缰绳的模型进行骨骼设置。方法：创建的骨骼处于模型中间，使用 Select and Move（选择并移动）工具调整根骨骼的位置和角度，与模型匹配对齐。再选中缰绳的骨骼，从前视图及侧视图分别调整Bone骨骼的宽度、高度和锥化参数，使骨骼尽量与模型大小保持一致，效果如图6-119所示。

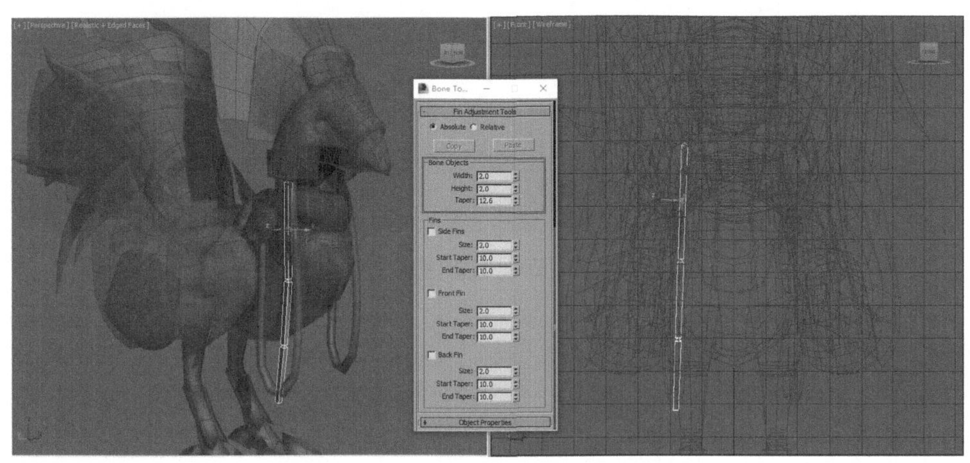

图6-119　匹配右侧缰绳骨骼到模型

（3）左侧缰绳骨骼的复制。方法：双击右侧缰绳的根骨骼，从而选中整个骨骼，再单击Bone Tools（骨骼工具）面板中的Mirror（镜像）按钮，然后在弹出的Bone Mirror（骨骼镜像）对话框下的Mirror Axis（镜像轴）栏选中X单选按钮，如图6-120中A所示。此时视图中已经复制出以X轴为对称轴的骨骼，如图6-120中B所示。单击OK按钮，完成左侧缰绳骨骼的复制。

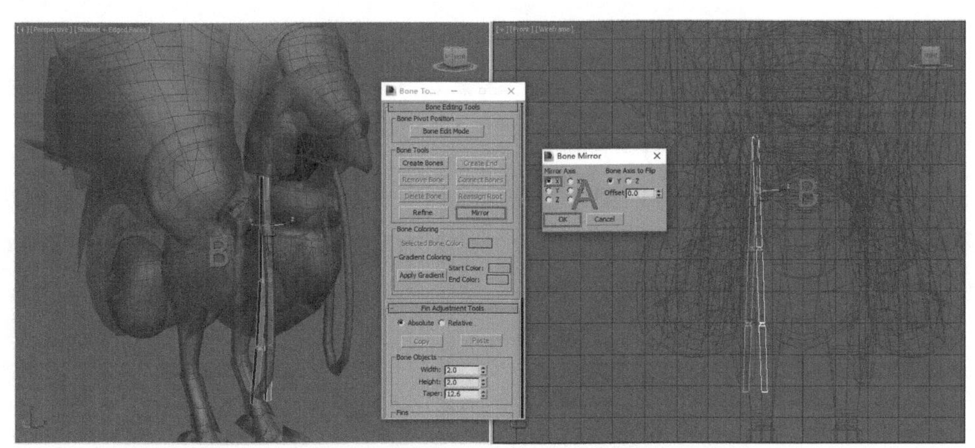


图6-120　左侧缰绳骨骼的复制

（4）匹配左侧缰绳到模型。方法：在工具栏中选择View（视图）选项，使用 Select and Move（选择并移动）工具调整骨骼的位置，使骨骼与左侧缰绳模型匹配，效果如图6-121所示。

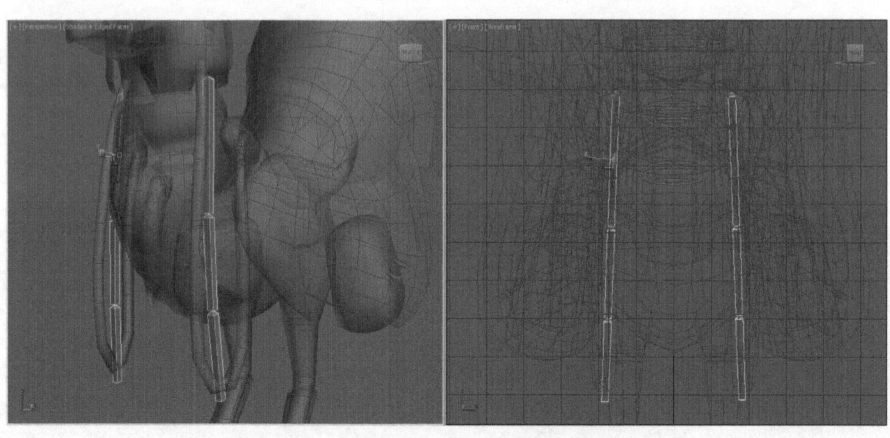

图6-121　匹配左侧缰绳到模型

## 6.6.3 创建背包骨骼

（1）右侧背包的骨骼的创建与匹配。方法：在左视图中创建一节骨骼，删掉自动生成的末端骨骼。与右侧背包模型匹配对齐，再调整Bone骨骼的宽度、高度和锥化参数，在前视图及侧视图调整骨骼的大小与模型进行适配，效果如图6-122所示。

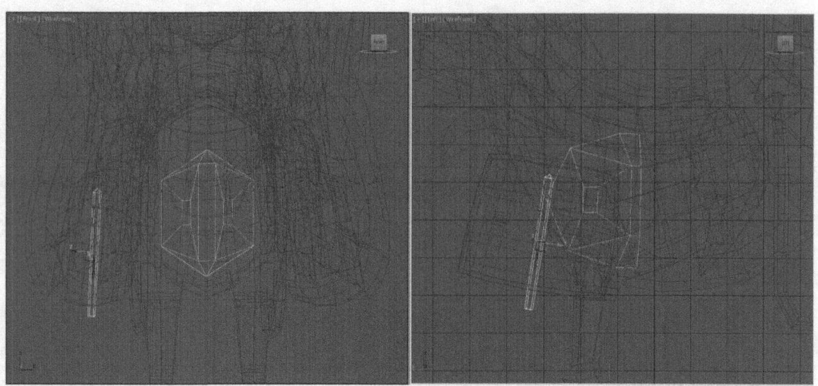

图6-122　匹配右侧背包到骨骼

（2）左侧背包骨骼的复制与匹配。方法：参照左侧缰绳骨骼的复制与匹配的方法，完成右侧背包骨骼的复制与匹配，这样就完成了陆行鸟基础骨骼的创建，效果如图6-123所示。

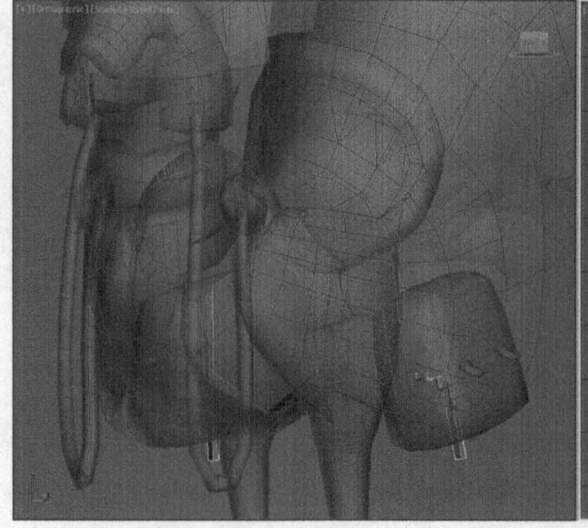

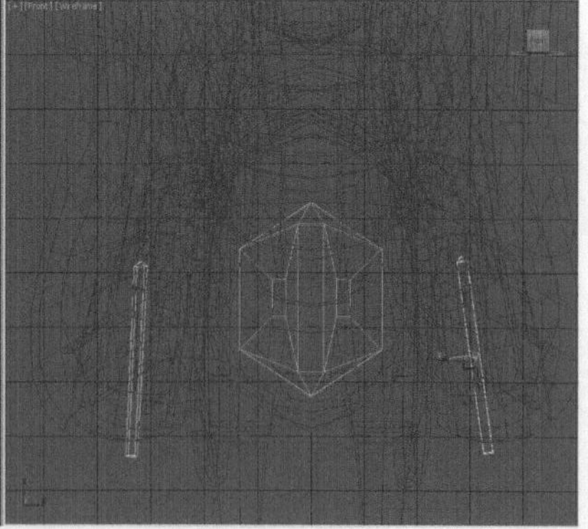

图6-123　左侧背包的匹配

## 6.6.4 骨骼的链接

（1）头顶羽毛骨骼的链接。方法：单击工具栏中的 Select and Link（选择并链接）按钮，选中头顶羽毛的根骨骼，然后按住鼠标左键拖动至头骨上，松开鼠标完成链接，如图6-124所示。

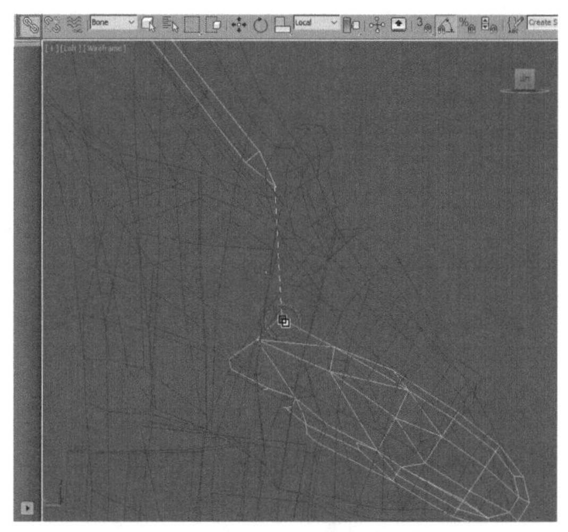

图6-124 将头顶羽毛骨骼链接到头骨

（2）缰绳骨骼的链接。方法：参照上述方法，按住Ctrl键，依次选中缰绳的根骨骼，按住鼠标左键拖动至第一节颈部骨骼上，松开鼠标完成链接，如图6-125所示。

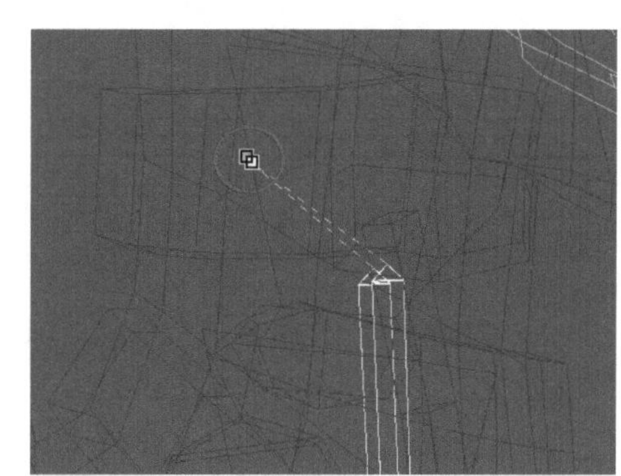

图6-125 将缰绳骨骼链接到颈部骨骼

（3）背包的骨骼链接。方法：参照上述方法，依次选中背包的骨骼，按住鼠标左键拖动至盆骨骨骼上，松开鼠标完成链接，如图6-126所示。

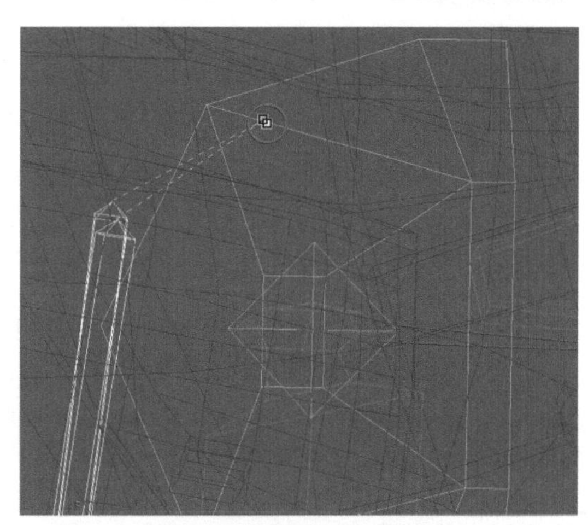

图6-126 将背包骨骼链接到盆骨骨骼

（4）尾羽的骨骼链接。方法：参照上述方法，依次选中尾羽的根骨骼，按住左键拖动至尾部的根骨骼，松开鼠标完成链接，如图6-127所示。

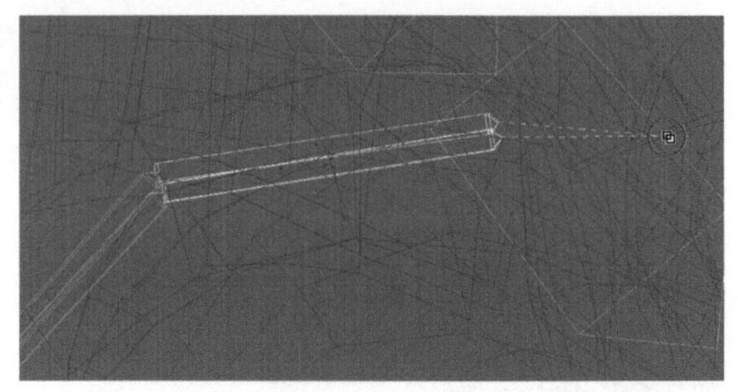

图6-127　将尾羽骨骼链接到尾部根骨骼

（5）尾部骨骼的链接。方法：参照上述方法，选中尾部的根骨骼，按住鼠标左键拖动至盆骨骨骼，松开鼠标完成链接。尾羽是尾部骨骼附加体，按照前面的方法直接链接到尾部第一节骨骼，如图6-128所示。

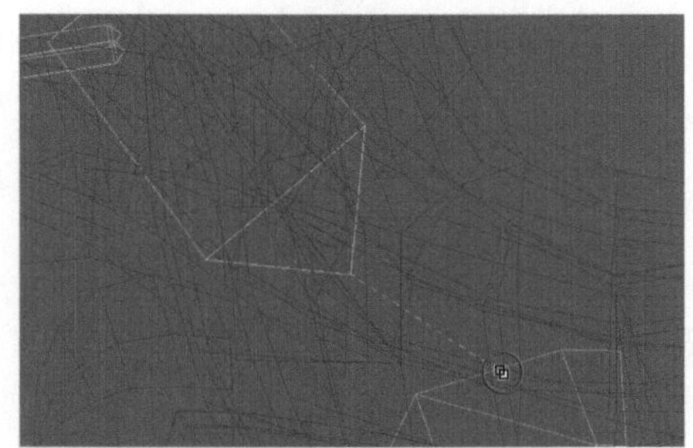

图6-128　将尾部骨骼链接到盆骨骨骼

# 6.7 陆行鸟的蒙皮设定

在陆行鸟的蒙皮设定中，包括添加Skin（蒙皮）修改器、调节身体权重两个部分的流程。

## 6.7.1 添加蒙皮修改器

（1）为陆行鸟添加Skin修改器。方法：选中陆行鸟的模型，再打开 Modify（修改）面板中的Modifier List（修改器列表）下拉菜单，并选择Skin（蒙皮）修改器，如图6-129所示。然后单击Add（添加）按钮，如图6-130中A所示。在弹出的Select Bones（选择骨骼）对话框中选择全部骨骼，单击Select（选择）按钮，如图6-130中B所示，将骨骼添加到蒙皮。

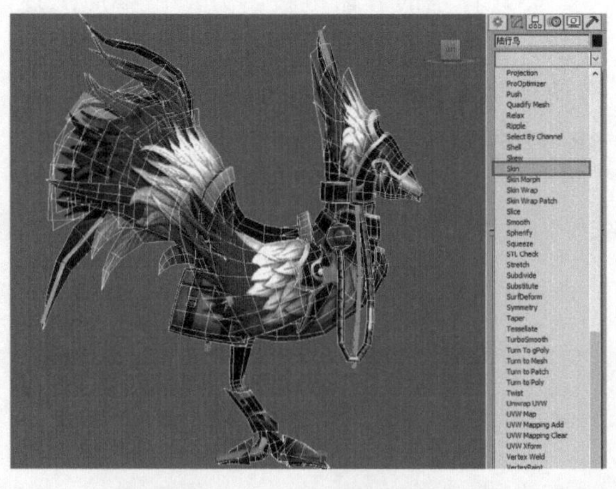


图6-129　为陆行鸟添加Skin修改器

图6-130 添加所有骨骼

（2）移除不产生作用的骨骼。方法：在Add（添加）列表中选择质心骨骼Bip01、肘臂和手掌骨骼，再单击Remove（移除）按钮移除，如图6-131所示，这样使蒙皮的骨骼对象更加简洁。

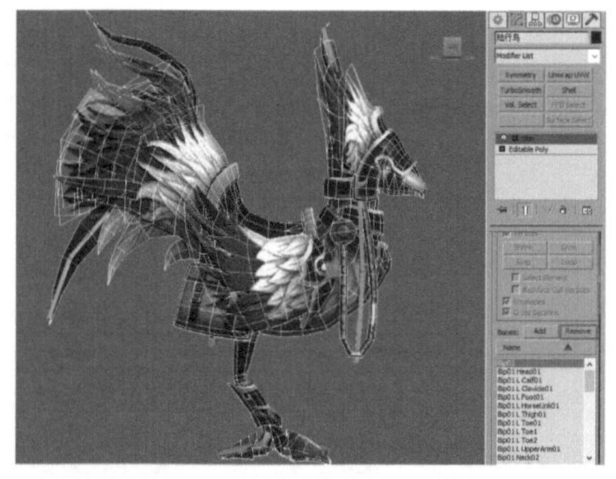

图6-131 移除不产生作用的骨骼

## 6.7.2 调节身体权重

（1）隐藏骨骼。方法：双击质心，从而选中所有骨骼，右击鼠标，在弹出的快捷菜单中选择Hide Selection（隐藏选择）命令，如图6-132中A所示。完成隐藏所有骨骼，效果如图6-132中B所示。

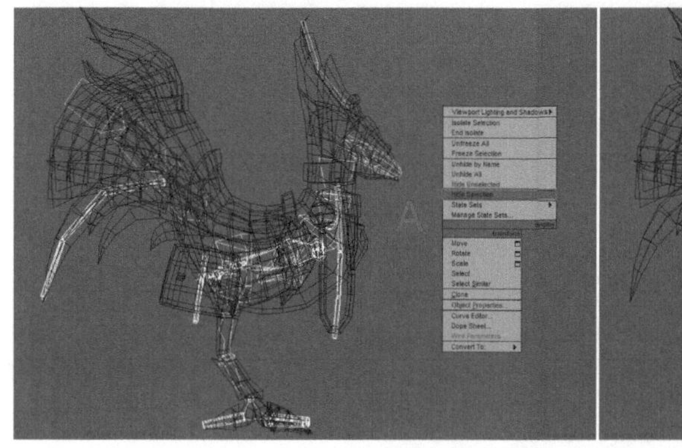

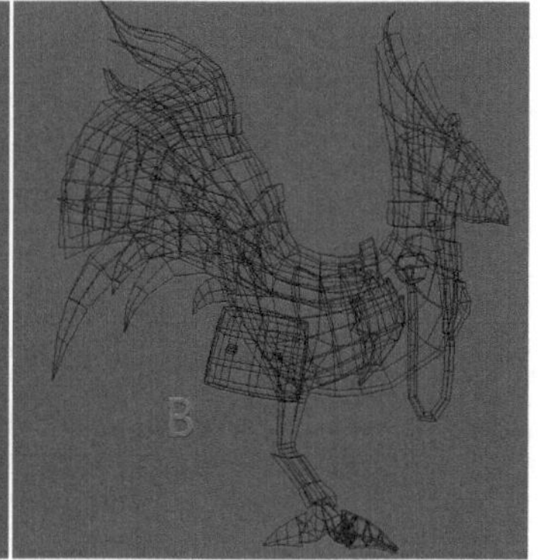

图6-132 隐藏骨骼

（2）激活权重。方法：选中陆行鸟身体的模型，激活Skin（蒙皮）修改器，并激活Edit Envelopes（编辑封套）功能，勾选Vertices（顶点）复选框，这样就可以进入权重点编辑状态，如图6-133所示。单击 Weight Tool（权重工具）按钮，如图6-134中A所示。在弹出的面板中编辑权重，如图6-134中B所示。

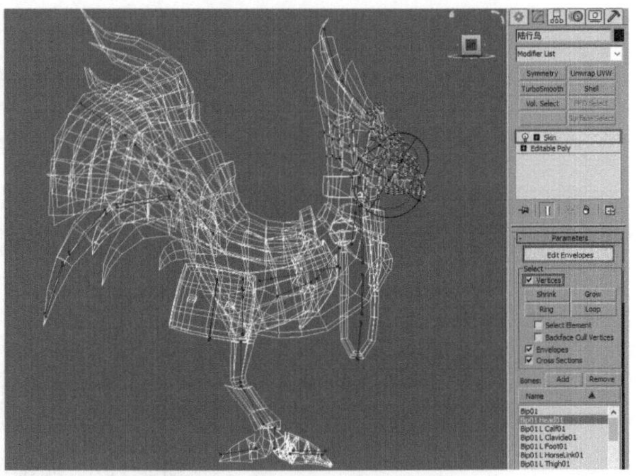

图6-133 激活编辑封套功能

图6-134 打开权重工具面板

（3）关闭封套显示功能。方法：选中任意骨骼权重链接，打开Display（显示）卷展栏，勾选Show No Envelopes（不显示封套）复选框，如图6-135中A所示。从而关闭封套显示，效果如图6-135中B所示。

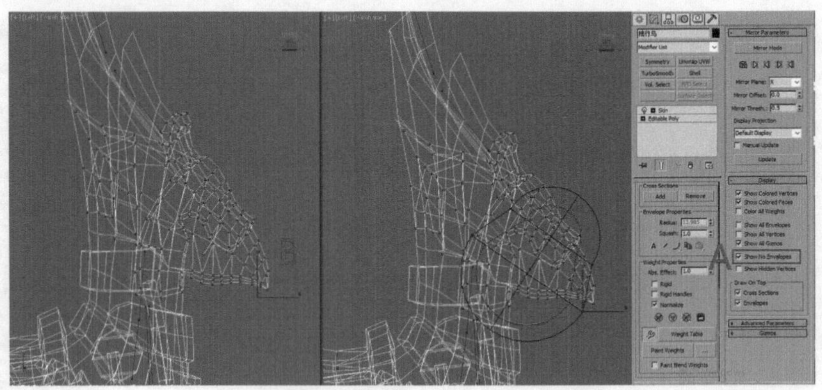


图6-135 关闭封套显示功能

（4）调节头部的权重值。方法：选中头部骨骼的权重链接，再选中头部所有相关的点，设置权重值为1；选中头部骨骼与颈部骨骼相衔接的位置，设置其权重值为0.5左右，如图6-136所示。

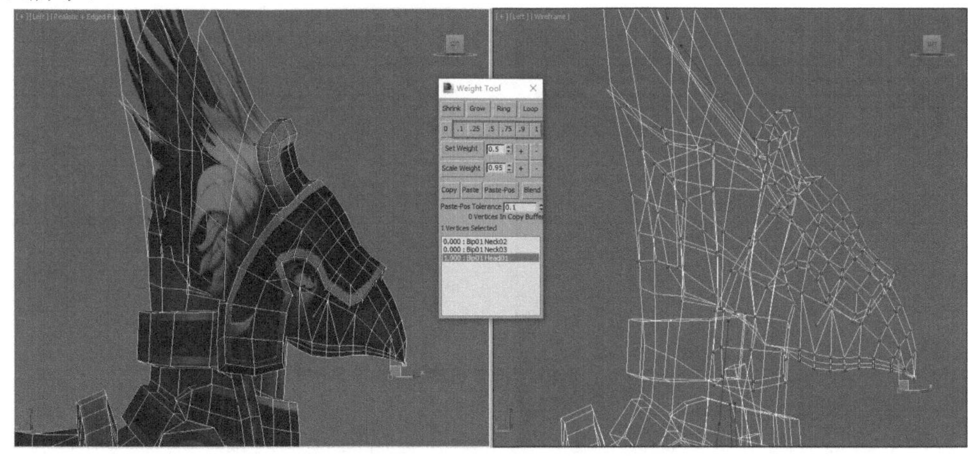


图6-136　调节头部的权重值

（5）调节头顶羽毛的权重值。方法：选中羽毛末端骨骼的权重链接，设置其所在位置的调整点的权重值为1，与根骨骼相衔接位置的调整点的权重值为0.5左右。再选中羽毛根骨骼的权重链接，设置其所在位置的调整点的权重值为1，与头部骨骼和羽毛末端骨骼相衔接位置的调整点的权重值为0.5左右，如图6-137所示。

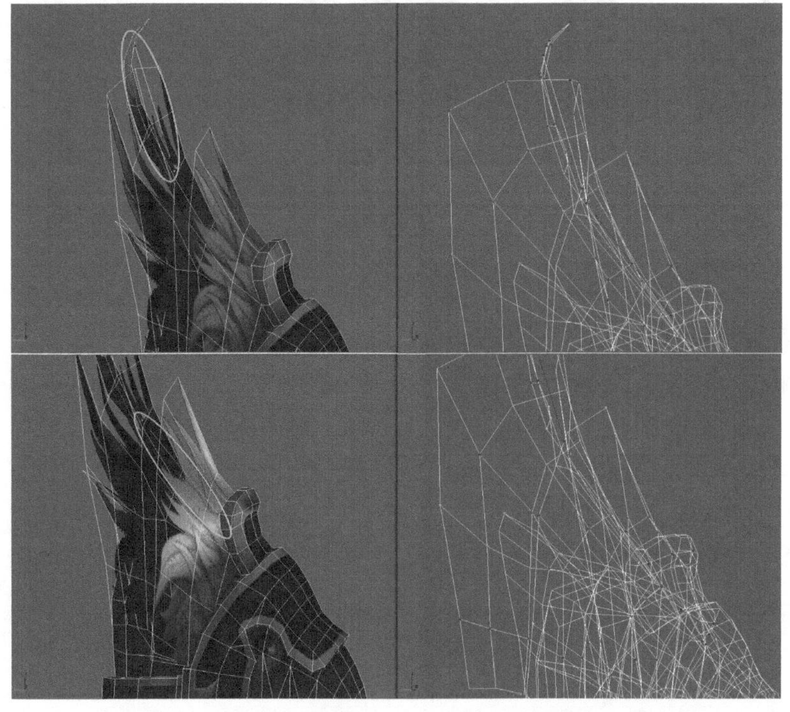

图6-137　调节头顶羽毛的权重值

（6）调节颈部骨骼的权重值。方法：选中第一节颈部骨骼，设置其所在位置的调整点的权重值为1，与邻近骨骼相衔接位置的调整点的权重值为0.5左右。再选中第二节颈部骨骼的权重链接，设置其所在位置的调整点的权重值为1，与胸腔骨骼等邻近骨骼相衔接位置的调整点的权重值为0.5左右，如图6-138所示。

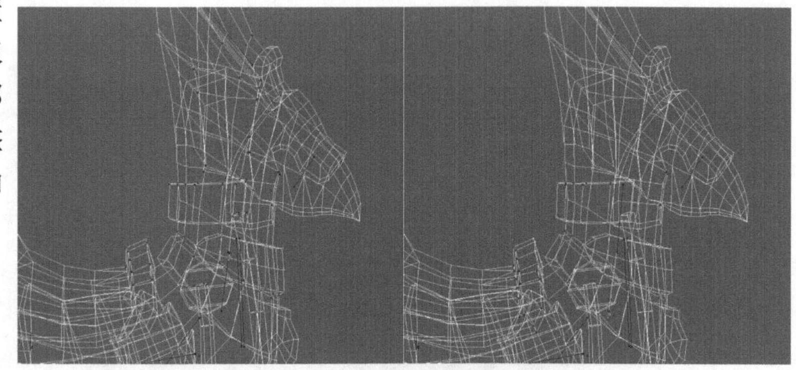

图6-138　调节颈部骨骼的权重值

（7）调节胸腔骨骼的权重值。方法：选中胸腔骨骼的权重链接，设置其所在位置的调整点的权重值为1，与翅膀骨骼和颈部骨骼相衔接位置的调整点的权重值为0.5左右。在与各个部分链接位置，根据模型布线进行权重值数值的微调，如图6-139所示。

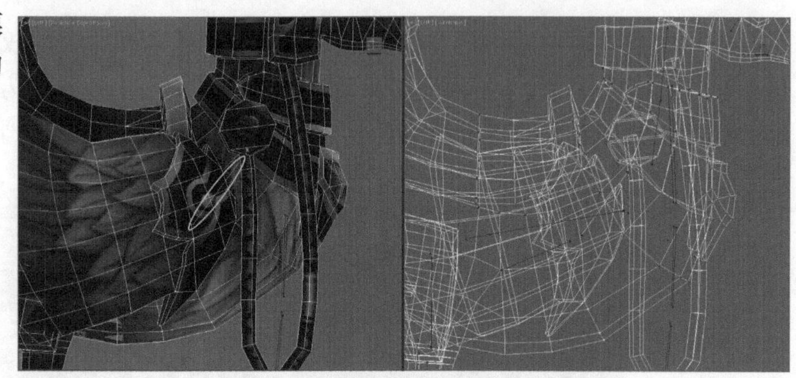

图6-139　调节胸腔骨骼的权重值

（8）调节腹部骨骼的权重值。方法：选中腹部骨骼的权重链接，设置其所在位置的调整点的权重值为1，与胸腔骨骼和盆骨骨骼相衔接位置的调整点的权重值为0.5左右。注意结合陆行鸟身体装备模型的结构对权重值进行适配，如图6-140所示。

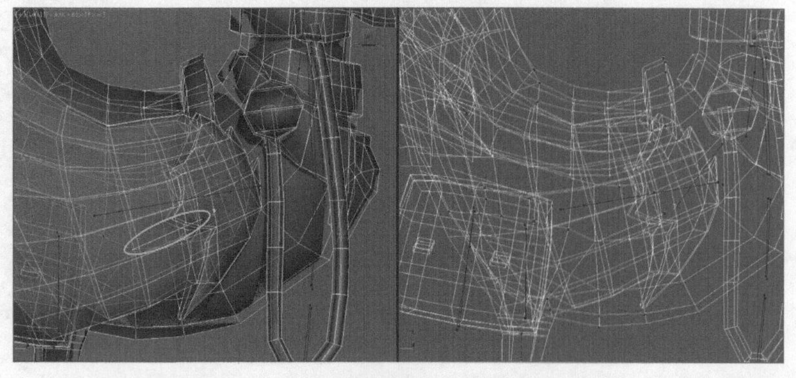

图6-140　调节腹部骨骼的权重值

（9）调节盆骨骨骼的权重值。方法：选中盆骨骨骼的权重链接，设置其所在位置的调整点的权重值为1，与腿部骨骼和尾部骨骼等邻近骨骼相衔接位置的调整点的权重值为0.5左右，如图6-141所示。

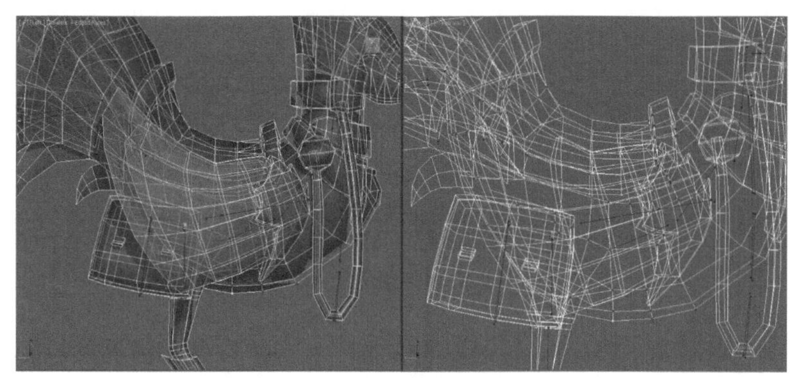

图6-141 调节盆骨骨骼的权重值

（10）调节右侧缰绳骨骼的权重值。方法：先选中缰绳末端骨骼的权重链接，设置其所在位置的调整点的权重值为1，与第二节骨骼相衔接位置的调整点的权重值为0.5左右。再选中第二节骨骼的权重链接，设置其所在位置的调整点的权重值为1，与末端骨骼和根骨骼相衔接位置的调整点的权重值为0.5左右。最后选中根骨骼的权重链接，设置其所在位置的调整点的权重值为1，与邻近骨骼相衔接位置的权重值为0.5左右，效果如图6-142所示。同理调节左侧缰绳骨骼的权重。

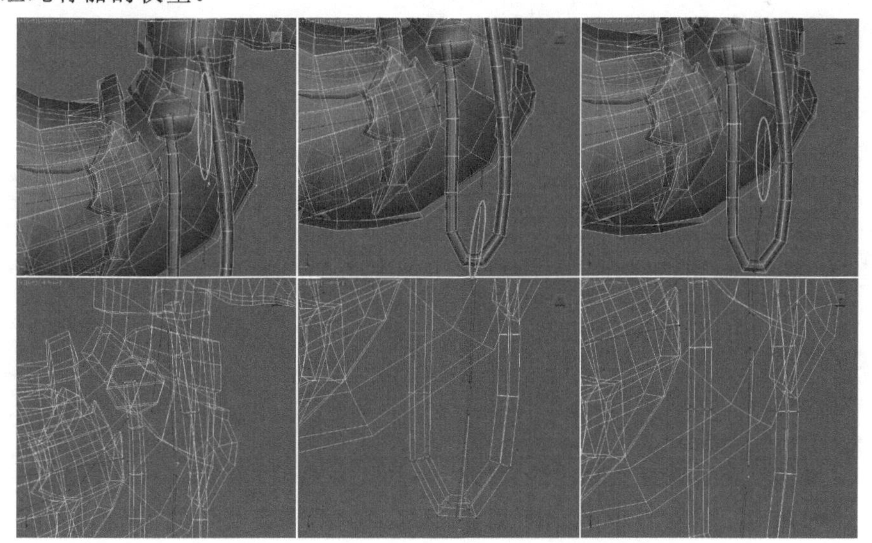

图6-142 调节右侧缰绳骨骼的权重值

（11）调节右侧背包骨骼的权重值。方法：选中背包骨骼的权重链接，设置其所在位置的权重值为1，与盆骨骨骼相衔接位置的调整点的权重值为0.5左右，效果如图6-143所示。同理调节左侧背包骨骼的权重。

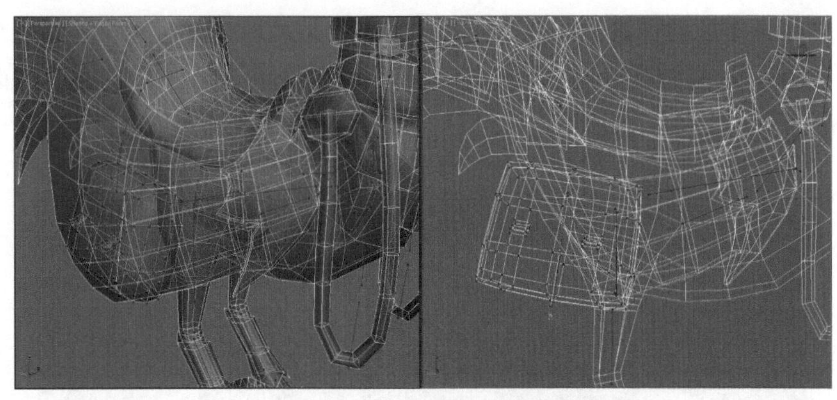

图6-143 调节右侧背包骨骼的权重值

（12）调节尾部骨骼的权重值。方法：首先选中尾部末端骨骼的权重链接，设置其所在位置的调整点的权重值为1，与尾部第二节骨骼相衔接位置的调整点的权重值为0.5左右。再选中尾部第二节骨骼的权重链接，设置其所在位置的调整点的权重值为1，与尾部根骨骼相衔接位置的调整点的权重值为0.5左右。最后选中根骨骼权重链接，设置其所在位置的权重值为1，与盆骨骨骼相衔接位置的调整点的权重值为0.5左右，效果如图6-144所示。

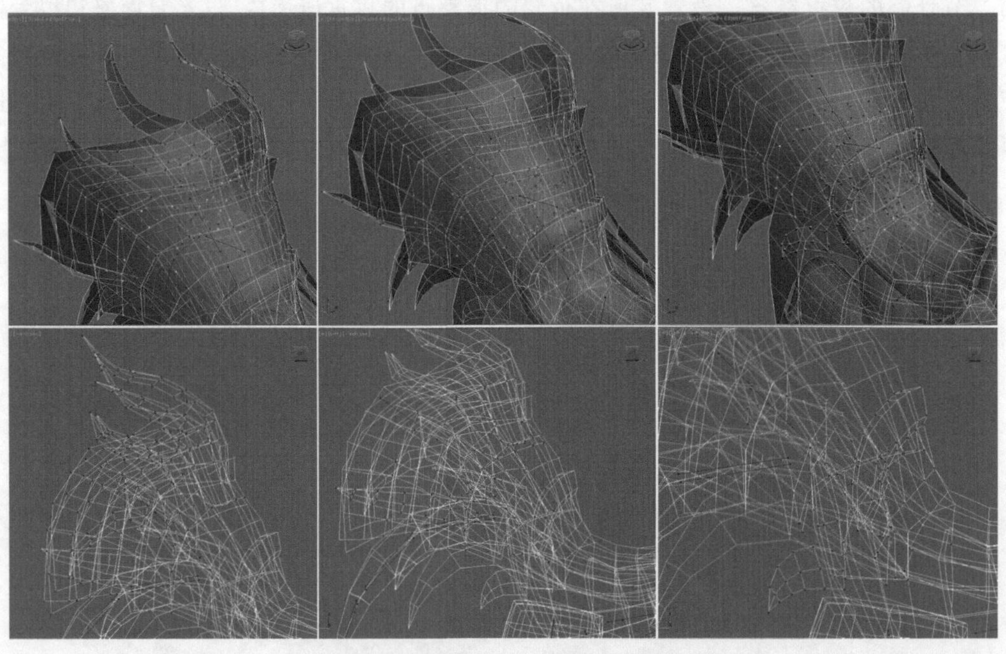

图6-144 调节尾部骨骼的权重值

（13）调节右侧尾羽骨骼的权重值。方法：首先选中末端骨骼的权重链接，设置其所在位置的调整点的权重值为1，与第二节骨骼相衔接位置的调整点的权重值为0.5左右。再选中第二节骨骼的权重链接，设置其所在位置的调整点的权重值为1，与根骨骼相衔接位置的调整点的权重值为0.5左右。最后选中根骨骼的权重链接，设置其所在位置的调整点的权重值

为1，与盆骨骨骼相衔接位置的调整点的权重值为0.5左右，效果如图6-145所示。同理调节左侧尾羽骨骼的权重。

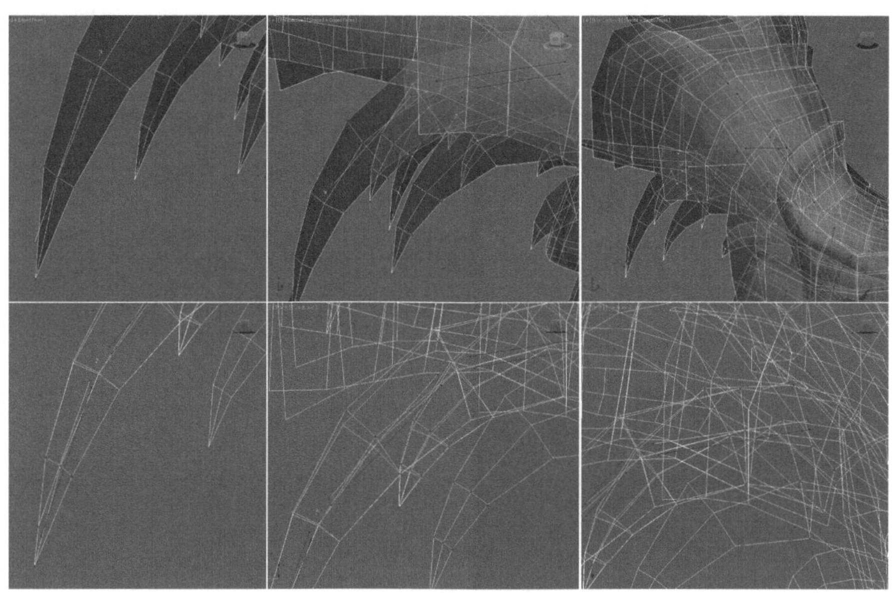

图6-145　调节右侧尾羽骨骼的权重值

## 6.8 人类战士与陆行鸟的融合动画

在完成人类战士及陆行鸟的基本动作及技能动作之后，需要再次对战士及坐骑的动作进行融合。动作融合是产品开发中必须掌握的基本技能及规范流程，本节主要讲解人类战士与陆行鸟的融合动画，内容包括人类战士与陆行鸟的行走和待机动画的制作。

### 6.8.1 制作人类战士与陆行鸟的行走动画

陆行鸟与战士组合在一起，在行走的时候要结合战士的身体质量，两者运动的节奏及速度整体上保持一致。人类战士乘坐坐骑行走的序列图，如图6-146所示。

图6-146　行走序列图

（1）设置关键帧。方法：导入人类战士和陆行鸟的文件，分别选中战士和鸟的Bip骨骼，打开Motion（运动）面板下的Biped卷展栏，关闭Figure Mode（体形模式），最后单击 Key Info（关键点信息）卷展栏下的Set Key（设置关键点）按钮，如图6-147所示，为Biped骨骼在第0帧创建关键帧。再选中所有Bone骨骼，如图6-148中A所示。按OK键，为Bone骨骼在第0帧创建关键帧，如图6-148中B所示。

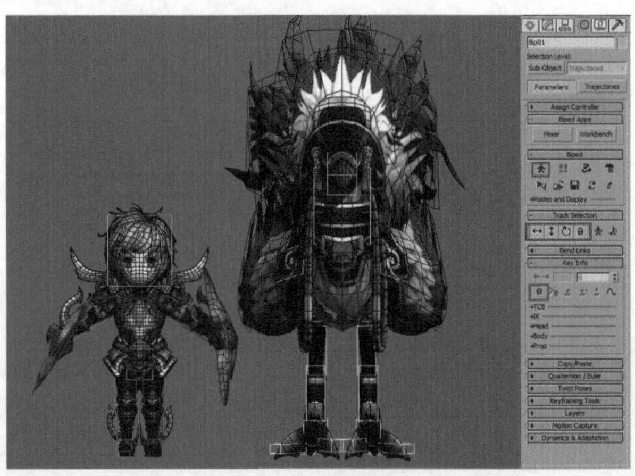

图6-147　为Biped骨骼创建关键帧

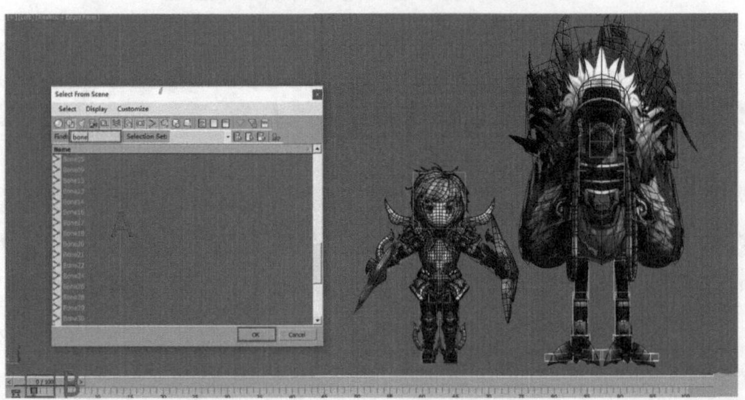

图6-148　为Bone骨骼创建关键帧

（2）设置时间配置。方法：单击动画控制区中的Time Configuration（时间配置）按钮，在弹出的对话框中设置End Time（结束时间）为32，设置Speed（速度）模式为1x。单击OK按钮，如图6-149所示，从而将时间滑块长度设为32帧。

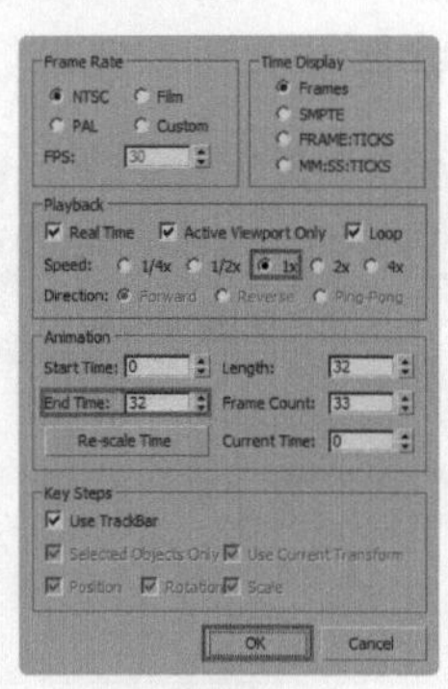

图6-149　设置时间配置

（3）调节初始姿势。方法：拖动时间滑块到第0帧，使用 Select and Move（选择并移动）和 Select and Rotate（选择并旋转）工具分别调整陆行鸟与战士的姿势，并对战士及陆行鸟的臀部轴心点进行位置匹配，分别在前视图、侧视图及透视图中细致调整战士与陆行鸟的坐标，同时给战士设置前行的动态姿势，效果如图6-150所示。

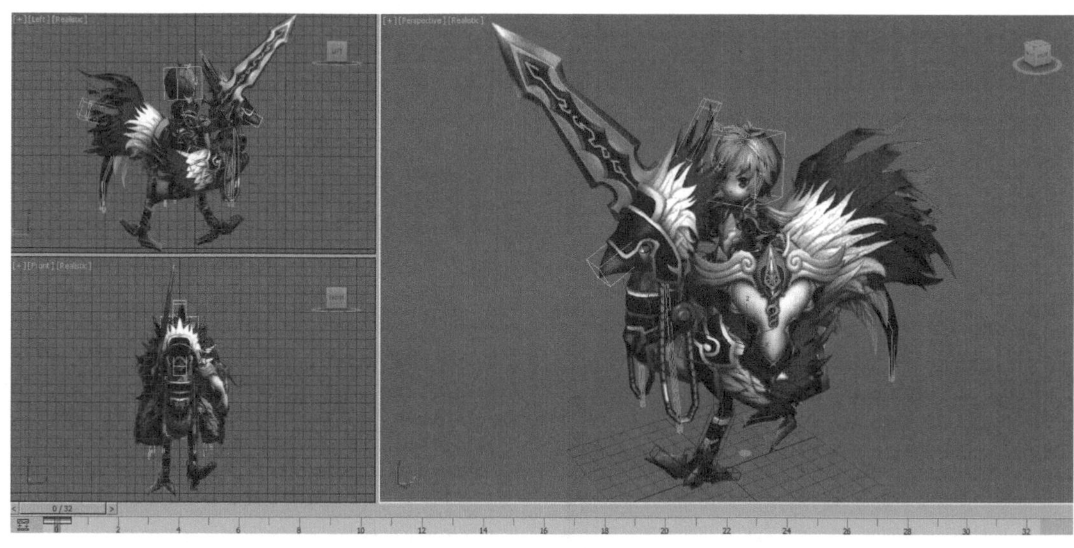

图6-150 调整初始姿势

（4）复制姿态。方法：选中所有骨骼，按住Shift键，将第0帧拖动到第32帧。再选中陆行鸟任意的Biped骨骼，进入 Motion（运动）面板的Cope/Paste（复制/粘贴）卷展栏，单击Pose（姿势）按钮，再单击 Create Collection（创建集合）和 Copy Pose（复制姿势）按钮，接着拖动时间滑块到第16帧，单击 Paste Pose Opposite（向对面粘贴姿势），效果如图6-151所示。

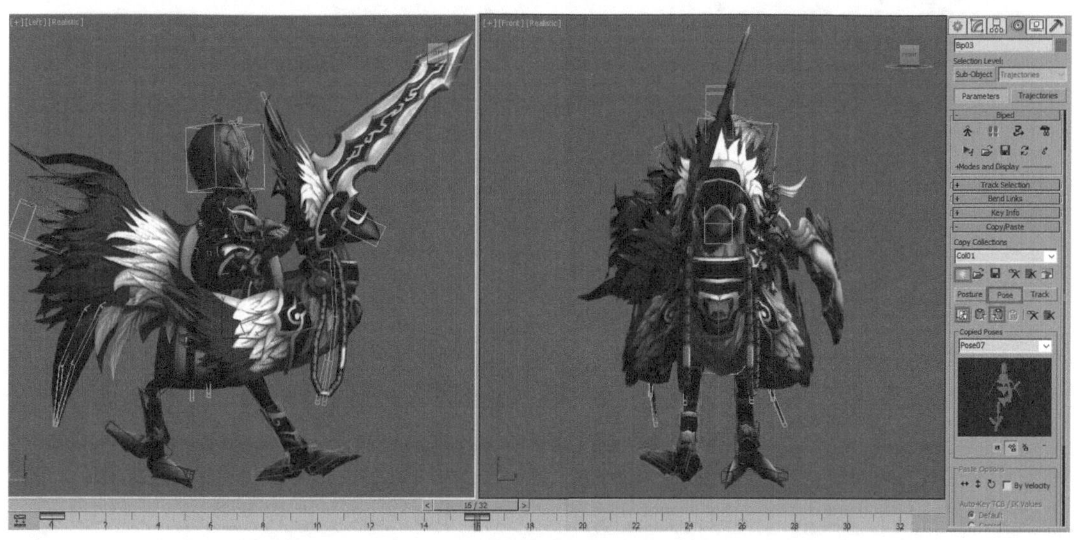

图6-151 向对面复制姿态到第16帧

（5）调节陆行鸟质心的运动。方法：首先选中陆行鸟的质心，单击Key Info（关键点信息）卷展栏下的 Trajectories（轨迹）按钮，来显示骨骼运动轨迹。使用 Select and Move（选择并移动）工具调整陆行鸟质心的位置，如图6-152所示。要制作出陆行鸟坐骑在行走时上下起伏、同时战士整体身体也跟着陆行鸟运动的节奏产生上下起伏的效果。

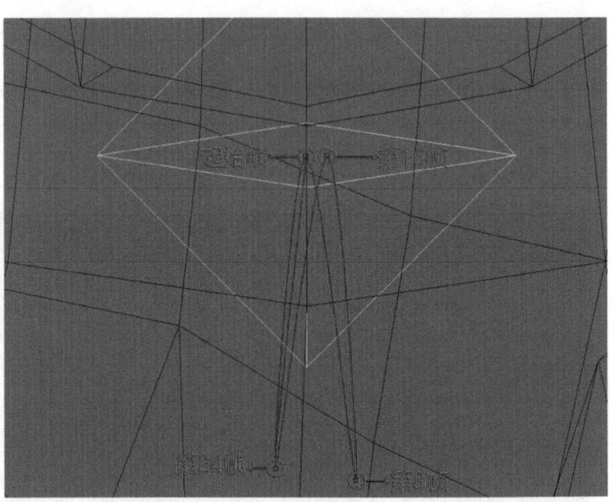
图6-152　陆行鸟质心的运动轨迹

提示：调整质心时，一定要先给双脚设置滑动关键帧，这样鸟的身体才不会全部移动。

（6）调节第8帧与第24帧的姿势。方法：将时间滑块拖动到第8帧，使用 Select and Move（选择并移动）、 Select and Rotate（选择并旋转）工具分别调整战士与坐骑的姿势，效果如图6-153所示。再将姿势向对面复制粘贴到第24帧。注意，在调整陆行鸟坐骑前行动画的时候，要注意左右脚落地时带动的头部及尾部的摆动姿态，以及战士的头、身体及四肢动态姿势的节奏变化。

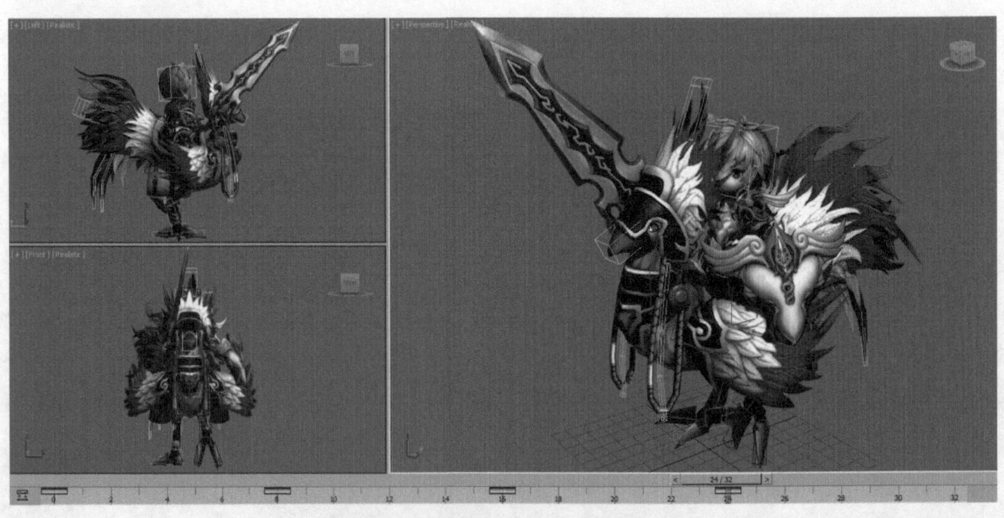
图6-153　调整第8帧与24帧的姿势

（7）调节陆行鸟腿部的运动。方法：使用 Select and Move（选择并移动）、 Select and Rotate（选择并旋转）工具调整腿部骨骼的位置和角度，制作出鸟类坐骑行走时腿部的运动。

在制作左右脚爪落地动作的时候，要注意每个爪子在不同帧之间的时间差，要特别注意是脚爪踩地时膝盖产生弯曲下坠及身体产生倾斜的动态变化，效果如图6-154所示。

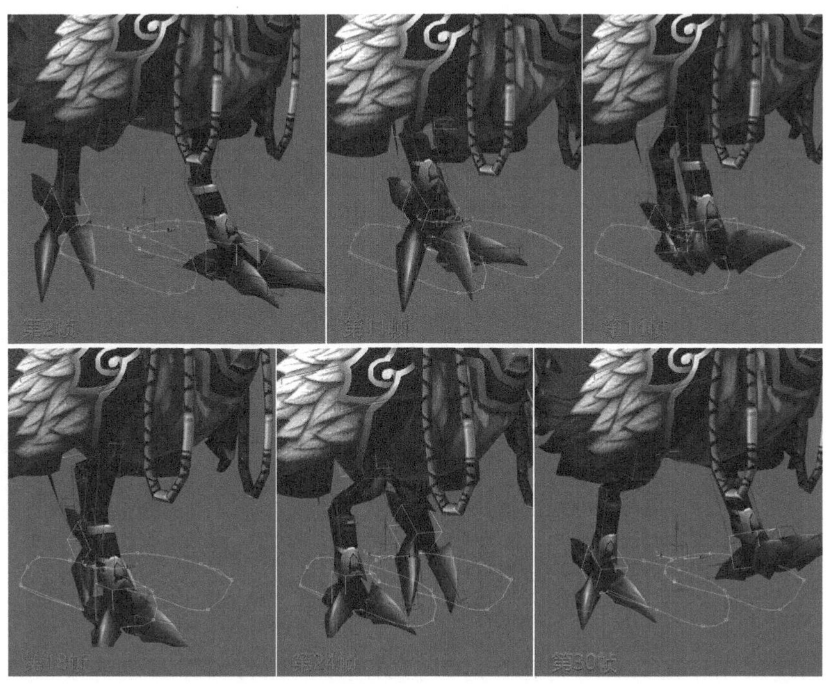

图6-154　陆行鸟腿部的运动及轨迹

提示：陆行鸟在行走时，腿部的运动会带动盆骨骨骼，因此一条腿在向前迈时，盆骨也要朝相同的方向适度地旋转。

（8）调节陆行鸟颈部的运动。方法：使用 Select and Rotate（选择并旋转）工具调整颈部、胸腔以及腹部骨骼的角度，制作出鸟类坐骑行走时颈部的运动。颈部的运动要根据陆行鸟脚爪落地时产生的头部摆动而出现颈部的扭曲及晃动，同时缰绳也会随着颈部的运动而产生晃动，效果如图6-155所示。

图6-155　陆行鸟颈部的运动

（9）调节陆行鸟头部的运动。方法：使用 Select and Rotate（选择并旋转）工具调整头部骨骼的角度，制作出鸟类坐骑行走时头部的运动。在第12帧和第18帧的位置，要做出头部有稍许滞留的效果。在调整头部动画的时候，要根据身体的节奏产生往前循环摆动的姿态。与战士上半身的运动进行比较，陆行鸟的摆动稍快于战士摆动的节奏，循环效果如图6-156所示。

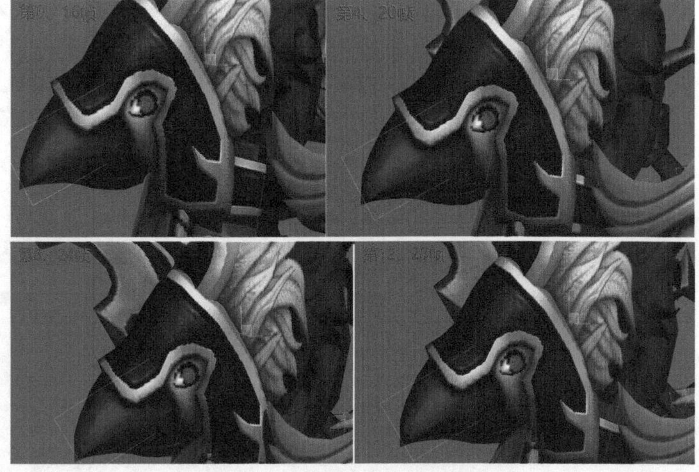

图6-156 陆行鸟头部的运动

（10）调节陆行鸟翅膀的运动。方法：使用 Select and Rotate（选择并旋转）工具调整翅膀骨骼的角度，制作出鸟类坐骑行走时翅膀的运动。陆行鸟左右翅膀根据身体运动速度及幅度大小改变翅膀扇动的姿势，左右翅膀运动的节奏与脚部摆动保持一致。效果如图6-157所示。

图6-157 陆行鸟翅膀的运动

（11）调节陆行鸟背包的运动。方法：使用 Select and Move（选择并移动）和 Select and Rotate（选择并旋转）工具调节背包骨骼的位置和角度，将背包左右位移错开，制作出鸟类坐骑行走时背包的运动。往前走动时，注意背包的左右晃动效果，如图6-158所示。

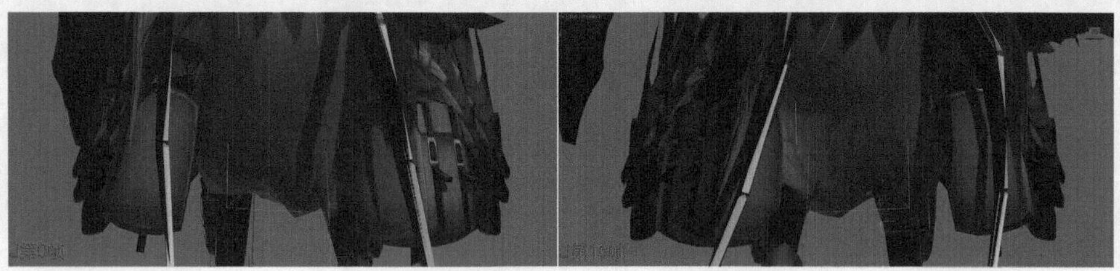

图6-158 陆行鸟背包的运动

（12）使用Spring插件为头顶羽毛、缰绳、尾巴以及尾羽调整姿势。方法：选中除根骨骼以外的所有骨骼，打开Spring Magic_飘带插件，设置Spring参数为0.3，Loops参数为4，单击Bone按钮，如图6-159所示。这时开始为选中的骨骼进行调节动作运算。

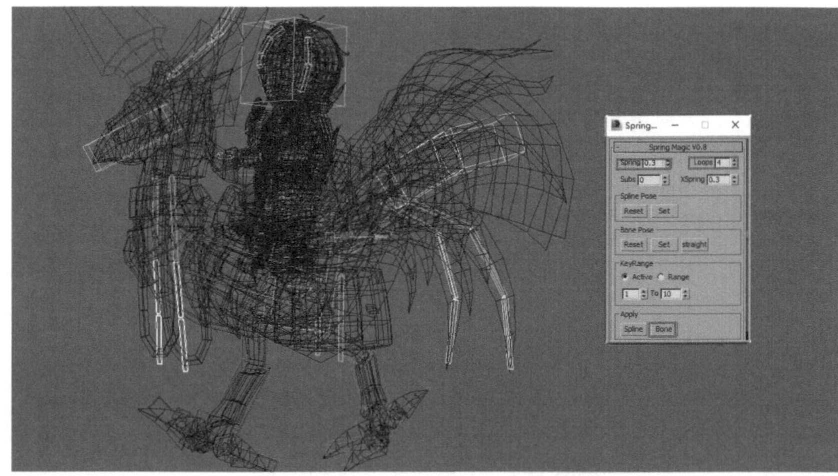

图6-159 使用Spring插件为头顶羽毛、缰绳、尾巴以及尾羽调整姿势

提示：Spring Magic（飘带）插件运算之后，可能会出现穿帮镜头，这时候需要手动去反复调试。

（13）调节人类战士左手的姿势。方法：使用 Select and Rotate（选择并旋转）工具调节左手手臂的角度，制作出鸟类坐骑行走时战士的运动。在调整右手动画的时候，要表现出持盾的重力感，摆出防御姿态的变化，效果如图6-160所示。

图6-160 人类战士左手的姿势

提示：调节人类战士的动作时，陆行鸟一条腿落地的方向、胸腔与腹部也要向同方向稍稍偏移，但是动作幅度不宜过大，否则会显得绵软无力。

（14）调节人类战士右手的姿势。方法：使用 Select and Rotate（选择并旋转）工具调节右手手臂的角度，制作出鸟类坐骑行走时战士右手握剑的战斗态姿，并与左手持盾的防御姿势相呼应。右手运动节奏根据陆行鸟运动状态进行整体协调，效果如图6-161所示。

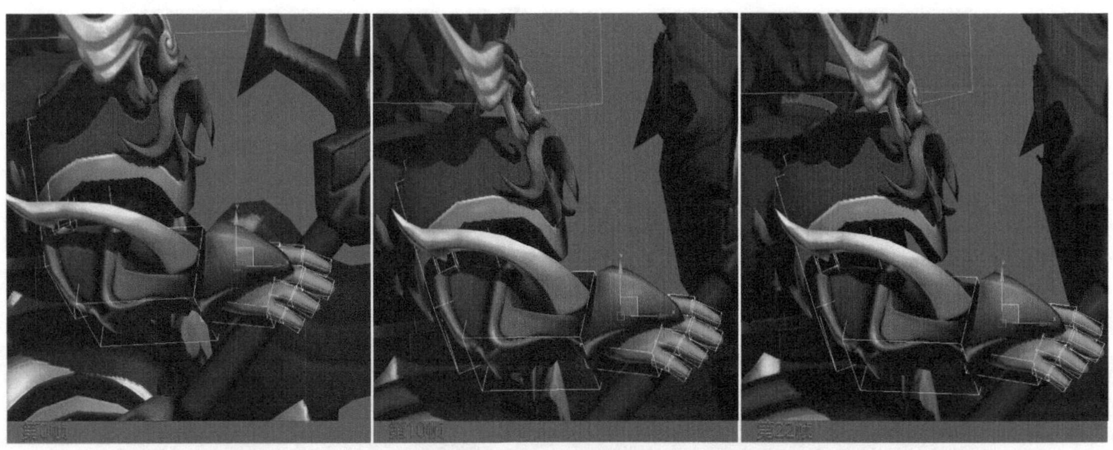

图6-161 人类战士右手的姿势

（15）调节人类战士头部的姿势。方法：使用 Select and Rotate（选择并旋转）工具调节头部的角度。陆行鸟左右腿落地前行时，头部也会往相同方向稍微偏移，逐步制作出左右摇摆头部的姿态，注意头部头发在运动状态飘动的细节，效果如图6-162所示。

图6-162 人类战士头部的姿势

（16）单击 Playback（播放动画）按钮播放动画，此时可以看到人类战士与陆行鸟的行走动作。在播放动画时，如发现幅度过大或有抖动等不流畅的地方，可适当加以调整。

## 6.8.2 制作人类战士与陆行鸟的待机动画

战士坐骑动画中，待机动画是应用最多的基础技能动作。本节将学习人类战士与陆行鸟坐骑组合休闲待机动作的制作规范及流程，进一步讲解战士与陆行鸟动作之间的融合技巧以及表现待机动作的制作方法。首先来看一下人类战士与陆行鸟待机的序列图，如图6-163所示。

图6-163 人类战士与陆行鸟的待机序列图

（1）设置时间配置。方法：单击动画控制区中的Time Configuration（时间配置）按钮，在弹出的对话框中设置End Time（结束时间）为60，设置Speed（速度）模式为1x。最后单击OK按钮结束设置，如图6-164所示。

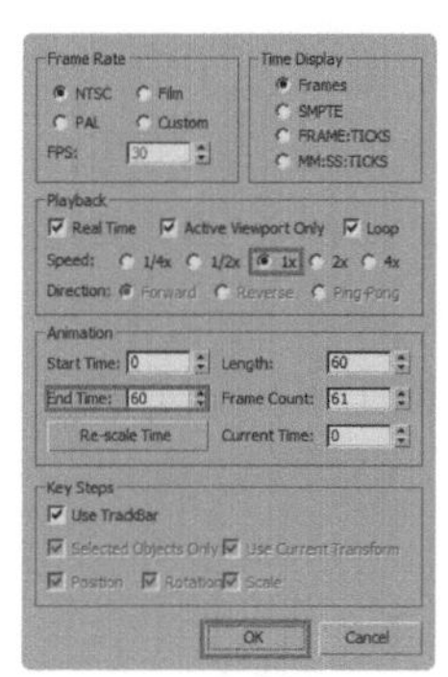


图6-164 设置时间配置

（2）调节人类战士与陆行鸟的初始帧。方法：将时间滑块拖动到第0帧，使用 Select and Move（选择并移动）和 Select and Rotate（选择并旋转）工具调整战士与坐骑的骨骼的位置和角度。注意，在制作休闲待机动作的时候，动作初始姿态与制作行走动画初始动作尽量保持一致，以便在后续输出动画的时候每个动画都能更好地融合，如图6-165所示。

图6-165 人类战士与陆行鸟的初始帧姿势

（3）调节陆行鸟质心的运动。方法：首先为双脚打上滑动关键帧，再选中陆行鸟的质心，单击Key Info（关键点信息）卷展栏下的 Trajectories（轨迹）按钮，显示骨骼运动轨迹。使用 Select and Move（选择并移动）工具调整陆行鸟质心的位置，如图6-166所示。陆行鸟在待机时，质心会随头部旋转同时做向下蹲的运动。战士身体也会随着陆行鸟的质心上下运动，形成呼吸的待机运动状态。

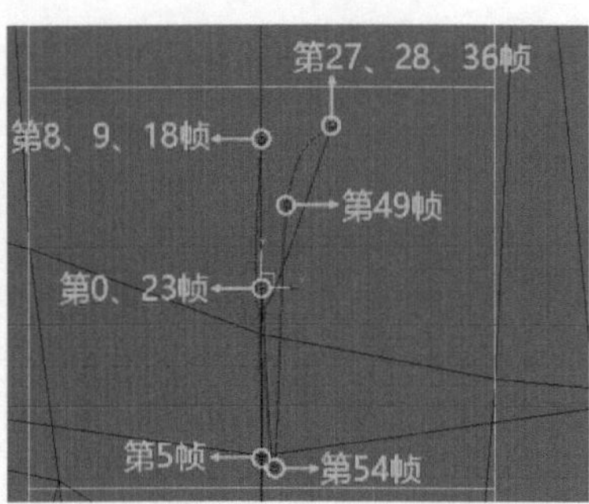


图6-166 陆行鸟质心的运动

（4）调节陆行鸟颈部以及身体的动作。方法：选中陆行鸟颈部骨骼、脊椎骨骼以及盆骨骨骼，使用 Select and Rotate（选择并旋转）工具调整这些骨骼的角度，制作出鸟类待机时身体的运动，对战士身体随着陆行鸟的身体动作摆动而进行相应的适配，效果如图6-167所示。

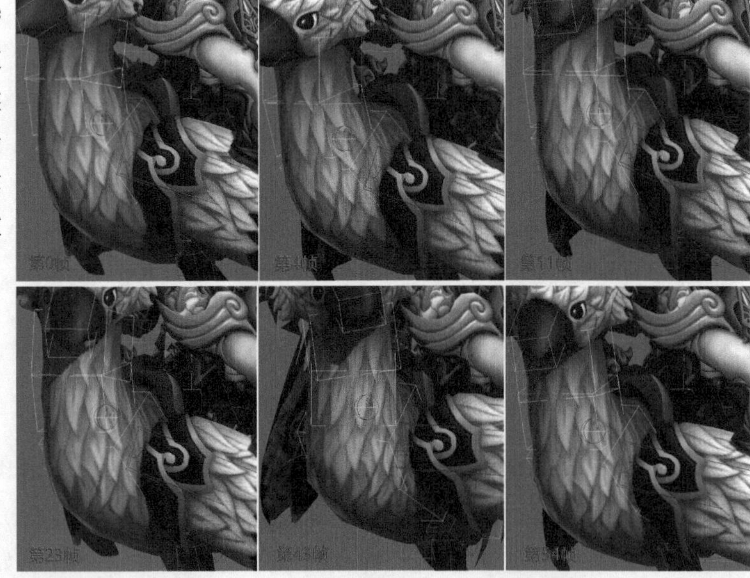


图6-167 陆行鸟颈部以及身体的动作

（5）调节陆行鸟头部的动作。方法：选中陆行鸟头部骨骼，使用 Select and Rotate（选择并旋转）工具调整头部骨骼的角度，制作出鸟类待机时头部的运动。注意，头部摆动的时候，要把握整体的运动节奏，特别是转动的时候，速度要有快与慢的节奏变化，效果如图6-168所示。

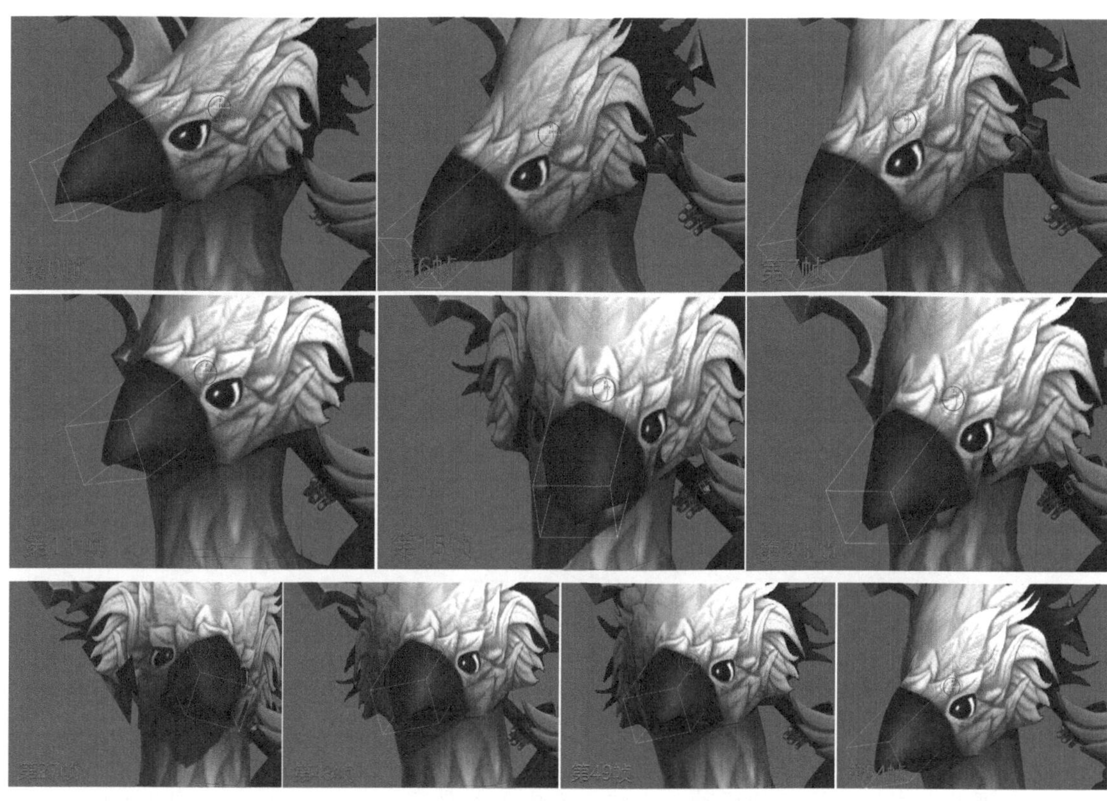

图6-168 陆行鸟头部的动作

（6）调节陆行鸟翅膀的动作。方法：选中陆行鸟翅膀骨骼，使用 Select and Rotate（选择并旋转）工具调整翅膀骨骼的角度，制作出鸟类待机时翅膀扇动的运动姿态，并结合身体动态的变化制作出翅膀收放的摆动动画，效果如图6-169所示。

图6-169 陆行鸟翅膀的运动

（7）调节陆行鸟尾部的运动，方法：选中尾部的根骨骼，将时间滑块拖动到28帧，使用 Select and Rotate（选择并旋转）工具调整根骨骼稍稍向上，再按住Shift键复制拖动到第41帧，调整第51帧回到原位，如图6-170所示。最后选中除根骨骼以外的所有骨骼，使用Spring插件为选中的骨骼进行调节动作运算。

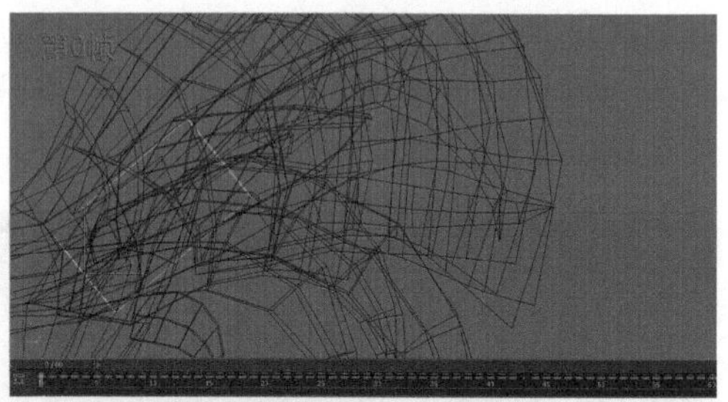
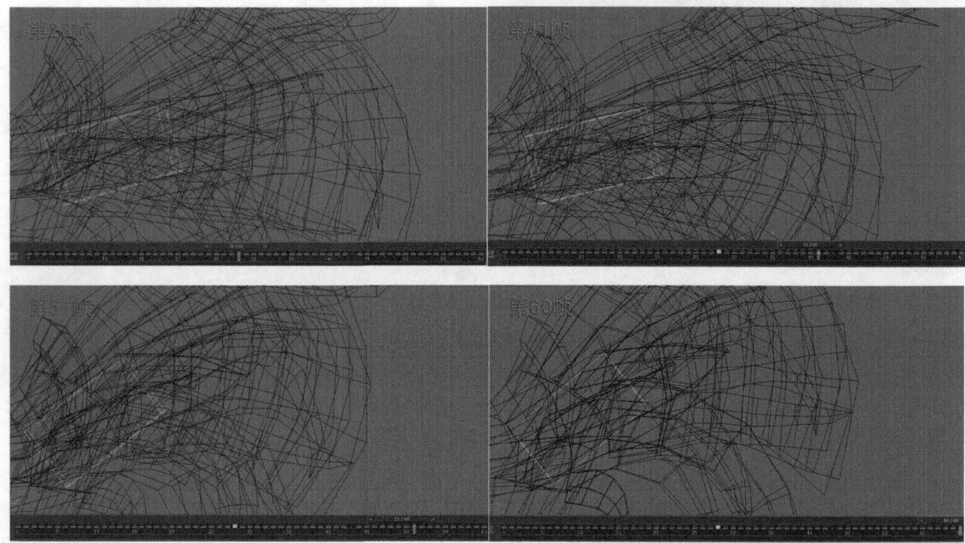

图6-170　调节陆行鸟尾部的运动

（8）调节人类战士手部的运动。方法：选中手部骨骼，使用 Select and Rotate（选择并旋转）工具调整其角度，动作幅度不能过大，制作出人类战士在待机时左手持盾、右手持剑的休闲运动姿势，如图6-171所示。

图6-171　战士手部的运动

（9）调节人类战士头部的运动。方法：选中头部骨骼，使用 Select and Rotate（选择并旋转）工具调整其角度，制作出战士待机时头部的姿势。战士头部运动的动画要根据陆行鸟身体摆动的动作进行前后和左右姿态的变化，效果如图6-172所示。

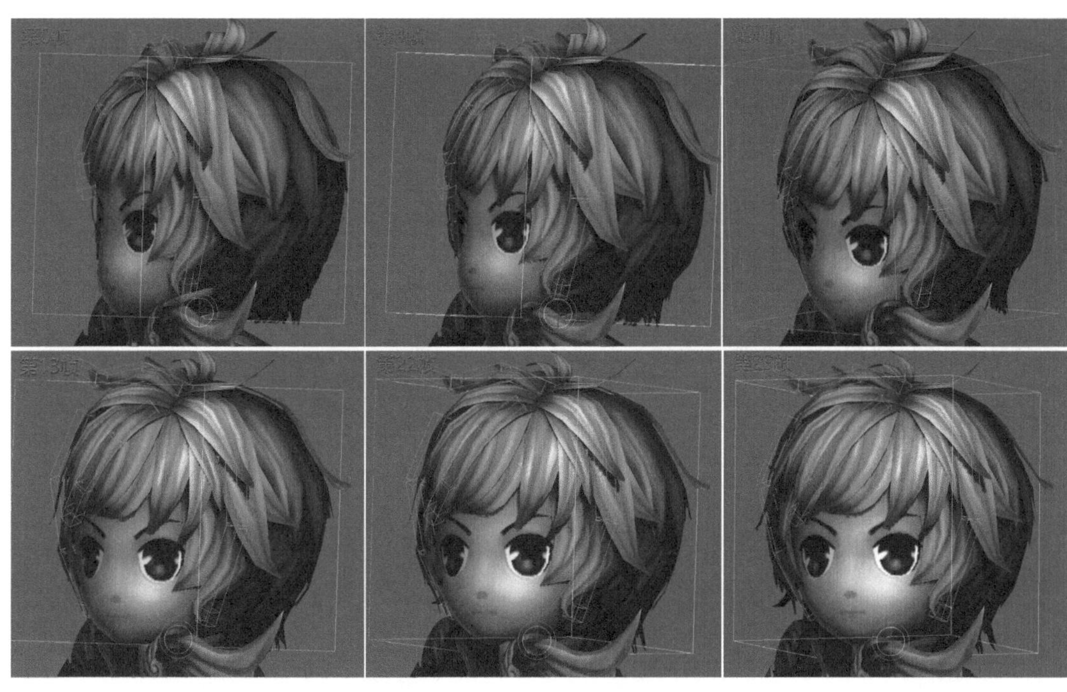

图6-172 人类战士头部的运动

提示：在调节人类战士动作时，注意动作要跟随坐骑的运动而运动，但战士的动作要与坐骑的动作错开，且战士运动的幅度要小。

（10）单击 Playback（播放动画）按钮播放动画，此时可以看到人类战士与陆行鸟的待机动作。在播放动画时，如发现幅度过大或有抖动等不流畅的地方，可适当加以调整。

## 6.9 本章小结

本章通过人类战士和陆行鸟的动画制作流程，详细讲解了人物与坐骑的动作设计思路和技巧。在整个讲解过程中，分别介绍了人类战士与陆行鸟的骨骼创建、蒙皮设定及动作设计的三大流程，重点讲解了人物与坐骑之间的动态设计创作过程，并演示了人类战士咆哮、普通攻击、特殊攻击以及人类战士与陆行鸟的行走、待机等动画制作技巧。通过对本章内容的学习，读者需要掌握以下几个要领：

（1）掌握人物与鸟类模型的骨骼创建方法。

（2）掌握人物与鸟类模型的蒙皮设定技法。

（3）了解人物与坐骑的基本运动规律。

（4）重点掌握人物与鸟类的动画制作技巧。

# 6.10 本章练习

**操作题**

1. 从光盘文件夹中选一个物理职业的模型制作普通攻击及特殊技能攻击动作，要求结合角色的个性特点进行动作的设计。

2. 在设定好的战士模型的基础上，结合人类战士与陆行鸟的行走动画与待机动画，为其制作出跑步动画和飞行动画。